普通高等教育系列教材

电气控制与 S7-1200 PLC 应用技术

第 2 版

王明武　编著

机 械 工 业 出 版 社

SIMATIC S7-1200 是西门子公司推出的新一代 PLC。该系列 PLC 具有模块化、结构紧凑、功能全面等特点，目前已在工业自动化控制领域得到了广泛的应用。

本书详细介绍了传统继电接触器控制系统和 SIMATIC S7-1200 可编程序控制器的工作原理、设计方法与应用实例，系统讲述了 SIMATIC S7-1200 的硬件组成结构和编程软件的使用方法、基本指令、功能指令和顺序控制指令与编程方法，以及网络通信的相关内容。

本书内容丰富、语言通俗易懂，不仅可作为普通高等院校机电一体化、电气自动化等相关专业的教材，也可作为从事电气控制技术和数控设备应用相关工作的电工和技术人员的参考书。

本书配有授课电子课件等资源，需要的教师可登录 www.cmpedu.com 免费注册，审核通过后下载，或联系编辑索取（微信：15910938545，电话：010-88379220）。

图书在版编目(CIP)数据

电气控制与 S7-1200 PLC 应用技术/王明武编著. —2 版. —北京:机械工业出版社,2022.1(2024.8 重印)
普通高等教育系列教材
ISBN 978-7-111-70322-8

Ⅰ. ①电… Ⅱ. ①王… Ⅲ. ①电气控制-高等学校-教材 ②PLC 技术-高等学校-教材 Ⅳ. ①TM571.2 ②TM571.6

中国版本图书馆 CIP 数据核字(2022)第 039976 号

机械工业出版社(北京市百万庄大街 22 号 邮政编码 100037)
策划编辑:秦 菲 责任编辑:秦 菲
责任校对:张艳霞 责任印制:单爱军

北京虎彩文化传播有限公司印刷

2024 年 8 月第 2 版·第 6 次印刷
184mm×260mm·18 印张·446 千字
标准书号:ISBN 978-7-111-70322-8
定价:69.00 元

电话服务
客服电话：010-88361066
010-88379833
010-68326294

网络服务
机 工 官 网：www.cmpbook.com
机 工 官 博：weibo.com/cmp1952
金 书 网：www.golden-book.com
机工教育服务网：www.cmpedu.com

前　　言

“电气控制与 PLC 应用技术”是一门理论性较深、实践性较强的专业基础课，也是机电一体化、电气自动化、工业机器人、数控设备应用与维护等专业的核心课程。

该课程要求学生了解常用低压控制电器的基本原理和使用方法，熟悉电气控制系统的基本控制电路，并具有电气控制系统分析和设计的基本能力；掌握 PLC 基本工作原理、硬件结构、指令、梯形图编程的基本方法，具备一定的 PLC 程序设计和工程应用能力，从而为日后从事现代生产线控制技术的应用与开发打下良好的基础。

本书可分为两大部分：第一部分主要介绍常用低压控制电器，以及三相笼型异步电动机的起动、制动、调速等控制电路；第二部分主要介绍西门子 S7-1200 PLC 的硬件组成和软件开发环境，基本指令、扩展指令、工艺指令、通信指令及应用实例，以及 PLC 控制系统的设计步骤与内容。全书共分 8 章，具体内容安排如下：

第 1 章主要介绍开关电器、熔断器、接触器、继电器、指示和报警电器、执行电器等低压电器的原理、使用方法和选型原则。

第 2 章首先讲解三相笼型异步电动机的起动、制动、调速等控制电路，然后介绍电气控制电路的线路设计与分析方法，最后给出典型生产机械电气控制电路实例。

第 3 章简要介绍可编程序控制器的基本概念和知识，重点讲解 S7-1200 系列 PLC 的硬件和软件结构，以及 TIA 博途软件的使用方法。

第 4 章结合程序实例详细介绍 S7-1200 系列 PLC 的基本指令。

第 5 章重点讲解 S7-1200 系列 PLC 的扩展及工艺指令，并给出了许多例子。

第 6 章重点讲解 S7-1200 PLC 程序设计方法。

第 7 章重点讲解 S7- 1200 PLC 的通信功能和通信指令的使用。

第 8 章重点讲解 PLC 在实际应用中的设计步骤和工程案例，以及精简系列面板和组态软件应用，最后给出两个具体的工程应用案例。

本书编写过程中参考和引用了国内外一些专家与学者发表的论文与著作，以及产品手册，在此一并致谢。

由于作者水平有限，编写时间仓促，虽已尽心尽力，经过多次修改和校正，但书中仍难免会有错误和不足之处，恳请读者批评指正。作者电子信箱地址：wangmingwu@ 163. com。

作　者

目　　录

第 1 章　常用低压电器

电器主要指对电路进行接通、分断，对电路参数进行变换，以实现对电路或用电设备的控制、调节、切换、检测和保护等作用的电工装置和设备。

按工作电压等级分类，电器可以分为高压电器和低压电器。高压电器是指工作在交流电压 1200 V 或直流 1500 V 以上的电器，例如高压隔离开关、高压断路器、高压熔断器等，主要用于配电系统中。低压电器是指工作在交流电压 1200 V 或直流 1500 V 以下的电路内起控制、保护、测量、指示及调节作用的电器，例如接触器、继电器等，主要用于电力拖动或其他用途。

低压电器对电能生产、输送、分配与应用起着控制、调节、检测和保护作用，在电力输配电系统、电力拖动自动控制系统和工业电气控制系统中的应用十分广泛。

低压电器是电气控制电路的重要组成部分，因此，必须熟练掌握并能正确使用。本章将主要介绍常用低压电器的结构、工作原理、使用方法以及选型原则等。

1.1　低压电器分类

低压电器的品种规格很多、构造各异，常见的分类方法如下。

（1）按动作原理分类

手动电器：人工操作发出动作指令的电器，例如刀开关、按钮等。

自动电器：产生电磁吸力而自动完成动作指令的电器，例如接触器、继电器等。

其他电器：主要包括起动与调速、稳压与调压、检测与变换等作用的电器。

（2）按工作原理分类

电磁式电器：依据电磁感应原理工作的电器，例如接触器、继电器、电磁阀等。

非电量控制电器：依据外力或某种非电物理量的变化动作的电器，例如行程开关、压力继电器、温度继电器、液位继电器等。

（3）按用途分类

控制电器：用于各种控制电路和控制系统的电器，例如接触器、继电器、软启动器等。

配电电器：用于电能的输送和分配的电器，例如各类刀开关、断路器等。

保护电器：用于保护电路及电器设备的电器，例如熔断器、热继电器、断路器、避雷器等。

主令电器：用于发出控制指令的电器，例如控制按钮、转换开关、行程开关等。

信号电器：用来对控制系统信号的状态、报警信息等进行指示的电器，例如指示灯、蜂鸣器、电铃等。

执行电器：用于完成某种动作或传动功能的电器，例如电磁铁、电磁阀、电磁离合器、电磁制动器等。

常用低压电器广泛应用于继电逻辑控制系统，其最主要的控制对象是各类电机。下面首先通过一个实例来感性认识常用低压电气元件的基本工作原理和应用。图 1-1 是三相笼型异步电动机起动控制电路，这也是应用最广泛、最基本的控制电路。从图 1-1 中可见，断路器、接触器、热继电器和电动机构成主电路，起动按钮、停止按钮和熔断器构成联锁控制回路。此外，生产过程中，经常会有一些生产工艺参数的变化，如电流、电压、温度、速度、时间等。在电气控制中，经常选择这些能反映生产过程的变化参数作为控制参量进行控制，从而实现自动控制的目的。

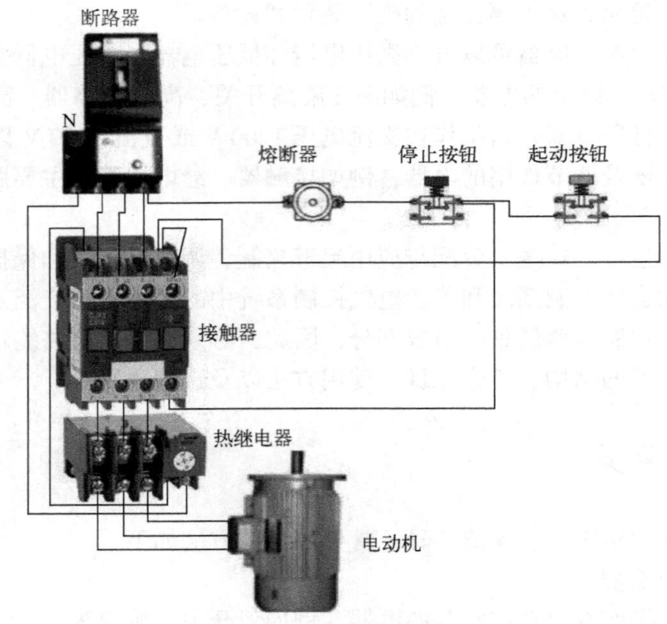

图 1-1　常用低压电器电路举例

1.2　开关电器

开关电器主要包括刀开关、低压断路器、按钮开关和位置开关等。这些开关只有两个状态，即接通和关闭。按钮开关有按钮和万能转换开关两种，位置开关包括行程开关和接近开关等。

1.2.1　刀开关

刀开关，俗称闸刀开关，是一种结构最简单的控制电器，经常用于各种配电设备和供电电路中，也可用来非频繁地接通和分断容量不大的低压电路或直接起动小容量电动机。刀开关的文字符号为 QS，图形和文字符号如图 1-2 所示。

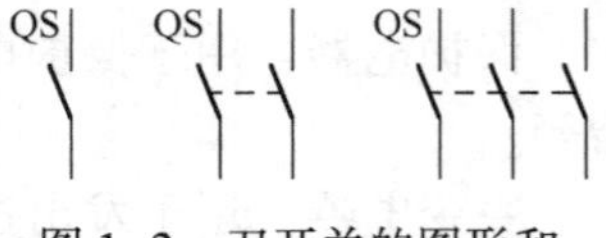

图 1-2　刀开关的图形和文字符号

1. 分类

1）根据工作原理和结构形式的不同，刀开关可分为大电流刀开关、负荷开关、熔断器式刀开关和组合开关等，外形具体如图 1-3 所示。

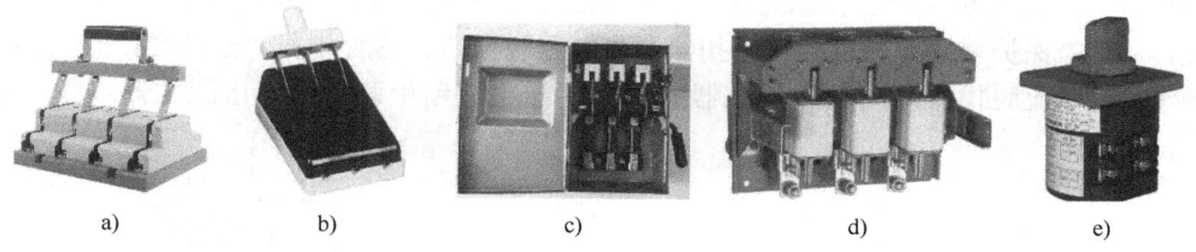

图 1-3　闸刀开关实物图

a）大电流刀开关　b）开启式负荷开关　c）封闭式负荷开关　d）熔断器式负荷开关　e）组合开关

大电流刀开关是一种新型电动操作并带手动的刀开关，适用于交流电压 1000 V、直流电压 1200 V、额定电流 6000 A 及以下的电力电路中。

负荷开关分为开启式负荷开关和封闭式负荷开关两种。开启式负荷开关俗称胶盖瓷底刀开关，主要作为照明电路，以及小容量电动机的不频繁带负荷操作的控制开关，也可作为分支电路的配电开关。开启式负荷开关由操作手柄、熔丝、触刀、触点座和底座组成，熔丝可起到短路保护作用。接线时应将电源接在上端，负载接下端，这样拉闸后刀片与电源隔离，可确保更换熔丝和维修用电设备时的安全；更换熔丝时，必须断开电源再按原规格更换。

封闭式负荷开关俗称铁壳开关，一般用于电力排灌、电热器及电气照明等设备中，用来不频繁地接通和分断小容量电动机，并具有过载和短路保护等作用。这种开关还具有外壳门机械闭锁功能，拉闸和合闸时操作人员应站在开关的一侧，动作应迅速，以使电弧尽快熄灭。在合闸状态时，开关的外壳门不能打开。

此外，以熔断体作为动触头的，称为熔断器式刀开关，简称刀熔开关，而将采用叠装式触头元件组合成旋转操作的开关，称为组合开关。

2）根据刀的极数和操作方式，刀开关可分为单极、双极和三极。常用的三极开关额定电流有 100 A、200 A、400 A、600 A、1000 A 等。通常，除特殊的大电流刀开关有电动操作外，一般都采用手动操作方式。

2. 刀开关选用

刀开关主要是根据电源种类、电压等级、极数及通断能力等要求选用。刀开关的额定电压、额定电流应大于或等于电路的实际工作电压和工作电流。对于电动机负载，开启式负荷开关的额定电流取电动机额定电流的 3 倍，封闭式负荷开关的额定电流可取电动机额定电流的 1.5 倍。

1.2.2　低压断路器

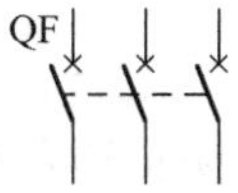

低压断路器俗称自动空气开关，简称断路器，它是一种既有手动开关作用，又能自动进行保护的电器。低压断路器主要用来不频繁地起动异步电动机，对电源电路及电动机等实行保护，当发生严重的过载、短路、失压、欠压等故障时能自动切断电路，因此，它是低压配电网中重要的保护电器。低压断路器的图形和文字符号如图 1-4 所示。

QF

图 1-4　低压断路器的图形和文字符号

1. 低压断路器的结构及工作原理

图 1-5 是低压断路器工作原理图。低压断路器由操作机构、触点、保护装置、灭弧系统组成，其中保护装置包括过电流脱扣器、失电压脱扣器、热脱扣器、分励脱扣器和自由脱扣器等。过电流脱扣器线圈和热脱扣器的热元件与主电路串联，欠电压脱扣器线圈和电源并联。

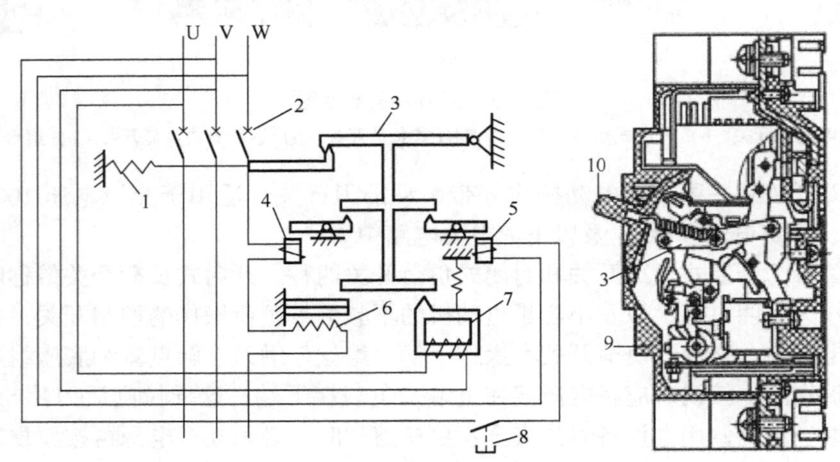

图 1-5　低压断路器的工作原理图

1—弹簧　2—主触点　3—自由脱扣机构　4—过电流脱扣器　5—分励脱扣器　6—热脱扣器　7—失电压脱扣器　8—按钮　9—外壳　10—操作手柄

1）过电流脱扣器

电路处于正常运行时，过流脱扣的电磁线圈虽然串在主回路中，但是所产生的吸力尚不能使衔铁动作。电路一旦发生短路或严重过载，电流就会超过整定值，过电流脱扣器衔铁吸合使自由脱扣器动作，实现过流保护。过电流脱扣器动作具有瞬动特性或定时限特性。

2）热脱扣器

当电路发生过载时，热脱扣器的热元件发热使双金属片向上弯曲，推动自由脱扣机构动作，从而实现过载保护。热脱扣器动作具有反时限特性。

3）失电压脱扣器

工作于额定电压时，低压断路器保持在合闸状态。一旦电压低于规定的整定值或下降为零时，电磁吸力不足或消失，失电压脱扣器在弹簧的作用下衔铁释放，自由脱扣机构动作。

4）分励脱扣器

分励脱扣器是一种用于远距离操纵分闸的电压源激励脱扣器。当电源电压等于额定控制电源电压的 35%~70%时，就能可靠分断断路器。分励脱扣器是短时工作制，线圈通电时间一般不能过长，否则可能烧毁。

为防止塑壳断路器线圈烧毁，分励脱扣器串联一个微动开关。当分励脱扣器通过衔铁吸合，微动开关从闭合状态转换成断开，由于分励脱扣器电源的控制电路被切断，即使人为按住按钮，分励线圈也不再通电，就避免了线圈烧损情况的产生。当低压断路器再扣合闸后，微动开关重新回到闭合位置。

2. 常用的典型低压断路器

低压断路器种类和型号繁多，按结构大致可分为万能式断路器、塑料外壳式断路器、快速断路器、限流断路器、漏电断路器、智能型断路器等类型，外形具体如图 1-6 所示。

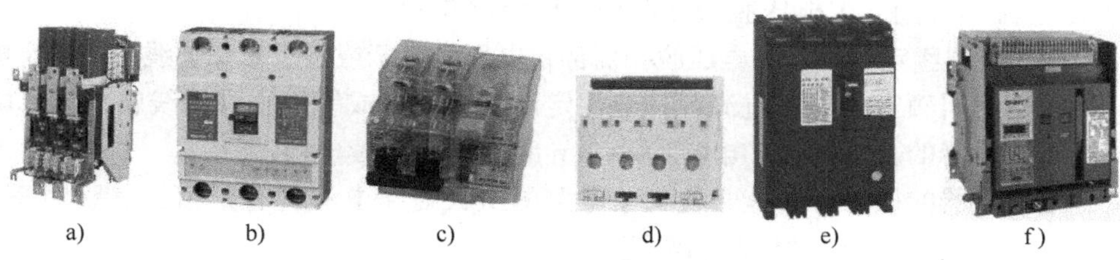

a)　　b)　　c)　　d)　　e)　　f)

图 1-6　断路器实物图

a）万能式断路器　b）塑料外壳式断路器　c）快速断路器　d）限流断路器　e）漏电断路器　f）智能断路器

1）万能式断路器　这种低压断路器一般都有一个绝缘衬垫的钢制框架，所有的零部件均安装在框架内，容量较大，可装设多种功能的脱扣器和较多的辅助触头，具有较高的短路分断能力和热稳定性，以及多段式保护特性，安装方式分固定式、抽屉式两种。万能式断路器主要用来分配电能和保护线路，以及对电源设备进行过载、欠电压、短路保护。

2）塑料外壳式断路器　这种低压断路器用聚酯绝缘材料模压制成的封闭式外壳将所有构件组装在一起，具有体积小、分断能力高、电弧短、抗振动强等特点，常用作配电线路、电动机、照明电路等电源控制开关和保护装置。

3）快速断路器　快速断路器具有快速电磁铁和灭弧装置，最快动作时间在 0.02 s 以内，可用于半导体整流元件和整流装置的保护。

4）限流断路器　限流断路器是指分断时间短，但足以使短路电流达到预期峰值前分断的一种断路器，常用于短路电流较大的电路中。

5）漏电断路器　当电路中漏电电流超过预定值时，漏电断路器能在安全时间内自动切断电源，起到保护电器的作用，从而保障人身安全和防止设备因泄漏电流造成火灾等事故。

6）智能断路器　智能断路器具有以微处理器或单片机为核心的智能控制器，不仅具备各种保护功能，还能对各种保护功能的动作参数进行显示和设定，保护动作时的故障参数信息存储在非易失存储器中，以便供用户查询和分析。智能断路器又可划分为经济型、标准型和可通信型三种类型。

3. 低压断路器的主要参数

低压断路器的主要技术参数有额定电压、额定电流、分断能力、分断时间、各种脱扣器的整定电流、极对数、允许分断的极限电流等。

额定电压是指低压断路器长期不间断工作时的电压，交流有 220 V、380 V、660 V、1140 V，直流有 110 V、220 V、440 V、750 V、850 V、1000 V、1500 V。

额定电流是指低压断路器长期不间断工作时通过的电流，常用的额定电流有 6 A、10 A、16 A、20 A、32 A、40 A、60 A、100 A、150 A、160 A、200 A、250 A、315 A、400 A、600 A、630 A、800 A、1000 A、1250 A、1500 A、1600 A、2000 A 等。

分断能力是指低压断路器安全切断故障电流的能力，往往也是价格的决定因素。分断能力与额定电流无必然联系，一般用有效值表示。

分断时间是指低压断路器固有短路时间和灭弧时间之和。

4. 低压断路器的选择

用户一般需根据线路对保护的要求确定低压断路器的类型，选择额定电压、额定电流、脱扣器整定电流和分励、欠电压脱扣器电压、电流等参数。

1）低压断路器额定电压、欠电压脱扣器额定电压应大于或等于被保护线路的额定电压。

2）低压断路器额定电流、过流脱扣器额定电流应大于或等于被保护线路的计算电流。

3）低压断路器的长延时脱扣电流应小于导线允许的持续电流。

4）低压断路器的极限分断能力应大于电路的最大短路电流的有效值，其瞬时整定电流应大于或等于 1.5~1.7 倍电动机起动电流。

5）配电线路中的上、下级断路器保护特性应协调配合，下级保护特性应位于上级保护特性的下方且不相交，各脱扣器动作值一旦调整好，不允许随意变动，以免影响其动作。

6）低压断路器应垂直配线板安装，电源接至上端，负载接至下端，若作为电源总开关或电动机控制开关时，电源进线侧还须加装刀开关或熔断器。

1.2.3 按钮开关

1. 按钮

按钮开关又称控制按钮，简称按钮，按钮是一种常用的短时接通或分断小电流电路的主令电器，它并不能直接控制主电路的通断，而是在控制电路中发出“指令”去控制接触器、继电器等，再由它们去控制主电路，从而实现电路的联锁或转换。按钮一般由按钮帽、复位弹簧、动触点、常开静触点、常闭静触点、接线柱、外壳等部分组成，结构原理和实物如图 1-7 所示。按钮帽按下，常闭触点先断开，常开触点后闭合；按钮帽松开后，触点复位。

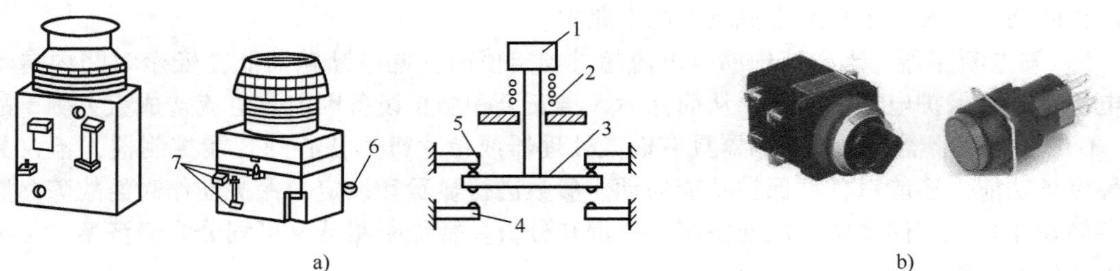

图 1-7 按钮结构原理与实物图

a）结构示意图 b）实物

1—按钮帽 2—复位弹簧 3—动触点 4—常开静触点 5—常闭静触点 6，7—接线柱

按钮结构种类很多，例如平头式、齐平式、蘑菇头式、自锁式、钥匙式、自复位式、旋钮式、旋柄式、带指示灯式等，此外，有单钮、双钮、三钮及不同组合形式。按钮若按用途和结构的不同，可分为常开按钮、常闭按钮、复合按钮、选择开关、钥匙开关等。图形和文字符号如图 1-8 所示。

常开按钮：未按按钮时，触点断开，按下按钮时触点闭合；当松开按钮时，常开触点在复位弹簧的作用下重新断开。常开按钮常用来起动电动机，也称起动按钮。

常闭按钮：未按按钮时，触点闭合，按下按钮时触点断开；当松开按钮后，常闭触点在复位弹簧的作用下重新闭合。常闭按钮常用于控制电动机停车，也称复位按钮。

图 1-8　控制按钮的图形及文字符号

a）常开按钮　b）常闭按钮　c）复合按钮　d）选择开关　e）钥匙开关

复合按钮：将常开与常闭按钮组合为一体的按钮。未按按钮时，常闭触点闭合，常开触点断开。按下按钮时，常闭触点先断开，常开触点后闭合；松开按钮后，按钮在复位弹簧作用下，先将常开触头断开，继而将常闭触头闭合。复合按钮多用于联锁控制电路中。

选择开关：选择开关由数个装嵌在绝缘壳体内的静触头座和可动支架中的动触头构成。动触头是双断点对接式的触桥，在附有手柄的转轴上，随转轴旋至不同位置使电路接通或断开。在控制电路中，常采用选择开关进行电路的转换。

钥匙开关：使用钥匙使触点断开或闭合的开关，没有钥匙的人不能操作该开关，只有把钥匙插入后，旋钮才可被旋转。常用作控制电源和生产线的保护，以及重要或危险设备启动。

控制按钮的主要参数有外观形式及安装孔尺寸、触点数量及触点的电流容量，应根据使用场合和用途选择合适的按钮。一般而言，嵌装在操作面板上的按钮选用开启式，为防止无关人员误操作选用钥匙开关，有腐蚀气体处选用防腐开关；此外，根据控制回路的需要选择按钮的数量，例如单钮、双钮、三钮等。

按钮常用的颜色有红色、绿色、蓝色、黄色灯等类型。IEC 60204-1 中对操作按钮的颜色编码做出了明确的规定及要求，实际使用中，应尽量根据工作状态指示和工作情况要求选择合适的颜色。红色表示停止、危险或紧急情况，主要用于急停按钮和停止按钮；绿色表示正常条件操作，主要用于起动或接通；黄色表示注意、警告等非正常动作，主要用于应急和断开操作，蓝色表示必须强制和复位功能，而白色、灰色、黑色没有特殊的指定功能，可用于急停以外的常规启动功能，白色或黑色是起停按钮首选。

2. 万能转换开关

万能转换开关主要用于各种控制电路的转换、电压表、电流表的换相测量、配电装置电路转换和遥控等。万能转换开关还可用于直接控制小容量电动机的起动、调速和换向。万能转换开关是由多组相同结构的触点组合而成的多回路控制电器，图 1-9 为万能转换开关结构原理和实物图。

万能转换开关由操作机构、定位装置、触点、接触系统、转轴、手柄等部件组成。触点是在绝缘基座内，为双断点触头桥式结构，动触点设计成自动调整式以保证通断时的同步性，静触点装在触点座内。使用时依靠凸轮和支架进行操作，控制触点的闭合和断开。由于凸轮的形状不同，当手柄处在不同位置时，触点闭合和断开状态不同，从而达到转换电路的目的。

万能转换开关的手柄操作位置是以角度表示的。不同型号的万能转换开关的手柄有不同万能转换开关的触点，电路图中的图形符号如图 1-10 所示。

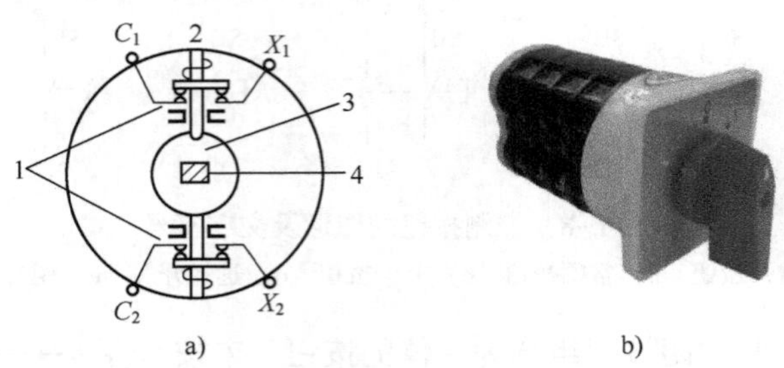

图 1-9　万能转换开关结构原理与实物图

a）转换开关一层结构原理　b）实物图

1—触点　2—触点弹簧　3—凸轮　4—转轴

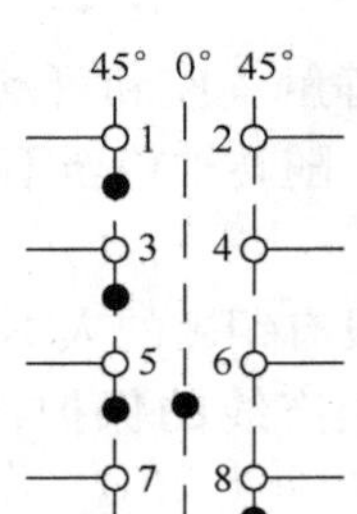

LW5-15D0403-2				
触点编号		45°	0°	45°
—╱—	1-2	×		
—╱—	3-4	×		
—╱—	5-6	×	×	
—╱—	7-8			×

图 1-10　转换开关的图形符号

由于触点分合状态与操作手柄的位置有关，所以，除了在电路图中画出触点图形符号，还应画出操作手柄与触点分合状态的关系，表示方法有画“.”的方法，以及列表法两种。

图 1-10 中，当万能转换开关打向左 45°时，触点 1-2、3-4、5-6 闭合，触点 7-8 断开；打向 0°时，只有触点 5-6 闭合；打向右 45°时，触点 7-8 闭合，其余断开。

1.2.4　位置开关

1. 行程开关

行程开关又称限位开关，它是一种常用的将行程信号转换为电信号的小电流主令电器。行程开关的结构、工作原理与按钮相同，区别是行程开关触点的动作不是靠手动操作，而是利用生产机械某些运动部件上的挡铁碰撞其滚轮使触点动作来实现接通或分断控制电路，使运动机械按一定位置或行程自动停止、反向运动、变速运动或自动往返运动。行程开关的图形、文字符号和实物如图 1-11 所示。

图 1-11　行程开关的图形、文字符号和实物

a）常开触点　b）常闭触点　c）实物

行程开关按结构不同，可分为直动式、滚轮式、微动式等几类，共有自动复位和非自动复位两种，结构图如图 1-12 所示。

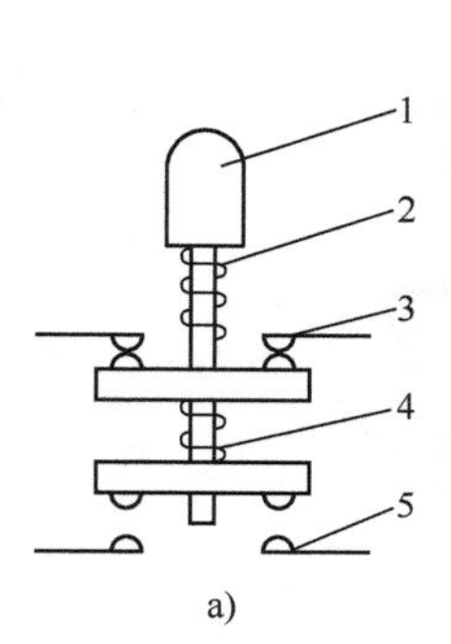

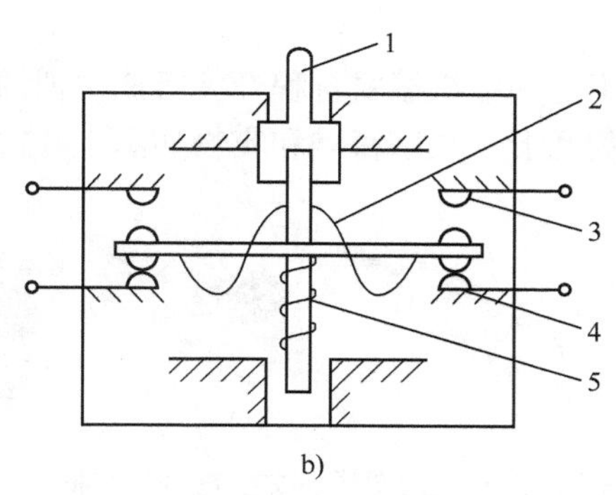

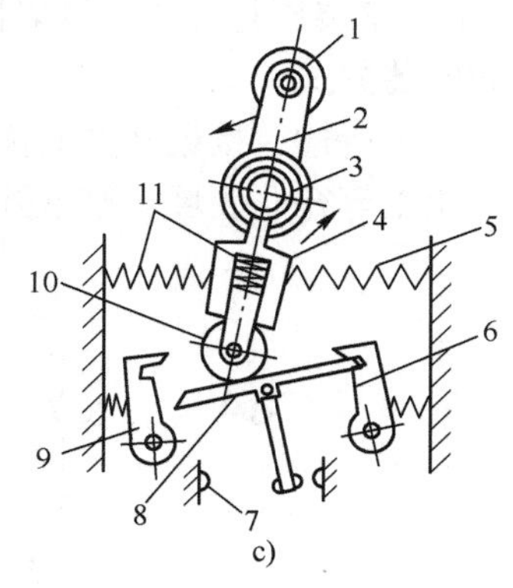

图 1-12　行程开关结构图

a）直动式
1—顶杆　2—弹簧
3—常闭触点　4—触点弹簧
5—常开触点

b）滚轮式
1—推杆　2—弯形片状弹簧
3—常开触点　4—常闭触点
5—恢复弹簧

c）微动式
1—滚轮　2—上转臂　3、5、11—弹簧
4—套架　6、9—压板　7—触点
8—触点推杆　10—小滑轮

直动式行程开关动作原理与按钮类似，当外界运动部件上撞压直动式行程开关时，其触点动作，当运动部件离开后，在弹簧作用下，其触点自动复位。直动式行程开关触点分合速度取决于生产机械的运行速度，当运行速度低于 0.4 m/min 时，触点分断的速度将很慢，触点易受电弧灼烧，此时可改用滚轮式行程开关。

当外界运动部件撞压滚动式行程开关的推杆，或微动式行程开关滚轮时，传动杠杆连同转轴一同转动，使滚轮推动撞块，当撞块移动到一定位置时，推动微动开关快速动作。若外界运动部件移开后，复位弹簧使行程开关复位。滚轮式行程开关又分单滚轮自动复位和双滚轮非自动复位两种。

2. 接近开关

接近开关是一种无须与运动部件直接进行机械接触而操作的位置开关，因此又称无触点接近开关，或者说它是一种理想的电子开关量传感器。当金属检测体接近开关的感应区域，即可不需要机械接触及施加任何压力就能迅速发出动作指令，准确反映出运动机构的位置和行程，从而在控制系统中起到定位控制、计数和自动保护等作用。与行程开关相比，接近开关具有下列优点。

1）定位精度高（可达数十微米）。

2）操作频率高（可达每秒数十次乃至数百次）。

3）寿命长（永久性，无接触磨损）。

4）功率消耗低。

5）耐冲击振动、耐潮湿、能适应恶劣的工作环境。

6）安装调整方便，可以做成插接式、螺纹式、感应头外接式等，以适应不同的使用场合和安装方式。

综上所述，接近开关的优势不是一般机械式行程开关所能比拟的，已广泛用于机床、冶金、化工等行业领域。接近开关的图形、文字符号和实物如图 1-13 所示。

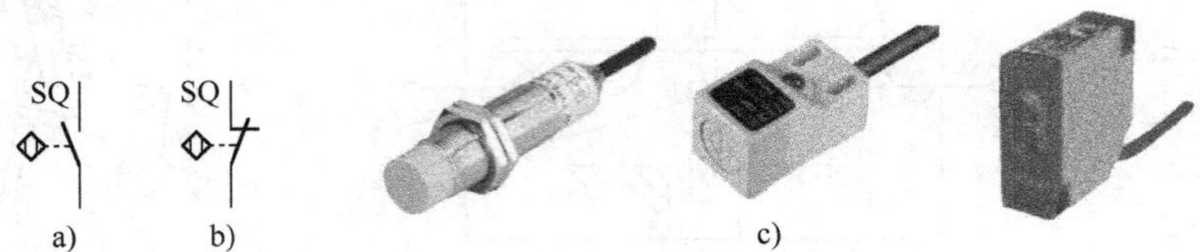

图 1-13　接近开关的图形、文字符号和实物

a）常开触点　b）常闭触点　c）实物

接近开关按工作原理可分为涡流型、电容型、霍尔型、光电型等几种类型。

涡流型接近开关又称作电感式接近开关，由电感线圈、电容及晶体管组成振荡器，并产生一个交变磁场，当有金属物体接近这一磁场时就会在金属物体内产生涡流，从而导致振荡停止。振荡器的振荡和停振这两个信号，经整形放大后转换成开关信号输出。这种接近开关抗干扰性能好、开关频率高，检测的物体必须是导电体。

电容型接近开关主要由电容板及电子电路组成。物体移向接近开关时，会使电容的介电常数和电容量发生变化，与测量头相连的电路状态也随之发生变化，从而控制开关的接通或断开。电容型接近开关检测对象不限于导体，可以是绝缘的液体或粉状物等。

霍尔型接近开关由霍尔元件组成。霍尔元件是一种磁敏元件，当磁性物件移近霍尔开关时，霍尔元件因产生霍尔效应而使开关内部电路状态发生变化，由此识别附近有磁性物体存在，进而控制开关的通或断。

光电型接近开关是利用光电效应做成的，将发光器件与光电器件按一定方向装在同一个检测头内。当有被检测物体接近时，光电器件接收到反射光后便输出信号，由此便可感知有物体接近。

接近开关晶体管输出类型有 NPN、PNP 两种，NPN 型接近开关负载接到电源正端，而对于 PNP 型接近开关，负载应接到电源 0 V 端。接近开关接线方式有两线、三线和四线三种。两线即电源、负载串联在一起，两线既是电源线又是信号线，NPN 输出时电源正端和信号正端共用一根线，PNP 输出时电源负端和信号负端共用一根线。三线制电源正端用一根线，信号正端用一根线，电源负端和信号负端共用一根线。四线制则电源正端、信号正端、电源负端、信号负正端各用一根线，即将常开与常闭信号分开输出。

1.3　熔断器

熔断器以金属导体作为熔体串联于电路中，当过载或短路电流通过熔体时，熔体基于电流热效应和热熔断原理而自

身发热熔断，避免电网和用电设备损坏，从而起到短路或严重过载保护，以防止事故蔓延。熔断器是一种简单、有效的保护器，广泛用于配电系统和控制系统中。

1.3.1 熔断器结构与保护特性

熔断器由熔断体和熔断器支持件组成。熔断体由熔断管、熔体、填料、触头等组成。熔断器支持件由熔断底座和载熔件组合而成，一般有螺钉安装和安装轨安装等形式。

熔断管一般由硬质纤维或瓷质绝缘材料制成，作用是安装熔体和有利于熔体熔断时熄灭电弧。熔断器触头通常有两个，也是熔体与电路连接的重要部件，因此必须有良好的导电性和较低的安装接触电阻。

熔体是熔断器的心脏部件，它既是感测元件又是执行元件。熔体通常做成丝状、栅状或片状，对其基本要求是功耗小、限流能力强和分断能力高，一旦电路发生短路或严重过载时，电流过大，熔断器因过热而熔化，从而切断电路。熔体的材料、尺寸和形状决定了熔断特性。

熔体材料分为低熔点和高熔点两类。低熔点材料有铝、锑铅合金、锡铅合金、锌等，容易熔断，但电阻率大，制成熔体的截面积较大，熔断时产生的金属蒸气较多，只适用于低分断能力的熔断器。高熔点材料一般有铜、银和铝类型等，不易熔断，但电阻率较低，可制成比较小的截面积，熔断时产生的金属蒸气少，适用于高分断能力的熔断器。一般而言，改变截面的形状可显著改变熔断器的熔断特性。

熔断器工作的物理过程大致分为未产生电弧之前的弧前过程、已产生电弧之后的弧后过程。弧前过程主要特征是熔体发热与熔化，过电流相对额定电流的倍数越大，产生的热量越多，温度上升越迅速，弧前过程越短暂。弧后过程主要特征是含有大量金属蒸气的电弧在间隙内蔓延、燃烧，并在电动力作用下在介质中运动、冷却和熄灭。因此，通常熔断器的保护性能在熔断时间小于0.1 s时是以 I^2t 特性表征，在熔断时间大于0.1 s时则用弧前电流-时间特性表征，具体如图 1-14 所示。

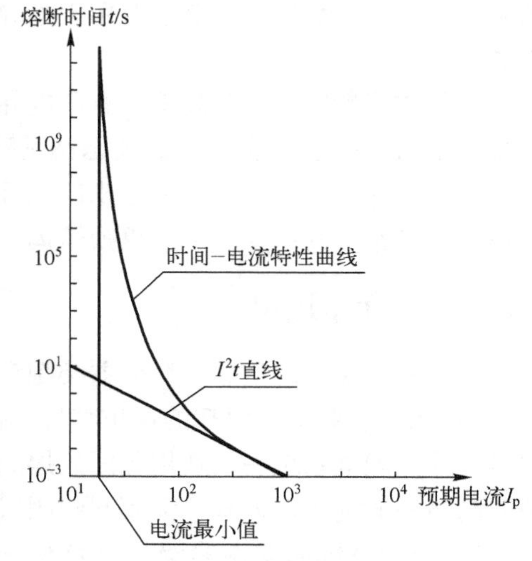

图 1-14 熔断器的保护特性

图中，I_p为熔断器的预期电流，t 为熔断时间。熔断器的时间-电流曲线也具有反时限特性，即电流通过熔体时产生的热量与电流的平方和电流通过的时间成正比，电流越大则熔体熔断的时间越短，这一特性称为熔断器的保护特性，或称安秒特性。

1.3.2 熔断器类型

熔断器的图形、文字符号和实物如图 1-15 所示。熔断器的种类很多，按结构和用途可分为半封闭插入式、螺旋式、封闭式、自复式、保护用快速熔断器等类型。

插入式熔断器一般由装有熔丝的瓷盖、瓷底座等组成，更换熔丝方便、分断能力小，常用于 380 V 及以下电压等级的电路末端，作为配电支线或电气设备的短路保护。

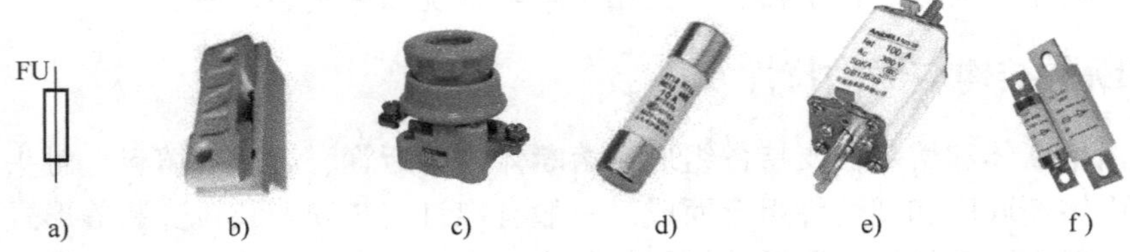

图 1-15　熔断器图形和文字符号

a）图形和文字符号　b）插入式熔断器　c）螺旋式熔断器　d）无填料熔断器　e）有填料熔断器　f）快速熔断器

螺旋式熔断器一般由瓷帽、熔体和底座等组成，装有石英砂或惰性气体，分断电流较大，可用于电压 500 V、电流 200 A 以下的电路中。熔体上端盖中央有一个熔断指示器，当电路分断时，指示器便弹出，此时只需更换熔管即可。

封闭式熔断器又分为无填料熔断器、有填料熔断器两种。无填料密闭式熔断器一般由无填料纤维密封熔管和底座组成，分断能力稍弱，用于 600 A 以下电力网或配电设备中。此外，这种熔断器是可拆卸的低压熔断器，熔体熔断之后，用户可重装熔体，检修方便，恢复供电较快。有填料熔断器一般由装有石英砂的瓷管和底座组成，额定电流大、分断能力强，可用于电压 500 V、电流 1000 A 以下具有大短路电流电路中。

快速熔断器的结构和有填料封闭式熔断器基本相同，但具有以银片冲制的有 V 形深槽的变截面熔体。快速熔断器主要用于半导体整流元件或装置的短路及过载保护，具有极高分断能力。

自复式熔断器采用常温下具有高电导率的金属钠作熔体。一旦电路发生短路故障，短路电流产生高温使钠迅速汽化，气态钠呈现高阻态，具有良好的限流能力。当短路电流消失后，温度下降，金属钠又恢复原来的良好导电性能。自复式熔断器只能限制短路电流，不能真正分断电路。其优点是不必更换熔体，能重复使用，常与断路器配合使用。

1.3.3　熔断器选用

对于不同性质的负载，熔断器类型和熔体额定电流的选择也各不相同。

1）用户主要依据负载的保护特性、使用场合、安装条件和短路电流的大小选择熔断器规格型号。配电系统一般选用封闭式熔断器；振动场合一般选用螺旋式熔断器；控制电路和照明电路一般选用插入式、无填料封闭式熔断器；保护晶闸管则应选择快速熔断器。

2）配电系统通常由多级熔断器保护。发生故障时，远离电源端的前级熔断器应先熔断。所以，供电干线熔断器的熔体额定电流应比供电支线大 1~2 个级差，以防止熔断器越级熔断而扩大故障范围。

3）额定电压是指熔断器长期工作时和分断后能够承受的电压，该值一般应大于或等于所在电路的额定电压，否则将出现持续电弧和电压击穿而危害电路的现象。

4）额定电流是指熔断器长期工作时，温升不超过规定值时所能承受的电流。熔断器额定电流等级较少，熔体额定电流等级较多，同一规格的熔断器可安装不同额定电流规格的熔体，但熔断器额定电流应大于或等于所装熔体的额定电流。

① 保护单台电动机时，考虑电动机受起动电流冲击，熔断器额定电流应按下式计

算，即

$$I_{er} \geqslant (1.5 \sim 3.5) I_{Me} \tag{1-1}$$

式中，I_{er}为熔体的额定电流，I_{Me}为电动机的额定电流。轻载起动或短时工作制时，系数可取 1.5，重载起动或长期工作制时，系数可取 2.5，而对用于保护频繁起动电动机的熔断器，系数则可取 3~3.5 倍。

② 保护多台电动机时，熔断器的额定电流可按下式计算，即

$$I_{er} \geqslant (1.5 \sim 2.5) I_{Memax} + \Sigma I_{Me} \tag{1-2}$$

式中，I_{Memax}为容量最大的一台电动机额定电流；ΣI_{Me}为其余电动机的额定电流之和。

1.4 接触器

接触器是一种用于频繁地接通或断开交直流主电路、大容量控制电路的控制电器。接触器除能自动切换外，还具有手动开关所缺乏的远距离操作、失电压及欠电压保护功能。接触器体积小、价格低、寿命长、维护方便，主要用于控制电动机的起动、反转、制动和调速等，因此是电力拖动和自动控制系统中最重要、最常用的一种低压电气元件。

1.4.1 接触器结构和工作原理

电磁式低压电器是电气控制系统中最典型、应用最广泛、类型众多的一类电器，它们的工作原理和构造基本相同。接触器和继电器属于最常用的电磁式低压电器，也是传统继电接触器控制系统的重要组成部分。

1. 电磁机构

接触器属于电磁式低压电器的一种，接触器结构一般包括电磁机构、触点、灭弧装置、支架和底座等。接触器在电路图中的图形符号和文字符号如图 1-16 所示。

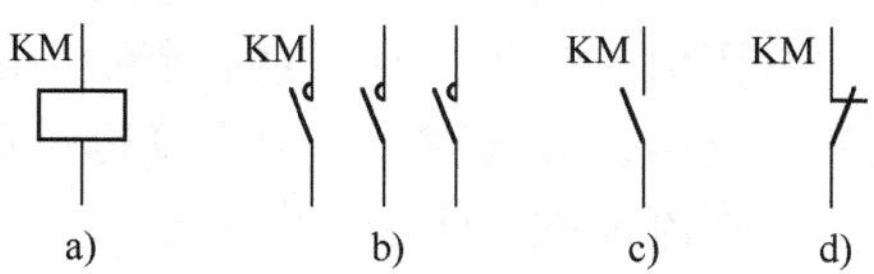

图 1-16 接触器的图形和文字符号
a) 线圈 b) 主触点 c) 辅助常开触点 d) 辅助常闭触点

电磁机构由电磁线圈、铁心、衔铁和复位弹簧等组成。接触器电磁线圈通电后，铁心中产生磁通，该磁通对衔铁产生的吸力大于反力，通过气隙把电磁能转换为机械能，使衔铁带动触点动作，主触点在衔铁的带动下闭合，从而接通主电路；同时，衔铁还带动辅助触点动作，使常闭触点先断开，常开触点后闭合。当电磁线圈失电压或欠电压时，铁心中的磁通消失或减弱，吸力也随之消失或减弱，衔铁在复位弹簧作用下复位，使主触点、辅助触点的常开触点断开，常闭触点重新闭合，实现接触器的失电压或欠电压保护。

根据衔铁相对铁心的运动方式，电磁机构可分为直动式和拍合式两种，拍合式又分为衔铁沿棱角转动和衔铁沿轴转动两种。图 1-17a~c 所示是衔铁做直线运动的直动式铁心，主要用于中小容量交流接触器和继电器中。图 1-17d 所示为衔铁沿棱角转动的拍合式铁心，铁心一般用电工软铁制成，广泛应用于直流接触器和继电器中。图 1-17e 所示为衔铁沿轴转动的拍合式铁心，铁心一般用硅钢片叠成，常用于较大容量的交流接触器中。

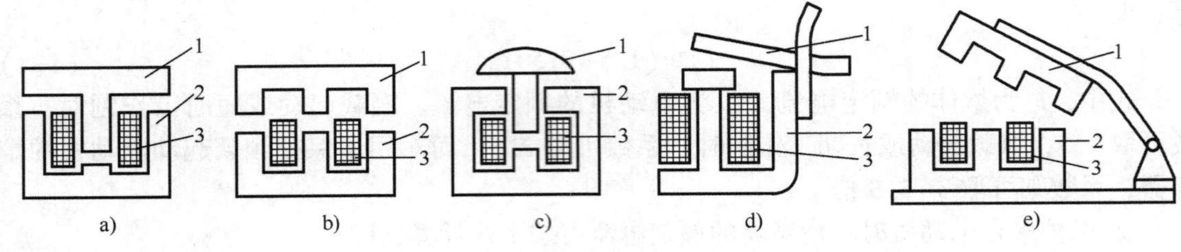

图 1-17　常用磁路结构

1—衔铁　2—铁心　3—吸引线圈

电磁机构的工作原理通常用吸力特性和反力特性来表征，具体如下。

（1）吸力特性

吸力特性是指电磁结构使衔铁吸合的力与空气气隙的关系曲线。根据麦克斯韦电磁力计算公式可知，如果气隙中的磁场均匀分布，则电磁吸力与电磁截面积及气隙磁感应强度 B 的二次方成正比，即

$$F_{at}=\frac{B^2S}{2\mu_0} \tag{1-3}$$

式中，F_{at}为电磁吸力（N）；B 为气隙中磁感应强度（T）；S 为磁极截面积（m^2），μ_0为真空磁导率，$\mu_0=4\pi\times10^{-7}H/m$。非磁性材料的磁导率约等于$\mu_0$，代入式（1-3），可得

$$F_{at}=\frac{10^7B^2S}{8\pi}=\frac{10^7}{8\pi}\frac{\Phi^2}{S} \tag{1-4}$$

即当截面积 S 为常数时，吸力 F_{at}与 B^2或 Φ^2成正比。若固定铁心与衔铁之间的气隙 δ 及外加电压值一定时，对于直流衔铁，电磁吸力是一个恒定值。对于交流电磁铁，由于外加正弦交流电压，其气隙磁感应强度也按正弦规律变化，即电磁吸力是随时间变化而变化的。此外，交直流衔铁在闭合或断开过程中，气隙 δ 是变化的，因此，电磁吸力 F_{at}又随 δ 值变化而变化，通常交流衔铁的吸力指的是平均吸力。

不同的电磁机构有不同的吸力特性。对于直流衔铁，励磁电流与气隙无关，始终为恒磁动势，吸力随气隙的减小而增大，吸力特性曲线比较陡峭，具体如图 1-18 的曲线 1 所示。对于交流衔铁，励磁电流与气隙成正比，始终为恒磁通，其吸力随气隙的减小而略有增大，吸力特性比较平坦，具体如图 1-18 的曲线 2 所示。

（2）反力特性

电磁机构使衔铁释放的力与气隙的关系曲线称为反力特性，反作用力包括弹簧力、衔铁自身重力、摩擦阻力等。反力特性如图 1-18 的曲线 3 所示。图中 δ_1为起始位置，δ_2为动、静触头开始接触时的位置。在 $\delta_1\sim\delta_2$范围内，反力随气隙减小而略有增大，到达 δ_2时，动、静触头开始接触，触头的初压力作用到衔铁上，反力骤增，曲线发生突变。在 $\delta_2\sim0$ 区域内，气隙越小，触头压得越紧，反力越大。

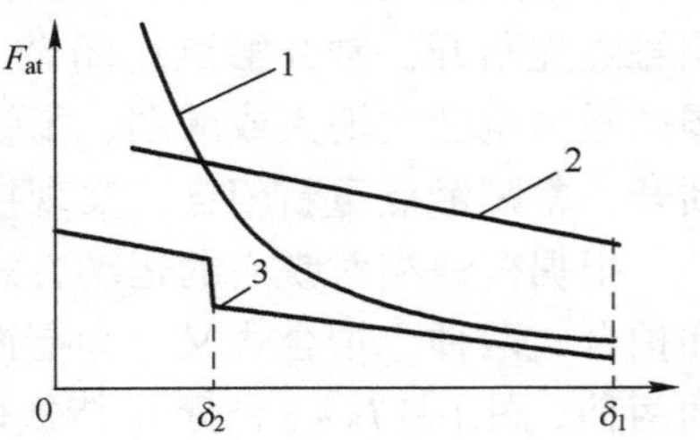

图 1-18　吸力特性与反力

1—直流电磁机构吸力特性

2—交流电磁机构吸力特性

3—反力特性

（3）吸力特性与反力特性的配合

为使电磁机构能正常工作，吸力特性与反力特性配

合必须得当。吸合过程中，吸力必须大于反力，即吸力特性始终位于反力特性上方，但也不能过大或过小。吸力过大，动、静触头接触以及衔铁与铁心接触时的冲击力过大，容易使触头和衔铁发生弹跳，从而导致触头熔焊或烧毁，影响电器的机械寿命；吸力过小，则会使衔铁运动速度降低，难以满足操作频率高的要求。反之，为保证衔铁可靠释放，反力必须大于吸力，即吸力特性必须始终位于反力特性的下方。

（4）交流电磁机构短路环的作用

交流电磁机构的电磁吸力是一个两倍于电源频率的周期性变量。电磁吸力大于反力时，衔铁吸合；电磁吸力小于反力时，衔铁释放。电源电压每变化一个周期，衔铁吸合两次、释放两次。随着正弦交流电压的变化，衔铁周而复始地吸合与释放，从而使得衔铁产生振动并发出噪声，甚至使铁心松散，因此必须采取有效措施予以克服。

具体措施是在铁心端部开一个槽，槽内嵌入短路环，短路环一般包围 2/3 的铁心端面，通常用黄铜或镍铬合金等材料做成，具体如图 1-19 所示。短路环把铁心中的磁通分为两部分，即不穿过短路环的主磁通 Φ_1 和穿过短路环的磁通 Φ_2，两者大小相近，且 Φ_2 滞后 Φ_1 相位差 90°，两相磁通不会同时过零，使合成吸力始终大于反力，从而消除了振动和噪声。

2. 触头

触头属于电器的执行部件，通常由动、静触点组合而成，主要起到接通和分断控制电路的作用。

（1）触头的结构形式

触头按其结构形式可分为指形触头和双断点桥式触头两种，如图 1-20 所示。指形触头只有一个断口，一般多用于接触器的主触点。这种触头通断时会产生滚动摩擦，触头开距大，虽然增大了电器体积，但能自动清除表面的氧化物，一般可用铜或铜基合金材料，成本低。指形触头接触压力大，稳定性高，但触头闭合时冲击能量大，会影响机械寿命。

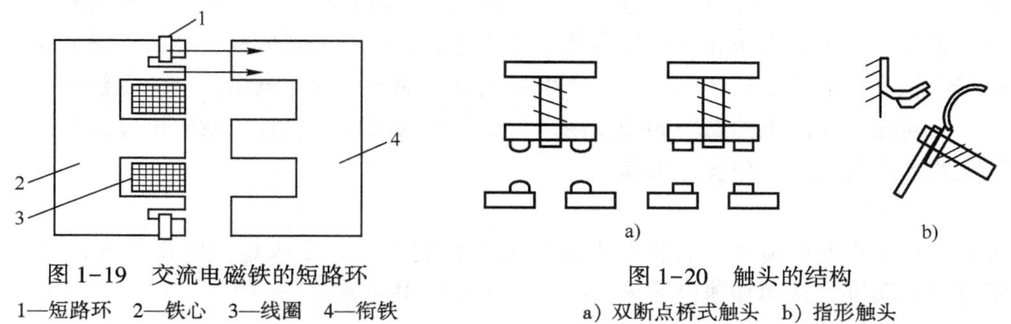

图 1-19　交流电磁铁的短路环

1—短路环　2—铁心　3—线圈　4—衔铁

图 1-20　触头的结构

a）双断点桥式触头　b）指形触头

双断点桥式触头是两个面接触的触头，具有两个有效灭弧区域，灭弧效果很好。通常，双断点桥式触头开距较小，所以触头闭合时冲击能量小、结构较紧凑、体积小，从而有利于提高接触的机械寿命。双断点桥式触头一般没有滚动摩擦，不能自动清除触头表面的氧化物，触头一般需用银或银基合金材料制造，成本较高。

（2）触头的接触形式

触头按其接触形式可分为点接触、线接触和面接触三种，如图 1-21 所示。

图 1-21a 为点接触，它由两个半球形触头或一个半球形与一个平面形触头构成，这种结构容易提高单位面积上的压力，减小触头接触电阻，常用于接触器的辅助触点或继电器触

点等小电流的电器。

图 1-21b 为线接触，触头闭合或断开滚动进行。闭合时，触头先在 A 点接触，通过弹簧压力再由 B 点滚动到 C 点，断开时作反相运动。这样，一方面可自动清除触头表面的氧化物，另一方面触点长期工作的位置不是在易灼烧的起始点 A 点，而是在工作点 C 点，从而保证了触头的良好接触。线接触多用于中等容量接触器的主触点。

图 1-21c 为面接触，这种触头一般在接触表面上镶有合金，以减小触头接触电阻和提高耐磨性。面接触允许通过较大的电流，多用在较大容量接触器或断路器的主触头。

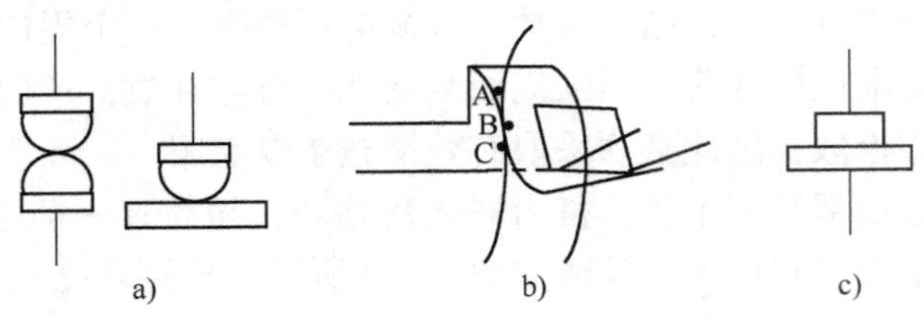

图 1-21　触头的接触形式

a）点接触　b）线接触　c）面接触

（3）触头的分类

触头按其所控制的电路分为主触头和辅助触头。主触头用于接通或分断主电路，允许通过较大的电流；辅助触头用于接通或断开控制电路，只允许通过较小的电流。

触头按其原始状态可分为常开触头和常闭触头。线圈未通电时断开，线圈通电后闭合的触点叫常开触点，常用符号 NO（Normal Open）表示；线圈未通电时闭合，线圈通电后断开的触点叫常闭触点，常用符号 NC（Normal Close）表示。

3. 灭弧装置

电弧实际上是一种气体放电现象。当动、静触头于通电状态下脱离接触的瞬间，动、静触头的间隙很小，电路电压几乎全部降落在触头之间，在触头间形成极高的电场强度，产生大量的带电粒子，形成炽热的电子流，产生弧光放电现象，称为电弧。电弧既妨碍电路的正常分断，又对触头有严重的腐蚀灼烧作用。为此，必须采用适当且有效的措施进行灭弧，从而保证电路和电气元件工作安全可靠。

（1）灭弧罩

灭弧罩通常用耐弧陶土、石棉水泥或耐弧塑料制成。灭弧罩是让电弧与固体介质相接触，降低电弧温度，从而加速电弧熄灭的一种比较常用的装置。

（2）磁吹式灭弧

图 1-22 是磁吹式灭弧的原理图。吹弧线圈 1 用扁铜线制成，中间装有铁心 3，它们之间由绝缘套筒 2 隔离。铁心两端装有两片导磁夹板 5，夹持在灭弧罩 6 的两边，动触点 7 和静触点 8 位于灭弧罩内，处在导磁夹板之间，粗黑线代表电弧，负载电流产生的磁场方向如图所示。电动力使电弧被拉长并吹入灭弧罩 6 中，加快电弧冷却并熄灭。这种灭弧装置被广泛地应用于直流接触器中。

（3）灭弧栅

灭弧栅的原理如图 1-23 所示。电弧在吹弧电动力作用下被吹入一组静止的相互绝缘的金属片内，这组金属片即栅片，它由多片间距为 2~3 mm 的镀铜薄钢片组成并装在触头上方的灭弧室内。灭弧栅片属于导磁材料，它将电弧上部的磁通通过灭弧栅片形成闭合回路。由于钢片磁阻比空气磁阻小很多，因此，电弧磁通上部稀疏，下部稠密，从而形成由下向上的电磁力，将电弧吸入栅片而分割成若干段串联的短电弧。当交流电压过零时，电弧将自然熄灭。电弧若要重燃，栅片之间必须有 150～250 V 的电弧压降。这样，电弧由于外加电压不足而迅速熄灭。另一方面，灭弧栅片还具有吸收电弧热量的作用，从而使电弧过零熄灭后很难重燃。这是一种常用的交流灭弧装置，主要用于大电流的刀开关与大容量交流接触器中。

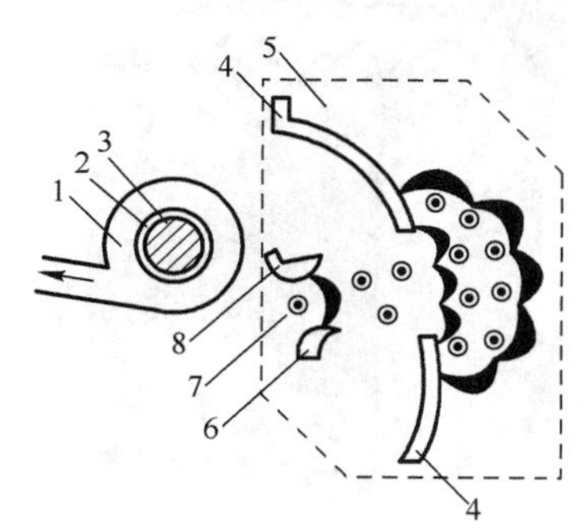

图 1-22 磁吹式灭弧装置

1—吹磁线圈 2—绝缘套 3—铁心 4—引弧角
5—灭弧罩 6—动触点 7—导磁夹板 8—静触点

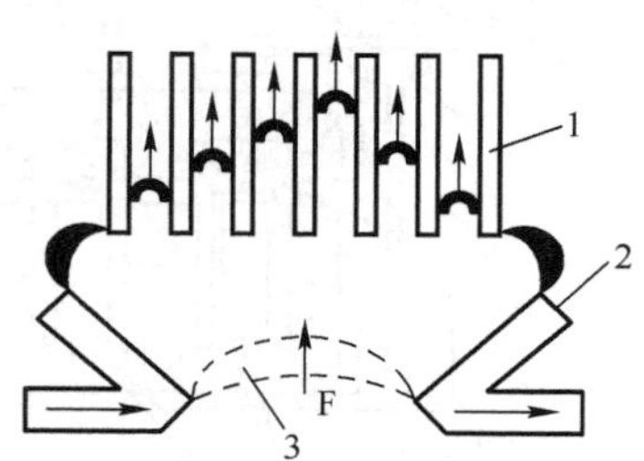

图 1-23 栅片灭弧原理图

1—灭弧栅片 2—触点 3—电弧

1.4.2 接触器分类

接触器种类很多，按操作方式分为电磁接触器、气动接触器和电磁气动接触器；按灭弧介质分为空气电磁式接触器、油浸式接触器和真空接触器等；按其主触点通过的电流种类，分为直流接触器和交流接触器；按主触头的极数又可分为单极、双极、三极、四极和五极等几种。直流接触器一般为单极或双极，交流接触器大多为三极，四极多用于双回路控制，五极用于多速电动机控制或者自动式自耦减压起动器中。

1. 交流接触器

交流接触器线圈通以交流电，主要用于频繁地接通和分段控制交流电动机等电器设备。图 1-24 为交流接触器的结构原理与实物图，它主要由以下部分组成。

（1）电磁机构

电磁机构形式根据铁心和衔铁运动方式，可分为衔铁绕棱角转动拍合式、衔铁绕轴转动拍合式、衔铁直线运动螺管式等三种。

交流电磁机构线圈通入交流电会产生涡流和磁滞损耗。为了减小因涡流和磁滞损耗造成的能力损失和温升，铁心和衔铁用硅钢片叠压而成，线圈绕在骨架上做成扁而厚的形状并与铁心隔离，这样有利于铁心和线圈的散热。

（2）主触点和灭弧系统

主触点截面积较大，一般为平面型，主要用于接通、断开电流较大的主电路。根据主触点容量大小，有桥式触点和指形触点两种形式，主触点多为常开触点，一般用于主电路中。

（3）辅助触点

辅助触点截面积较小，具体分为辅助常开触点、辅助常闭触点两种，均为桥式双断点形式。辅助触点不设灭弧装置，所以它不能用来分合主电路，主要是在控制电路中起到联动作用，完成和接触器有关的逻辑控制。

（4）其他部分

其他部分有绝缘外壳、反作用弹簧、缓冲弹簧、触点压力弹簧、短路环、传动机构、支架和底座等。

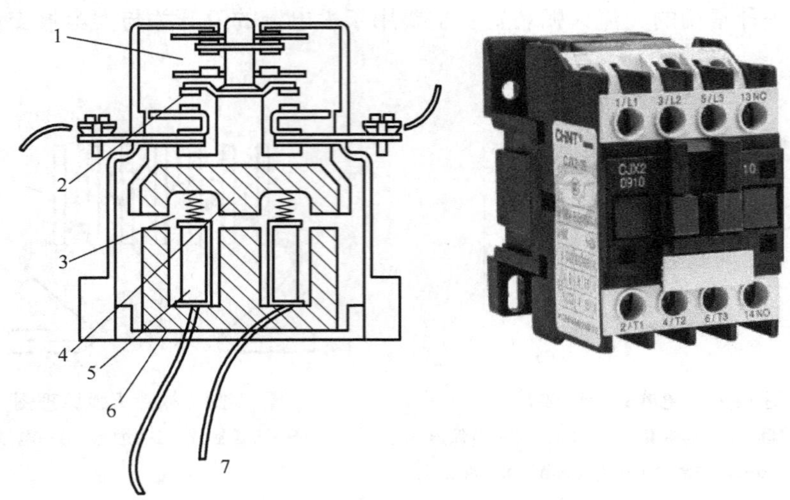

图 1-24　交流接触器的结构原理与实物图

1—辅助触点　2—主触点　3—反作用力弹簧　4—衔铁　5—线圈　6—静铁心　7—控制电源

2. 直流接触器

直流接触器主要用于远距离接通和分断直流电路，以及频繁地对直流电动机进行起停、换向与制动等操作。直流电磁结构线圈通入直流电，电磁机构多采用沿棱角转动的拍合式结构，主触点多采用线接触的指形触点，辅助触点则采用点接触的桥式触点。直流接触器灭弧比较困难，一般采用灭弧能力较强的磁吹式灭弧装置。

直流接触器电磁结构不会产生涡流和磁滞损耗，所以不会发热。铁心和衔铁用整块电工软钢做成。为使线圈散热良好，通常将线圈绕制成长而薄的瘦高型，而且不设线圈骨架，线圈与铁心直接接触以利于散热。

大容量直流接触器往往采用串联双绕组线圈，其中一个线圈为起动线圈，另一个线圈为保持线圈，接触器本身的常闭辅助触点与保持线圈并联。起动瞬间，保持线圈被常闭触点短接，起动线圈可获得较大的电流和吸力；接触器动作后，常闭触点断开，两线圈串联，电流减小，但仍可保持衔铁吸合，因而可减少能量损耗并延长电磁线圈使用寿命。

1.4.3　接触器技术参数

1. 额定电压

接触器的额定电压是指主触点的额定电压。交流有 220 V、380 V 和 660 V，特殊场合应用的额定电压高达 1140 V，直流有 110 V、220 V 和 440 V。

2. 额定电流

接触器的额定电流是指主触点的额定电流，即允许长期通过的最大电流，一般有 5 A、

10 A、20 A、40 A、60 A、100 A、150 A、250 A、400 A 和 600 A。

3. 线圈的额定电压

线圈的额定电压是指加在线圈上的电压。通常电压等级分为交流 36 V、110 V、220 V 和 380 V，直流 24 V、48 V、110 V 和 220 V。

4. 通断能力

通断能力可分为最大接通电流和最大分断电流。最大接通电流是指触点闭合时不会造成触点熔焊时的最大电流值；最大分断电流是指触点断开时能可靠灭弧的最大电流。一般通断能力是额定电流的 5~10 倍。

5. 动作值

动作值可分为吸合电压和释放电压。吸合电压是指接触器吸合前，缓慢增加吸合线圈两端的电压，接触器可吸合时的最小电压。释放电压是指接触器吸合后，缓慢降低吸合线圈的电压，接触器释放时的最大电压。一般规定，吸合电压不低于线圈额定电压的 85%，释放电压不高于线圈额定电压的 70%。

6. 额定操作频率

额定操作频率以次/h 表示，即允许每小时接通的最多次数。通常，交流接触器为 600 次/h，直流接触器为 1200 次/h。操作频率不仅表征接触器响应速度，还将直接影响线圈温升和接触器使用寿命。

7. 机械寿命和电气寿命

接触器是频繁操作电器，应有较高的机械和电气寿命，两者都用万次表示，该参数也是产品质量重要指标之一。

目前，接触器产品种类繁多，常用的有西门子、欧姆龙、施耐德、ABB、德力西、正泰等品牌。常用的交流接触器型号有 CJ10、CJ12、CJ20、CJ40、CJX1、CJX2、西门子 3TB、施耐德 LC1-D 等系列。CJ10、CJ12 系列为早期全国统一设计的系列产品，目前仍在广泛地使用，CJ20 主要技术参数如表 1-1 所示。

表 1-1　CJ20 系列交流接触器主要技术参数

型号	额定电压/V	额定电流/A	电动机最大功率/kW	操作频率/(次/h)	线圈		机械电气寿命/万次
					起动功率/VA	吸持功率/VA	
CJ20-10	380 V	10	2.2	1200	65	8.3	1000
CJ20-25		25	11		93.1	13.9	1000
CJ20-40		40	22		175	19	1000
CJ20-63		63	30		480	57	1000
CJ20-100		100	50		570	61	1000
CJ20-160		160	85		855	82	1000
CJ20-400		400	200	600	3578	250	600
CJ20-630		630	300		3578	250	600

常用的直流接触器型号有 CZ0、CZ18 系列等，其中 CZ18 系列为 CZ20 系列的换代产品，表 1-2 为 CZ18 系列直流接触器技术参数。

表 1-2　CJ18 系列直流接触器主要技术参数

型号	额定电压/V	额定电流/A	辅助触点数目	操作频率/(次/h)	线圈电压/V	线圈消耗功率/W	机械寿命/万次	电气寿命/万次
CZ18-40	440 V	40	两常开两常闭	1200	24、48、110、220、440	22	500	50
CZ18-80		80				30		
CZ18-160		160		600		40		
CZ18-315		315				43		
CZ18-630		630				50	300	30

1.5　继电器

继电器是一种利用各种物理量的变化，将电学量或非电学量信号转换为触头的动作或电路参数的变化的电器，实际上属于用小电流控制大电流运作的一种自动开关。继电器输入量可以是电流、电压等电学量，也可以是温度、时间、速度、压力等非电学量，从而构成各种不同控制原则和功能的继电器，用于对控制电路进行信号传递、自动调节、安全保护和转换。此外随着半导体器件的发展，还出现了真空继电器、固态继电器等新型继电器。

1.5.1　继电器分类与特性

1. 继电器分类

继电器种类繁多，按工作原理分为电磁式继电器、感应式继电器、电动式继电器、热继电器和电子式继电器等；按输入信号的物理性质分为电压继电器、电流继电器、时间继电器、温度继电器、速度继电器、压力继电器、液位继电器、脉冲继电器等；按线圈通电种类可分为交流继电器、直流继电器；按用途分为控制用继电器和保护用继电器等。

2. 电磁式继电器特性

电磁式继电器的结构和工作原理与电磁式接触器相似，一般也由反映输入量变化的感测机构，以及完成机械或半导体触点通断的输出执行结构组成。继电器的主要特性是输入-输出特性，又称作继电特性，其曲线具体如图 1-25 所示。

当继电器输入量由零增至 x_2 以前，输出量 y 为 0。当输入量增加到 x_2 时，衔铁吸合，输出量 y 为 1，x 再增大，输出量 y 仍然保持为 1。当 x 减小到 x_1 时，衔铁释放，输出量 y 为 0，x 再减小，输出量 y 继续保持为 0。

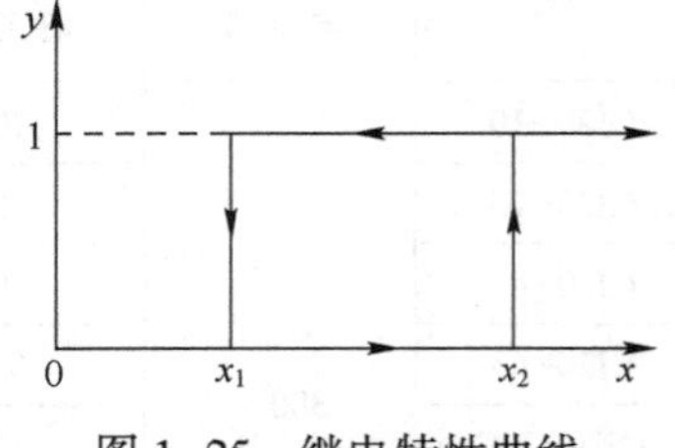

图 1-25　继电特性曲线

这里，将 x_2 称为电磁机构的动作值，电磁机构欲吸合，输入量必须等于或大于 x_2；x_1 称为电磁机构的释放值，电磁机构欲释放，输入量必须等于或小于 x_1。$k=x_1/x_2$ 称为继电器的返回系数，它是继电器的重要参数之一。

继电器的另外两个重要参数是吸合时间和释放时间。吸合时间是指从线圈接受电信号到衔铁完全吸合所需的时间；释放时间是指从线圈断电到衔铁完全释放所需的时间。一般继电器的吸合时间与释放时间为 0.05～0.15 s，快速继电器为 0.005～0.05 s，它的大小直接影响着继电器的操作频率。

3. 继电器与接触器异同点

无论继电器输入量是电学量还是非电学量，继电器最终目的都是控制触头的分断或闭合，从而控制电路通断，这一点接触器与继电器是相同的。但它们又有区别，主要表现在以下两个方面。

1）控制电路不同　接触器主要用于控制主电路等大电流电路，接触器具有主触点和灭弧装置；继电器主要用于控制回路等小电流电路，继电器没有灭弧装置，也无主辅触点之分。

2）输入信号不同　接触器输入量只有电压，而继电器输入量可以是电压、电流等电学量，也可以是时间、压力、温度、液位、速度等非电学量。

1.5.2　电磁式继电器

1. 电压继电器

电压继电器输入量为电压，一般主要用于电力拖动系统的电压保护和控制，图形符号和文字符号如图 1-26a 所示。电压继电器线圈的匝数多而线径细，线圈必须与负载并联。常用的有欠电压继电器和过电压继电器。

电路正常工作时，过电压继电器不动作，而当电路电压超过额定电压的 105%～120%以上时，过电压继电器吸合，用作电路的过电压保护。直流电压不会产生波动较大的过电压，所以没有直流过电压继电器。相反，电路正常工作时，欠电压继电器吸合，而当电路电压减小到额定电压的 40%～70%以下时，欠电压继电器释放，用作电路的欠电压保护。

零电压继电器本质上来说属于欠电压继电器，其整定值较欠电压继电器的值小得多，当电路电压降低到额定电压的 5%～25%释放，对电路实现零电压保护。

2. 电流继电器

电流继电器输入量为电流，图形符号和文字符号如图 1-26b 所示。电流继电器使用时线圈与负载串联，线圈的匝数少而线径粗，如此一来，线圈上的压降就很小，不会影响负载电路的电流。常用的电流继电器有过电流继电器和欠电流继电器。

电路正常工作时，过电流继电器不动作，当电路中电流超过某一整定值时，过电流继电器吸合动作，用作电路的过电流保护。相反，电路正常工作时，欠电流继电器吸合动作，当电路中电流减小到某一整定值以下时，欠电流继电器释放，用作电路的欠电流保护。

3. 中间继电器

中间继电器实质上属于电压继电器的一种，当线圈通电时，衔铁在电磁力作用下动作吸合，带动触点动作，使常闭触点断开，常开触点闭合；线圈断电，衔铁在弹簧的作用下带动动触点复位，使常开触点重新断开，常闭触点重新闭合。

中间继电器有交、直流之分，可分别用于交流控制电路和直流控制电路。中间继电器触点对数多、触点容量大、动作灵敏度高，主要将控制信号传递、放大、翻转、分路、隔离和记忆，以达到一点控制多点、小功率控制大功率、弱电控制强电的功能。图形和文字符号如图 1-26c 所示。

中间继电器又可分为通用型继电器、电子式小型通用继电器、电磁式中间继电器、采用集成电路构成的无触点静态中间继电器等类型。选用电磁式继电器时，主要考虑线圈工作电压和电流、触头容量、吸合电压、释放电压、外形尺寸和线圈温升等因素。

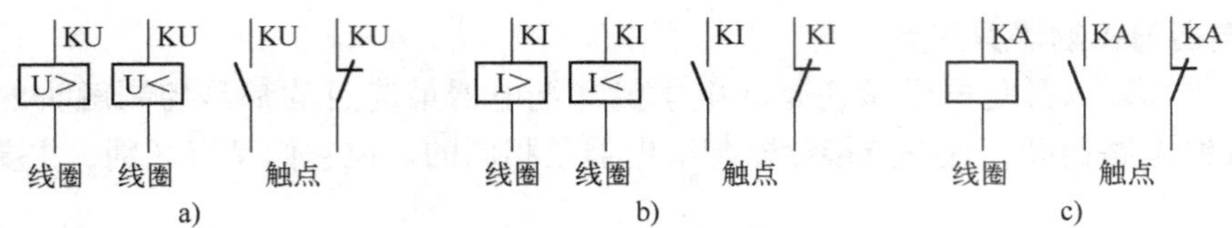

图 1-26　电磁式继电器的图形和文字符号

a）电压继电器　b）电流继电器　c）中间继电器

线圈工作电压和电流是指正常工作时所需的电压和电流，应根据实际需要进行选择。触头容量是指接通电路能力大小，使用时不可超过该容量。吸合电压是指电磁式继电器能产生吸合动作的最小线圈电压，该值应以线圈额定工作电压为准，但不可超过最大线圈电压，否则会烧毁线圈。释放电压是指电磁式继电器释放时的最大线圈电压，当减小到一定程度时，继电器触点将恢复到原始状态。此外，电磁式继电器外形尺寸应依允许的安装空间而定，并必须在允许的最大温升内工作，否则将会因温度过高而使性能变差甚至烧毁。

1.5.3　热继电器

动画演示
热继电器
1-7

1. 热继电器作用

电动机在实际运行中，若机械或电路异常可能会造成电动机过载运行、欠电压运行，以及缺相运行，此时，电动机转速下降、绕组电流增大，从而使电动机绕组温度升高。若过载电流不大且时间较短，电动机绕组不超过允许温升，这种过载是允许的；若过载电流较大且时间较长，电动机绕组温升一旦超过允许值，将使电动机绕组老化，严重时甚至会使电动机绕组烧毁，大大缩短电动机的使用寿命。热继电器就是一种利用电流的热效应原理，在出现电动机不能承受的过载电流时切断电动机电路，为电动机提供过载保护的保护电器。热继电器的图形和文字符号如图 1-27 所示。

2. 热继电器分类

热继电器按热元件相数分，共有两相式和三相式两种类型，三相式又有三相带断相保护和不带断相保护两种类型；按复位方式分，共有手动复位和自动复位两种类型；按电流调节方式分，共有无电流调节和电流调节两种。

3. 热继电器工作原理

热继电器主要由热元件、双金属片、触点、复位弹簧和电流调节装置等组成。双金属片既是热继电器的感测元件，又是执行元件，它由两种不同线膨胀系数的金属用机械碾压而成。线膨胀系数大的称为主动层，常用铜或铜镍铬合金制成；线膨胀系数小的称为被动层，常用铁镍合金制成。电流调节装置可用于使用旋钮调节整定电流的热继电器。

图 1-28 是热继电器的结构原理和实物图。热元件串联于电动机主回路中。电动机正常运行时，热元件仅能使双金属片弯曲，还不足以使触头动作。当电动机过载时，即流过热元件的电流超过其整定电流时，热元件的发热量增加，使双金属片弯曲得更厉害，位移量增大，经一段时间后，双金属片推动导板使热继电器的常闭触头断开，切断电动机的控制电路，使电动机停车。热继电器动作后一般不能立即复位，需待电流正常后，双金属片复原再按复位按钮，才能使之回到正常状态。

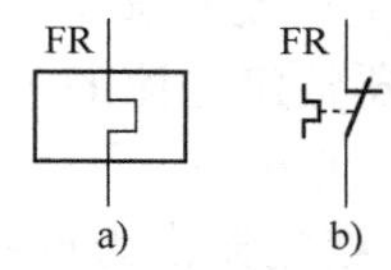

图 1-27　热继电器的图形和文字符号
a）热元件　b）常闭触点

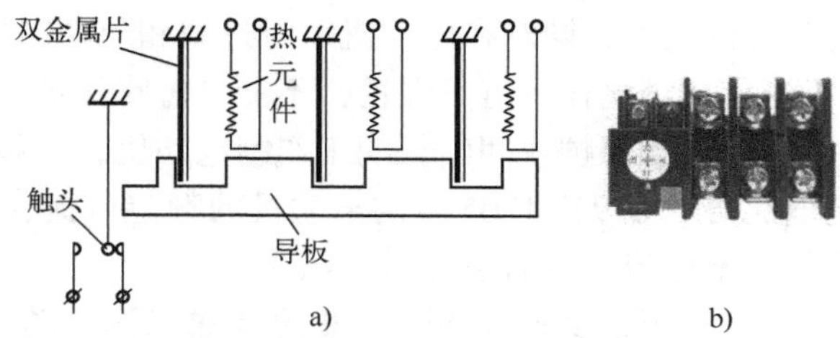

图 1-28　热继电器的结构原理与实物图
a）结构原理图　b）实物

4. 热继电器保护特性

根据热平衡关系可知，在允许温升条件下，电动机通电时间与其过载电流平方成反比，即具有反时限特性。

电动机在不超过允许温升的条件下，电动机的过载电流与电动机通电时间的关系称作过载特性，具体如图 1-29 中的曲线 1 所示。曲线 2 和 3 分别为冷态和热态过载反时限特性，曲线 4 为断相保护特性。热继电器过载曲线 2 和 3 不能与电动机允许的过载反时限曲线 1 有交点。从图中可看出，电动机正常工作时，热继电器不应发生动作；电动机过载时，热继电器中具有电阻发热元件，过载电流通过电阻发热元件产生的热效应使感测元件动作，从而带动触点动作完成保护作用。热继电器的动作时间不应太大，以免电动机绕组受到损坏，但也不能动作太快，以充分发挥电动机的过载能力，保证电动机稳定运行。同时，过载特性应避开电动机的起动电流，以免产生误动作。

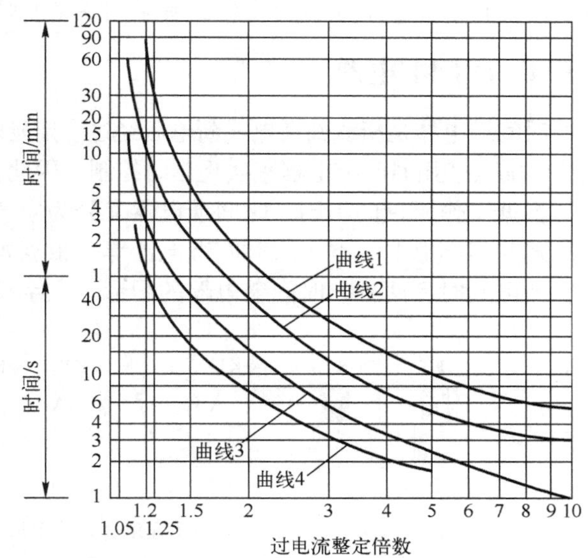

图 1-29　热继电器的保护特性

5. 热继电器的技术参数

额定电压：热继电器能够正常工作的电压，一般为交流 220 V、380 V 和 600 V。

额定电流：热继电器的额定电流主要是指通过热继电器的电流。

额定频率：一般而言，其额定频率按照 45～62 Hz 设计。

整定电流范围：整定电流是指热继电器的热元件长期允许通过，而又不致引起继电器动作的电流值。对于某一热元件，可通过调节电流旋钮，在一定范围内调节其整定电流。

安装方式：安装方式具体有独立安装式、导轨安装式和接插安装式。

6. 热继电器的选用

选用热继电器时必须了解电动机的情况，例如工作环境、起动电流、负载性质、允许过载能力等。

1）原则上应使热继电器的安秒特性尽可能与电动机的过载特性重合，或者在电动机的过载特性之下，同时在电动机短时过载和起动的瞬间，热继电器应不误动作。

2）热继电器具有热惯性，不能作短路保护，一般应考虑与短路保护的配合问题。

3）对于保护或间断长期工作制电动机，一般按电动机的额定电流来选用。热继电器整定电流可取0.95~1.05倍的电动机的额定电流，或者取热继电器整定电流的中值等于电动机的额定电流，然后进行运行调整。

4）对于正反转和通断频繁的特殊工作电动机，不宜采用热继电器作为过载保护装置，而应使用埋入电动机绕组的温度继电器或热敏电阻进行保护。

5）对于星形联结的电动机可选用两相或三相热继电器，而三角形联结的电动机应选择带有断相功能的热继电器。

6）安装时，热继电器一般布置在控制柜下面，连接导线截面积和长度应在允许范围内。

7）热继电器有手动复位和自动复位两种。采用按钮控制的起停电路，热继电器可设置为自动复位形式；对于重要设备，宜采用手动复位形式。

1.5.4 时间继电器

时间继电器是指线圈通电或断电后经过一定延时，触点才闭合或断开的继电器。许多应用场合常需要使用时间继电器来实现延时控制，因此，它是一种最常用的低压控制器件之一。

根据工作原理的不同，时间继电器又分为空气阻尼式时间继电器、电动式时间继电器、电磁式时间继电器、电子式时间继电器等。根据延时方式不同，时间继电器又分为通电延时型和断电延时型两种。时间继电器的图形、文字符号和实物如图1-30所示。

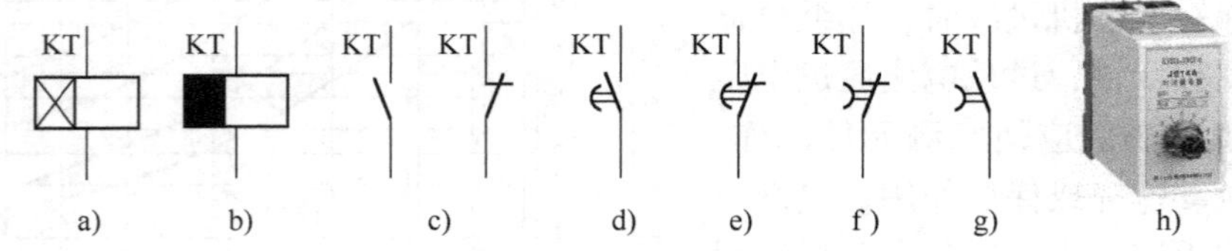

图1-30　时间继电器的图形、文字符号和实物图

a）通电延时线圈　b）断电延时线圈　c）瞬动触点　d）通电延时闭合常开触点
e）通电延时断开常闭触点　f）断电延时闭合常闭触点　g）断电延时断开常开触点　h）实物图片

通电延时型：线圈通电，瞬动常闭触点断开，瞬动常开触点闭合；延迟一定时间后，通电延时常闭触点断开，通电延时常开触点闭合。线圈断电后，瞬动触点和通电延时触点复位。

动画演示
通电延时型
时间继电器
1-8

断电延时型：线圈通电，瞬动常闭触点断开，瞬动常开触点闭合，断电延时常闭触点断开，断电延时常开触点闭合；线圈断电延迟一定的时间后，瞬动常开触点断开，瞬动常闭触点闭合，断电延时常开触点断开，断电延时常闭触点闭合。

动画演示
断电延时型
时间继电器
1-9

选用时间继电器时，主要考虑的要求是延时范围、类型、精度和工作条件。过去应用最广泛的是空气阻尼式和电子式时间继电器两类。目前，时间继电器已由电磁式逐步向静态型发展，静态型时间继电器

具有延时范围广、精度高、显示直观、体积小、调节范围广及寿命长等优点。

1.5.5 速度继电器

动画演示
速度继电器
1-10

速度继电器是反映转速和转向的继电器，主要用于三相异步电动机反接制动的控制电路中，它的任务是当三相电源的相序改变以后，产生与实际转子转动方向相反的旋转磁场，从而产生制动力矩迫使电动机迅速降速，当电动机转速接近零时切断电源使之停车。速度继电器图形和文字符号如图 1-31 所示。

速度继电器主要由定子、转子和触点三部分组成。转子是一圆柱形永久磁铁，定子是一个笼型空心圆环，由硅钢片冲压而成，并装有笼型绕组。图 1-32 为速度继电器的结构原理和实物图。速度继电器的转子与电动机轴相连接，定子与轴同心。当电动机转动时，速度继电器的转子随之转动，绕组切割磁场产生感应电动势和电流，在此电流和永久磁铁的作用下产生转矩，定子在感应电流和力矩的作用下跟随转动。当到达一定转速时，装在定子轴上的摆锤推动动触点动作，使常闭触点断开，常开触点闭合。当电动机转速低于某数值时，定子产生的转矩减小，触点在簧片作用下返回到原来位置，使对应的触点恢复到原来状态。速度继电器有两对常开触点和常闭触点，可分别控制电动机正、反转的反接制动与能耗制动。

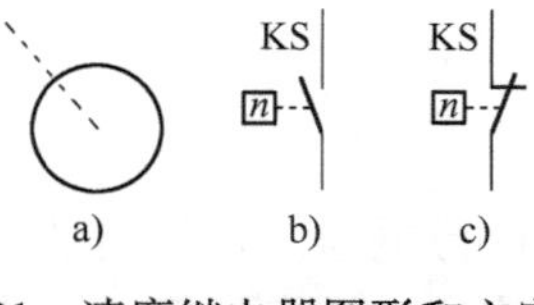

KS KS
a) b) c)

图 1-31 速度继电器图形和文字符号

a）转子 b）常开触点

c）常闭触点

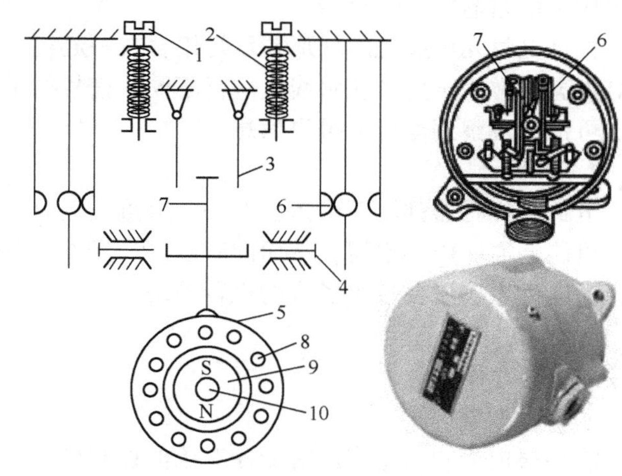

图 1-32 速度继电器的结构原理与实物图

1—调节螺钉 2—反力弹簧 3—杠杆 4—推杆 5—摆锤 6—触点 7—摆杠 8—笼型导条 9—永磁转子 10—转轴

速度继电器主要根据电动机的额定转速进行选择。速度继电器额定转速有 300~1000 r/min 与 1000~3000 r/min 两种，动作转速为 120 r/min 左右，复位转速在 100 r/min 以下。

1.6 指示和报警电器

指示和报警电器主要用来对电气控制系统的电源通断、运行状态、故障报警及其他信息等进行声光指示。典型产品主要有信号灯、柱灯、电铃和蜂鸣器等。指示灯、电铃和蜂鸣器的图形、文字符号和实物如图 1-33 所示。

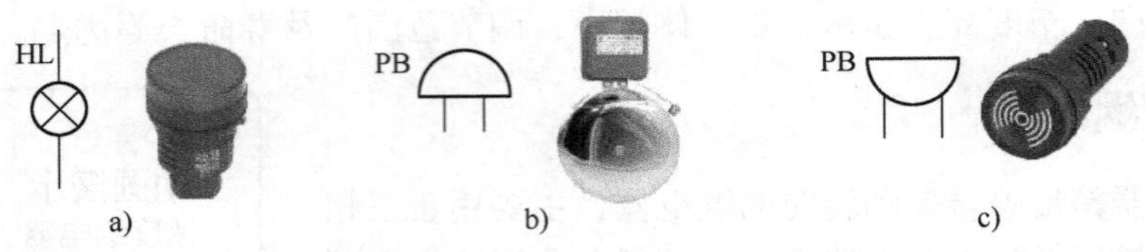

图 1-33　指示和报警电器图形、文字符号和实物
a）指示灯　b）电铃　c）蜂鸣器

1. 光指示

指示灯外形结构多种多样，主要由壳体、发光体、灯罩等组成，其中发光体主要有白炽灯、氖灯和半导体型三种。发光颜色有黄、绿、红、白、蓝等，具体如下。

红色指示灯用于紧急状态指示，对需要立即处理的警报或异常情况进行报警，常用于设备的重要部分被保护电器切断、温度超过规定限制等。

黄色指示灯对不正常状态、参数接近极限值进行警告，常用于参数超出上下限值等。

绿色指示灯用于正常状态和允许操作指示，常用于电气设备及电源运行正常的指示。

蓝色指示灯用于强制控制，表示需要操作人员采取行动，例如输入指令等。

白色指示灯没有特殊意义，若对以上指示灯存在不确定时，允许使用白色，一般用于正常工作和电路通电等信号指示。

柱灯是将几种颜色的环形指示灯组合在一起组成的指示灯，不同的控制信号使不同的指示灯点亮，常用于生产流水线上进行不同的信号指示。柱灯体积比较大，即使远处的操作人员也可清晰观察到运行或报警信息。

2. 声指示

电铃和蜂鸣器都属于声指示器件。警报发生时，有时不仅需要指示灯指示具体的故障状态，可能还需要声响报警，从而同时以声、光方式告知操作人员。蜂鸣器一般用在控制设备上，而电铃主要用在较大场合的报警系统。

1.7　执行电器

能够根据控制信息完成对受控对象的控制作用的元件称作执行电器。执行电器将电能或流体能量转换成机械能或其他能量形式。按照控制要求改变受控对象的机械运动状态或压力等状态。执行器件根据输入能量不同可分为电动、气动和液压三大类。

1. 电动执行器件

电动执行器件将电能转换成机械能以实现长期连续可靠地往复运动或回转运动，在控制系统及电路中应用最广泛。电动执行器件具有调速范围宽、响应速度快、安装灵活、使用方便等特点，在特殊环境条件下，还能满足防爆、防腐、耐高温等要求。

常用的电动执行器件有电磁铁、电磁阀、电磁制动器和电动机等，图形和文字表示符号具体如图 1-34 所示。

（1）电磁执行器件

电磁铁是利用通电的线圈吸引铁心的衔铁，并把电磁能转换为机械能，从而使相关的机械装置进行动作，以保持某种机械零件、工件于固定位置的一种电器。

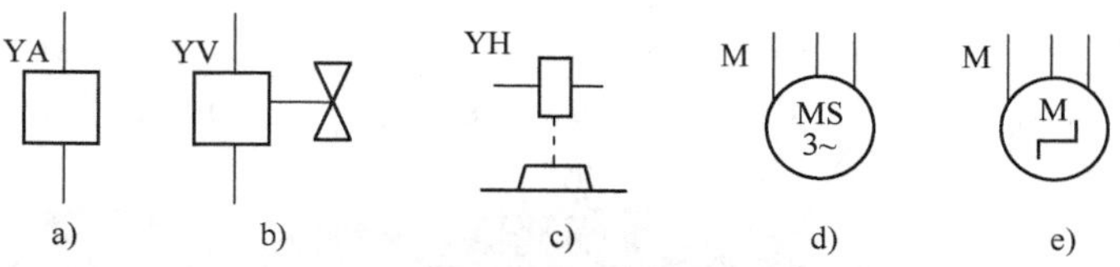

图 1-34　电动执行器件图形及文字符号

a）电磁铁　b）电磁阀　c）电磁制动器　d）三相永磁交流伺服电动机　e）步进电动机

电磁铁主要由励磁线圈、铁心和衔铁三部分组成。当励磁线圈通以励磁电流后便产生磁场和电磁力，衔铁被吸合，并带动机械装置完成一定的工作。电源断开时，电磁铁的磁性消失，衔铁或其他零件被释放。

电磁阀是由电磁线圈和磁心组成，包含一个或多个孔的阀体。当线圈通电或断电时，磁心运动使流体通过阀体或被阻断，利用状态发生的转换，从而在控制系统中调整流体介质的方向、流量、速度和其他参数。常用的电磁阀有二位二通、二位三通、二位四通、二位五通、三位、四位电磁阀等。

电磁制动器的作用就是产生制动力矩使电动机迅速而准确地停止运转，在机床、吊车等机械设备中有广泛的应用。电磁制动器由制动器、电磁铁或电力液压推动器、摩擦片、制动盘或闸瓦等组成。需要制动时，制动器利用电磁力将高速旋转的轴立即“抱死”，即电磁刹车或电磁抱闸，从而实现快速停车。这种停车方式的特点是制动力矩大、响应速度快、结构简单、价格低廉，但容易使旋转的设备损坏，一般用于转矩不大、制动不频繁的场合。

（2）电动机

电动机是最常用的驱动设备，具体包括三相笼型异步电动机、伺服电动机和步进电动机等。

三相异步电动机主要包括静止不动的定子和可旋转的转子，按照转子绕组结构不同，三相异步电动机可分为鼠笼型和绕线式两种。三相笼型异步电动机主要部件分 7 大部分：①定子，含定子铁心、定子绕组等；②机壳，含机座、端盖等；③转子，含转子铁心、转子绕组、转轴等；④风扇；⑤接线盒、接线板等接线部件；⑥轴承及相关配件，⑦铭牌和相关标志。

图 1-35 是具有内、外轴承盖的电动机结构和部件拆解图，其端盖轴承室为全通孔，该电动机防护等级为 IP54，安装方式为 IMB3。定子由机座、定子铁心和定子绕组组成。为了减小涡流和磁带损失，定子铁心由互相绝缘的硅钢片叠成，内圆表面有槽用来放置定子绕组，线圈用绝缘的铜导线绕制。转子主要由转子铁心、转子绕组和转轴组成。转子铁心为圆柱形，外圆周上有槽，槽内放置转子绕组，转子固定在转轴上。三相异步电动机转子的转速低于旋转磁场的转速，转子绕组与磁场间存在着相对运动而产生电动势和电流，并与磁场相互作用产生电磁转矩。三相笼型异步电动机由于结构简单、坚固耐用、维护方便、价格便宜等优点获得了广泛的应用。

绕线式转子绕组和定子绕组均由绝缘导线做成绕组元件，转子三相绕组通常接成星形，星形绕组的 3 根端线接到装在转轴上的三个集电环上并通过电刷与外电路相连接。另外，绕线式转子还可通过集电环和电刷在转子电路中接入附加电阻，以改善异步电动机的起动性能或调节电动机的转速，但正常工作情况下，转子绕组是短接的，并不接入附加电阻。

伺服电动机把所收到的电信号转换成电动机轴上的角位移或角速度输出。伺服电动机分为交流伺服电动机和直流伺服电动机。伺服电动机的精度主要取决于编码器的精度。高性能的电伺服系统大多采用永磁同步型交流伺服电动机。控制驱动器多采用快速、准确定位的全数字位置伺服系统。

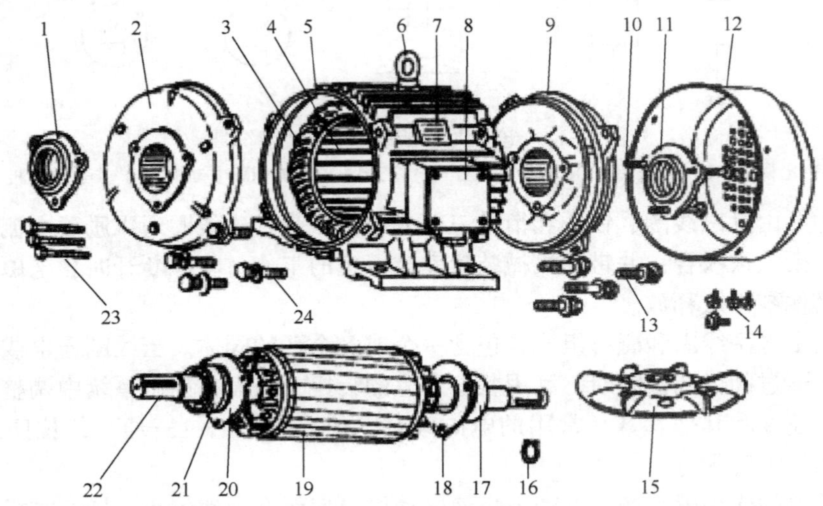

图 1-35　具有内、外轴承盖的 IP54、IMB3 型电动机结构及拆解图

1、11—轴承外盖　2、9—端盖　3—定子绕组　4—定子铁心　5—机座　6—吊环　7—铭牌　8—接线盒　10、23—轴承盖螺栓　12—风扇罩　13、24—端盖螺栓　14—风扇罩螺钉　15—外风扇　16—外风扇卡圈　17、21—轴承　18、20—轴承内盖　19—转子铁心和笼型绕组　22—转轴

步进电动机是一种将电脉冲信号转换成相应角位移或线位移的电动机。步进电动机每接收一个脉冲信号，转子就转动一个角度或前进一步，其输出的角位移或线位移与输入的脉冲数成正比，转速与脉冲频率成正比。

2. 气动执行器件

气动执行器件的作用是将气体能转换成机械能以实现往复运动或回转运动，其结构简单、重量轻、工作可靠并具有防爆特点，在中小功率的化工石油设备和生产自动线上应用较多。气缸实现直线往复运动，电动机实现回转运动。

气缸由前端盖、后端盖、活塞、气缸筒、活塞杆等构成，一般用0.5~0.7MPa 的压缩空气作为动力源，行程从数毫米到数百毫米，输出推力从数十千克到数十吨。气缸按结构分为单作用式和双作用式两种，前者的压缩空气从一端进入气缸，使活塞向前运动，靠另一端的弹簧力或自重使活塞复位；后者气缸活塞的往复运动均由压缩空气推动。

电动机按工作原理分为摆动式和回转式两类，前者实现有限回转运动，后者实现连续回转运动。摆动电动机是依靠轴上的销轴来传递转矩的，停止回转时有很大的惯性力作用在轴心上，即使调节缓冲装置也不能消除这种作用，因此需要采用油缓冲或外部缓冲。回转气动马达可实现无级调速并且具有过载保护作用，只要控制气体流量即可调节功率和转速。过载时电动机只降低转速或停转，但不超过额定转矩。

3. 液压执行元件

液压执行元件将液压能转换为机械能以实现往复运动或回转运动。液压执行元件功率大、运行平稳，通常用于大功率的控制系统。按原理可分为液压缸、摆动液压马达和旋转液压马达三类。

液压缸实现直线往复机械运动，输出力和线速度。单作用液压缸仅向活塞一侧供高压油，活塞反向靠弹簧或外力完成；双作用液压缸能向活塞两侧交替供高压油。单出杆液压缸活塞杆从缸体一端伸出，两个运动方向的力和线速度不相等；双出杆液压缸活塞杆从缸体两端伸出，两个运动方向具有相同的力和线速度。

摆动液压马达实现有限往复回转机械运动，输出力矩和角速度，其动作原理与双作用液压缸相同，只是高压油作用在叶片上的力对输出轴产生力矩，带动负载摆动做机械功。这种液压马达结构紧凑、效率高，能在两个方向产生很大的瞬时力矩。

旋转液压马达实现无限回转机械运动，输出转矩和角速度。它的特点是转动惯量小，换向平稳，便于起动和制动，对加速度、速度、位置具有极好的控制性能，可与旋转负载直接相连。旋转液压马达通常分为齿轮型、叶片型、柱塞型三种。

思考题与习题

1-1 简述常用低压电器如何分类?

1-2 低压断路器主要由哪几部分组成，各种脱扣器又是如何工作的?

1-3 熔断器用途是什么? 按结构和用途，熔断器如何分类?

1-4 一般应如何选择熔断器?

1-5 交流接触器的基本结构由哪几部分组成，各组成部分的作用是什么?

1-6 触头按照结构形式和接触形式如何分类?

1-7 线圈通电和断电时，常开触头和常闭触头如何动作?

1-8 电弧是如何产生的? 对电路有何影响? 常用的灭弧方法有哪几种?

1-9 什么是电磁式电器的吸力特性与反力特性? 这两种特性如何配合?

1-10 继电器与接触器有何异同?

1-11 什么是继电器特性曲线?

1-12 通电延时型与断电延时型时间继电器工作原理是什么?

1-13 什么是主令电器? 常用的主令电器有哪些?

1-14 行程开关是如何控制机械行程的?

1-15 指示和报警电器的作用是什么?

1-16 画出下列低压电器的文字符号和图形符号。

1）接触器线圈、主触点、辅助常开触点和辅助常闭触点；

2）中间继电器线圈和辅助触点；

3）时间继电器所有线圈和触点；

4）热继电器的热元件和常闭触点；

5）速度继电器的常开和常闭触点；

6）低压断路器和熔断器；

7）常开、常闭和复合按钮；

8）行程开关的常开和常闭触点；

9）指示灯和电铃；

10）三相笼型异步电动机。

第 2 章　电气控制电路基础

众所周知，各种生产机械大都由各种电动机拖动，不同的生产机械或生产工艺对电动机的控制电路要求也是不同的，例如，经常需要实现电动机起动、制动、正反转、调速等控制。所谓电气控制电路，就是根据一定的控制方式用导线将断路器、接触器、继电器、按钮、位置开关、保护电器等连接起来，以满足生产工艺工程的控制要求。任何复杂的电气控制电路都由这些基本的控制环节组合而成，只有熟练掌握这些基本的控制电路环节和工作原理，才能设计出复杂的电气控制电路。

本章主要介绍三相笼型异步电动机的基本控制电路，以及软起动器和变频器的使用方法，最后讲解电气控制电路的相关内容。

2.1　三相笼型异步电动机起动控制电路

三相异步电动机的起动控制有全压起动、减压起动和软起动等方式。全压起动时电源电压全部施加在电动机定子绕组上；减压起动即将电源电压降低一定数值后全部施加到电动机定子绕组上，待电动机转速接近或达到额定转速后，再使电动机全压运行；软起动即施加到电动机定子绕组上的电压按一定函数关系逐渐上升，直至起动过程结束，再使电动机全压运行。

2.1.1　全压起动

1. 刀开关控制电路

图 2-1 所示为采用刀开关直接起动控制电路。工作过程如下：合上刀开关 QS，电动机接通电源全压直接起动；断开刀开关，电动机断电停转，该电路只有主电路，没有控制电路，无法实现自动控制。此外，电路一般不设热继电器，仅用熔断器起短路保护作用，大多进行短时工作。

这种电路非常简单，主要适用于较小容量、起动不频繁的三相笼型异步电动机，例如小型台钻、冷却泵、砂轮机等。

2. 点动控制电路

某些生产机械设备时常需要点动运行，如龙门刨床横梁上、下移动，摇臂钻床立柱夹紧与放松，桥式起重机吊钩等操作都需要单向点动控制。所谓点动控制，就是按下起动按钮，电动机运行；一旦松开按钮，电动机立即停止。

知识讲解
点动控制–按钮
2-1

图 2-2 所示为最基本的点动控制电路，主电路由断路器 QF、接触器 KM 的主触点、热继电器 FR 的热元件和电动

机组成；控制电路由熔断器、停止按钮 SB1、起动按钮 SB2、接触器 KM 线圈组成。工作时，按下起动按钮 SB2，接触器 KM 线圈通电，KM 主触点闭合，电动机接通电源起动运行；一旦松开起动按钮 SB2，KM 线圈断电，KM 主触点断开，电动机立即断电停止运行。

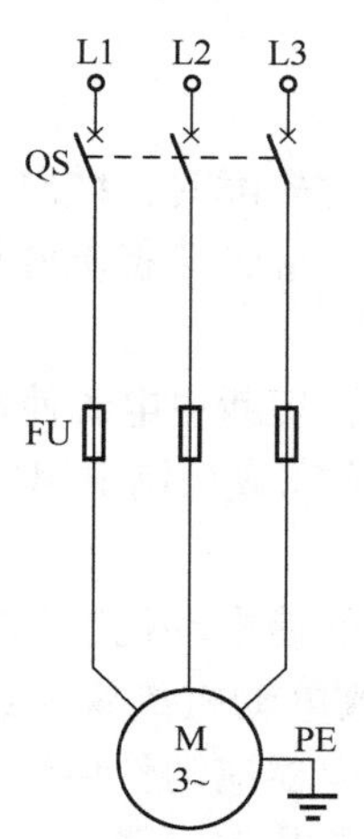
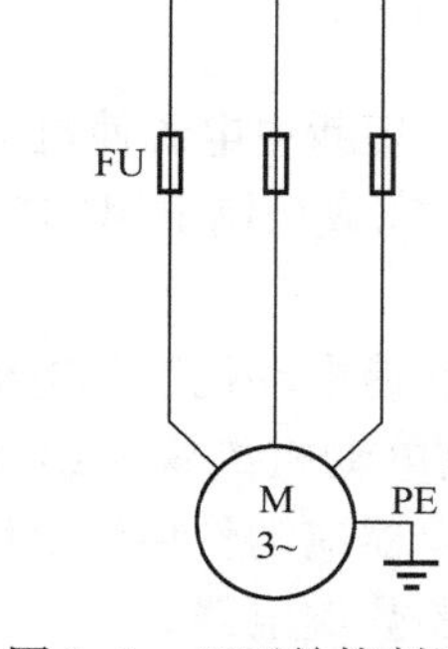

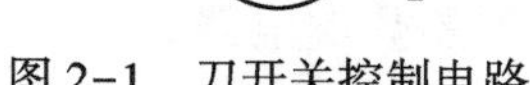

图 2-1　刀开关控制电路

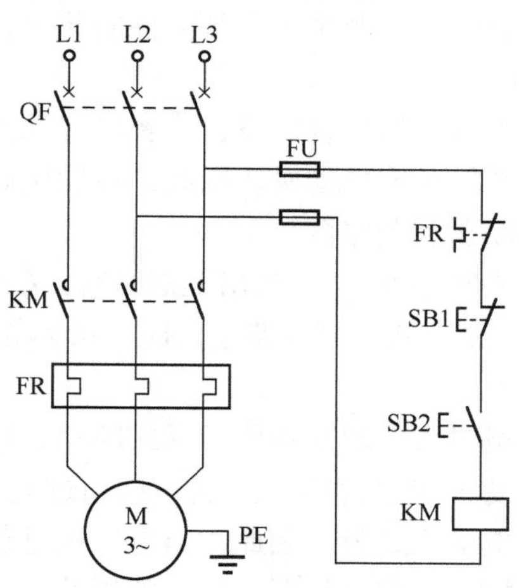

图 2-2　点动控制电路

点动控制电路结构简单、操作方便；缺点是直接通过主电路控制电动机起停，冲击电流对电动机和电网影响很大，只适合在较短时间内频繁起动和停止。

3. 连续控制电路

图 2-3 所示为三相笼型异步电动机连续控制电路。连续控制与点动控制的区别在于起动按钮 SB2 并联有 KM 辅助常开触点。

（1）电路工作原理

正常起动时，合上断路器 QF，主电路接入三相电源。按下起动按钮 SB2，接触器 KM 线圈通电，KM 主触点闭合，电动机接通电源全压起动；同时，与 SB2 并联的 KM 辅助常开触点也闭合，从而使接触器线圈有两条通电路径。此时，即使松开 SB2，接触器 KM 线圈仍可通过闭合的 KM 辅助常开触点继续通电，从而保证电动机的连续运行。停止时，按下停止按钮 SB1，接触器 KM 线圈断电，KM 主触点和辅助常开触点均断开，电动机断电停转。

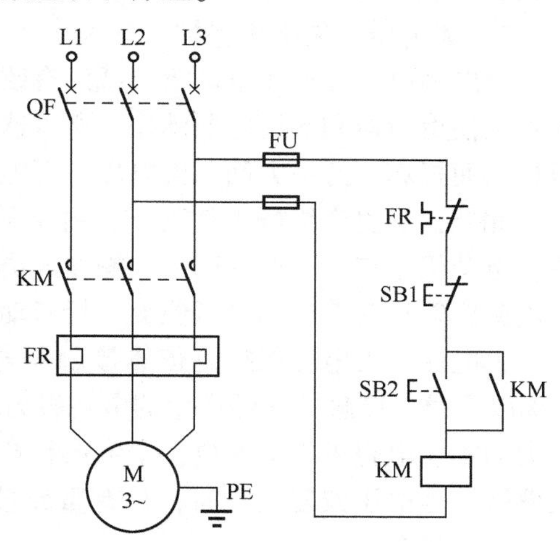

图 2-3　连续控制电路

这种由接触器本身辅助常开触点闭合使其线圈长期保持通电的环节称作“自锁”，接触器辅助常开触点因为起着自保持或自锁作用，通常称之为自锁触点。

知识讲解
全压起动
控制电路
2-2

按下起动按钮，电动机连续运行，电路具有记忆和保持功能；按下停止按钮，电动机停止运行，该电路称为起保停电路，这是最常用的控制电路。需要说明的是，自锁环节不仅仅用于电路的起停控制，凡是需要带记忆的控制，都常常运用自锁环节。

(2) 电路保护环节

电气控制系统不仅要满足生产工艺的要求，还应保证生产机械长期安全和可靠地运行。一旦发生故障或异常，电路应能保证生产机械和电气设备安全，并及时报警和停机。因此，保护电路也是所有电气控制系统必须考虑的部分。

1) 短路保护

当电动机绕组和导线绝缘损坏，或者电气元件及电路发生故障时，线路将产生很大的短路电流，从而烧毁线路或电动机。因此，在发生短路故障时，应迅速将电源切断。常用的短路保护电器是熔断器和断路器。

主电路中接入断路器 QF，当出现短路时，QF 立即动作，切断主电源使电动机停转；熔断器 FU 与控制电路串联，当电路短路时，熔体立即熔断从而完成控制电路的短路保护。

2) 过载保护

当电动机负载过大、起动操作频繁或断相运行时，将可能使电动机工作电流长时间超过其额定电流，电动机绕组过热，温度一旦超过允许值会导致电动机绝缘绕组损坏，寿命缩短，严重时会使电动机烧毁。因此，当电动机过载时，保护电器应动作切断电源，使电动机停转，避免电动机在过载下长期运行。常用的过载保护电器是热继电器。

需要注意的是，由于热继电器的热惯性很大，电动机短时过载或过载电流较小时，热继电器不会动作；过载时间比较长时，热继电器 FR 常闭触点断开控制电路，电动机停转，从而实现了电动机过载保护。

3) 欠电压和失电压保护

当电网电压降低而电动机负载没有改变时，电动机转速将下降使定子绕组电流增大，但尚不足使熔断器和热继电器动作，所以这两种电器起不到保护作用，时间过长将会引起电动机过热而损坏。另一方面，欠电压还可能引起一些电器释放而导致电路异常。

此外，当生产机械正常工作，由于某种原因发生电网突然停电时，电源电压将下降为零，电动机停转。一般情况下，操作人员不可能及时断开电源开关，若不及时采取措施，一旦电源恢复正常，电动机可能会自行起动而造成设备损坏和人身伤害事故。

欠电压和失电压保护是依靠接触器电磁机构来实现的。当电网电压降低到额定电压的 75%以下时，接触器线圈产生的电磁吸力小于复位弹簧的反力；或电网停电时，接触器电磁吸力为零，电磁机构均释放，主触点和自锁触点同时断开，切断主电路和自锁环节，使电动机停转。当电压恢复正常时，只有重新按下起动按钮 SB2 后，接触器线圈 KM 才会重新通电，电动机起动。

2.1.2 减压起动

全压起动的优点是线路简单、维修量较小。但需要注意的是，三相笼型异步电动机全压起动电流一般为额定电流的 4~7 倍，可能会对电网造成巨大冲击。此外，若变压器电源容量不够大而电动机功率较大时，全压起动将导致输出电压下降，不仅可能减小电动机起动转矩造成起动困难，还会影响电路中其他电器设备的正常工作。因此，较大容量的电动机需要减压起动。

减压起动是指将电压适当降低后加到电动机定子绕组上进行起动，待电动机起动运转后，再使其电压恢复到额定值正常运转，起动电流将会随电压降低而减小。另外一方面，由于电动机转矩与电压二次方成正比，减压起动也将同时导致电动机起动转矩大为降低。因此减压起动仅适用于空载和轻载场合。

减压起动有定子绕组串电阻或电抗器减压起动、定子绕组串自耦变压器减压起动、延边三角形减压起动、星形-三角形减压起动等多种方式。定子电路串电阻、定子绕组串自耦变压器和延边三角形方法已基本不用，这里只讲述星形-三角形减压起动。

星形-三角形起动方式就是在起动三角形联结的电动机时，将其接成星形联结，当电动机完成起动后再按三角形联结运行。星形-三角形减压起动控制电路如图 2-4 所示，该控制电路利用时间继电器实现电动机绕组，由星形联结变为三角形联结，这种选择时间作为参量进行控制的方式称为按时间原则控制。

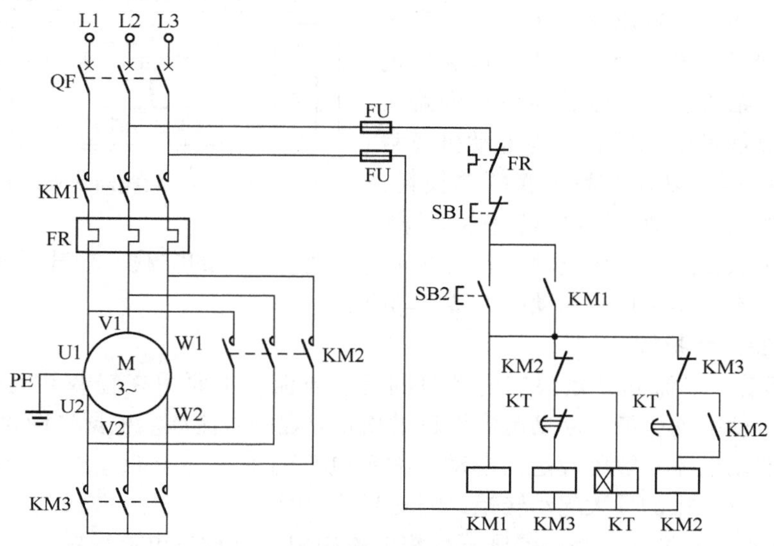

图 2-4　星形-三角形减压起动控制电路

起动过程如下：合上断路器 QF，按下起动按钮 SB2，接触器 KM1、KM3 与时间继电器 KT 线圈同时通电，接触器 KM1、KM3 的主触点闭合，电动机定子绕组连接成星形，电动机减压起动，时间继电器 KT 开始定时。KT 的定时时间到后，延时常闭触点断开，延时常开触点闭合，同时 KM2 常闭触点断开，时间继电器 KT 线圈断电接触器 KM3 线圈断电，接触器 KM2 线圈通电，电动机定子绕组换接成三角形接法，电动机加以额定电压正常运行。

星形-三角形起动时，定子绕组的电压实际上为整个电源电压的 $1/\sqrt{3}$，起动电流和转矩仅为直接起动方式的 1/3，电动机起动对电网的冲击力小，结构简单、投资较小，适用于频繁起动小型电动机。

知识讲解
星形-三角形降压
起动控制线路
2-3

2.1.3　软起动

如前所述，由于三相笼型异步电动机转矩与电压二次方成正比，减压起动会使电动机的起动转矩大幅降低，一般仅适用于空载或轻载场合。此外，电动机在短接或切除起动设备投入全压运行时，电压突变可能会产生电流跃变和冲击，不仅使拖动负载受到较大的机械冲击，还容易受电网电压波动的影响。为了克服上述缺点，人们研制了软起动器，从而对电动机进行软起动。

1. 软起动器的工作原理

图 2-5 所示为软起动器内部原理示意图。软起动器是一种集电动机软起动、软停车、轻载节能和多种保护功能于一体的新颖电动机控制装置，其主要起动装置是串接于电源与被控电动机之间的三相反并联晶闸管交流调压器，运用不同的方法，改变晶闸管的触发延迟角，即可调节晶闸管调压电路的输出电压。整个起动过程中，软起动器的输出是一个平滑的升压过程，直至晶闸管全导通使电动机工作在额定电压。起动过程结束，软起动器自动用旁路接触器取代已完成任务的晶闸管，为电动机正常运转提供额定电压，以降低晶闸管的热损耗，延长软起动器的使用寿命，提高其工作效率。

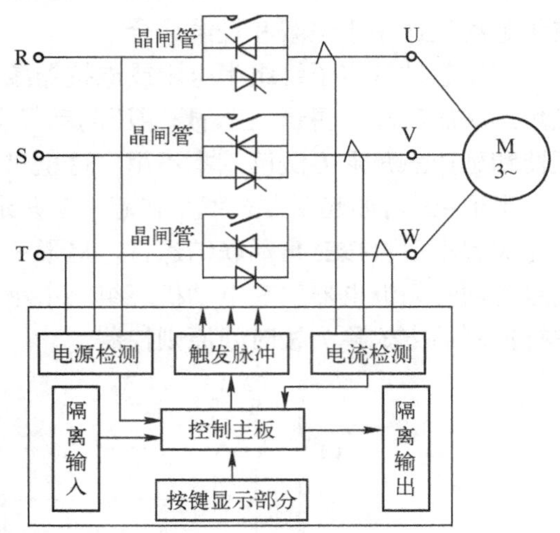

图 2-5　软起动器原理示意图

软起动的优点是降低电压起动、起动电流小，适合所有的空载、轻载异步电动机使用；但起动转矩小，不适用于重载起动的大型电动机。

2. 软起动器工作特性

1）限流起动　限流起动是限制电动机的起动电流，主要用在轻载起动时降低起动电压。限流起动可使电动机最大起动电流不超过预先设定的限流值。根据电网容量及电动机负载情况而定，起动电流一般可设定为电动机额定电流的 1.5~5.0 倍。这种起动方式在保证起动电压下发挥电动机的最大起动转矩，缩短起动时间。

2）斜坡起动　斜坡起动是在晶闸管移相电路中引入电动机电流反馈实现的，通过设定电动机输入电压或电流的上升速率完成电动机起动过程，起动转矩由小到大线性上升。电动机起动初始阶段的起动电流逐渐增加，当电流达到预先设定的限流值后保持恒定，直至起动完毕。起动过程中，电流上升速率可根据负载进行调整。斜坡越陡，电流上升速率越大，起动转矩越大，起动时间越短。这种方式是应用最多的起动方法，尤其适用于风机、泵类等负载。

3）转矩控制起动　该方式是在起动瞬间用脉冲阶跃转矩克服电动机的静转矩，然后转矩平滑上升，缩短起动时间，从而抑制浪涌转矩和降低冲击电流，改善电动机的起动特性。

4）脉冲阶跃起动　起动开始阶段，晶闸管在极短时间内通以较大电流，经过一段时间后回落，再按原设定值线性上升，进入恒流起动状态。该起动方式适用于重载并需克服较大静摩擦的起动场合。

5）停车方式　许多应用场合，不允许电动机瞬间停机而是逐渐停机。减速软停控制是指电动机需要停机时，软起动器通过调节晶闸管触发延迟角，从全导通状态逐渐减小，从而使电动机逐渐停车。这一过程时间较长，一般称为软停控制，停车的时间根据实际需要可在一定范围内进行调整。此外，软起动器具有能耗制动功能，即软起动器改变晶闸管触发方式，使交流电变为直流电，关闭主电路后，立即将直流电压施加到电动机定子绕组上，利用转子感应电流与静止磁场的作用达到制动目的，这种方式适用于惯性力矩大或需要快速停机的场合。

6）完善的保护、监控功能 新型的软起动器具有比较完善的保护、监控功能，并以中文菜单形式显示设备的运行或故障诊断信息。软起动器的主要保护功能有限流、过载、断相、短路等。一旦运行中出现故障，系统能快速关断晶闸管并发出报警信号。

3. 软起动器的应用举例

下面以 SIEMENS 公司的 SIRIUS 3RW44 型软起动器为例，介绍软起动器的典型应用。3RW44 型软起动器为满足高端应用要求，除了软起动和软停止外还提供众多其他功能。对于标准接线方式，该软起动器的功率范围可达 710 kW，对于内三角接线方式，功率范围可达 1200 kW。3RW44 型软起动器结构紧凑、节省空间，从而使控制柜布局更清晰。3RW44 型软起动器检测到电动机软起动完成后，集成的旁路触点就会触发旁路晶闸管，从而显著降低软起动器工作在额定值期间的热损耗。

3RW44 型软起动器使用具有背光照明的多行显示屏、按键和菜单提示执行操作和调试，通过四键操作及纯文本显示屏，选定菜单语言后，只需要简单的几步设定，即可快速、简便、可靠地对电动机软起动和软停止进行参数优化，参数设置和运行非常直观。另外，3RW44 型软起动器还可使用 Soft Starter ES 软件对软起动器进行参数设置、监控及维护诊断。

3RW44 型软起动器可使用可选的 PROFIBUS DP 模块，借助于通信功能、可编程控制输入及继电器输出，可非常简便、快速地将 3RW44 型软起动器集成到控制器。图 2-6 为 3RW44 使用接触器的主电路和控制电路接线示例图。

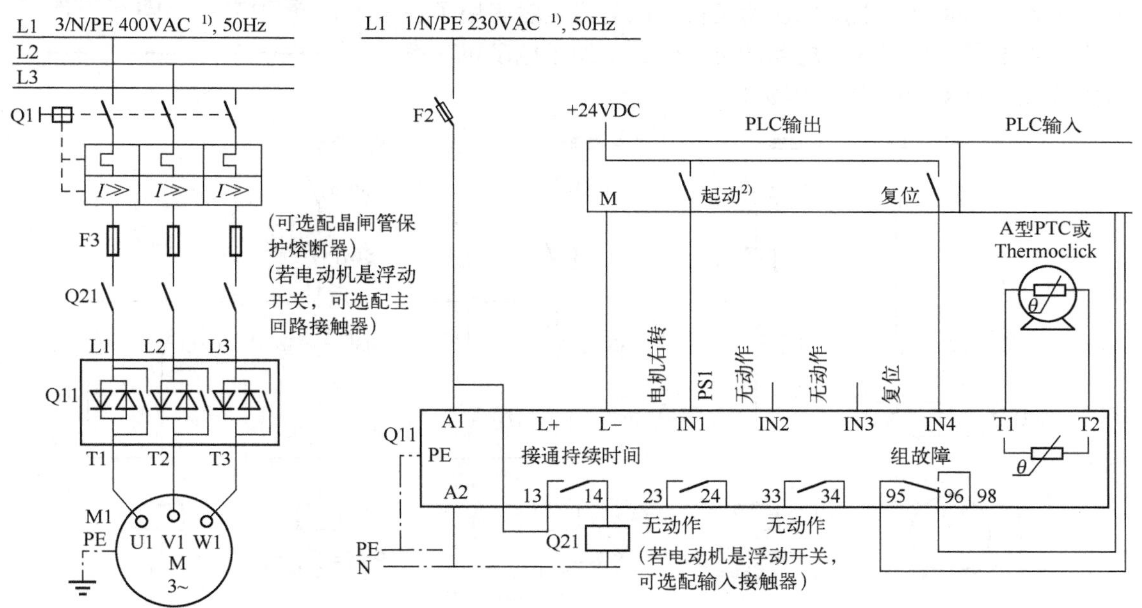

图 2-6　3RW44 主电路和控制电路接线示例

2.2　三相笼型异步电动机典型控制电路

2.2.1　点动和连续混合控制

有的生产机械既需要连续运转，又需要点动进行手动调整控制，即点动与连续混合电路，例如镗床在工作过程中，主轴既可以连续转动，又可使用点动控制调整刀具与被加工工件的相对位置。图 2-7 为能实现点动、点动/连续的几种控制电路。

知识讲解
点动控制–选择开关
2-4

图 2-7a 所示为利用选择开关 SB3 实现的控制电路。点动控制时，先把选择开关 SB3 断开，解除接触器 KM 自锁触点，再由按钮 SB2 进行点动控制；连续控制时，先把选择开关 SB3 闭合上，接入 KM 自锁触点，再由按钮 SB2 进行连续控制。这种方案由选择开关完成手动和自动模式切换，电路实用和可靠，应用比较普遍，适用于不需要经常点动控制操作的场合。

图 2-7b 使用复合按钮 SB3 来实现控制。点动控制时，按下复合按钮 SB3，其常闭触点先断开接触器 KM 自锁触点，常开触点后闭合，使接触器 KM 线圈通电，电动机点动运行；当松开复合按钮 SB3 时，其常开触点先断开，常闭触点后闭合，KM 线圈断电，主触点断开电源，电动机停止运行。连续控制时，按下按钮 SB2，接触器 KM 通电且自锁，电动机连续运行。这种方案需单独设置一个点动按钮，适用于经常需要点动控制操作的场合。

图 2-7c 使用中间继电器 KA 来实现控制。点动控制时，按下按钮 SB3，接触器 KM 线圈通电，电动机点动运行；连续控制时，按下 SB2，中间继电器 KA 线圈通电并自锁，接触器 KM 线圈通电，电动机连续运行。该电路虽然多用了一个中间继电器，但提高了电路的可靠性，适用于电动机功率较大并经常点动控制操作的场合。

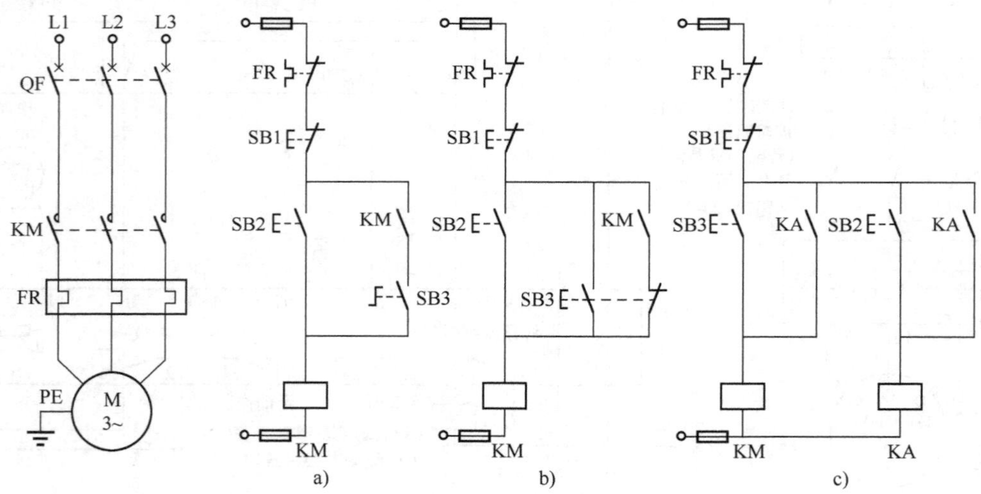

图 2-7　几种点动和连续混合控制电路

a）使用选择开关实现的控制电路　b）使用复合按钮实现的控制电路　c）使用中间继电器实现的控制电路

2.2.2　多地控制

日常生活或实际生产中，通常需要在多地进行操作控制。例如，电梯就需要多地控制，任意楼层上都能进行呼叫控制，人在轿厢里时使用轿厢按钮控制，人在轿厢外时使用

楼道按钮进行控制。另外，有的生产线规模较大，为了便于集中管理，一般可在中央控制室进行监控，而当需要调整、检修或排除紧急故障时，也可快速通过按钮箱进行就地控制。由图 2-3 得知，既然一组按钮可在一处控制，可以设想，想要进行多地控制，则使用多组按钮。

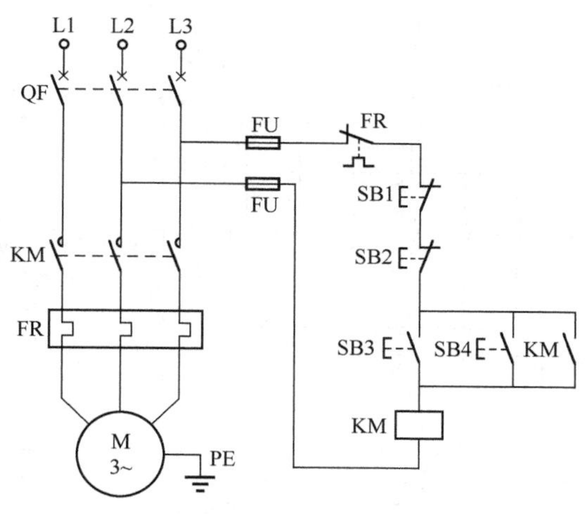

图 2-8　多地控制电路

图 2-8 所示为实现两地控制的控制电路。图中，SB1 和 SB3 为一组按钮，SB2 和 SB4 为另一组按钮，并且把这两组起停按钮分别放置两地，按下 SB3 或 SB4 均可起动电动机，按下 SB1 或 SB2 均可停止电动机运行，从而实现两地控制。因此，多地控制的接线原则是常开起动按钮应并联，即逻辑或的关系；常闭停止按钮应串联，即逻辑与非的关系，该原则也适用于更多地点的控制。

2.2.3　多条件控制

为了保证人员和设备的安全，往往要求两地或多地达到安全要求后同时操作才能起动生产机械设备。与多地控制电路相反，多条件控制的接线原则是常开起动按钮应串联，即逻辑与的关系；常闭停止按钮应并联，即逻辑或非的关系，该原则也适用于更多约束条件的控制。多条件控制电路运行中其他控制点发生了变化，设备不停止运行，只有所有条件成立，才能停止设备。

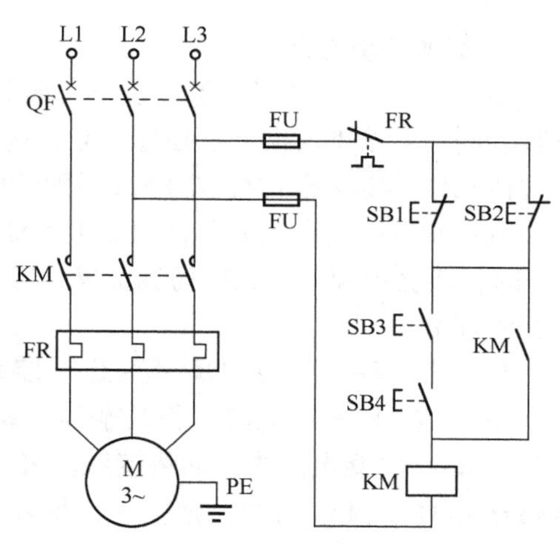

图 2-9　多条件控制电路

图 2-9 是以两组按钮为例的多条件控制线路。起动时，必须将 SB3 和 SB4 同时按下，接触器 KM 线圈才能通电自锁，电动机起动运行；而电动机需要停止时，必须同时按下 SB1 和 SB2，接触器 KM 线圈才能断电，电动机停转。

2.2.4　正反转控制

实际应用中，往往要求生产机械改变运动方向，例如电梯上升下降、机床工作台前进后退、自动门开启与关闭等，这就要求电动机能实现正、反转。

对于三相异步电动机来说，可借助正、反向接触器来对调三相电源进线中任意两相，即改变定子相序来实现正、反向控制，其电路如图 2-10a 所示。接触器 KM1 为正向接触器，接入 L1、L2、L3 三相，用于控制电动机正转；接触器 KM2 为反向接触器，接入 L3、L2、L1 三相，对调了三相电源的 L1、L3 两相，用于控制电动机反转。

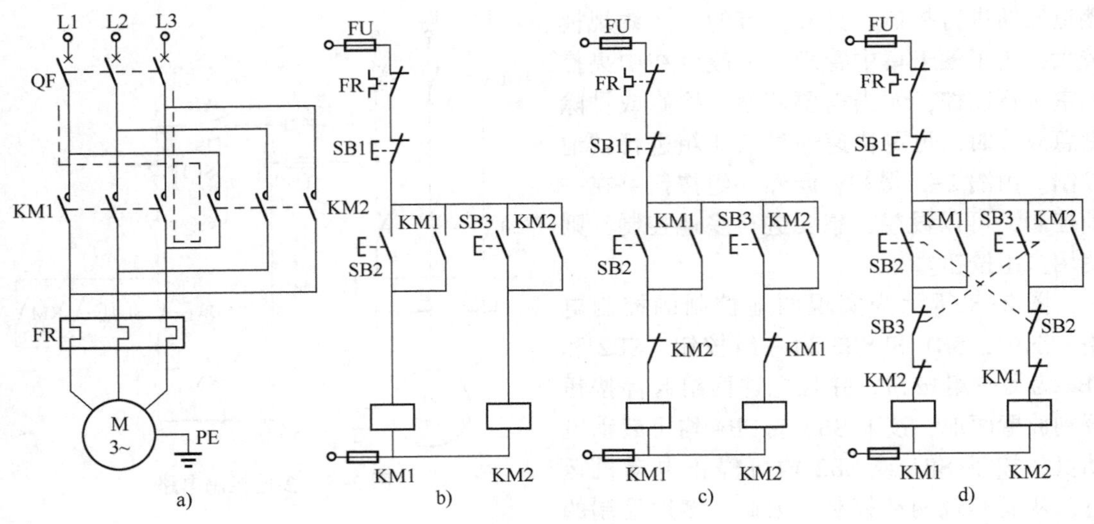

图 2-10 正反向控制电路

a）主电路 b）基本控制电路 c）正-停-反或反-停-正 d）正-反-停或反-正-停

1. 基本控制电路

图 2-10b 工作过程如下：按下正向起动按钮 SB2，接触器 KM1 线圈通电自锁，电动机正转。同理，按下反向起动按钮 SB3，接触器 KM2 线圈通电并自锁，电动机反转。按下停止按钮 SB1，接触器 KM1 或 KM2 线圈断电，电动机停止运行。

该控制电路优点是简单，但必须保证 KM1 与 KM2 不能同时通电，否则同时按下 SB2 和 SB3 时，将会引起电源相间短路故障，存在潜在的安全隐患。因此，必须要求电路设置必要的互锁环节。

2. "正-停-反"或"反-停-正"控制电路

图 2-10c 所示的电路，将接触器 KM1 的常闭触点串入接触器 KM2 线圈电路中，而将接触器 KM2 的常闭触点串入接触器 KM1 线圈电路中，则任一接触器线圈先通电后，主触点和辅助常开触点闭合，线圈实现自锁；同时，辅助常闭触点断开，即使按下相反方向的起动按钮，另一接触器线圈也无法通电，这样可保证最多只能有一个接触器通电，而另一个则不能通电。例如，按下正向起动按钮 SB2，接触器 KM1 线圈通电自锁，电动机正转，同时，KM1 常闭触点断开，即使按下反向起动按钮 SB3，接触器 KM2 也无法通电。

这种利用两个接触器的辅助常闭触点互相控制的逻辑关系称为互锁，即两者存在相互制约的关系。互锁有效地防止由于误操作而造成的两相短路故障。

该电路只能实现"正-停-反"或"反-停-正"，只有按下停止按钮，才能切换电动机的运转方向，操作极为不方便。例如，按下正向起动按钮 SB2，接触器 KM1 线圈通电并自锁，同时互锁 KM2 线圈，此时按下反向起动按钮 SB3，接触器 KM2 将无法通电。此时，只有先按下停止按钮 SB1，使 KM1 线圈断电，常闭触点重新闭合后，再按下反向起动按钮 SB3，接触器 KM2 线圈才能通电自锁，同时互锁 KM1 线圈，电动机反转。这样对需要频繁换向的设备来说很不方便，为了提高生产效率，简便换向操作，可利用复合按钮组成"正-

反-停”或“反-正-停”的互锁控制。

3. “正-反-停”或“反-正-停”控制电路

复合按钮动合、动断触点同样起到互锁作用，这样的互锁称作机械互锁或按钮互锁。复合按钮虽具有互锁功能，但实际使用中，由于短路电流或大电流的长期作用，一旦接触器电磁机构失灵或主触点熔焊在一起，主触点将不能正常断开，这时若另一接触器动作，将会造成电源相间短路事故，因此工作不可靠。

实际使用中，通常把两种联锁结合起来，电路既有接触器辅助常闭触点的电气互锁，又有复合按钮常闭触点的机械互锁，即同时具有电气、机械双重互锁控制，称为复合联锁电路，具体如图 2-10d 所示。该电路可实现不按下停止按钮，直接按反向按钮就能使电动机反向工作。例如，接触器 KM1 线圈自锁，电动机正转运行中，按下复合按钮 SB3，SB3 常闭触点先断开，接触器 KM1 线圈断电复位，KM1 辅助常闭触点闭合；其后，SB3 常开触点再闭合，接触器 KM2 线圈通电自锁，其辅助常闭触点断开，实现电动机换向自锁运行和联锁保护，反之亦然。所以，该电路可实现“正-反-停”或“反-正-停”控制，兼有按钮联锁和接触器联锁的优点，操作方便、安全可靠且反转迅速。

除了采用复合按钮外，还可使用转换开关或主令控制器等实现正反转控制。工程上通常还采用可逆接触器进行机械互锁，从而进一步保证正反转接触器不能同时通电，以提高电路安全可靠性。

2.2.5 自动停止控制

自动停止的正反转控制电路如图 2-11 所示，行程开关是由安装在运动部件上的撞块压合动作的，撞块安装位置可根据行程要求进行调节。该控制电路利用行程开关实现生产机械设备每次起动后自动停止在所要求的位置，这种选择行程作为参量进行控制的方式称为按行程原则控制。

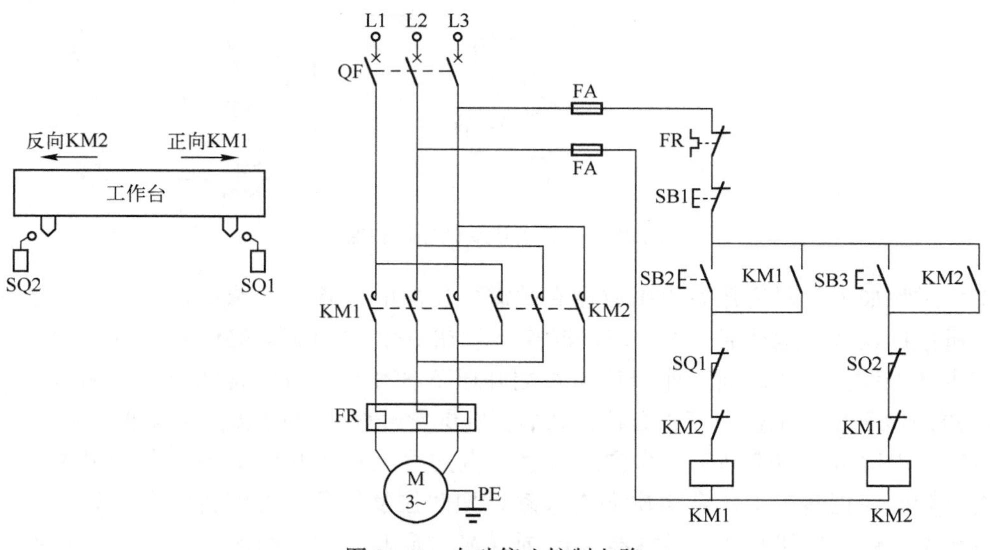

图 2-11　自动停止控制电路

图中，正转接触器 KM1 线圈电路中，串联接入正向行程开关 SQ1 的常闭触点；反转接触器 KM2 线圈电路中，串联接入反向行程开关 SQ2 的常闭触点。按下正向起动按钮 SB2，接触器 KM1 线圈通电自锁，同时互锁 KM2，电动机正转，工作台做正向移动，当达到右端极限位置后，安装在运动部件上的挡铁压下行程开关 SQ1，SQ1 常闭触点断开，接触器 KM1 线圈断电复位，电动机停转。这时，即使再次按下 SB2，接触器 KM1 线圈也不会通电。

因此，只有按下反向起动按钮 SB3，接触器 KM2 线圈通电并自锁，同时互锁 KM1，电动机反转，使运动部件退回，挡铁脱离行程开关 SQ1，其常闭触点复位，从而为下次正向起动做好准备。反向自动停止的控制原理与上文所述一样，该电路方向切换需手动控制。

2.2.6 自动循环控制

生产机械的某个运动部件，如摇臂钻床、万能铣床、镗床等，需要在一定的范围内往复循环运动，以便连续加工。电动机的正、反转是实现工作台自动往复循环的基本环节。图 2-12 为自动往复循环控制电路，与自动停止电路相比较，SQ1、SQ2 行程开关各使用了一对常开和常闭触点，同时加入超限限位保护用行程开关 SQ3、SQ4。

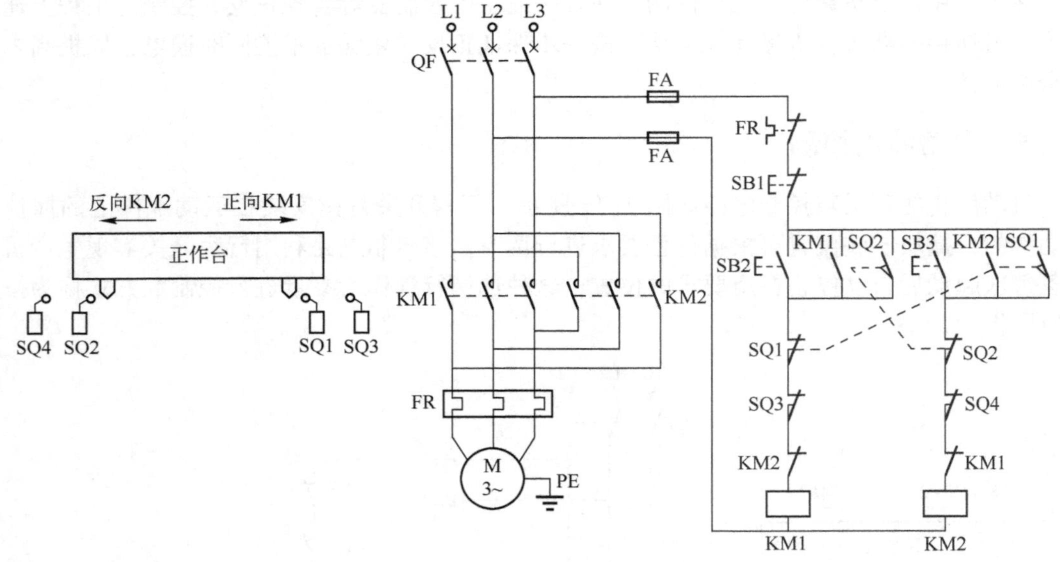

图 2-12　自动往复循环控制电路

工作过程如下：限位开关 SQ1 放在右端需要反向的位置，而 SQ2 放在左端需要正向的位置，机械挡铁装在运动部件上。起动时按下按钮 SB2，接触器 KM1 线圈通电自锁，电动机正转带动工作台右移。当工作台移至右端并压下 SQ1 时，SQ1 常闭触点先断开，接触器 KM1 线圈断电复位，工作台停止右移；其后，SQ1 常开触点后闭合，接触器 KM2 线圈电路通电自锁，电动机反转带动工作台向左移动，直到移至左端并压下 SQ2 限位开关，电动机重新由反转变为正转，工作台再次向右移动。如此往复循环，工作台实现自动往复循环运动，直至按下停止按钮 SB1，接触器 KM1 或 KM2 断电，工作台停止移动。一旦 SQ1、SQ2 失灵，SQ3、SQ4 常闭触点断开电路，以防止造成工作台冲出的事故，提高电路可靠性。

由上述工作过程可知，自动往返控制电路每个周期要进行两次反接制动，容易出现较大的反接制动电流和机械冲击，一般仅适用于电动机容量较小、循环周期较长、电动机转轴具有足够刚性的拖动系统中。此外，自动往返控制动作频繁，机械式行程开关不仅响应速度慢，而且容易损坏，可用接近开关取代行程开关实现行程控制，以提高控制速度和可靠性。

2.2.7 顺序控制

生产实践中通常由于工艺过程而要求各种运动部件之间能够按顺序工作，因此对控制电路提出了按顺序工作的联锁要求。例如，各种车床中一般要求润滑电动机起动后，主轴电动机才能起动；又如龙门刨床工作台运动时不允许刀架移动等。这种互相联系和制约的控制称为联锁控制，这里的联锁起到顺序控制的作用，又称之为顺序控制。顺序控制原则如下。

1）要求甲接触器动作时，乙接触器不能动作，则需将甲接触器的常闭触点串进乙接触器中。这样，甲接触器线圈通电后，其辅助常闭触点将断开，乙接触器线圈进而无法通电动作。

2）要求甲接触器动作后，乙接触器才能动作，则需将甲接触器的常开触点串进乙接触器中。这样，甲接触器线圈通电后，其辅助常开触点才能闭合，乙接触器线圈进而通电动作。

依此类推，可推广到多个顺序控制对象。图 2-13 为两台电动机顺序起动控制电路。

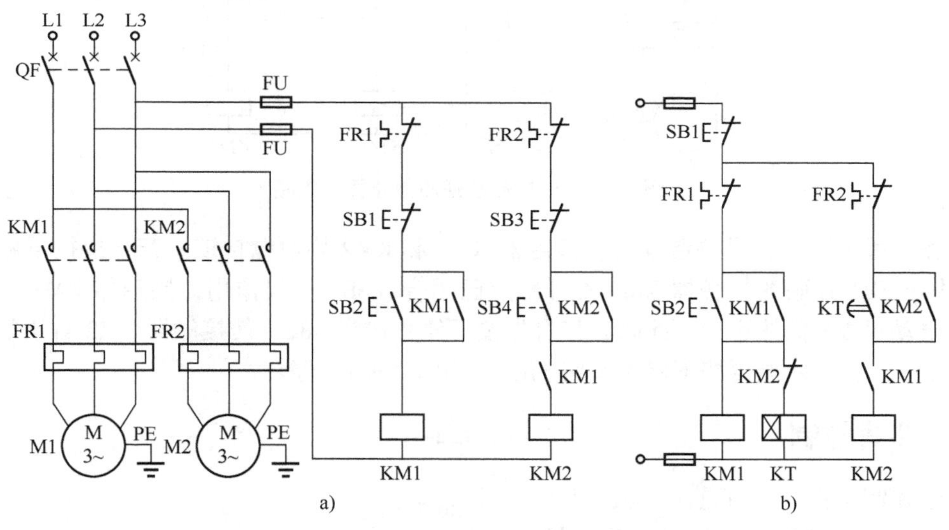

图 2-13 顺序控制电路

a）按动作顺序 b）按时间顺序

图 2-13a 中，接触器 KM1 控制电动机 M1 起停，接触器 KM2 控制电动机 M2 起停，要求电动机 M1 起动后，电动机 M2 才能起动。工作过程如下：按下起动按钮 SB2，接触器 KM1 线圈通电自锁，电动机 M1 起动；同时，接触器 KM2 线圈上方的 KM1 辅助常开触点也闭合，此时按下起动按钮 SB4，接触器 KM2 才能通电自锁，电动机 M2 起动。按下 SB1 和 SB3 按钮，可分别停止电动机 M1 和 M2。

图 2-13b 所示是用时间继电器按时间原则顺序起动的

控制电路。工作过程如下：按下起动按钮 SB2，接触器 KM1 线圈通电自锁，电动机 Ml 起动；同时，时间继电器 KT 线圈通电定时。定时 t 秒后，通电延时常开触点 KT 闭合，接触器 KM2 线圈通电自锁，电动机 M2 起动，同时接触器 KM2 的常闭触点断开，切断时间继电器 KT 的线圈电源。

在顺序起动电路基础上，若进一步要求接触器 KM2 停止后接触器 KM1 才能停止，即进行顺序起动、逆序停止控制，则需在图 2-13a 的基础上，再将接触器 KM2 的常开触点并联接在接触器停止按钮 SB1 两端，如图 2-14 所示。

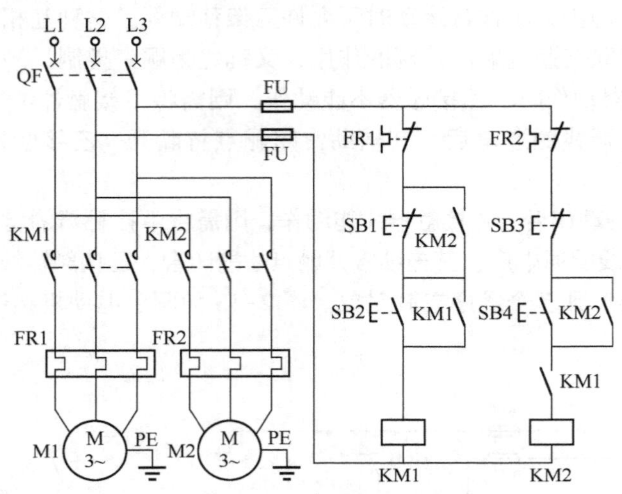

图 2-14　顺序起动逆序停止控制电路

工作过程如下：按顺序起动后，接触器 KM1 和 KM2 均通电自锁。若直接按下停止按钮 SB1，由于 SB1 并联的接触器 KM2 常开触点已闭合，SB1 不起作用，接触器 KM1 仍然维持通电，电动机 M1 仍然运转。此时，只有先按下停止按钮 SB2，使接触器 KM2 自锁复位，电动机 M2 停转后，才能再按下停止按钮 SB1，使电动机 M1 停转。

2.2.8　步进控制

步进控制电路中，工艺过程是依次进行的。采用中间继电器组成的步进控制电路如图 2-15 所示。每个中间继电器线圈的通电或断电表征控制步的开始和结束。电磁阀 YV1 ~ YV3 为第一程序步至第三程序步的执行电器；行程开关 SQ1 ~ SQ3 用于检测各程序步的动作是否完成。

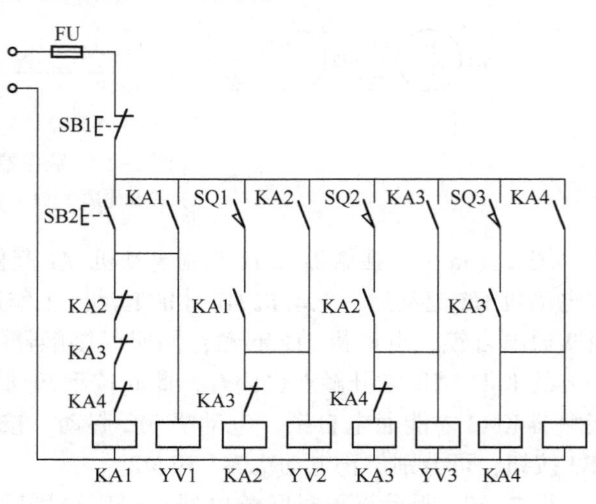

图 2-15　步进控制电路

工作过程如下：按下起动按钮 SB2，中间继电器 KA1 线圈通电自锁，电磁阀 YV1 线圈也通电吸合，执行第一程序步动作。这时，中间继电器 KA1 的另一个常开触点已闭合。第一程序步执行完毕，行程开关 SQ1 常开触点闭合，使中间继电器 KA2 线圈通电自锁，KA2 常闭触点断开，使 KA1、YV1 线圈相继断电，第一程序步结束；同时，KA2 另一个常开触点闭合，电磁阀 YV2 线圈也通电吸合，执行第二程序步，并为 KA3 线圈通电做好准备。依此类推，第三程序步执行完毕，行程开关 SQ3 动作，使中间继电器 KA4 线圈通电自锁，同时使 KA3、YV3 线圈相继断电，第三程序步结束。按下停止按钮 SB1，中间继电器 KA4 线圈断电，为下次步进动作做好准备。

步进控制过程中，每一时刻只有一个程序步在工作。每个程序步均包含程序步开始、程序步执行、程序步结束三个阶段，即起保停控制思路。每个程序步动作的完成作为下个程序步转换信号，程序步依次自动地转换执行。这种步进控制，也可移植到可编程控制器的程序中。

2.3 三相笼型异步电动机制动控制电路

众所周知，三相笼型异步电动机切断电源后，一般由于自身转子与拖动负载惯性的原因，总需要经过一定时间后才能完全停止，这往往不能满足某些生产机械设备的控制要求，例如各种机床、电梯等，有时甚至会导致生产机械损坏或人员伤亡事故。因此，从安全角度出发，或者为了提高生产效率和加工精度，通常要求电动机能迅速而准确地停车。

采取一定措施使电动机在切断电源后快速停车的过程，称为电动机制动控制。电动机制动方法通常分为机械制动和电气制动两大类。

切断电源后，利用机械装置使三相笼型异步电动机迅速准确地停车的制动方法称为机械制动。目前，应用较普遍的机械制动装置有电磁抱闸和电磁离合器两种。

切断电源后，电路产生和电动机当前旋转方向相反的制动转矩，从而使电动机迅速准确地停车，这种制动方法称为电气制动。常用的电气制动方法有反接制动和能耗制动两种，此外，很多场合已大量使用软起动器和变频器进行电动机快速制动。

2.3.1 反接制动控制

反接制动是改变电动机电源相序，即将任意两根相线对调以改变电动机定子绕组电源相序，定子绕组将产生反向的旋转磁场，从而使转子受到与当前旋转方向相反的制动转矩而迅速停转。

1. 单向运行反接制动控制

图 2-16 所示为三相笼型异步电动机单向运行反接制动控制电路。速度继电器与电动机同轴连接，该电路选择速度作为控制参量，利用速度继电器及时切断反向制动电源避免反向起动，这种选择速度作为参量进行控制的方式称为按速度原则控制，工作过程如下。

知识讲解
单向运动反接制动控制电路
2-13

合上空气开关 QF，按下起动按钮 SB2，接触器 KM1 线圈通电并自锁，电动机起动运行。当电动机转速高于速度继电器动作值时，速度继电器 KS 常开触点闭合，为反接制动做好准备。制动时，按下停止按钮 SB1，其常闭触点先断开，接触器 KM1 线圈断电复位，电动机脱离电源开始制动。此时，由于电动机惯性转速很高，KS 常开触点仍然处于闭合状态，其后，SB1 常开触点闭合，反接制动接触器 KM2 线圈通电并自锁，KM2 主触点闭合，电动机定子绕组串入限流电阻 RA 并得到相反相序的三相交流电源，电动机进入反接制动状态，电动机转速迅速下降。当电动机转速低于速度继电器动作值时，速度继电器常开触点复位，接触器 KM2 线圈断电，反接制动结束。

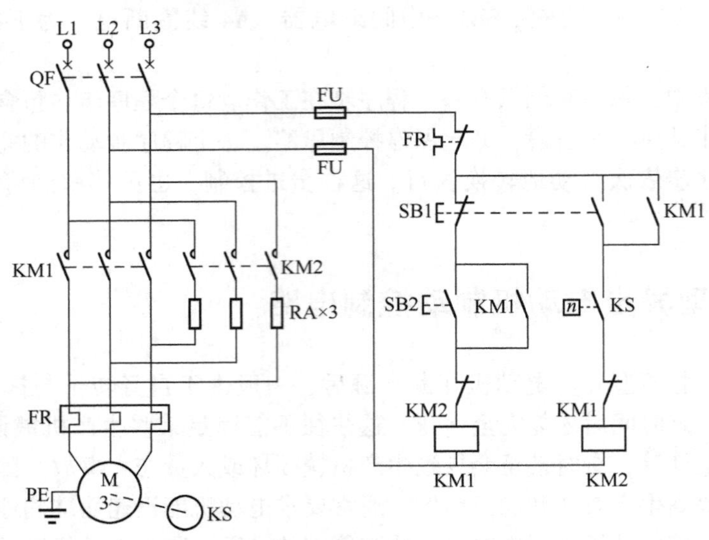

图 2-16　单向反接制动的控制电路

通过上述分析过程可知，反接制动控制需要注意以下问题。

1）反接制动时转子与定子旋转磁场与正转相反，因此相对速度接近于两倍的同步转速，制动电流也相当于全压起动电流的两倍，制动转矩较大、制动迅速，但冲击力大，通常仅用于 10 kW 以下、制动不频繁的场合。

2）对容量较大的电动机采用反接制动时，必须在主回路中串联限流电阻。反接制动电阻有对称和不对称两种接法，对称电阻接法可在限制起动转矩的同时，也限制制动电流；不对称电阻接法只是限制了制动转矩，未加制动电阻的相应相仍具有较大的电流。

3）电动机转速接近零时，需要及时切断反相序电源，以免电动机再次反向起动。

2. 正反转反接制动控制线路

图 2-17 所示为具有反接制动电阻的可逆运行反接制动控制电路。图中，KM1、KM2 为正、反转接触器，KM3 为短接电阻接触器；KA1~KA3 为中间继电器；KS1 和 KS2 为速度继电器 KS 的正转和反转常开触点；电阻 RB 为反接制动电阻，同时具有限制起动电流的作用。

下面以正向起动和制动为例，分析具体工作过程。按下正转起动按钮 SB2，中间继电器 KA3 线圈通电自锁，KA3 常闭触点先断开以互锁中间继电器 KA4 线圈电路；KA3 常开触点后闭合，接触器 KM1 线圈通电自锁，KM1 主触点闭合使定子绕组经电阻 RB 接入正相序电源，电动机开始减压起动，KM1 辅助常闭触点先断开以互锁接触器 KM2 线圈，同时，中间继电器 KA1 上方的 KM1 辅助常开触点闭合。电动机转速上升到一定值时，速度继电器 KS1 正转，常开触点闭合，中间继电器 KA1 线圈通电自锁，此时 KA1、KA3 的常开触点均闭合，接触器 KM3 线圈通电，电阻 RB 被短接，定子绕组直接加以额定电压，电动机全压运行。

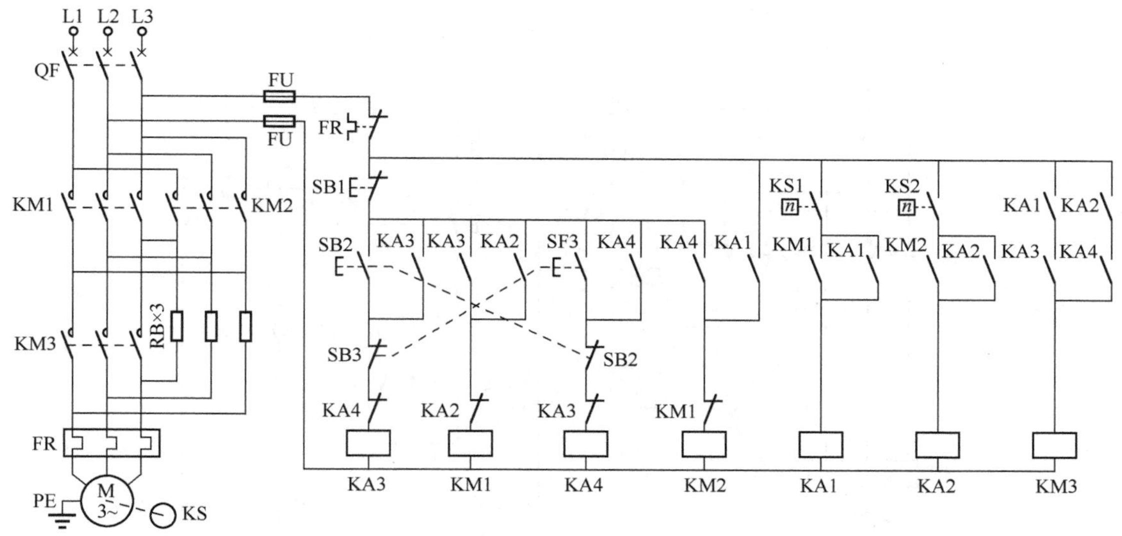

图 2-17　具有反接制动电阻的可逆运行反接制动控制电路

电动机正转运行时，按下停止按钮 SB1，则 KA3、KM1、KM3 三个线圈相继断电，接触器 KM2 上方的 KM1 辅助常闭触点重新闭合。此时，电动机惯性转速仍然很高，KS1 常开触点尚未断开，中间继电器 KA1 线圈仍然通电自锁，KM2 线圈随后通电，KM2 主触点闭合使定子绕组经 RB 电阻获得反相序的三相交流电源，电动机开始进行反接制动，电动机转速迅速下降。电动机转速一旦低于速度继电器动作值，KS1 常开触点断开，KA1 线圈断电，接触器 KM2 释放，反接制动过程结束。电动机反向起动和制动停车过程与正转时相同，读者可自行分析。

知识讲解
可逆运行反接
制动控制电路
2-14

2.3.2　能耗制动控制

所谓能耗制动，就是切断交流电源后，在电动机定子绕组任意两相通入直流电流，形成一个固定磁场，该磁场与转子感应电流相互作用产生制动力矩而达到制动目的。制动结束后，同样必须及时切除直流电压。

1. 电动机单向运行时间原则能耗制动

知识讲解
单向运行时间
原则能耗制动
2-15

图 2-18 为时间原则控制的单向能耗制动控制电路。合上空气开关 QF，按下起动按钮 SB2，接触器 KM1 线圈通电自锁，电动机起动运行。

电动机制动时，按下复合按钮 SB1，SB1 常闭触点先断开，接触器 KM1 线圈断电复位，主触点断开电动机三相交流电源，同时 KM1 常闭触点重新闭合；其后，SB1 常开触点闭合，接触器 KM2 线圈、时间继电器 KT 线圈同时通电，KM2 常开触点和 KT 瞬动触点闭合使两者自锁，KM2 主触点闭合，直流电源加入定子绕组，电动机开始进入能耗制动状态。电动机惯性速度接近于零时，时间继电器常闭触点断开接触器 KM2 的线圈电路，KM2 常开触点复位，延时时间继电器 KT 线圈断电，电动机能耗制动结束。

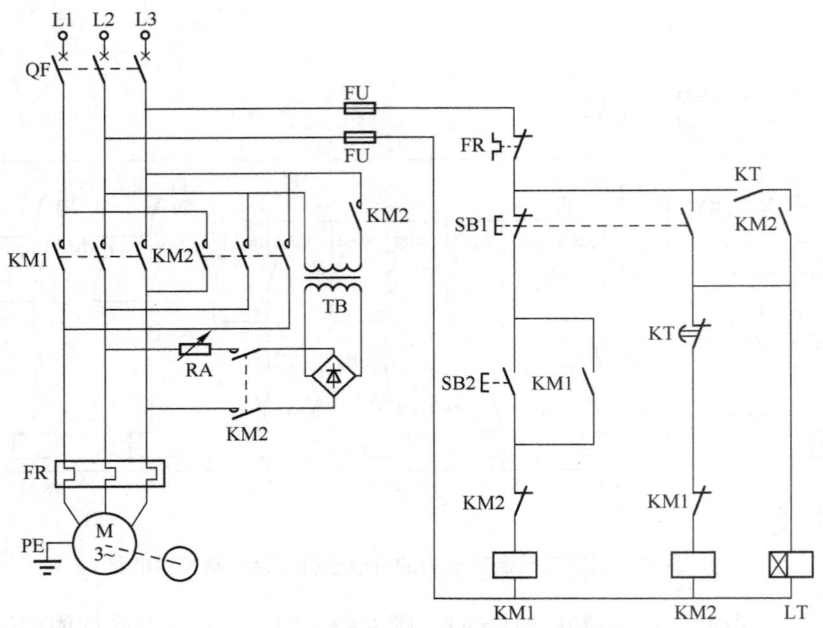

图 2-18　以时间原则控制的单向能耗制动电路

2. 电动机单向运行速度原则能耗制动

图 2-19 为速度原则控制的单向能耗制动控制电路。电动机安装有速度继电器 KS，并用 KS 的常开触点取代了 KT 通电延时常闭触点，代替了时间继电器 KT 线圈及其触点电路。

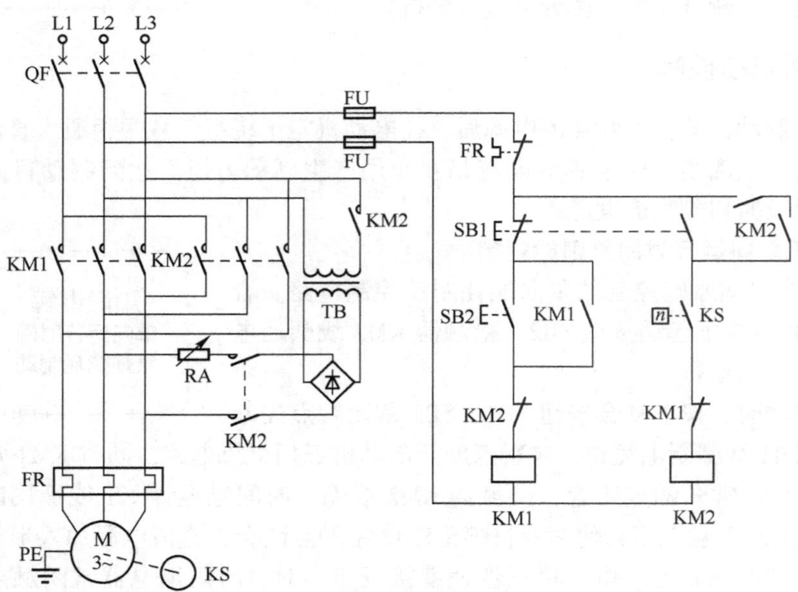

图 2-19　速度原则控制的单向能耗制动电路

按下起动按钮 SB2，接触器 KM1 线圈通电并自锁，电动机起动运行。电动机正常运行时，速度继电器 KS 常开触点闭合，从而为制动做好准备。电动机制动时，按下复合按钮 SB1，SB1 常闭触点先断开，接触器 KM1 线圈断电，电动机脱离三相交流电源，由于电动机惯性速度很高，KS 常开触点仍闭合；其后，SB1 常开触点闭合，接触器 KM2 线圈通电并自锁，KM2 主触点闭合，直流电源加入定子绕组，电动机进入能耗制动。电动机惯性速度一旦低于速度继电器动作值，KS 常开触点复位，接触器 KM2 线圈断电，能耗制动结束。

能耗制动的优点是准确、平稳且能量消耗较小。此外，对于较大功率的电动机，能耗制动需要采用三相整流电路，所需设备多，投资成本高。制动要求不高的场合，可采用无变压器单向半波整流控制电路。

2.4 三相异步电动机速度控制电路

电动机供电电压一定的情况下，转速是一定的。实际使用过程中，很多生产机械或设备通常要求三相异步电动机可调速，以满足工艺过程控制要求，此时就必须对电动机转速进行调节。

2.4.1 调速方法

三相异步电动机可分为鼠笼型和绕线式两种。根据三相异步电动机的基本原理，转速公式如下：

$$n=\frac{60f_1}{p}(1-s) \tag{2-1}$$

由此可知，三相异步电动机常用的调速方法有三种：变电压调速、变转差率调速、变极对数调速。

1. 变电压调速

根据电气传动原理可知，当三相笼型异步电动机的等效电路参数不变时，相同转速下，转矩与定子电压的二次方成正比，因此改变定子外加电压即可改变机械特性函数关系，从而改变电动机在一定输出转矩下的转速。

变电压调速主要采用晶闸管交流调压器变电压调速，即通过调整晶闸管的导通角来改变电压进行调速。这种调速方式线路简单，但是调电压过程中的转差功率以发热形式消耗在转子电阻或外接电阻上，效率低，仅用于小容量电动机或一些特殊场合，目前已很少应用。

2. 变转差率调速

变转差率调速又可分为绕线转子电动机在转子电路串接电阻调速、绕线转子电动机串级调速、电磁离合器调速等。

绕线转子电动机串电阻调速是在转子电路串入附加可变电阻，通过对可变电阻调节使电动机转差率加大，电动机在较低转速下运行。串入电阻越大，电动机转速越低。转速可按阶跃方式变化，也可按连续变化实现无级调速。这种方法设备结构简单、控制方便、价格便宜，但转差功率以发热的形式消耗在电阻上，效率随转差率增大而等比下降，目前已极少采用。

绕线转子电动机串级调速是指绕线式电动机转子回路中串入可调节的附加电动势来改变电动机转差率达到调速目的，大部分转差功率被串入的附加电动势吸收，再把吸收的转差功率回馈电网或转换能量加以利用。根据转差功率吸收利用的方式，串级调速又可分为机械串级调速及晶闸管串级调速两种形式。串级调速装置容量与调速范围成正比，效率较高、投资少，而且调速装置出现故障时可切换至全速运行，避免停产。串级调速多用于风机、水泵、轧钢机、矿井提升机、挤压机。

电磁离合器调速是在三相笼型异步电动机和负载之间串接电磁离合器，通过调节电磁离合器的励磁，从而改变转差率进行调速的一种方式。这种调速系统装置结构简单、调速平滑、运行可靠，但低负载运行时性能较差，仅适用于特殊应用场合下，以及对调速要求不高的中小功率，或要求平滑传动、短时低速运行的生产机械。

3. 变极对数调速

变极对数调速是用调整定子绕组的接线方式，以改变电动机定子极对数达到调速目的。其接线简单、控制方便、价格低，具有较强的机械特性，不仅稳定性良好，而且无转差损耗、效率高。这种调速属于有级调速，级差较大，不能获得平滑调速，主要适用于不需要无级调速的生产机械，如金属切削机床、升降机、起重设备、风机、水泵等。

三相笼型异步电动机通常采用两种方法变更绕组极对数：一是改变定子绕组的连接方式，或者说改变定子绕组每相电流的方向；二是在定子绕组上设置具有不同极对数的两套相互独立的绕组。有时，同一台电动机为了获得更多的速度等级，上述两种方法同时使用。图 2-20 所示为双速异步电动机定子绕组连接示意图。

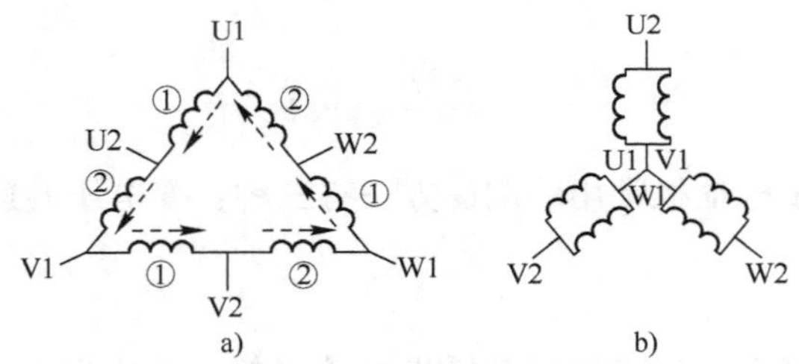

图 2-20 双速异步电动机三相定子绕组连接示意图

a）三角形接法 b）双星形接法

图 2-20a 将电动机定子绕组 U1、V1、W1 三个接线端接三相交流电源，而将 U2、V2、W2 三个接线端悬空，三相定子绕组连接成三角形。此时每相绕组的①②线圈串联，电流方向如虚线箭头所示，电动机以四极低速运行。图 2-20b 将 U2、V2、W2 三个接线端接三相交流电源，而将 U1、V1、W1 连在一起，则三相定子绕组连接成双星形，此时每相绕组的①②线圈并联，电动机以两极高速运行。双速电动机调速控制电路如图 2-21 所示。

工作过程如下：按下低速起动按钮 SB2，接触器 KM1 通电并自锁，并互锁接触 KM2、KM3 线圈电路，三相绕组 U1、V1、W1 端分别接入三相电源，定子绕组接成三角形，电动机低速运转。

若按下高速起动按钮 SB3，接触器 KM1、时间继电器 KT 线圈同时通电并自锁，此时定子绕组接成三角形，电动机先低速运转。KT 定时时间到后，KT 延时常闭触点先断开，接触器 KM1 线圈断电；其后，KT 延时常开触点闭合，接触器 KM2、KM3 线圈通电并自锁，

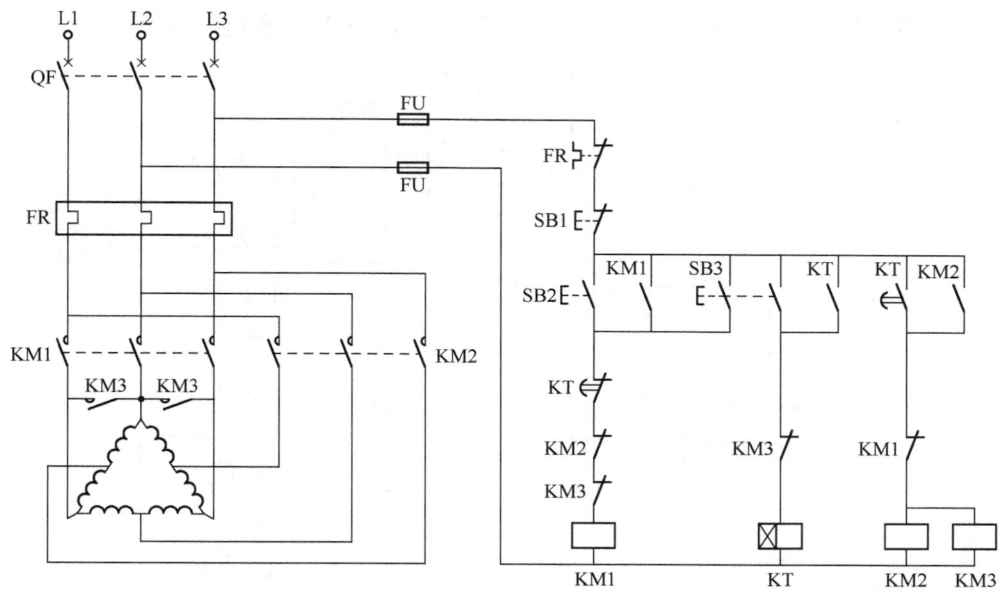

图 2-21　双速电动机调速控制电路

KM3 常闭触点断开，KT 线圈断电，三相绕组 U2、V2、W2 端接入三相电源，KM3 主触点闭合，使 U1、V1、W1 短接在一起，定子绕组接成双星形，电动机高速运转。

4. 变频调速

变频调速技术的基本原理是根据电动机转速与所用电源频率成正比的关系，通过改变电动机电源频率达到电动机无级调速目的。变频调速的优点主要有以下几个方面。

1）平滑软起动，降低起动冲击电流，减少变压器占有量，确保电动机安全。

2）在机械允许的情况下，可通过提高变频器的输出频率提高工作速度，调速效率高。

3）无级调速，调速范围和精度大大提高。

4）电动机正反向无须通过接触器切换。

5）非常方便接入通信网络控制，实现生产自动化控制。

变频器是应用变频与微电子技术，通过改变电动机工作电源频率方式来控制交流电动机的电力控制设备，主要适用于要求精度高、调速性能较好的场合。随着控制技术和电力电子技术的发展，变频器调速性能越来越好，价格也有了大幅度的降低，使用越来越广泛。

2.4.2　变频器

1. 变频器的组成

各生产厂家生产的通用变频器，其主电路结构和控制电路并不完全相同，但基本构造原理、主电路连接方式，以及控制电路的基本功能都大同小异，主要包括三个部分：一是主电路接线端，包括接工频电网的输入端（R、S、T）、接电动机的频率、电压连续可调的输出端；二是控制端子，包括外部信号控制端子、工作状态指示端子、通信端子；三是操作面板，包括液晶显示屏和键盘。

通用变频器由主电路和控制电路组成，基本构成如图 2-22 所示。其中，为电动机提供调压调频电源部分称为主电路，具体包括整流器、中间直流环节和逆变器等。

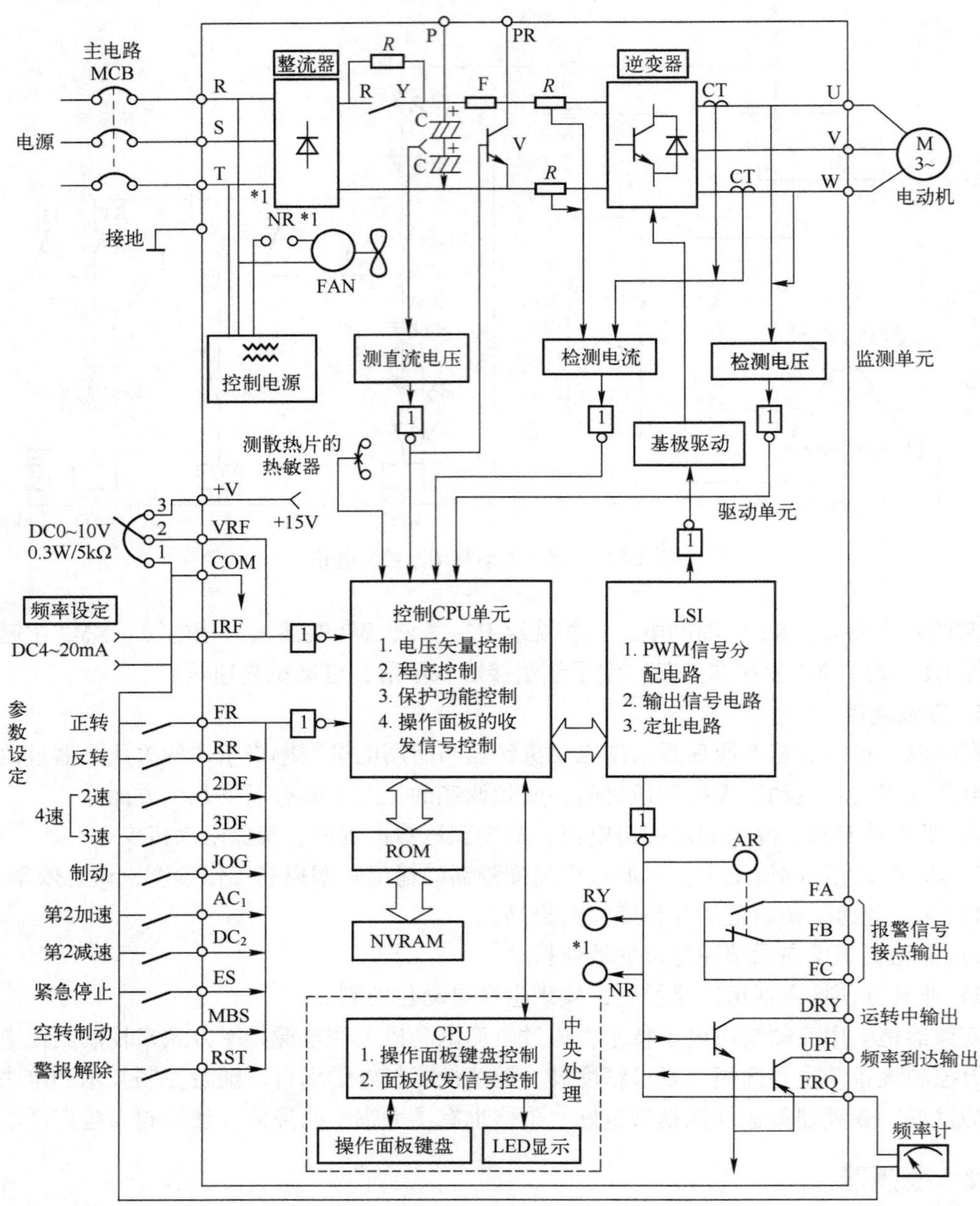

图 2-22　通用变频器结构示意图

三相交流电源引至整流器输入端，整流器负责将工频电源变换成直流电源。逆变器作用是将直流功率变换为所需输出频率的交流功率。逆变器最常见的结构是利用 6 个半导体开关组成三相桥式逆变电路，通过有规律地控制逆变器中半导体开关导通和关断，得到任意频率的三相交流输出波形。

中间直流环节承担对整流电路输出进行滤波以减少电压或电流波动。电动机属于感性负载，无论电动机处于电动还是发电制动状态，功率因数总低于 1，因此，中间直流环节和电动机之间总会有无功功率的交换，这种无功功率靠中间直流环节的储能元件电容器或电抗器来缓冲。

控制电路由运算电路、检测电路、驱动电路和制动电路等构成。控制电路的主要任务是完成对逆变器的开关控制、对整流器的电压控制，以及完成各种保护功能等。保护电路除用于防止因变频器主电路的过压、过流引起的损坏外，还应保护异步电动机和传动系统等。

信号输入电路接受外部输入的各种控制信号，以便对变频器的工作状态和输出频率进行控制。外部控制信号通常都是开关信号，变频器内部则由光电耦合来接受控制信号。

信号输出电路主要用于向外接仪表提供测量信号，也有的变频器可以提供数字量信号。

2. 变频器的类型

（1）根据直流电路的滤波方式分类

1）电流型变频器　中间直流环节采用大电感作为储能环节，缓冲无功功率，即遏制电流的变化，使电压接近正弦波，由于该直流内阻较大，故称电流型变频器。电流型变频器能遏制负载电流频繁而急剧的变化。

2）电压型变频器　中间直流环节的储能元件采用大电容，负载的无功功率将由它来缓冲，直流电压比较平稳，直流电源内阻较小，相当于电压源，故称电压型变频器。

（2）根据控制方式分类

1）V/F 控制　V/F 控制是为了得到理想的转矩-速度特性，基于改变电源频率进行调速的同时，又要保证电动机磁通不变的思想而提出的，通用型变频器基本上都采用这种控制方式。

V/F 控制相对简单，机械特性也较好，能满足一般传动的平滑调速要求。但是，这种变频器采用开环控制方式，不能达到较高的控制性能，而且在低频时必须进行转矩补偿，以改变低频转矩特性，调速范围窄，通常在 1:10 左右的调速范围内使用。

2）矢量控制　矢量控制按照直流电动机电枢电流控制思想，在交流异步电动机上实现该控制方法，并且达到与直流电动机相同的控制性能。

矢量控制通过矢量坐标电路控制电动机定子电流的大小和相位，将变频器输出给异步电动机的定子电流在理论上分成两部分，即产生磁场的电流分量和与磁场垂直、产生转矩的电流分量，并分别对励磁电流和转矩电流进行控制，进而达到控制电动机转矩的目的。矢量控制变频器一般用作专用变频器，调速范围在 1:100 以上，速度响应性极高，适合于急加速、减速运转和连续四象限运转，能适用任何场合。

3）直接转矩控制　直接转矩控制技术是利用空间矢量、定子磁场定向的分析方法，直接在定子坐标系下分析异步电动机的数学模型，计算与控制异步电动机的磁链和转矩，采用离散的两点式调节器，把转矩检测值与给定值作比较，容差大小由频率调节器控制并产生脉宽调制信号，直接对逆变器的开关状态进行控制，以获得高性能的转矩输出。这种控制方式结构简单，控制信号处理明确，系统的转矩响应迅速且无超调，属于先进的交流调速控制方式。

3. 变频器的主要功能

（1）控制功能

1）键盘控制　通过变频器控制面板上的键盘来进行起动、停止、升速、降速、点动、复位等控制。有的变频器面板还配有液晶显示器，可直观而方便地进行参数读取和设置。

2）外接端子控制　通过控制外部的模拟量和数字量端子，可将设定的频率信号传给变频器。数字量主要用来设定电动机运转方向、点动、制动、分段频率、报警等控制；模拟量频率控制信号一般有电压（0~5 V 或 0~10 V）和电流（0~20 mA 或 4~20 mA）两种方式。

3）远程控制　利用 RS-485、PROFIBUS 等通信接口，不仅可完成控制面板所具有的功能，还可在中央控制室对变频器进行参数设定、起动/停止控制、速度设定和状态读取等远程控制，从而对各种参数进行监视和调整。

（2）升速、降速和制动控制

用户可通过升速、降速、制动功能逐渐升高或降低频率控制电动机升速和降速运行，从而对电动机进行平稳起停和快速制动。

升速时间即频率从 0 Hz 上升至设定频率所需的时间，降速时间即从设定频率下降至 0 Hz 所需的时间。升降速时间越短，频率上升或下降越快，越容易引起过流。

升降速方式主要有线性（频率与时间呈线性关系）、S 形（开始和结束阶段比较缓慢，中间阶段按线性方式升降速）、半 S 形（开始阶段比较缓慢，中间和结束阶段按线性方式升降速）等三种类型。

快速制动功能可用于紧急情况快速制动避免危险，工作方式主要有斜坡制动和直流能耗制动两种类型。

（3）保护功能

1）过电压保护　过电压主要原因为电动机降速过快，导致能耗电阻不能正常工作。

2）欠电压保护　欠电压包含有电源电压过低、电源断相、电源瞬时停电。

3）过电流保护　一般分为外部保护和内部保护，外部保护主要是电缆、电动机短路引起的；内部保护为变频器逆变电源损坏造成的故障，需要更换变频器。

4）过载保护　主要包括变频器过载和电动机过载，故障可能是加速时间太短、电网电压太低、负载增大等原因引起的。

5）过热保护　一般都是指变频器温度过高引起的。

4. 变频器的选择

（1）容量选择

额定电流指输出线电流，通常是不允许连续过电流运行的，无论是拖动单台电动机还是拖动多台电动机，总的负载电流均应不超过变频器额定电流。

额定电压是为适应异步电动机的电压等级而设计的，通常等于电动机的工频额定电压。

额定功率指额定输出电流与电压下的功率，单位为 kV · A。电网电压下降时，变频器输出电压会低于额定值，额定功率则会随之减小。

（2）种类选择

1）鼓风机泵类负载对过载能力和转速精度要求较低，可选用价廉的普通功能型变频器。

2）恒转矩类负载在转速精度及动态性能方面要求不高，可选用无矢量控制型变频器。

3）对于低速时要求有较硬的机械特性，并要求有一定的调速精度，但在动态性能方面无较高要求的负载，可选用不带速度反馈的矢量控制型变频器。

4）对于某些对调速精度和动态性能方面都有较高要求，以及要求高精度同步运行的负载，可选用带速度反馈的矢量控制型变频器。

5. 应用举例

图 2-23 所示为使用西门子 MM440 变频器的工程实例接线图，该电路可实现电动机的正反向运行、调速和点动功能。

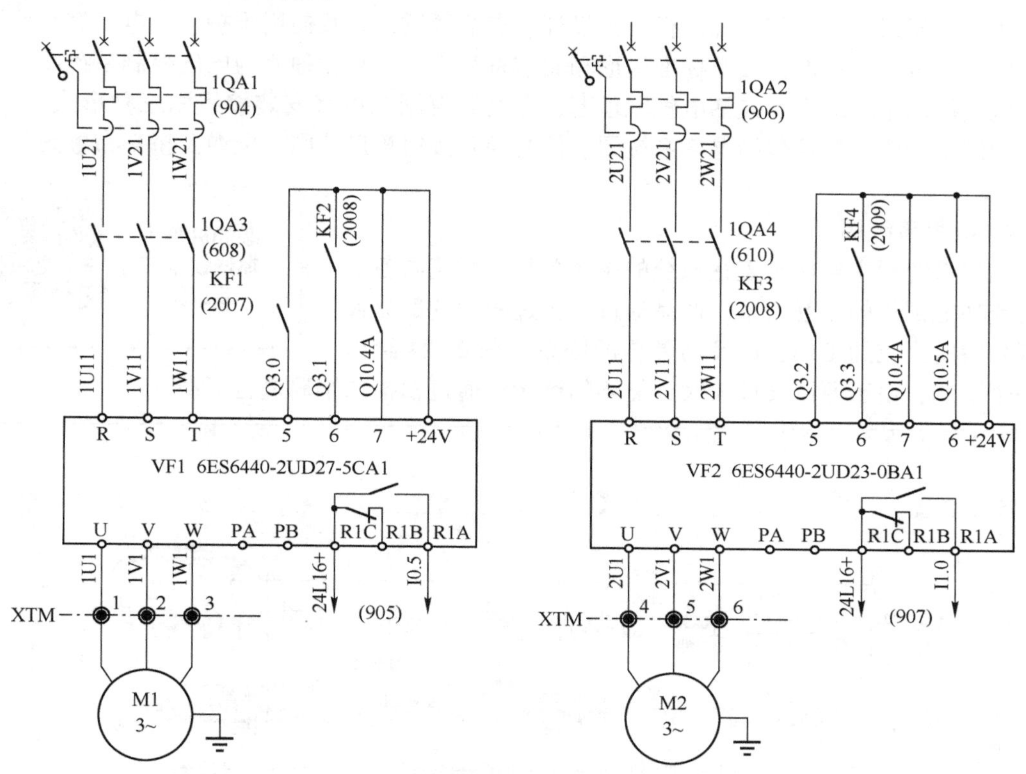

图 2-23　变频器的异步电动机控制电路

2.5　电气控制系统设计

2.5.1　电气控制图形符号和文字符号

近年来，随着我国经济改革与开放，引进了许多国外先进设备，为了便于掌握引进的先进技术和设备，便于国际交流和满足国际市场的需要，国家标准局参照国际电工委员会颁布的标准，制定了我国电气设备的国家标准。

目前，与电气制图有关的最新国家标准有：GB/T 4728—2008~2018《电气简图用图形符号》、GB/T 5094—2005~2018《工业系统、装置与设备以及工业产品结构原则与参照代号》、GB/T 20939—2007《技术产品及技术产品文件结构原则-字母代码-按项目用途和任务划分的主类和子类》和 GB/T 6988《电气技术用文件的编制》。电气控制系统图是工程技术的通用语言，为了便于交流和沟通，其电气元件的图形、文字符号和标号必须符合国家标准规定。

电气控制图一般都有电路标号，电路标号由文字符号和数字组成。文字符号用以标明主电路中的元件或电路的主要特征，数字标号用以区别电路不同线段。电气元器件的文字符号一般由两个字母组成，第一个字母由 GB/T 5094.2—2018 给出，第二个字母由新国标 GB/T

20939—2007 给出。

2.5.2 电气控制图绘制原则

为了便于对电气控制系统进行分析设计、安装调试，以及使用维护，将电气控制系统中各电气元件及其连接电路按照标准图形和文字符号表达出来，称之为电气控制系统图。

电气控制系统图主要包括电气原理图、电气布置图和电气安装接线图三种形式。此外，电气控制系统图有的还包括电气系统图、控制柜和按钮箱尺寸图、电缆及桥架布置图等。

1. 电气系统图

电气系统图主要用于表达系统的层次关系、系统内各子系统或功能部件的相互关系，产品通过工艺过程中的部分或全部阶段所完成的工作，以及与外界的联系，图 2-24 给出了一个示例，由于原图文件较大，需要的读者可通过扫描二维码进行下载。

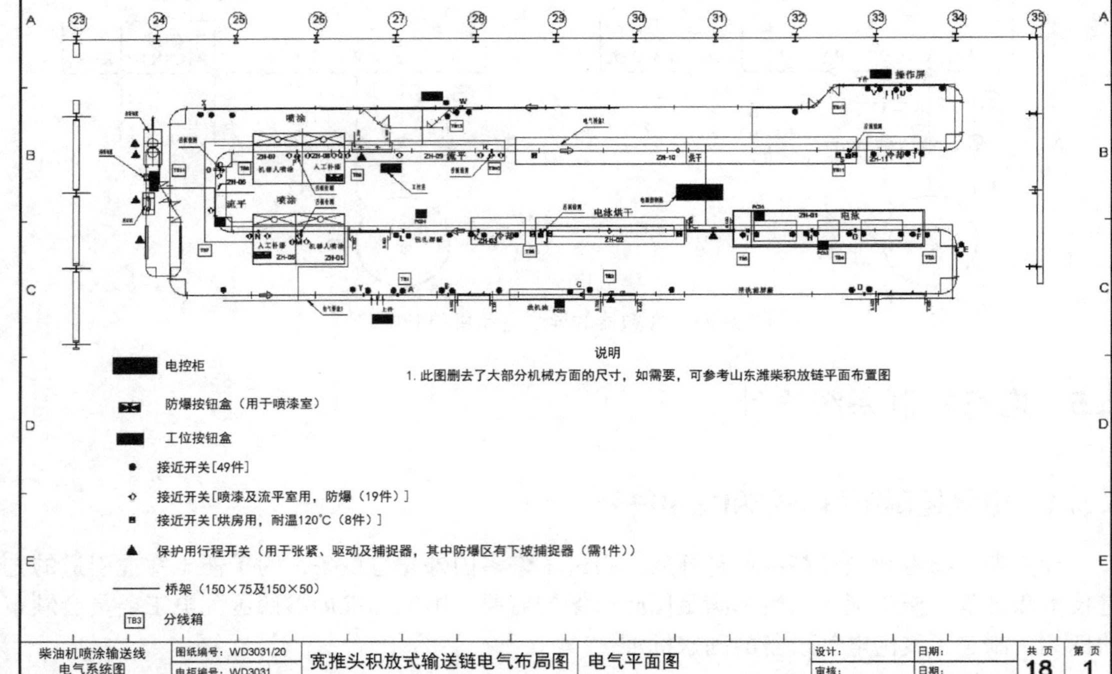

图 2-24 电气系统图示例

该系统图给出了生产工艺组成，以及工位、电控柜、按钮盒等分布概况，弄清生产工艺和控制要求是设计后续图纸的前提。

2. 电气原理图

(1) 电气原理图及其绘制原则

电气原理图主要用于表达电气控制系统原理、参数、控制逻辑及功能，以便整体上分析系统的工作原理。下面以图 2-25 所示某机床的电气原理图为例，来说明电气原理图的规定画法和注意事项。

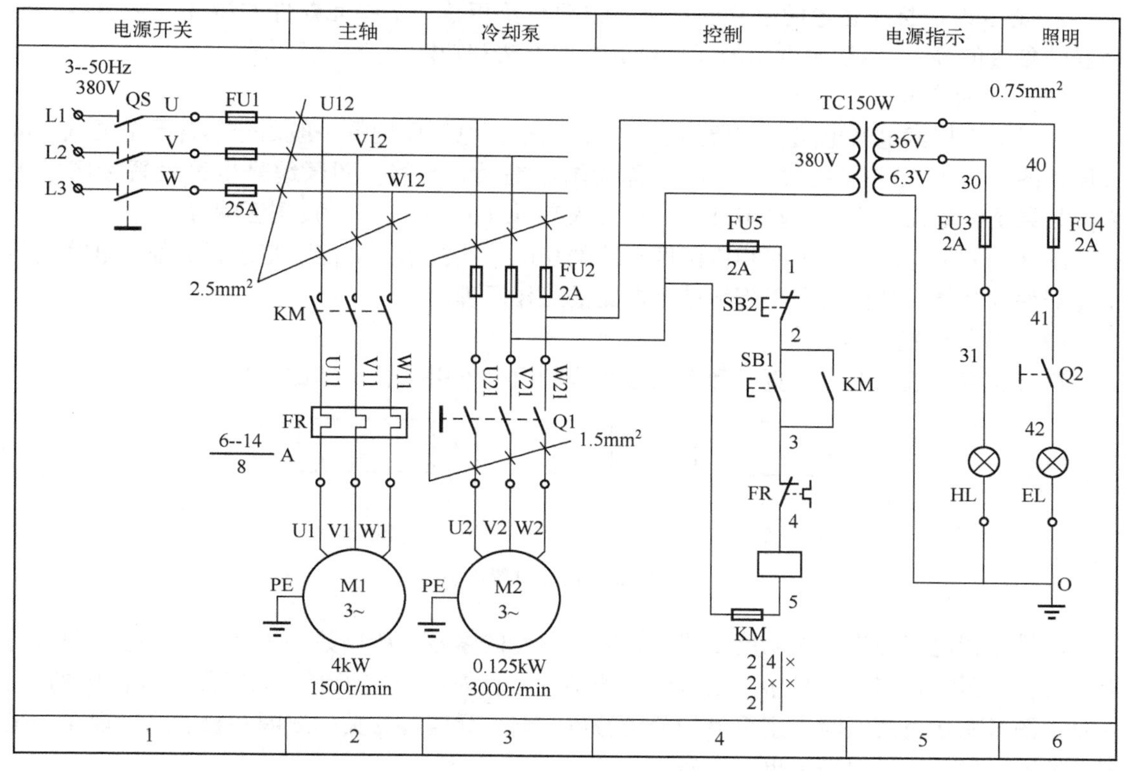

图 2-25　某机床电气原理图

1）电气原理图中应采用国家统一规定的标准图形符号和文字符号。电气元件不需要画出实际外形图，而是将对应的图形符号绘在需要完成作用的地方。若有多个同一种类的电气元件，可用规定的文字符号加数字序号加以区别。

2）电气原理图一般分为主电路和辅助电路两部分，通常习惯将主电路放在电路图的左边或上部，而将辅助电路放在右边或下部。主电路一般由电源、断路器、熔断器、接触器主触点、热继电器的热元件和电动机等组成，用于直接控制电机起停、制动、正反转与调速。辅助电路又分为控制电路、保护电路、信号电路和照明电路等几种类型，一般由各种按钮、接触器/继电器的线圈及辅助触点、热继电器常闭触点、保护电器触点等部分组成。

3）辅助电路应垂直绘于两条水平电源线之间，接触器、继电器、电磁铁的线圈，以及指示灯等直接接地或接在下方的水平电源线上，控制触点一般连接在上方水平线与耗能元件之间。

4）电气原理图应布局合理、排列均匀，既可水平绘制，又可垂直绘制，但文字符号不可倒置，各元器件位置应根据便于阅读的原则安排。

5）所有元器件的可动部分均按没有通电或没有外力作用状态画出。无论主电路还是辅助电路，尽可能按动作顺序从上到下、从左到右排列。具有循环运动的机构，还应给出工作循环图，万能转换开关和行程开关应绘出动作程序和动作位置。

6）尽量减少线条，避免线条交叉。各个导线之间有电的联系时，对于“T”形连接的接点，在导线交叉处可画实心圆点，也可不画；对于“+”字交叉的接点，必须画实点。

7）必要时应标出各电源电路的电压值、频率及相数、某些元器件的特性（如电阻、电容器的参数值等），以及不常用的元器件的操作方法和功能。

（2）图面编号

为了便于检索电气电路，方便阅读与分析图纸，电气原理图一般划分为若干个区域，电气原理图下方的数字（1、2、3、…）称为图区编号。当然，图区编号也可设置在图的上方。如果图纸幅面较大，另在图纸左侧可加入字母（a、b、c、…）图区编号。

图区编号上方的文字表明相应图区电路的功能，使技术人员能清楚地了解部分电路或某个元器件的功能，从而有利于理解整个电路的工作原理。

（3）符号位置的索引

符号位置一般用图号、页号和图区号组成的组合索引法，具体如图 2-26 所示。

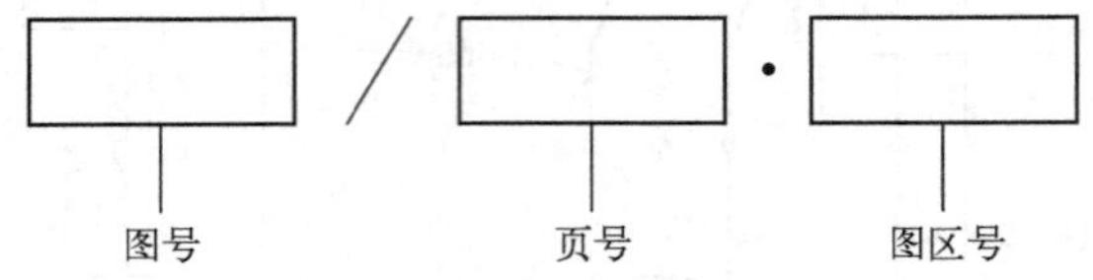

图 2-26　符号位置索引

图号是指电气原理图按功能多册装订时，每册的编号一般用数字表示；页号指某图号的第几页；图区号指当前页号中的图区号。若某图号仅有一页图纸时，只写图号和图区的行、列号；图号有多页图纸时，则页号和分隔符可省略；元器件相关的线圈和触点只出现在一张图纸的不同图区时，只需标出图区号。

电气原理图中，接触器和继电器线圈与触点的索引关系可用附图表示，即在相应线圈下方，给出触点的文字符号，并在下面标明相应触点的索引代码，对未使用的触点用“×”表明，也可采用省略的表示方法。接触器线圈下方从左至右第一栏标注主触点所在图区号，第二栏标注辅助常开触点所在图区号，第三栏标注常闭辅助触点所在图区号。中间继电器、电流继电器线圈下方从左至右第一栏标注辅助常开触点所在图区号，第二栏标注辅助常闭触点所在图区号。时间继电器线圈下方从左至右第一栏标注延时常开触点所在图区号，第二栏标注延时常闭触点所在图区号，第三栏标注瞬动常开触点所在图区号，第四栏标注瞬动常闭触点所在图区号。

3. 电气元件布置图

电气布置图主要表明各种电气元件在机械设备和电气控制柜中的实际安装位置，从而为制造、安装、维护提供必要的资料，具体示例如图 2-27 所示。

电气元件布置图的设计应遵循以下原则。

1）柜体不能做得太大或太小，外形尺寸、重量相近的电器应组合在一起，并且应考虑到布线、接线和调整操作的空间，力求布局合理、整齐、美观和对称。

2）功能类似的元件尽量组合在一起，按钮、开关、键盘，以及指示、检测、调节等元件为控制面板组件；控制电源、整流、滤波元件集中为电源组件；接触器、继电器、熔断器等为电气板组件；热继电器一般安装在接触器的下面，以方便与电动机和接触器连接。

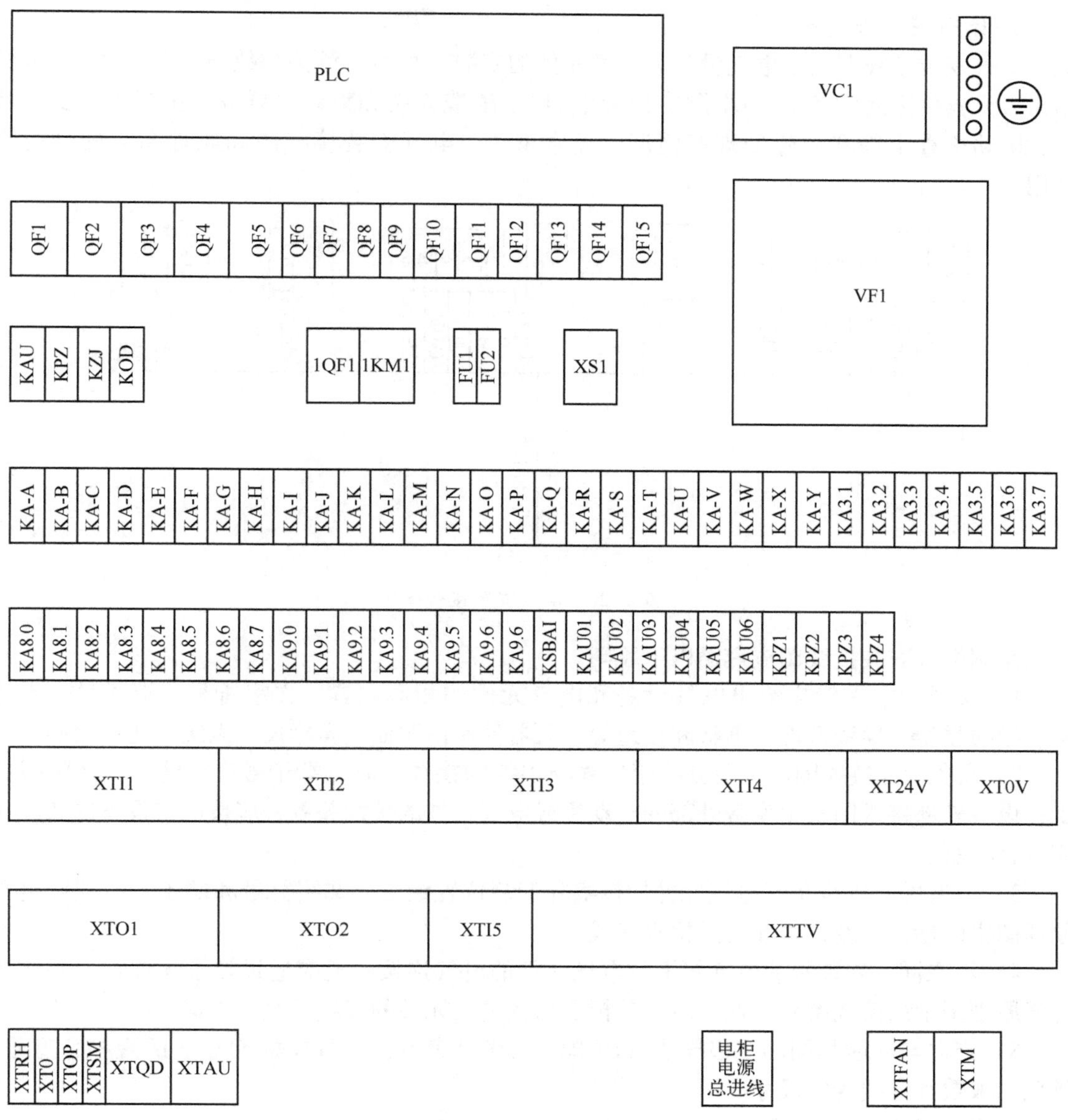

图 2–27　电气元件布置图

3）尽量减少组件之间的连线数量，以减少相互干扰，同时应该将强、弱电分开走线，并且做好屏蔽和接地。

4）对于体积较大和较重的电气元器件，一般将其安装在控制柜或面板的上方或后方，从而有利于散热。

5）需要经常维护、检修和调整参数的电气元件、操作开关、监视仪器仪表，其安装位置应高低适宜，以便技术人员操作或监控。

6）各电气元件位置确定后，即可绘制电气元件布置图。布置图根据电气元件外形轮廓绘制，以其轴线为准，标出各元件的间距尺寸，每个电气元件的安装尺寸及其公差范围，应按产品说明书标注，以保证加工质量和顺利安装。

4. 电气安装接线图

电气安装接线图用于电气设备和电气元件的安装、配线、维护和故障检测。图 2-28 标示出各元器件之间的关系、端子排接线图，以及线缆安装和敷设位置等，主要用于安装接线、电路检查维修和故障处理等情况。通常来讲，电气安装接线图和原理图需配合起来使用。

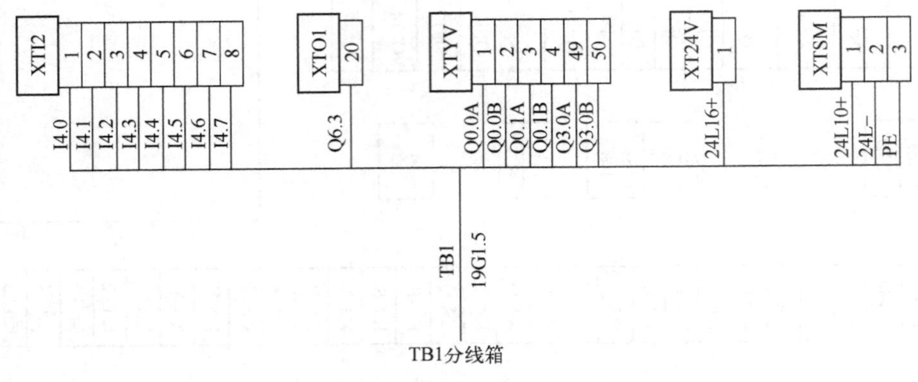

图 2-28　电气安装接线图

绘制电气安装接线图应遵循以下原则。

1）接线图中一般应给出电气设备和电气元件的相对位置、文字符号、端子号、导线号、导线类型、导线截面、屏蔽和接地等，元器件所占图面按实际尺寸以统一比例绘制。

2）设备内部接线图应标明分线箱进线与出线的接线关系，端子号应标清，以便配线施工；设备外部接线图表示设备外部的电动机或电气元件的接线关系，应按电气设备的实际相应位置绘制。

3）所有的电气设备和电气元件均按实际安装位置绘出，文字符号和端子号必须和电气原理图中的标注一致，以便对照检查接线。

4）不在同一安装板或电气柜上的电气元件的电气连接一般应通过端子排连接，并按照电气原理图中的接线编号连接，应清楚标示出各电气元件的接线关系与去向。

5）走向与功能相同的多根导线可用单线或线束表示，而且应标明导线的规格、型号、颜色、根数和穿线管的尺寸。

5. 控制柜和非标准零件

控制柜是按电气接线要求将开关设备、检测仪表、保护电器和辅助设备组装在封闭或半封闭金属柜中，其布置应满足电力或控制系统正常运行的要求，便于检修，不危及人身及周围设备的安全。系统正常运行时可借助手动或断路器接通或分断电路，故障或不正常运行时借助保护电器切断电路或报警，并且通过测量仪表可显示运行中的各种参数，还可对某些电气参数进行调整，对偏离正常工作状态进行提示或发出信号。具体示例如图 2-29 所示。

电气控制柜品种繁多、结构各异，设计时要考虑以下几个方面。

1）根据控制面板和控制柜内各电气元件数量确定电气控制柜或操作箱总体尺寸，以及各低压器件的面板开孔尺寸、安装螺栓尺寸，一般应选用控制柜和按钮盒专用型材。

2）柜体的适当部位应设计通风孔或通风槽，便于柜内散热。

3）电气控制柜外形要美观、紧凑，并与生产机械或设备功能相匹配，从而便于安装、调整及维修。

4）电气控制柜通常设计成立式或工作台式，小型控制柜则设计成台式或悬挂式。实际应用时，应根据实际的情况吸取各种形式的优点，设计出适合的电气控制柜。

5）为了便于电气控制柜的移动，控制柜还应设计起吊钩或柜体底部带活动轮。

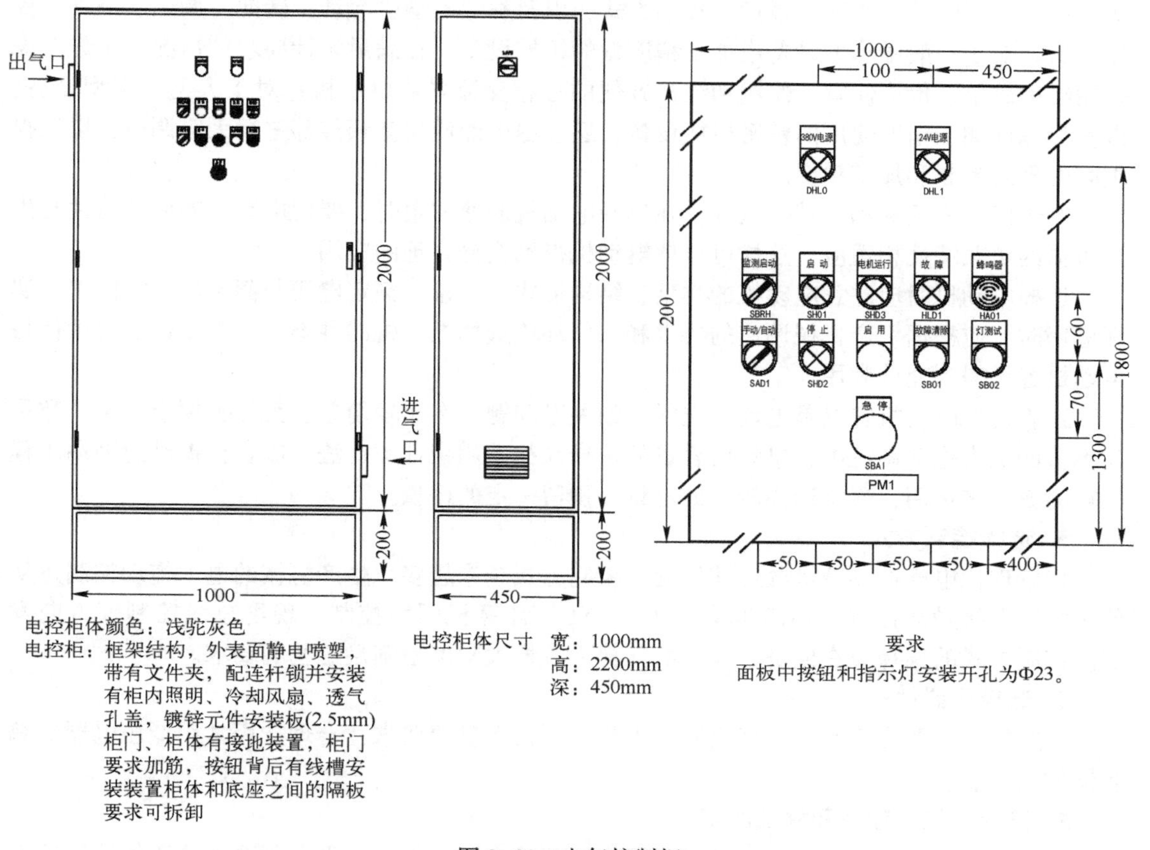

图 2-29 电气控制柜

2.5.3 电气控制电路设计内容

电气控制电路设计的主要内容包括拟订电气设计任务书、确定电力拖动方案、设计电气控制原理图、选择电气元件、编写设计说明书。

1. 拟订设计任务书

设计任务书不仅是整个电气控制系统的设计依据，也是设备竣工验收的主要依据。设计任务一般由技术部门、设备使用部门和任务设计部门等几方面共同拟定。设计任务书主要包括以下内容。

1）设备或生产用途、基本结构、动作要求及工艺要求。

2）操作台、照明、信号指示、报警方式等要求。

3）电力拖动方式、控制要求及功率指标等。

4）控制功能，以及联锁、保护要求。

5）生产线或工艺自动化程度、稳定性及抗干扰要求。

6）竣工验收标准。

2. 确定电力拖动方案

电力拖动方案是指根据生产机械设备效率及精度要求、机械结构、运动要求、负载性质等条件，选择电动机类型、数量、传动方式，以及确定电动机起动、转向、调速、制动等控制要求。对于一般中小型设备或加工精度低的机械设备，在满足设计要求的情况下优先考虑采用结构简单、价格便宜、使用和维护方便的三相交流异步电动机；对于大型、重型设备，以及为保证加工精度使用的精密机械设备，还应尽可能使用变频器等进行无级调速，以获得更好的平滑控制和加工精度。

对于恒功率负载和恒转矩负载，在选择电动机调速方案时，要使电动机的调速特性与生产机械的负载特性相适应，这样可以使电动机得到充分合理的应用。

选择电动机时应注意电动机的类型、结构形式、容量、额定电压与额定转速等因素。实际应用时，应根据生产机械调速的要求和工作环境选择电动机的种类，并在工作过程中使得电动机容量得到充分利用。

正确选择电动机容量是电动机选择中的关键问题。在比较简单、无特殊要求、生产数量又不多的电力拖动系统中，电动机容量的选择往往采用统计类比法，或者根据经验采用工程估算的方法来选用，通常选择较大的容量，预留一定的裕量。

3. 选择控制方式

随着现代电气控制技术的迅速发展，控制方式越来越多。生产机械的电力拖动控制也从传统的继电接触器控制，不断地向 PLC、CNC、计算机网络控制、现场总线控制等方向发展。控制方式的选择应在经济、安全的前提下，最大限度地满足工艺的要求。

4. 选择元器件

电力拖动方案和控制方式确定后，需要根据技术参数要求，合理选用常用低压电器，编制器件明细表。

5. 设计电气原理图和施工图纸

电气控制系统设计的基本任务是根据控制要求设计、编制出设备制造和使用维修过程中所必需的图纸、资料等。所需设计图纸包括电气原理图、元器件布置图、电气安装接线图、控制柜及按钮箱尺寸图、线缆及桥架铺设图、电气元件安装底板图，以及非标准件加工图等，另外，还要编制外购件目录、易损备品备件清单、使用说明书等文字资料。

2.6 典型机床电气控制电路

生产机械种类繁多，其拖动方式和电气控制系统各不相同，也是重要的组成部分。本节将通过分析 C650 车床的电气控制电路，进一步介绍电气控制电路的组成以及各种基本控制电路在具体系统中的应用。同时，掌握分析电气控制电路的方法，从中找出规律，逐步提高阅读电气控制电路图的能力，为电气控制系统的设计、安装、调试、维护打下良好的基础。

2.6.1 C650 卧式车床电气控制电路

卧式车床是一种应用极为广泛的金属切削加工机床，主要用来加工各种回转表面、螺纹和端面，并可通过尾架进行钻孔、铰孔和攻螺纹等切削加工。

1. 机床的主要结构和运动形式

C650 卧式车床主要由床身、主轴、刀架、溜板箱和尾架等部分组成，机床的结构形式如图 2-30 所示。C650 卧式车床属于中型车床，加工工件回转直径最大可达 1020 mm，长度可达 3000 mm。

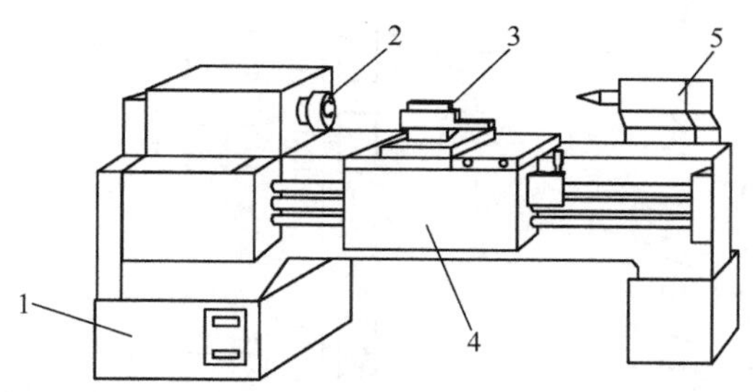

图 2-30　C650 卧式车床结构简图

1—床身　2—主轴　3—刀架　4—溜板箱　5—尾架

该车床有两种主要运动：一种是轴卡盘带动工件的旋转，称为主运动；另一种是溜板箱中的溜板刀架或尾架顶针带动刀具沿主轴轴线的直线运动，称为进给运动。两种运动由主轴电动机驱动并通过各自的变速箱调节主轴转速或进给速度。此外，为提高效率、减轻劳动强度，便于对刀和节省辅助工作时间，刀架还能快速移动，称为辅助运动。

2. 电力拖动及控制要求

C650 机床由三台三相笼型异步电动机拖动，即主轴电动机 M1、冷却电动机 M2 和刀架快速移动电动机 M3。从车削工艺出发，对拖动控制有以下要求。

1）主轴电动机 M1　主轴电动机完成主轴主运动和溜板箱进给运动的驱动。主轴电动机采用直接起动连续运行方式并有点动功能以便调整；为了加工螺纹等工件，可正反两个方向旋转；由于加工工件转动惯量大，正反两个方向停车需要电气制动。主轴的转速应随工件的材料、尺寸、工艺要求及刀具的种类不同而变化，所以要求在相当宽的范围内可进行速度调节为加工调整方便，还应具有点动功能。此外，还要显示电动机的工作电流以监视切削状况。

2）冷却泵电动机 M2　为防止刀具和工件的温升过高，需要在加工时提供切削液，采用直接单向起动及停止方式，并且为连续工作方式。

3）主轴电动机 M1 和冷却泵电动机 M2 应具有必要的短路和过载保护。

4）快速移动电动机 M3 主要用于拖动刀架快速移动，还可根据使用需要随时进行手动起、停控制。

5）应具有安全的局部照明装置，以及必要的电气保护和联锁。

3. 电气控制电路分析

C650 卧式车床的电气控制系统电路如图 2-31 所示，电气控制系统主电路、控制电路、辅助电路等部分的电路分析如下。

（1）主电路分析

合上断路器 QF，引入 380 V 的三相电源。主电路中有三台电动机。主轴电动机 M1 的电路接线分为三部分。第一部分为主轴电动机正转接触器 KM1，主轴电动机反转接触器 KM2，

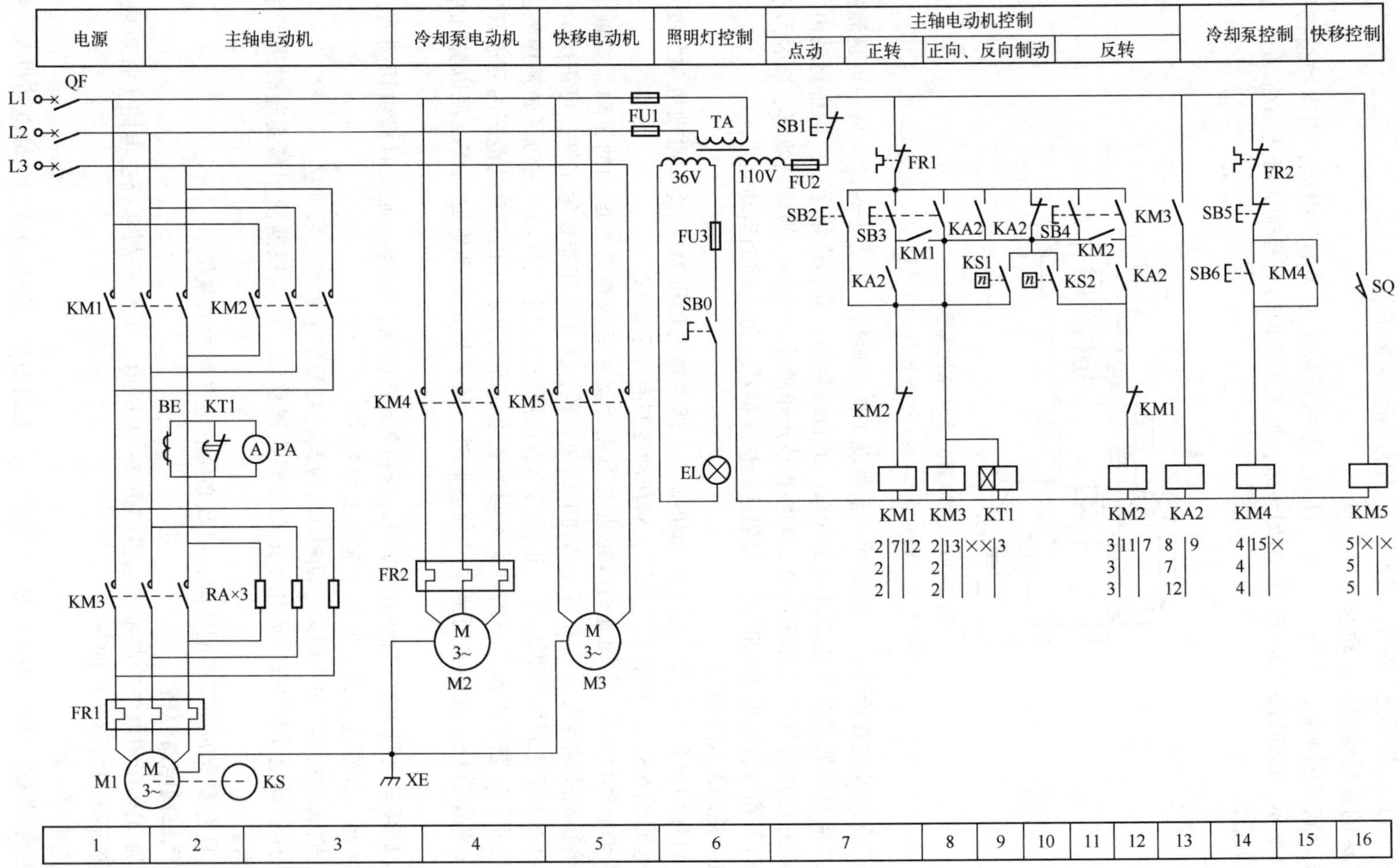

电源	主轴电动机	冷却泵电动机	快移电动机	照明灯控制	主轴电动机控制				冷却泵控制	快移控制
					点动	正转	正向、反向制动	反转		

QF L1 L2 L3 FU1 TA 36V 110V FU2 FU3 SB0 EL SB1 FR1 SB2 SB3 KM1 KA2 KS1 KS2 SB4 KM2 KM3 KT1 SB5 SB6 FR2 KM4 SQ KM5 BE PA RA×3 FR1 M1 KS M2 M3 XE

KM1	KM3	KT1	KM2	KA2	KM4	KM5
2 | 7 | 12	2 | 13 | × ×	3	3 | 11 | 7	8 | 9	4 | 15 | ×	5 | × | ×
2	2		3	7	4	5
2	2		3 | | 12		4	5

1	2	3	4	5	6	7	8	9	10	11	12	13	14	15	16

图2-31　C650卧式车床控制电路

主触点构成的正、反转接线。第二部分为电流表 PG 经电流互感器 BE 接在主轴电动机 M1 主回路上，用于显示主电轴动机的工作电流以监视切削状况；为防止电流表被起动电流冲击损坏，起动的短时间内，时间继电器的延时动断触点（3 区）将电流表暂时短接。第三部分为串联电阻控制部分，短接限流接触器 KM3 主触点控制限流电阻 RA 的接入和切除。点动调整时，为防止连续的起动电流造成主轴电动机过载，串入限流电阻 RA，保证电路设备正常工作。速度继电器 KS 用于检测主轴电动机转速，制动过程中，当主轴电动机转速低于 KS 的动作值时，常开触点断开相应电路，完成制动停车。冷却泵电动机 M2 由接触器 KM4 控制，快速移动电动机 M3 由接触器 KM5 控制。

（2）控制电路分析

为安全起见，控制电路使用 110 V 交流电压供电，它由变压器将 380 V 的交流电压减压而得，熔断器 FU2 起短路保护作用。

1）主轴电动机正反转起动与点动控制　按下正转起动按钮 SB3 时，SB3 两个常开触点同时闭合，接触器 KM3 和时间继电器 KT1 的线圈通电，KT1 常闭触点在主电路中短接电流表 PG，以防止起动电流对电流表的冲击；经延时断开后，电流表接入电路正常工作。KM3 的主触点闭合，主电路中限流电阻 RA 被短接，同时 KM3 辅助常开触点闭合，中间继电器 KA2 线圈通电。KA2 的常闭触点断开将停车制动电路切除，其常开触点与 SB3 的常开触点（7 区）均闭合，接触器 KM1 线圈通电并自锁，其主触点闭合，电动机完成正向直接起动。KM1 的自锁回路由其辅助常开触点和 KA2 常开触点组成。

反向直接起动控制过程与正向起动相似，起动按钮为 SB4，反转接触器为 KM2，读者可自行分析。按下主轴电动机点动按钮 SB2，接触器 KM1 线圈通电，主轴电动机 Ml 正向直接起动，此时没有接通接触器 KM3 线圈电路，KM3 主触点断开，限流电阻 RA 接入主电路限流，KM3 辅助常开触点断开，KA2 线圈没有通电，无法使接触器 KM1 形成自锁。松开按钮 SB2，M1 停转，实现了主轴电动机串联电阻限流的点动控制。

2）主轴电动机反接制动控制电路　控制电路采用反接制动的方式进行停车制动，下面以正转时进行停车制动过程为例来说明制动工作原理。

电动机正向正常运转时，速度继电器常开触点 KS2 闭合，制动电路处于准备状态。按下停车按钮 SB1，KM1、KM3、KA2 线圈均断电，KA2 常闭触点（9 区）重新闭合，并与 KS2 触点一起将反转接触器 KM2 线圈电路接通，主轴电动机 M1 接入反相序电流而迅速反接制动。当主轴电动机速度降低到速度继电器动作值时，KS2 常开触点复位断开，接触器 KM1 线圈断电，正向反接制动结束。反接制动过程中，KM3 断电，限流电阻 RA 一直起限制反接制动电流的作用。

反转时的反接制动工作过程和正转时相似。反转状态下，KS1 触点闭合，制动时，接通交流接触器 KM1 的线圈电路，读者可思考分析。

3）冷却泵电动机的控制　起动按钮 SB6、停止按钮 SB5 和接触器 KM4 的辅助常开触点组成自锁电路，控制接触器 KM4 线圈电路的通断，进而完成冷却泵电动机 M2 的控制。

4）快速移动电动机的控制　转动刀架手柄压动行程开关 SQ，接触器 KM5 线圈通电，KM5 主触点闭合，快速移动电动机 M3 起动运行，拖动工作台带动刀架快速移动。将刀架手柄复位后，行程开关 SQ 复位，接触器 KM5 线圈断电，快速移动电动机 M3 电动机停转。

5）辅助电路　开关 SB0 可控制照明灯 EL，且 EL 的电压为 36 V 安全照明电压。

6）电气保护与联锁电路有互锁、短路保护、过载保护等环节。FU1～FU3 分别用于主电路、控制电路和照明电路短路保护，FR1 和 FR2 分别用于主轴电动机和冷却泵电动机的过载保护。

2.6.2 Z3040 型摇臂钻床电气控制电路

摇臂钻床是一种孔加工机床，可进行钻孔、扩孔、铰孔、镗孔和攻螺纹等加工，操作方便、灵活、适用范围广，特别适用于单件或成批生产中带有多孔大型工件的孔加工。

1. 钻床的主要结构和运动形式

Z3040 摇臂钻床的结构形式如图 2-32 所示，主要由底座、内外立柱、摇臂、主轴箱和工作台等组成。

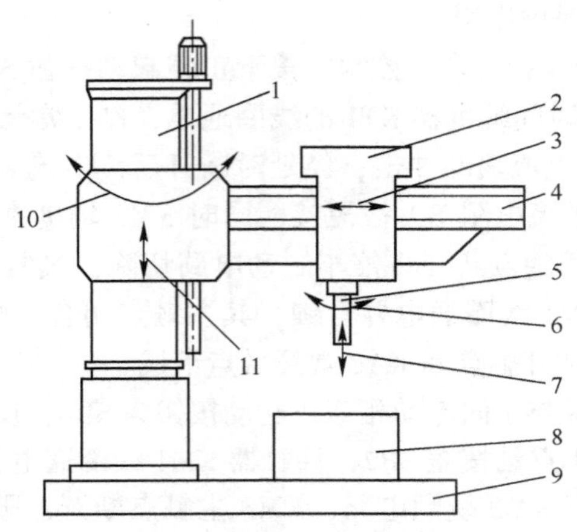

图 2-32　摇臂钻床结构示意图

1—内外立柱　2—主轴箱　3—主轴箱沿摇臂径向运动　4—摇臂　5—主轴　6—主轴旋转主运动　7—主轴纵向进给　8—工作台　9—底座　10—摇臂回转运动　11—摇臂垂直运动

内立柱固定在底座的一端，内立柱外面套有空心的外立柱，摇臂可连同外立柱滑动绕内立柱回转。摇臂一端为套筒，套装在外立柱上，并借助丝杠的正反转可沿外立柱上下移动。主轴箱安装在摇臂水平导轨上，通过手轮操作使其在水平导轨上沿摇臂移动。加工时，根据工件高度的不同，摇臂借助于升降丝杠可带着主轴箱沿外立柱上下升降。升降之前，应自动将摇臂松开，再进行升降，当达到所需的位置时，摇臂自动夹紧在立柱上。钻削加工时，钻头一边旋转一边纵向进给。

钻床的主运动是主轴带动钻头旋转；进给移动是钻头的上下移动；辅助运动是主轴箱沿摇臂水平移动、摇臂沿外立柱升降移动、摇臂与外立柱一起绕内立柱的回转运动，以及夹紧与放松等运动。

2. 电力拖动及控制要求

1）主轴电动机 M1 担负主轴的单向旋转运动和进给运动，由接触器 KM1 控制。主轴的正反转、制动停车、空档、主轴变速和变速系统的润滑，都通过操纵液压机构系统实现。

2）摇臂升降电动机 M2 由接触器 KM2、KM3 实现正反转控制。摇臂升降由 M2 拖动，松开、夹紧则通过夹紧机构液压系统实现。

3）液压泵电动机 M3 受 KM4、KM5 控制，M3 主要供给夹紧装置压力油，实现摇臂的松开与夹紧，立柱和主轴箱的松开与夹紧。

4）冷却泵电动机 M4 功率很小，由组合开关 QS1 直接控制其起停。

5）主电路、控制电路、信号指示灯电路、照明电路的电源引入开关 QF1～QF5 全部采用断路器，具有短路保护、零电压保护和欠电压保护功能。

6）摇臂升降与夹紧机构动作使用时间继电器 KT1，使摇臂升降完成，升降电动机电源切断后延时一段时间，才将摇臂夹紧，避免因升降机构惯性造成间隙，再次起动摇臂升降时产生抖动。

7）设置了主轴箱、立柱松开、夹紧、主电动机旋转等指示。

3. 电气控制电路分析

Z3040 摇臂钻床的电气控制系统电路如图 2-33 所示，电气控制系统主电路、控制电路、辅助电路等部分的电路分析如下。

（1）主电路分析

主轴电动机 M1 单向旋转，由接触器 KM1 控制；摇臂升降电动机 M2 由正、反转接触器 KM2、KM3 控制；液压泵电动机 M3 由接触器 KM4、KM5 控制正、反转；冷却泵电动机 M4 用开关 SB9 控制，FR1、FR2 分别用于 M1 和 M3 过载保护。

（2）控制电路分析

1）主轴电动机控制　机床工作前，将自动开关 QF1～QF5 接通，引入三相交流电源。电源指示灯 HL1 点亮，表示机床起动就绪。按下机床起动按钮 SB2，中间继电器 KA1 线圈通电自锁，KA1 常开触点均闭合，为主轴电动机及其他电动机起动做好准备。

按下起动按钮 SB4，接触器 KM1 线圈通电自锁，主轴电动机 M1 起动，主轴旋转指示灯 HL4 点亮；按下停止按钮 SB3，接触器 KM1 线圈断电复位，主轴电动机 M1 停止运行，主轴旋转指示灯 HL4 熄灭。

2）摇臂升降电动机控制　现以摇臂上升为例说明工作过程：按下上升按钮 SB5，常闭触点 SB5-2 先断开，互锁接触器 KM3，常开触点 SB5-1 后闭合，时间继电器 KT1 得电，KT1 瞬动触点闭合，接触器 KM4 线圈通电，液压泵电动机 M3 起动供给压力油，经液压阀进入摇臂松开油腔，推动活塞使摇臂松开。同时，活塞杆通过弹簧片压动限位开关 SQ2，常闭触点 SQ2-2 断开，KM4 线圈断电复位，M3 停转；SQ2 常开触点 SQ2-1 闭合，接触器 KM2 线圈通电，升降电动机 M2 起动正转，带动摇臂上升。摇臂上升到位时，松开按钮 SB5，KM2 和 KT1 线圈同时断电，M2 断电停止，摇臂停止上升。KT1 延时 1～3 s 后，KT1 延时闭合的常闭触点重新闭合，接触器 KM5 线圈通电，M3 反向起动，压力油经液压阀进入摇臂夹紧油腔，反方向推动活塞，使摇臂夹紧。同时，活塞杆通过弹簧片使限位开关 SQ3 常闭触点断开，KM5 断电释放，M3 停转，从而完成摇臂松开—上升—夹紧动作。

摇臂下降则由下降起动按钮 SB6 和下降接触器 KM3 实现控制，M2 反转，带动摇臂下降。这里有几个元件起着重要的作用。

KT1：控制 KM5 动作吸合时间，使 M2 停转后再夹紧摇臂，延时时间应保证摇臂停止上升或下降后再夹紧，一般为 1～3 s。

SQ1：SQ1 有两对常闭触点，摇臂上升到极限位置压动限位开关 SQ1-1，或下降到极限位置压动限位开关 SQ1-2，使摇臂停止升或降。

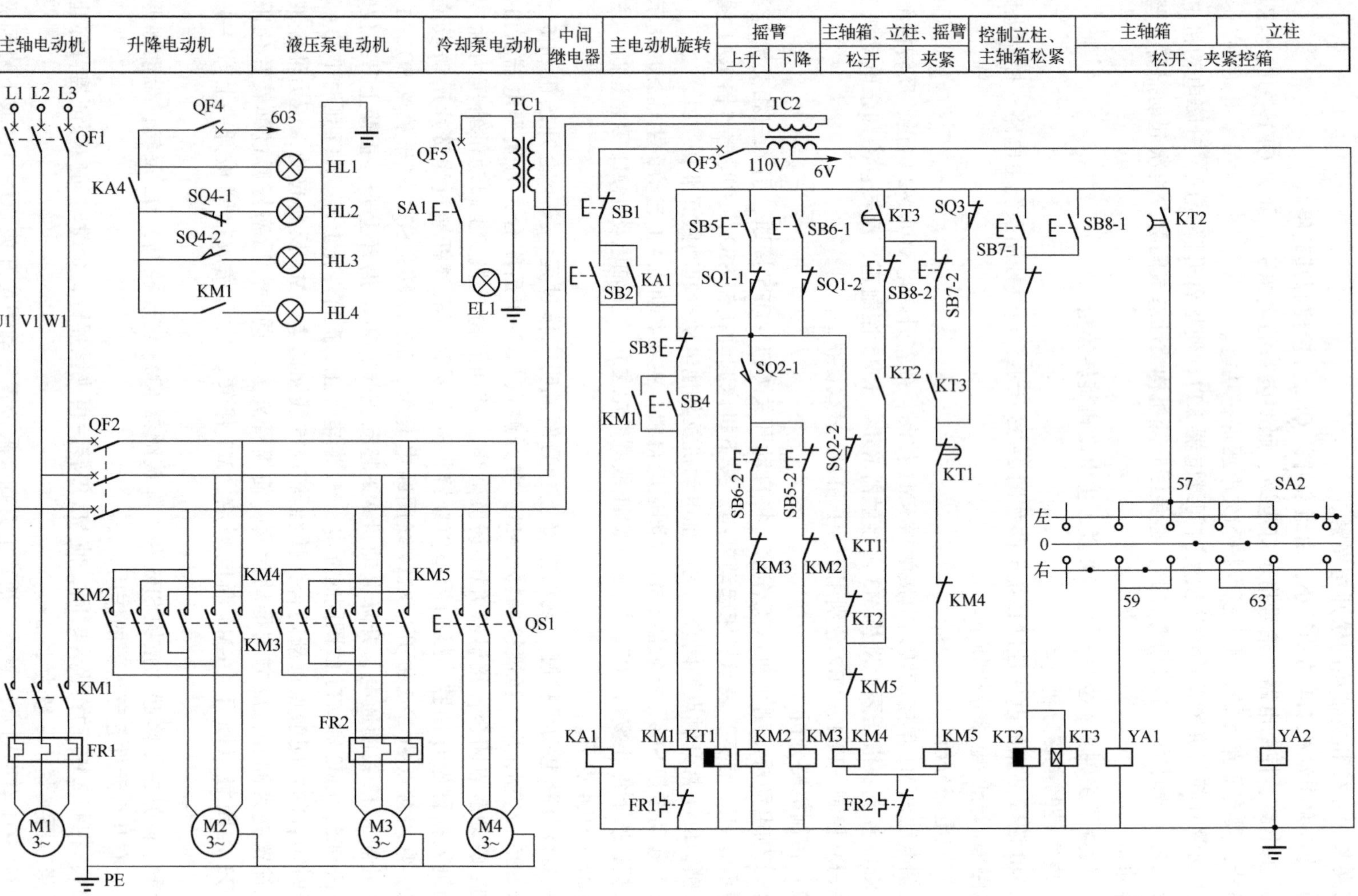

图2-33　Z3040卧式车床控制电路

SQ3：常闭触点在摇臂可靠夹紧后断开。如果液压夹紧机构出现故障，或 SQ3 调整不当，将使 M3 过载，此时热继电器 FR2 进行过载保护。

3）主轴箱与立柱夹紧与松开控制　主轴箱和立柱夹紧与松开既可单独进行，也可同时进行，主要由转换开关 SA2、复位按钮 SB7 或 SB8 控制。

转换开关 SA2 有三个位置，开关打到中间时，主轴箱和立柱同时夹紧或松开；打到左边时，立柱夹紧或松开；打到右边时，主轴箱夹紧或松开。主轴箱和立柱夹紧或松开是短时间调整，采用点动控制。

主轴箱松开：先将转换开关 SA2 打到右侧，触点（57~59）接通，（57~63）断开。按下松开按钮 SB7，常闭触点 SB7-2 先断开，互锁接触器 KM5；常开触点 SB7-1 后闭合，时间继电器 KT2、KT3 线圈同时得电，两者瞬动触点闭合，KT2 为断电延时型时间继电器，断电延时断开的常开触点通电瞬间闭合，电磁铁 YA1 通电吸合。1~3 s 延时后，KT3 延时闭合常开触点闭合，接触器 KM4 线圈通电，M3 正转，压力油经液压阀进入主轴箱油缸，推动活塞使主轴箱松开。活塞杆压动限位开关 SQ4，触点 SQ4-1 闭合，SQ4-2 断开，指示灯 HL2 亮，表示主轴箱已松开。主轴箱夹紧控制线路及工作原理与松开时相似，按下夹紧按钮 SB8，接触器 KM4 线圈通电，M3 反转，指示灯 HL3 点亮。

立柱松开：先将转换开关 SA2 扳到左侧，触点（57~63）接通，（57~59）断开。按下松开按钮 SB7 或夹紧按钮 SB8 时，电磁铁 YA2 通电，立柱松开或夹紧。

主轴箱和立柱同时夹紧或松开：SA2 打到中间位置，触点（57~59）、（57~63）均接通。按 SB7 或 SB8，电磁铁 YA1、YA2 均通电，主轴箱和立柱同时松开或夹紧。其他动作与主轴箱松开和夹紧时完全相同。

4）冷却泵：合上开关 QS1，M4 电动机接入三相电源，冷却泵起动进行冷却。

5）照明电路：合上选择开关 SA1，变压器 TC1 提供 24 V 照明电源电压。

2.6.3　M7120 磨床电气控制电路

磨床是用砂轮磨削各种零件表面的精密机床，主要由工作台、电磁吸盘、立柱、砂轮箱、滑座等组成。

1. 机床的主要结构和运动形式

M7120 型磨床的结构形式如图 2-34 所示，工作台在床身的水平导轨上做往复直线运动，采用液压传动，换向则靠工作台上的撞块碰撞床身上的液压换向开关来实现。立柱可在床身的横向导轨上做横向进给运动，可由液压传动，也可用手轮操作。砂轮箱可在立柱导轨上做垂直运动，以实现砂轮的垂直进给运动。主运动是砂轮的旋转运动，进给运动为工作台和砂轮的往复运动，辅助运动为砂轮架的快速移动和工作台的移动。

2. 电力拖动及控制要求

1）M7120 型磨床由 4 台三相笼型异步电动机拖动，M1 是液压泵电动机，实现工作台的往复运动；M2 是砂轮电动机，带动砂轮转动来完成磨削工件加工；M3 是冷却泵电动机，为砂轮磨削工件时输送冷却液；M4 是砂轮升降电动机，用于磨削过程中调整砂轮与工件之间的位置。冷却泵电动机应在砂轮电动机起动后才运转。

2）电源经 QF1 引入，熔断器 FU1 为电路总的短路保护。热继电器 FR1~FR3 分别作电动机 M1~M3 的过载保护，M3 通过插头插座接通电源。

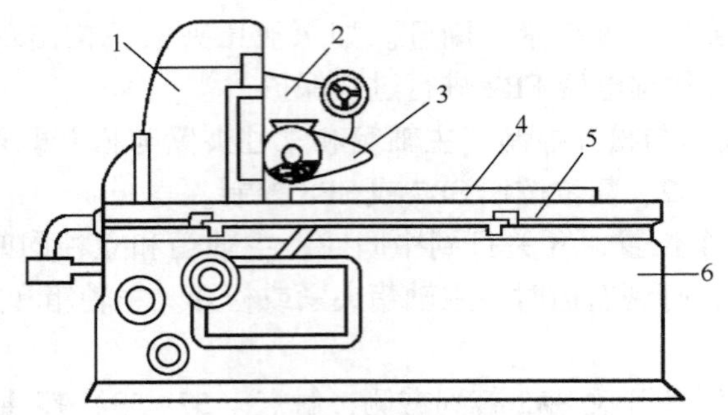

图 2-34 M7120 平面磨床结构示意图

1—立柱 2—滑座 3—砂轮箱 4—电磁吸盘 5—工作台 6—床身

3）M1～M3 都只要求单向旋转，分别由接触器 KM1、KM2 控制。M4 由接触器 KM3、KM4 控制其正反转，因是短时间工作，不设过载保护。

4）采用电磁吸盘固定加工工件，电磁吸盘应有去磁控制。

5）保护环节应包括短路保护、电动机过载保护、零压保护、电磁吸盘欠电压保护。

6）必要的指示信号及照明灯。

3. 电气控制电路分析

M7120 型磨床的电气控制系统电路如图 2-35 所示，电气控制系统主电路、控制电路等部分电路分析如下。

（1）主电路分析

欠电压继电器 KU 通电后，常开触点闭合，从而为 M1～M3 起动做好准备。欠电压继电器 KU 主要进行欠电压保护，防止吸盘吸力不足或吸力消失而造成砂轮打飞发生事故。

（2）控制电路分析

1）液压泵电动机控制　按下起动按钮 SB2，接触器 KM1 线圈通电自锁，KM1 主触点闭合，M1 起动运行进行供油。按下停止按钮 SB1，接触器 KM1 线圈断电，M1 停止运行。热继电器 FR1 作过载保护。

2）砂轮电动机及冷却泵电动机控制　按下起动按钮 SB4，接触器 KM2 线圈通电自锁，KM2 主触点闭合，M2、M3 同时起动运行。按下停止按钮 SB3，接触器 KM2 线圈断电，M2、M3 同时断电停止运行。热继电器 FR2、FR3 分别作 M2、M3 的过载保护。

3）砂轮升降电动机控制　砂轮升降为点动控制，为防止操作失误，KM3、KM4 设置有互锁保护环节。按下上升按钮 SB5，接触器 KM3 线圈得电，KM3 主触点闭合，M4 正转，砂轮上升，KM3 辅助常闭触点同时断开，互锁接触器 KM4；松开上升按钮 SB5，接触器 KM3 线圈断电，M4 断电停止运行，砂轮停止上升。

类似地，按下下降按钮 SB6，接触器 KM4 线圈得电，KM4 主触点闭合，M4 反转，砂轮下降，KM4 辅助常闭触点同时断开，互锁接触器 KM3；松开下降按钮 SB6，接触器 KM4 线圈断电，M4 断电，砂轮停止下降。

4）电磁吸盘控制　电磁吸盘 YH 控制电路由整流装置、控制装置、保护装置等组成。整流装置由整流变压器 TR、桥式整流器组成整流电路，输出 110 V 直流电压供给吸盘 YH 线圈。为防止操作失误，KM5、KM6 设置有互锁保护环节。

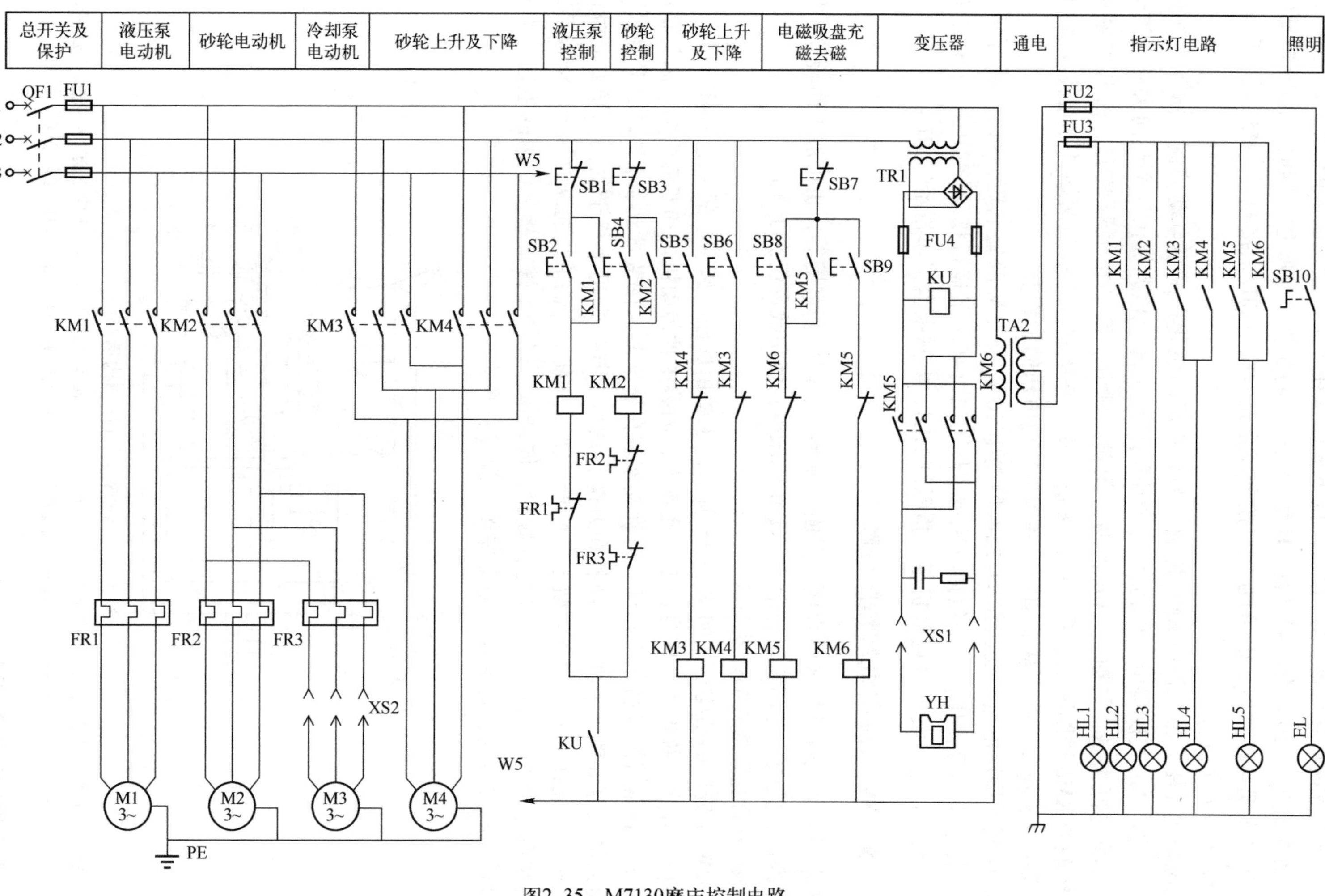

图2-35　M7130磨床控制电路

电磁吸盘充磁由接触器 KM5 控制。按下充磁按钮 SB8，接触器 KM5 线圈得电并自锁，KM5 主触点闭合，110 V 直流对吸盘 YH 线圈充磁，将工件牢牢吸住；同时，KM5 辅助常闭触点断开，实现与接触器 KM6 的互锁。按下停止充磁按钮 SB7，接触器 KM5 线圈断电，吸盘 YH 线圈停止充磁。

电磁吸盘 YH 去磁操作由 KM6 控制，为防止反向磁化，采用点动控制。按下去磁按钮 SB9，接触器 KM6 线圈得电，KM6 主触点闭合，110 V 直流电源提供一个反向去磁电流给吸盘 YH 线圈进行去磁；同时，KM6 辅助常闭触点断开，互锁接触器 KM5。松开去磁按钮 SB9，接触器 KM6 线圈断电，吸盘线圈去磁结束。在吸盘 YH 线圈两端并联电阻 R 和电容 C，形成过电压吸收回路，从而消除线圈两端感应电压的影响。

5）照明和指示电路　变压器 TL 二次侧输出 36 V、6.3 V 两组电压，36 V 供给照明灯，6.3 V 供各个指示灯使用，其中包括电源指示灯 HL1、液压泵运行指示灯 HL2、砂轮电动机运行指示灯 HL3、砂轮升降电动机运行指示灯 HL4、电磁吸盘工作指示灯 HL5。

2.6.4　X62W 型铣床电气控制电路

铣床用来加工各种形式的表面、平面、成形面、斜面和沟槽等，也可加工回转体。铣床又分为卧铣、立铣、龙门铣、仿形铣、专用铣床等，使用数量仅次于车床。

1. 机床的主要结构和运动形式

X62W 型铣床的结构形式如图 2-36 所示，主要由底座、床身、悬梁、刀杆支架、工作台、溜板、升降台等组成。床身固定在底座上，内装主轴传动机构和变速机构，床身顶部有水平导轨，悬梁可沿导轨水平移动。刀杆支架装在悬梁上，在悬梁上水平移动，升降台可沿床身前面的垂直导轨上下移动。溜板在升降台的水平导轨上可平行于主轴轴线方向横向移动。工作台安装在溜板的水平导轨上，可沿导轨做垂直于主轴轴线的纵向移动。溜板可绕垂直轴线左右旋转 45°，故工作台还能在倾斜方向进给，以加工螺旋槽。铣床的主运动为主轴带动刀具的旋转运动；进给运动为工件相对铣刀的移动。

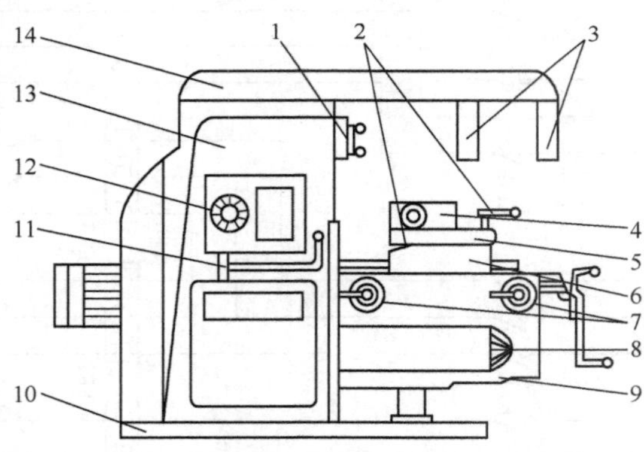

图 2-36　X62W 型铣床结构示意图

1—主轴　2—纵向操作手柄　3—刀杆支架　4—工作台　5—回转盘　6—溜板　7—十字手柄　8—进给变速柄盘　9—刀架台　10—底座　11—主轴变速手柄　12—主轴变速盘　13—床身　14—悬梁

2. 电力拖动及控制要求

X62W 铣床由 3 台三相笼型异步电动机拖动，M1 为主轴电动机，担负主轴旋转运动；

M2 为进给电动机，担负进给运动和辅助运动；M3 为冷却电动机，将冷却液输送到切削部位。

1）M1 由 KM1 控制，顺铣和逆铣加工要求主轴正反转。M1 正反转采用组合开关 SA3 改变电源相序实现。

2）进给电动机 M2 由 KM3、KM4 控制正反转，采用机械操纵手柄和行程开关配合方法实现 6 个方向进给运动互锁。

3）主轴运动和进给运动采用变速孔盘选择速度，为使变速齿轮良好啮合，分别通过行程开关 SQ1 和 SQ2 实现变速后的瞬时点动。

4）主轴电动机、冷却泵电动机和进给电动机共用 FU1 作短路保护，过载保护分别由 FR1～FR3 实现。主轴电动机或冷却泵电动机过载时，控制电路全部切断，进给电动机过载时只切断进给控制电路。

5）为更换铣刀方便、安全，设置换刀专用开关 SA1。换刀时，在将主电动机轴制动的同时，将控制电路切断，避免人身事故。

6）采用多片式电磁离合器控制，其中 YC1 为主轴制动，YC2 用于工作进给，YC3 用于快速进给，解决了旧式铣床中速度继电器和牵引电磁铁易损的问题。具有传递转矩大，体积小，易于安装在机床内部，并能在工作中接入和切除，便于实现自动化等优点。

3. 电气控制电路分析

X62W 型铣床的电气控制系统电路如图 2-37 所示，电气控制系统主电路、控制电路、辅助电路等部分的电路分析如下。

（1）主电路分析

M1 电动机由接触器 KM1 控制，M1 的正反转由开关 SA3 控制。开关 SA3 在正转、停止、反转三个位置时各触点的通断情况如表 2-1 所示。M2 电动机正反转由接触器 KM3、KM4 控制。主轴电动机起动后，M3 电动机才能起动。

（2）控制电路分析

1）主轴电动机 M1 的控制可分为四种情况。

主轴电动机起停：起动按钮 SB1 和停止按钮 SB5-1 为一组，起动按钮 SB2 和停止按钮 SB6-1 为一组，分别安装在工作台和机床床身上，实现两地操作。起动前，设定主轴转速，并将主轴换向转换开关 SA3 扳到相应位置。按下起动按钮 SB1 或 SB2，接触器 KM1 线圈通电自锁，主电动机 M1 起动。KM1 的辅助常开触头闭合，接通进给电动机控制电路电源，保证只有先起动主电动机，才可起动进给电动机 M2，从而避免损坏工件或刀具。

主轴电动机制动：为使主轴停车准确且减少电能损耗，主轴采用电磁离合器制动。电磁离合器安装在主轴与电动机轴相连的第一根传动轴上，主轴制动时间不超过 0.5 s。当按下停车按钮 SB5-1 或 SB6-1 时，SB5-1 或 SB6-1 常闭触点先断开，KM1 线圈断电，M1 停止运行；其后，SB5-1 或 SB6-1 常开触点后闭合，接通电磁离合器 YC1，电磁离合器吸合，将摩擦片压紧，对主轴电动机制动。主轴停止转动，再松开停止按钮。

主轴变速运动：主轴变速通过改变齿轮传动比实现，当改变了传动比的齿轮组重新啮合时，若齿未对上会造成齿轮打牙，为此设置主轴变速瞬时点动控制线路。变速时，先将变速手柄拉出，再转动蘑菇形变速手轮，调到所需转速，然后将变速手柄复位。复位时，压动行程开关 SQ1，常闭触头 SQ1-2 先断开，KM1 自锁复位，常开触头 SQ1-1 后闭合，KM1 线圈

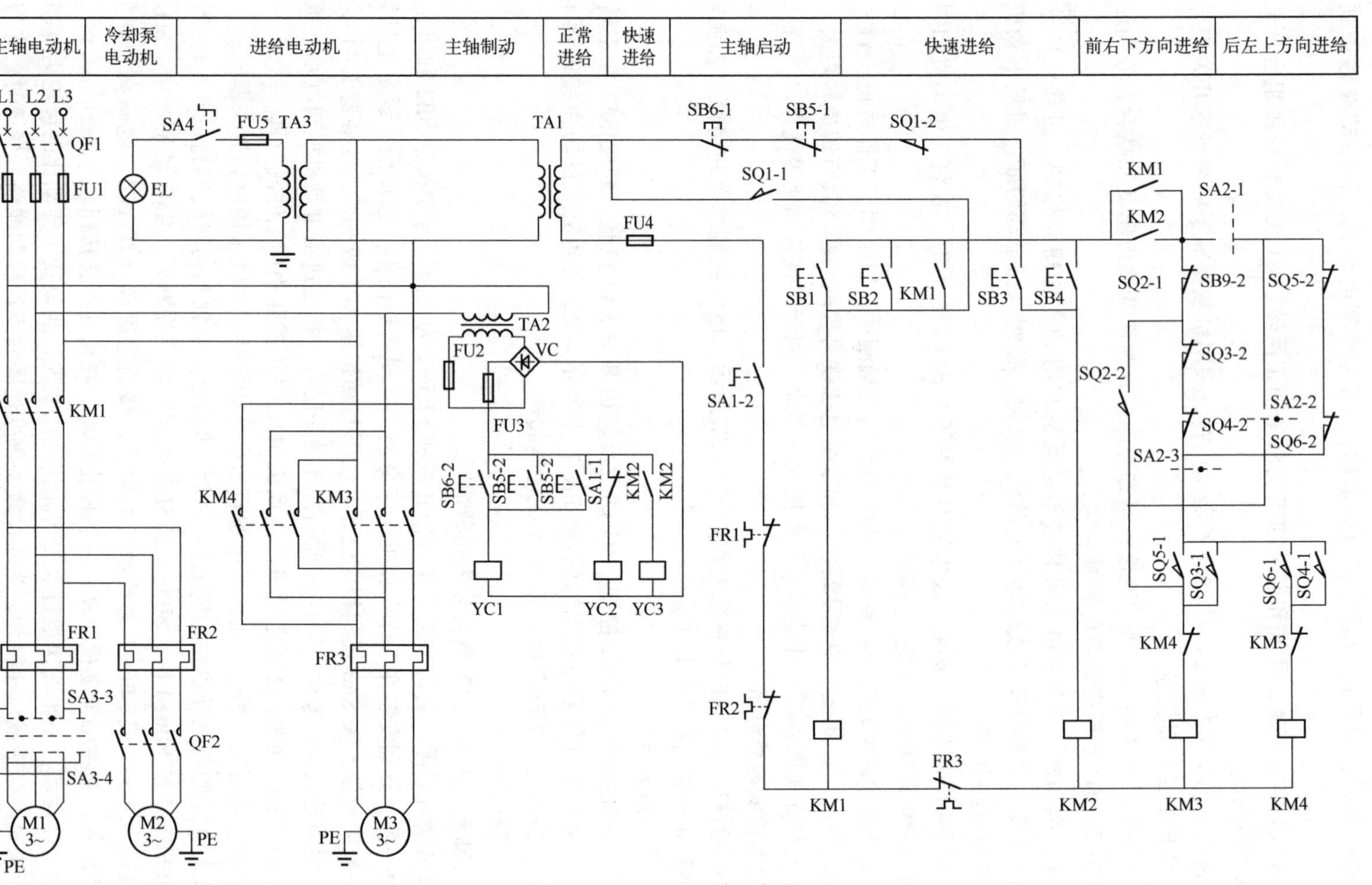

图2-37　X62W型铣床控制电路

瞬时通电，主轴电动机做瞬时点动，使齿轮系统抖动一下，达到良好啮合。当手柄复位后，SQ1 复位，断开主轴瞬时点动电路。

主轴换刀控制：电路设置有换刀制动开关 SA1，上刀或换刀时先将 SA1 切换到接通位，SA1-2 常闭触点先断开，切断控制回路电源；其后，常开触点 SA1-1 后闭合，接通电磁离合器 YC1，主轴处于制动状态，保证上刀或换刀时机床不动作。上刀或换刀后，再将 SA1 扳回“断开”位。

2）冷却电动机控制　冷却电动机 M3 同时受 KM1 和 QF2 控制。合上开关 QF2，按下起动按钮 SB1 或 SB2，接触器 KM1 线圈通电自锁，KM1 主触点闭合，主电动机起动，冷却电动机随后才能起动。

3）进给电动机控制　工作台进给分为工作进给和快速进给，工作进给只在主轴起动后才可进行，快速进给是点动控制，即使不起动主轴也可进行。

工作台左、右、前、后、上、下六个方向运动都通过操纵手柄和机械联动机构带动行程开关使进给电动机 M2 正转或反转来实现。行程开关 SQ5、SQ6 控制工作台左右运动，SQ3、SQ4 控制工作台前后和上下运动。进给拖动系统用了两个电磁离合器 YC2 和 YC3，都安装在进给传动链中第四根轴上。左边离合器 YC2 吸合时，连接工作台进给传动链，右边离合器 YC3 吸合时，连接快速移动传动链。

工作台左右纵向进给：纵向进给手柄 SA2 扳向右边时，SA2-3 触点闭合，电动机通过丝杠作用于工作台。手柄压下行程开关 SQ5，常闭触头 SQ5-2 先断开，常开触头 SQ5-1 后闭合，KM3 线圈通电，进给电动机 M2 正转，带动工作台向右运动。手柄扳向左边时，压下行程开关 SQ6，常闭触头 SQ6-2 先断开，常开触头 SQ6-1 后闭合，KM4 通电，进给电动机反转，带动工作台向左运动。SA2 为控制开关，状态如表 2-1 所示。这时的 SA2 处于断开位置，SA2-1、SA2-3 接通，SA2-2 断开。

表 2-1　选择开关触点通断

触点位置	接　通	断　开	反　转	触点位置	接　通	断　开
SA3-1	−	−	+	SA2-1	−	+
SA3-2	+	−	−	SA2-2	+	−
SA3-3	+	−	−	SA2-3	−	+
SA3-4	−	−	+			

注：+表示闭合，−表示断开。

工作台垂直与横向进给：由垂直与横向进给手柄操纵，手柄有五个位置，即上、下、前、后、中间。手柄向上或向下时，机械机构将电动机传动链和升降台上下移动丝杠相连；手柄向前或向后时，机械机构将电动机传动链与溜板下面的丝杠相连；手柄在中间位时，传动链脱开，电动机停转。以工作台向下或向前运动为例分析。

将手柄扳到向下或向前位置时，手柄压下行程开关 SQ3，常闭触头 SQ3-2 先断开，常开触头 SQ3-1 后闭合，SA2-1 和 SA2-3 闭合，接触器 KM3 线圈通电吸合，进给电动机 M2 正转，带动工作台向下或向前运动。将手柄扳到向上或向后位，行程开关 SQ4 被压下，常闭触头 SQ4-2 先断开，常开触头 SQ4-1 后闭合，SA2-1 和 SA2-3 闭合，接触器 KM4 线圈通电吸合，进给电动机 M2 反转，带动工作台向上或向后运动。

进给变速冲动：需改变工作台进给速度时，进给电动机需使用点动模式，从而使齿轮啮合良好。进给变速只有各进给手柄均在零位时才可进行。操作时，先将进给变速的蘑菇形手柄拉出，转动变速盘设定好速度。然后将手柄继续外拉到极限位将行程开关 SQ2 压下，常闭触点 SQ2-1 先断开，常开触点 SQ2-2 后接通，接触器 KM3 线圈通电，进给电动机瞬时正转。手柄推回原位时，SQ2 释放复位，进给电动机瞬动，变速结束。

工作台快移：工作台 6 个方向快移由进给电动机 M2 拖动。进给时，按下快移按钮 SB3 或 SB4，KM2 线圈通电，常闭触点断开电磁离合器 YC2，常开触点闭合接通电磁离合器 YC3。由于 KM1 常开触头并联 KM2 常开触头，KM2 线圈通电使进给传动系统跳过齿轮变速链，电动机直接拖动丝杠使工作台快进，进给方向仍由进给操纵手柄决定。松开 SB3 或 SB4，KM2 断电复位，快进过程结束，恢复原来的进给传动状态。

4）圆工作台控制　加工螺旋槽、弧形槽和弧形面时，可在工作台上加装圆工作台。圆工作台只能沿一个方向做回转运动，工作台进给与圆工作台工作不能同时进行。圆工作台的回转运动由进给电动机 M2 拖动。先将控制开关 SA2 扳到接通位，SA2-2 接通，SA2-1 和 SA2-3 断开；再将工作台进给操纵手柄全部扳到中间位，按下起动按钮 SB1 或 SB2，主电动机 M1 起动，KM3 线圈通电，进给电动机 M2 正转，带动圆工作台做旋转运动。

5）控制电路联锁与保护　进给运动与主轴运动联锁：进给运动只有主轴起动后，工作台进给才能进行。

工作台运动方向联锁：一是纵向操纵手柄联动的行程开关 SQ5 和 SQ6 常闭触头串联支路；二是垂直与横向操纵手柄联动的行程开关 SQ3、SQ4 常闭触头串联支路。这两条支路是 KM3 或 KM4 线圈通电必经之路，只要两个操纵手柄同时扳动，进给电路立即切断，实现工作台各向进给的联锁控制。

工作台进给与圆工作台联锁：使用圆工作台时，必须将两个进给操纵手柄都置于中间位。否则，圆工作台不能运行。

进给运动方向上极限位置保护：机械和电气相结合，由挡块确定各进给方向上的极限位置。当工作台运动到极限位时，挡块碰撞操纵手柄，使其返回中间位。电气上使得相应进给方向上的行程开关复位，切断了进给电动机的控制电路，进给运动停止。

6）照明电路　变压器 TA3 将 380 V AC 变为 24 V DC，供电给照明灯，用转换开关 SA4 控制。

思考题与习题

2-1　简要阐述电气原理图、电气安装接线图、电气元件布置图的绘制原则。

2-2　全压起动电路常用的保护环节有哪些？各采用什么电气元件？

2-3　解释自锁、互锁、顺序控制的含义，并举例说明。

2-4　多地控制电路中，常开起动按钮和常闭停止按钮的逻辑关系是什么？

2-5　什么是减压起动？常用的减压起动方式有哪几种？

2-6　什么是反接制动和能耗制动？两种制动方式各有什么特点及适应什么场合？

2-7　电动机有哪几种调速方法，特点各是什么？

2-8　电气控制系统分析的步骤及内容是什么？

2-9　画出三相异步电动机三地控制电气控制电路。

2-10　某机床的主轴电动机和润滑电动机各由一台笼型异步电动机拖动，试设计主电路和控制电路，控制要求如下：

1）主轴电动机只能在润滑电动机起动后才起动；

2）若润滑电动机停车，则主轴电动机应同时停车；

3）主轴电动机可以单独停车；

4）两台电动机都需要短路和过载保护。

2-11　有一台 4 级带式运输机，由电动机 M1～M4 进行拖动，要求进行顺序起停，即起动时要求按一定时间间隔顺序起动，停车时按一定时间间隔向相反方向依次停车。试设计主电路和控制电路，并设置必要的短路和过载保护。

2-12　设计两台异步电动机的主电路和控制电路，控制要求如下：

1）两台电动机互不影响地独立起动和停止；

2）控制电路能同时控制两台电动机的停止；

3）任意一台电动机发生过载时，两台电动机均停止。

第3章　S7-1200 PLC基础

SIMATIC S7-1200系列PLC是S7-200的升级产品。S7-1200设计紧凑、组态灵活且具有功能强大的指令集，集成有PROFINET接口、强大的集成工艺功能，从而为各种工艺任务提供了简单的通信和有效的解决方案，尤其满足多种应用中完全不同的自动化需求。

本章将介绍可编程序控制器的基本概念，重点讲解S7-1200系列PLC的硬件、工作原理和软件结构，以及TIA博途软件的使用。

3.1　PLC概述

3.1.1　PLC产生和发展

1. 产生原因

传统的继电接触器控制系统结构简单、价格低廉、容易掌握，因而几十年来已得到了广泛的应用，并在工业控制等领域中占据主导地位。但是，继电接触器控制系统一般体积较大，动作速度慢、触点易损坏、功能较少，难以实现较复杂的控制。此外，继电接触器控制系统采用硬连线逻辑构成的系统，一旦生产工艺或对象控制要求改变，既有的控制柜就需要更换，因此通用性和灵活性较差。

20世纪60年代末期，美国的汽车生产技术已相对成熟，汽车制造业竞争非常激烈，导致汽车产品型号不断升级换代，生产线也需随之频繁改变而重新配置。但是，当时的自动控制装置是传统的继电接触器控制系统，改变工艺十分困难，严重阻碍了产品更新换代。

1968年，美国最大的汽车制造商通用汽车制造公司为适应汽车产品型号的不断升级换代，针对继电接触器控制系统的缺点，试图寻找一种新型的工业控制器，以尽可能减少重新设计和更换继电接触器控制系统硬件接线，降低生产成本。因此，设想把计算机的完备功能、灵活通用等优点和继电器控制系统简单易懂、操作方便、价格便宜等优点结合起来，开发出一种适用于工业环境的通用控制装置，并把计算机的编程方法和程序输入方式加以简化，使用“面向控制过程，面向对象”的自然语言进行编程，使不熟悉计算机的人也能方便地使用。

针对上述设想，通用汽车公司提出了这种新型控制器必须具备的十大条件，即著名的“GM十条”。

1）编程简单，可在现场改程序。

2）维护方便，最好是插件式。

3）可靠性高于继电器控制柜。

4）体积小于继电器控制柜。

5）可将数据直接送入管理计算机。

6）成本可与继电器控制柜竞争。

7）输入可以是交流 115 V。

8）输出为交流 115 V、2 A 以上，可直接驱动接触器、电磁阀等。

9）在扩展时，原系统仅做很小变更。

10）用户程序存储器容量至少能扩展到 4 KB。

1969 年，美国数据设备公司（Digital Equipment Corporation，DEC）根据上述十条招标要求，成功开发出一套全新的控制系统 PDP-14，用于控制齿轮磨床，这就是世界上第一台可编程序逻辑控制器（Programmable Logic Controller，PLC），如图 3-1 所示。早期的可编程序逻辑控制器仅限于逻辑运算、定时、计数等基本功能，主要用来取代传统的继电接触器逻辑控制。

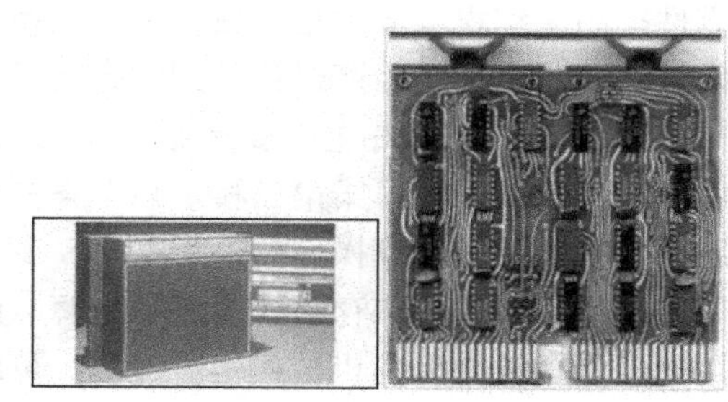

图 3-1　PDP-14 PLC

2. 发展过程

自从第一台 PLC 诞生后，日本、法国等工业发达国家也相继研制出各自的 PLC。1969 年，美国 Modicon 公司在 Dick Morley 带领下成功推出了 Modicon 084 型 PLC ，用户只需插入编程单元，输入梯形图即可快速编程，同时将控制器安装在硬质外壳内，提高了安全等级，外形如图 3-2 所示。该机型及后续产品很快在制造业中占据统治地位，并逐步应用到过程控制和批量生产控制，Dick Morley 由此被誉为“PLC 之父”。

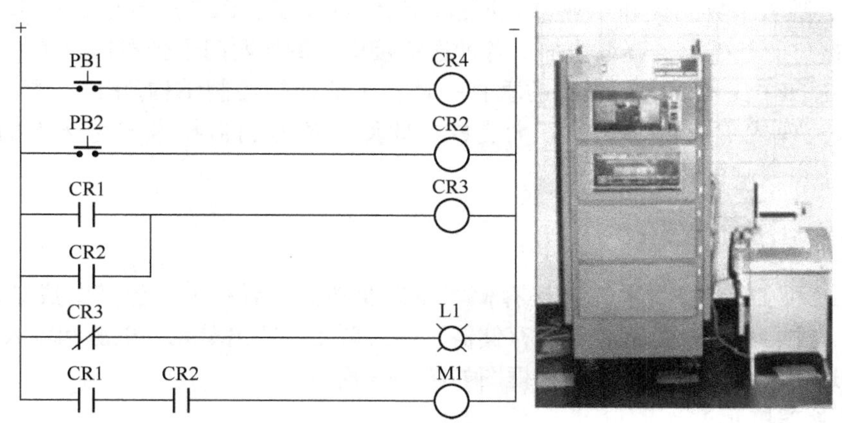

图 3-2　Modicon 084 PLC

1971 年，日本研制出了 DCS-8 型 PLC，1973 年西欧国家的各种 PLC 也研制成功。我国研制与应用 PLC 起步较晚，1973 年开始研制，1974 年产出第一台国产可编程序逻辑控制器，1977 年开始应用。

20 世纪 70 年代中后期，微处理器和计算机技术逐渐被应用到 PLC 中，这时的 PLC 不仅具有逻辑控制功能，而且增加了数学运算、通信功能，可应用到制造业、过程控制、PID控制等领域。美国电气制造协会将可编程序控制器正式命名为可编程序控制器（Programmable Controller，PC），但简称易与个人计算机（Personal Computer，PC）混淆，人们仍习惯把可编程序控制器称为 PLC。

20 世纪 80 年代，随着大规模和超大规模集成电路技术的发展，PLC 无论是在性能、价格方面，还是应用方面都有了新的突破，不仅控制功能增强、功耗和体积减小、成本下降、可靠性提高、编程和故障检测更为灵活方便，而且随着远程 I/O 和通信网络、数据处理技术的发展，PLC 向连续生产过程控制的方向发展。

1987 年 2 月，国际电工委员会（International Electrotechnical Commission，IEC）颁布了可编程序控制器标准草案第三稿。该草案中对可编程序控制器有一个标准定义："可编程序控制器是一种数字运算操作的电子系统，专为在工业环境下应用而设计。它采用可编程序的存储器，用来在其内部存储执行逻辑运算、顺序控制、定时、计数和算术运算等操作指令，并用来控制各种类型的机械或生产过程。可编程序控制器及其有关的外围设备，都应按易于与工业控制系统形成一个整体、易于扩充其功能的原则设计"。

该定义首先表明 PLC 是一种专为工业环境应用而设计的数字运算操作电子系统；其次强调 PLC 采用可编程序的存储器和操作指令，不仅能完成逻辑运算、顺序控制、定时、计数和算术运算等操作，还应具有数字式和模拟式的输入和输出；最后强调 PLC 应按易于与工业控制系统集成，易于实现其预期功能的原则设计。

20 世纪末期，PLC 更加适应现代工业控制与时俱进的需求。从控制规模上讲，这个时期发展了大型机和超小型机；从控制能力上讲，诞生了各种各样的特殊功能单元，用于压力、温度、转速、位移等各式各样的控制场合；从产品的配套能力上讲，产生了各种人机界面单元、通信单元，从而使工业控制设备配套更加容易。

近年来，随着现场总线和工业以太网技术的快速发展，PLC 厂家也在原来提供物理层 RS232/485 接口的基础上，逐渐增加了各种通信接口，例如西门子公司构建了由 AS-i、Profibus 和 PROFINET 工业以太网组成的垂直一体化工业网络控制结构。PLC、机器人、CAD/CAM 被公认为现代工业自动化的三大支柱，即使在智能制造技术成为热点的当今时代，PLC 仍然是不可或缺的最重要设备。

3.1.2 PLC 组成

尽管 PLC 种类繁多，结构形式、存储容量以及功能差异很大，但其组成结构和工作原理基本相同，主要由中央处理单元、存储器、输入单元、输出单元、电源和输入/输出接口、扩展接口、通信接口等组成，其结构框图如图 3-3 所示。

1. 中央处理单元

中央处理单元（CPU）是 PLC 的核心部件，一般由控制器、运算器和寄存器组成，它通过各种总线与存储器、输入单元、输出单元、通信接口、扩展接口相连接，实现逻辑运算并协调系统内部各部分的工作。

CPU 的主要任务有接收并存储从编程器、上位机或其他设备输入的用户程序、数据等信息，自诊断电源、存储器、I/O 设备模块等工作状态，以及用户程序中存在的语法错误等。PLC 以循环周期扫描方式通过输入和输出单元接收现场信号状态或数据，并存入输入

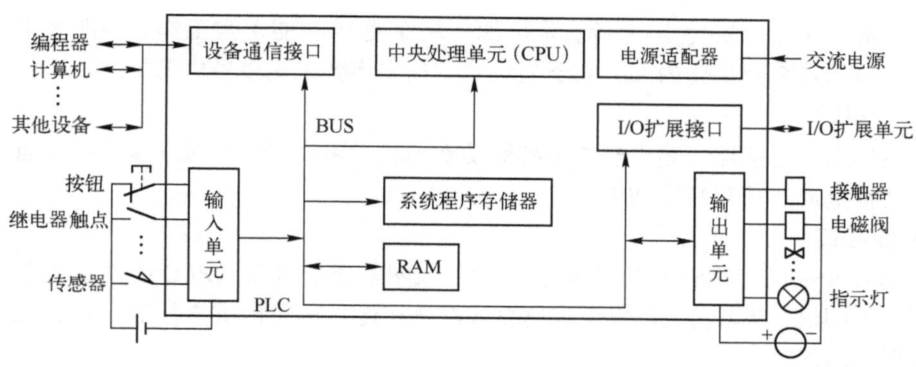

图 3-3 PLC 结构框图

和输出映像寄存器，然后从系统程序存储器逐条读取和执行用户程序，待用户程序执行完毕后更新有关标志位状态和输出映像寄存器内容，最后经执行部件实现输出控制或数据通信等功能。

2. 存储器

系统程序存储器用来存放制造商开发的系统程序，并固化在 EPROM 内，用户不能直接更改。系统程序与硬件无关，主要用来完成系统诊断、命令解释、逻辑运算、通信和各种参数设置等功能。

用户存储器包括程序存储器和数据存储器两部分。程序存储器用来存放用户针对具体控制任务而编写的各种用户程序，程序内容可由用户任意修改或增删；数据存储器用来存放用户程序中所产生的数据。

用户程序一般存放在 RAM 中，工作速度高、价格便宜、改写方便，并用锂电池作为后备电源，以保证掉电时不会丢失信息。目前，许多 PLC 直接采用 EEPROM 作为用户存储器，主要是因为 EEPROM 是非易失性的，兼有 ROM 非易失性和 RAM 随机存取优点，主要用来存放用户程序和需长期保存的重要数据。一般而言，为了防止干扰对 RAM 中程序的破坏，当用户程序经过调试完成后，再将其固化在 EEPROM 中。

3. 输入和输出单元

输入和输出单元是 PLC 与输入输出装置或其他外部设备之间的连接部件，输入和输出类型可为数字量和模拟量。

输入单元接收的按钮、选择开关、限位开关、行程开关以及其他传感器信号，经过输入接口电路变换为 CPU 能接收和识别的低电压信号，最后送给 CPU 进行运算。相反，输出单元则将 CPU 输出的低电压信号转换为控制器件所能接收的电压或电流信号，以驱动接触器、继电器、电磁阀和指示灯等负载。

通常，输入类型可以是直流、交流和交直流，电源可由外部供给或 PLC 内部提供；输出类型有继电器输出、晶体管输出和晶闸管输出三种，输出电流额定值与负载性质有关。

输入和输出单元均带有光耦合电路，目的是把 PLC 与外部电路进行隔离，从而提高 PLC 的抗干扰能力。此外，为了滤除信号的噪声和便于内部信号的处理，输入单元还有滤波、电平转换、信号锁存电路；输出单元相应地有锁存、显示、电平转换和功率放大电路。

4. 电源

PLC 一般使用 220 V 的交流电源，内部电源为中央处理单元、存储器、输入单元、输出单元等电路提供 5 V、12 V、24 V 等直流电源，从而使 PLC 能正常工作。一般来说，整体式结构通常将电源封装到机壳内部；对于模块式结构则多数采用单独电源模块。

5. 扩展接口

扩展接口用于连接输入输出模块或特殊功能模块，可用来扩充数字量或模拟量输入输出点数，以及称重或通信等特定功能。

6. 通信接口

PLC 配有 RS-485、RS-232、USB、工业以太网等通信接口。PLC 通过这些通信接口可与监视器、打印机、PLC、上位机或现场总线网络相连，从而提供方便的人机交互，或者组成多机或现场总线控制系统。

7. 编程器

编程器的作用是供用户进行程序编制、调试和监视。PLC 生产厂家大都配有相应的编程软件和通信电缆，用户使用编程软件即可在屏幕上直接生成和编辑梯形图、语句表、功能块图与顺序功能图程序，并可实现不同编程语言之间的相互转换；程序编译后即可下载到 PLC，也可将 PLC 程序上传至上位机存盘或打印。

8. 其他部件

有些 PLC 还配有 EPROM 写入器、外部存储器等其他外部设备。

3.1.3 PLC 分类

PLC 可按 I/O 点数容量、结构形式和产品流派进行分类，具体如下。

1. 按 I/O 点数容量分类

1）小型机　小型 PLC 输入/输出点数一般在 256 点以下，用户程序存储器容量在 4 KB 以下，特点是体积小、价格低，常用于小型设备开关量控制，图 3-4a 为典型的小型 PLC。

2）中型机　中型 PLC 输入/输出总点数一般为 256~2048 点，用户程序存储器容量达到 4~8 KB。中型 PLC 除了具备开关量和模拟量控制功能，还增加了数据处理能力，通信功能和模拟量处理能力也更强大，主要适用于复杂的逻辑控制系统以及过程控制场合。图 3-4b 为典型的中型 PLC。

3）大型机　大型 PLC 输入/输出点数在 2048 点以上，程序和数据存储器容量最高可达 10 MB。大型 PLC 不仅具有计算、控制和调节的功能，还具有强大的通信联网能力，主要适用于大型设备或生产线自动化及监控控制。图 3-4c 为典型的大型 PLC。

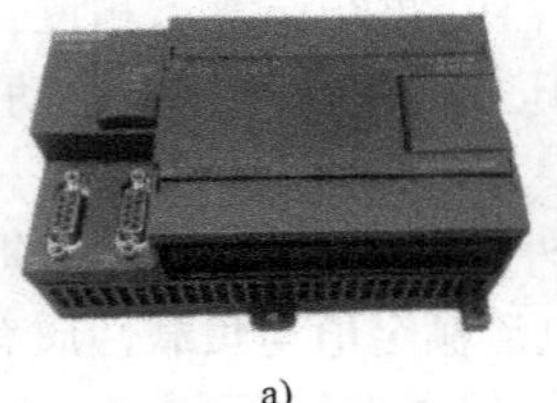

a)

b)

c)

图 3-4　PLC 的分类

a）小型 PLC（SIEMENS S7-200 或 1200 系列）　b）中型 PLC（SIEMENS S7-300 系列）　c）大型 PLC（SIEMENS S7-400 系列）

2. 按结构形式分类

（1）整体式结构

整体式结构的特点是将电源、中央处理单元、存储器、输入/输出单元、通信接口等各个功能部件集成在一个机壳内，通常称之为PLC主机或基本单元。有的PLC还设有扩展接口，通过扩展电缆与扩展单元相连，并结合输入/输出模块、热电偶模块、热电阻模块、运动控制模块、通信模块等特殊功能模块，以完成不同的系统配置和功能。

整体式结构的PLC体积小、成本较低、安装方便。微型和小型PLC一般为整体式结构，例如西门子S7-200或1200 PLC。

（2）模块式结构

模块式结构PLC则是由一些独立模块单元构成，例如电源模块、CPU模块、输入/输出模块、各种功能模块等。这些模块插到机架插座上或安装在底板上，组装在一个机架内。

模块式结构就像搭积木一样，不仅硬件组态和装配灵活、便于扩展，而且维修时更换模块、判断故障范围也很方便。一般中、大型PLC多采用这种结构形式，例如西门子S7-300和S7-400系列，主要用于要求较高和复杂的控制系统中。

3. 按产品流派分类

PLC自问世以来，经过50多年的发展，生产厂家不断涌现。目前，世界上有200多个厂家生产PLC，比较著名的公司有美国AB公司、GE公司，德国西门子公司，法国施耐德公司，日本的三菱、富士公司等，它们的产品占据了世界上大部分的PLC市场。

众多的PLC制造商大体可以按地域分成主要的三个流派：一个流派是日本产品，以三菱FX系列小型PLC为代表；一个流派是美国产品，以AB公司中型PLC为代表；还有一个流派是欧洲产品，以德国西门子大型SIMATIC PLC为代表。

3.1.4 PLC特点

PLC与现有的各种工业自动化控制方式相比，具有一系列受用户欢迎的特点，归纳起来具体如下。

1. 可靠性高、抗干扰能力强

PLC是专为工业环境而设计的控制装置，一般使用性能优良的开关电源供电，芯片采用超大规模集成电路制造工艺，硬件I/O通道使用光电隔离、滤波、屏蔽、接地与联锁等一系列先进的抗干扰措施，结构上能满足耐热、防潮、防尘、抗震等工业恶劣环境要求。同时，使用丰富的软元件资源代替大量的中间继电器、时间继电器，绝大部分继电器和繁杂接线都被软件程序所取代，开关动作均由半导体无触点电路完成，不仅控制速度快、寿命长，而且大大减小了控制柜体积，另外，由机械触点接触不良、磨损和抖动引起的故障也大为减少。

用户程序使用循环扫描、集中输入与集中输出的特殊工作方式，软件还设置有自检验诊断、掉电保护、看门狗和实时监控等程序，以实现各种故障的诊断、处理、报警显示等，并且故障修复时间短。通过上述采取的技术措施，保证了PLC具有较高的可靠性和抗干扰能力，平均无故障时间通常在几十万小时以上。

2. 体积小、质量轻、功耗低、维护方便

PLC采用微处理器技术和超大规模集成电路，结构紧凑坚固、体积小、质量轻、功耗低、便于安装，如西门子超小型 LOGO PLC 采用整体式结构，它集成有控制功能、实时时钟和显示单元，用户可用面板上的小型液晶屏和 6 个按键进行编程。

PLC 编程简单，不仅具有强大的自诊断功能，还可通过各种方式实时直观地反映控制系统工作和运行状态，如现场信号的变化状态、内部工作状态、通信状态、I/O 点状态、异常状态和电源状态等，极利于对系统进行实时监控、仿真和调试程序，维护方便。

3. 大容量化、高速化、信息化

超大规模集成电路技术发展为 PLC 大容量化、高速化创造了条件。现在，很多大中型 PLC 采用多微处理器系统，存储器容量达到数百兆，控制程序达到数万步，梯形图的扫描速度可达每千万条指令用时 0.1 ms，速度比许多集散控制系统（Distributed Control System，DCS）快数十倍；有些超大型 PLC 的 I/O 点数高达 14336 点，同时使用多个 32 位微处理器并行工作，功能更强。因此，大容量和高速化的 PLC 为精确定位、速度调节、灵活控制以及 PID 过程控制等提供了更好的手段。

现代工业生产规模大、控制复杂、被控对象分布广且具有一定的空间距离，大中型 PLC 控制系统中，需要多个 PLC 及智能仪器仪表连接成一个网络，从而构成工业控制网络并进行数据交换。为了适应工厂控制系统和企业信息管理系统日益有机结合的要求，PLC 已不再是自成体系的封闭系统，OPC、网络化和无线化等信息技术已渗透到 PLC 控制系统中。

4. 功能完善强大、适用性广

PLC 功能非常完善和强大，具有数字量和模拟量输入输出、逻辑和算术运算、定时、计数、顺序控制、联网通信、人机对话、自检、记录和显示等功能，不仅能完成单机控制、批量控制、制造业自动化中的逻辑顺序控制，还能完成过程控制、运动控制，以及将多台 PLC 与计算机连接起来，构成多机或现场总线控制系统，从而用来完成大规模的、更复杂的控制任务，因此，PLC 具有极广的适用面，几乎能满足所有工业控制领域的需求。

5. 系列化、智能化、模块化

目前，PLC 已形成大、中、小各种规模的系列化产品，为了实现某些特殊的控制功能，PLC 制造商还开发出种类繁多的智能化模块，如数字量和模拟量扩展模块、高速计数模块、运动控制模块、温度控制模块、称重模块、PID 控制模块，以及各种现场总线通信模块等。这些智能化模块本身带有 CPU，一方面，它们占用主 CPU 的时间很少，有利于提高 PLC 运行速度、信息处理速度和控制性能；另一方面，它们又是微型计算机系统，具有很强的信息处理能力和控制功能，可以完成主控制器难以兼顾的功能，大大简化了系统设计和编程难度。

目前，大、中型 PLC，以及功能较多的小型 PLC 几乎全部使用模块机构，用户可用各种组件灵活地组合成各种大小和不同要求的控制系统，减少投资费用，从而使控制系统成本最小化。CPU 及其功能模块具体如图 3-5 所示。

6. 编程简单化、标准化、人性化、简易化

PLC 一般使用梯形图（Ladder Diagram，LD）编程语言。这种编程语言既具备传统控制线路易懂易编、清晰直观的优点，又顾及了多数电气技术人员的读图习惯和微机应用水平，不需要专门的计算机知识和语言，只要具有一定电气和工艺知识的人员都可在短时间学会，易于被大众接受，因此受到普遍欢迎。

除梯形图外，IEC61131-3 标准化编程语言还提供语句表、功能块图、顺序功能图、结

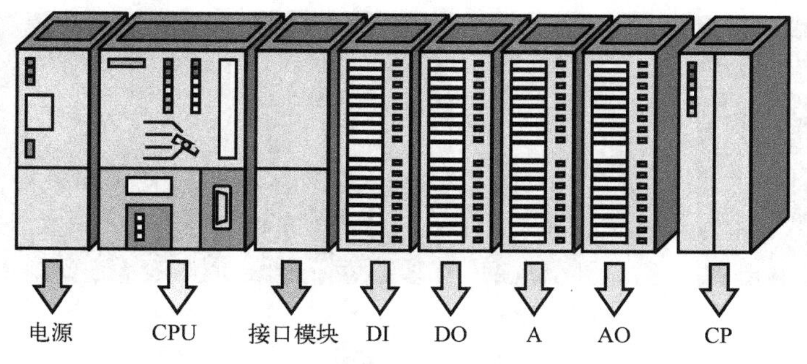

图 3-5 CPU 及其功能模块

构化文本等，越来越多的工控产品开始使用 IEC61131-3 标准化编程语言进行编程。用户可根据编程习惯和控制需求选择最合适的编程语言。

PLC 最初采用的是机器语言，仅使用手持式编程器，不仅输入不便、易出错，而且观察信息有限，专业化程度较高，需要专业的工程技术人员才能编程，这种编程器已被淘汰。随着计算机的普及，目前几乎所有的 PLC 都使用编程软件进行编程，不仅可对产品型号、通信接口等属性进行组态配置，而且可在屏幕上直接生成和编辑梯形图、语句表、功能块图和顺序功能图程序，以及不同编程语言的相互转换。用户使用编程软件还可进行程序下载上传、仿真调试与状态监控，从而为分析、调试和诊断程序带来极大便利，大大提高工作效率。中大型控制系统有时还需要组态软件和触摸屏完成大量复杂的数据和画面显示、曲线、报表、报警处理等监控。国外组态软件有 WinCC、iFix、InTouch，国内组态软件有亚控 KingView、力控 PCAuto、昆仑通态 MCGS 等。

PLC 内部具有丰富的软件资源，还针对实际问题设计了诸如移位等功能性指令和编程向导，减少编程工作量，加快了开发速度。此外，PID 控制、网络通信、高速计数器、运动控制、配方、文本显示器等编程往往是 PLC 程序设计的难点。用户在使用基本指令编程时，不仅需要熟悉相关的特殊存储器，而且编程过程既烦琐又容易出错。因此，PLC 编程软件一般设计了大量的编程向导，用户只需在对话框中输入相关的参数，即可自动生成包含中断程序在内的用户程序，从而大大简化了编程步骤和难度。

7. 设计与施工周期短

对于继电接触器控制系统而言，用户必须先按工艺控制要求画出电气原理图、电气元件布置图和电气安装接线图等，才能进行安装调试。施工周期长，功能扩展性和灵活性较差。

PLC 则是以软件编程来取代硬件接线，不需要很多配套的外围设备，并可直接驱动接触器、继电器、电磁阀等负载，大大减轻了繁重的安装接线工作量，使用维护都很方便。当需要变更控制系统功能时，只需要改变用户程序即可满足不同的控制要求，灵活性和扩展性好。软件还具有强制赋值和仿真的功能，只要分配好 I/O 地址，仅使用编程软件就可编写用户程序，程序设计和硬件施工可同时进行，因而极大地缩短了设计、施工和投运周期。

总体来说，工业 4.0 时代是智能化、自动化的时代，互联网、云计算等新技术在工业 4.0 时代得到融合，PLC 作为传统的自动化核心设备也必将得到更加广泛的应用。

3.1.5 PLC 应用领域

PLC 的应用领域大致可分成以下几个，如图 3-6 所示。

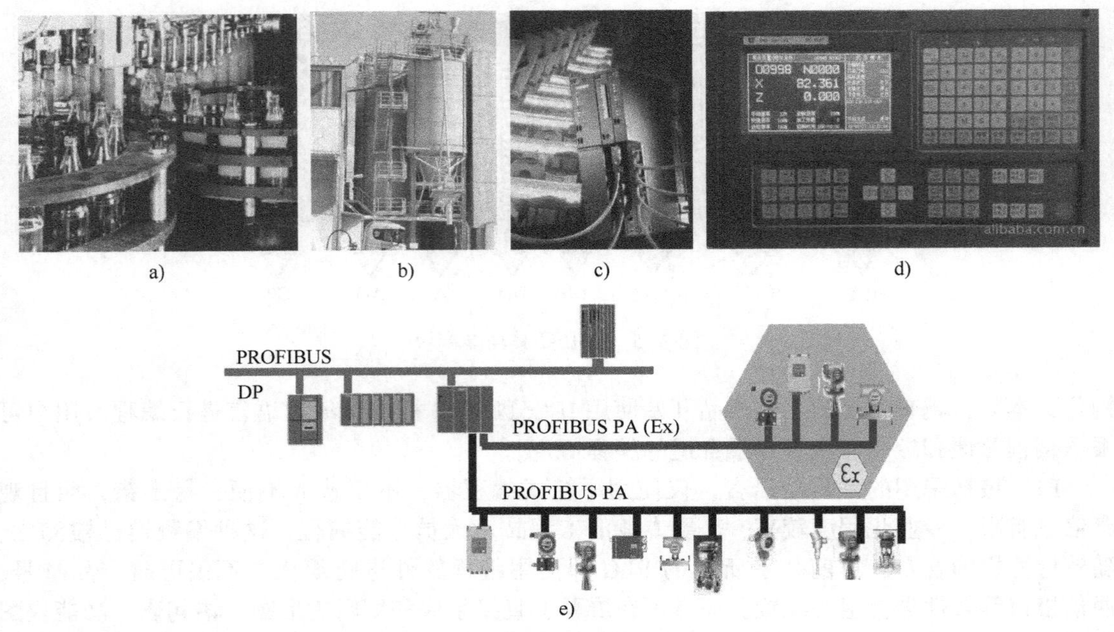

图 3-6　应用领域
a）制造业自动化　b）过程控制　c）数据处理　d）运动控制　e）通信和联网

1. 制造业自动化

PLC 最初用来取代传统的继电器以实现逻辑、顺序控制，用于单台设备开关量生产工艺。制造业是典型的工业类型之一，该领域主要对物体进行形状加工、组装，其电气自动控制系统中开关量占绝大多数。目前，PLC 的控制和通信功能增强，也可用于多机群控及冶金、机械、轻工、化工、纺织等自动化流水线。

2. 过程控制

过程控制是工业类型中的重要分支，即生产过程中存在一些如温度、压力、流量、液位和速度等连续变化的模拟量，有的场合还有防爆要求。PID 调节是一般闭环控制系统中用得较多的一种调节方法，PLC 采用相应的 A/D 和 D/A 转换模块，以及各种各样的控制算法程序来处理模拟量，完成闭环控制。过程控制在冶金、化工、热处理、锅炉控制等场合有非常广泛的应用。

3. 运动控制

运动控制主要指对工作对象的位置、速度及加速度所做的控制，既可控制对象做直线运动，也可控制对象做平面、立体，甚至角度变换等运动。PLC 使用专用的驱动步进电动机或伺服电动机的运动控制模块做圆周运动或直线运动的控制，有的高、中档的 PLC 还可实现直线或曲线插补。此外，PLC 还可以和数字控制（NC）及计算机数控装置（CNC）组成一体来实现数字控制，例如，日本 FANUC、德国 SIEMENS、美国 GE 都开发有专用的数控系统。

4. 数据处理

PLC 具有数学运算、传送、转换、排序、查表等功能，可完成数据的采集、分析及处理。此外，随着 PLC 技术的发展，其数据存储区越来越大，存储的数据量也越来越多。数据处理一般用于如造纸、冶金、食品工业中的一些大型控制系统。

5. 通信及联网

目前，PLC 联网、通信能力很强，既可实现 PLC 机间通信，还可实现 PLC 与智能仪表、智能执行装置通信，有的还能组成局域网。通信及联网适应了当今计算机集成制造系统，以及智能化工厂发展的需要，它和底层设备、车间、工厂管理层的控制连成一个整体，从而实现管控一体化。

3.2 S7-1200 PLC 硬件

S7-1200 PLC 主要由中央处理单元、信号板、信号模块、通信模块，以及电源、开关模块或存储卡等附件组成。S7-1200 PLC 提供了各种模块和插入式板，用于通过附加 I/O 或其他通信协议来扩展 CPU 功能，其硬件组成具有高度的灵活性，用户可根据自身需求确定 PLC 的结构，系统扩展十分方便。

3.2.1 CPU 模块

知识讲解
S7-1200 CPU
面板介绍
3-1

1. CPU 面板

CPU 采用模块化和紧凑型设计，将微处理器、集成电源、输入和输出电路、PROFINET、高速运动控制 I/O 以及板载模拟量输入组合到一个设计紧凑的外壳中来形成功能强大的控制器。CPU 根据用户程序逻辑监视输入并更改输出，用户程序可完成布尔逻辑、计数、定时、复杂数学运算、运动控制以及与其他智能设备的通信，适用于多种应用领域，满足不同的自动化需求。具体外形如图 3-7 所示。

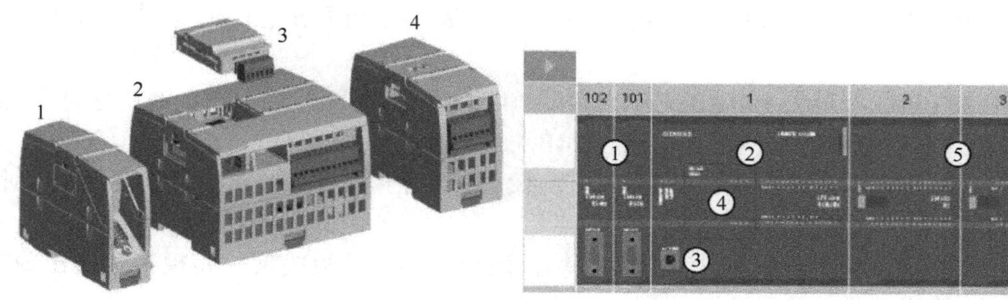

1—通信模块或通信处理器 2—CPU 3—信号板 4—信号模块

①通信模块 (CM) 或通信处理器 (CP)：最多 3 个，分别插在 101~103 插槽中 ②CPU 插槽 1 ③PROFINET 接口 ④信号板 (SB)、通信板 (CB) 或电池板 (BB)：最多 1 个，插在 CPU 中 ⑤数字或模拟信号模块（SM)：最多 8 个，分别插在 2~9 插槽中

图 3-7 CPU 模块

SIMATIC S7-1200 PLC 按照 I/O 点数和功能可分为 7 种型号，即 CPU 1211C、CPU 1212C、CPU 1214C、CPU 1215C、CPU 1217C、CPU 1214FC 和 CPU 1215FC。通过通信接口，可使用最多 3 个通信模块或通信处理器。CPU 1211C 不允许使用数字或模拟信号模块，CPU 1212C 允许使用 2 个，其他型号则最多允许使用 8 个。

2. CPU 集成的工艺功能

S7-1200 内部集成有高速计数、高速脉冲输出、运动控制和 PID 控制功能。

（1）高速计数器

S7-1200 最多有 6 个高速计数器，主要用于对增量式编码器和其他设备进行信号计数、频率测量和周期测量。CPU1217 有 4 个最高频率为 1 MHz 的高速计数器，其他 CPU 具有最高频率为 100 kHz（单相）/80 kHz（正交），或最高频率为 30 kHz（单相）/20 kHz（正交）的高速计数器。

（2）高速脉冲输出

S7-1200 集成最多 4 路高速脉冲输出。高速脉冲串输出（Pulse Train Output，PTO）可提供最高频率为 100 kHz、占空比 50%的高速脉冲输出，输出类型既可是脉冲方向、A/B 正交，也可以是正/反脉冲，从而对步进电动机或伺服电动机进行速度和定位控制。可调脉冲宽度输出（Pulse Width Modulation，PWM）时则可生成一个具有可变占空比、周期固定的输出信号，再经滤波后得到与占空比大小成正比的模拟量信号，从而用于控制电动机速度、阀门定位和加热等。

（3）PLCOpen 运动功能块

S7-1200 支持对步进电动机和伺服驱动器进行速度和位置控制，使用 PLCOpen 运动功能块可实现对速度和位置控制功能组态。除了返回原点和点动功能以外，还支持绝对位置控制、相对位置控制和速度控制。

（4）PID 控制功能

S7-1200 支持多达 16 个用于闭环控制的 PID 控制回路。STEP 7 中的 PID 调试窗口除了用于组态和显示形象直观的参数调节曲线图，还支持 PID 参数自调整功能，用软件自动计算增益、积分时间和微分时间最佳调节值。

3. CPU 的技术规范

各型号 CPU 及其技术参数见表 3-1。从表 3-1 和表 3-2 可看出，CPU 的共性技术规范主要如下。

1）S7-1200 集成有最大 150 KB 工作寄存器、4 MB 装载寄存器和 10 KB 保持性寄存器，而过程映像输入、过程映像输出各自占用 1024B。

2）S7-1200 具有可选的 SIMATIC 存储卡附件，主要用于扩展存储器容量和更新 PLC 固件，或将存储的程序传输到其他 CPU。

3）系统可扩展 1 块信号板和 3 块通信模块，用户可用信号板扩展一路模拟量输出或高速数字量输入/输出。

4）S7-1200 具有最多 4 路高速脉冲。其中，CPU 1217C 支持最高 1 MHz 脉冲输出，其他机型支持最高 100 kHz 脉冲输出，而信号板可输出最高 200 kHz 脉冲。

5）数字量输入为 24 V DC，输入电流为 4 mA。高电平的最小电压/电流为 15 V DC /2.5 mA，低电平的最大电压/电流为 5 V DC/1 mA。继电器输出为 5～30 V DC 或 5～250 V AC，最大电流为 2 A，白炽灯负载为 DC 30 W 或 AC 200 W。DC/DC MOSFET 高电平的最小输出电压为 20 V DC，输出电流为 0.5 A，低电平的最大输出电压为 0.1 V DC，白炽灯负载为 5 W。

6）S7-1200 具有两路集成的模拟量输入，输入范围 0～10 V，10 位分辨率，输入电阻大于或等于 100 kΩ。

7）CPU 1215C 和 CPU 1217C 具有 2 个 PROFINET 以太网端口，其他 CPU 具有 1 个

PROFINET 以太网端口，传输速率为 10/100 Mbit/s。

8）实时时钟的保存时间通常为 20 天，40℃时最少为 12 天，最大误差±60 s/月。

9）CPU 提供多种安全功能，从而用于防范对 CPU 和用户程序未经授权的访问，实现了安全防护和知识产权保护。

10）CPU 配方功能可实现配方数据导入、导出。配方数据按照 CSV 标准格式存储在 CPU 或外部存储卡中，并可通过集成的 Web 服务器或直接读取外部存储卡中文件来管理配方数据文件，从而实现配方数据的下载、修改和删除。

知识讲解
S7-1200 CPU 的
功能与特点
3-2

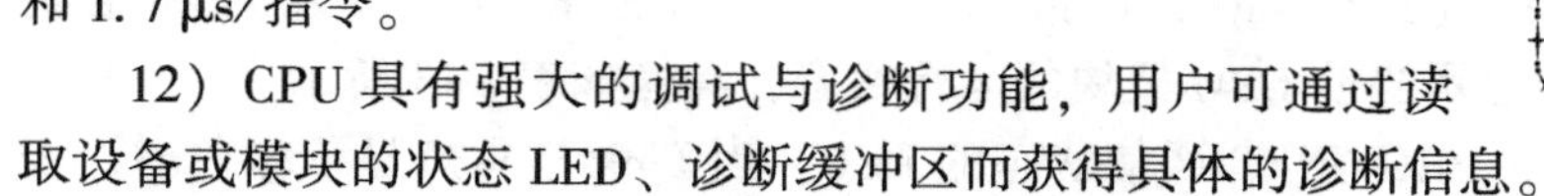

11）S7-1200 使用梯形图（LAD）、功能块图（FBD）和结构化控制语言（SCL）编程。实数数学运算、布尔运算和字传送的指令执行速度分别为 2.3 μs/指令、0.08 μs/指令和 1.7 μs/指令。

12）CPU 具有强大的调试与诊断功能，用户可通过读取设备或模块的状态 LED、诊断缓冲区而获得具体的诊断信息。

表 3-1　CPU 型号的比较

特　征		CPU1211C	CPU1212C	CPU1214C	CPU1215C	CPU1217C
物理尺寸/mm		90×100×75		110×100×75	130×100×75	150×100×75
类型		DC/DC/DC，AC/DC/RLY，DC/DC/RLY				DC/DC/DC
用户存储器	工作	50 KB	75 KB	100 KB	125 KB	150 KB
	装载	1 MB	1 MB	4 MB		
	保持性	10 KB				
本地板载 I/O	数字量	6 输入/4 输出	8 输入/6 输出	14 输入/10 输出		
	模拟量	2 路输入			2 路输入/2 路输出	
最大本地 I/O	数字量	14	82	284		
	模拟量	3	19	67	69	
过程映像大小		1024B 输入、1024B 输出				
位存储器		4096B		8192B		
信号模块扩展		无	2	8		
信号板		1				
通信模块		3				
存储卡		SIMATIC 存储卡（选件）				
高速计数器		3 路	5 路	6 路	6 路	6 路
单相		3 个，100 kHz	3 个，100 kHz 1 个，30 kHz	3 个，100 kHz 3 个，30 kHz		4 个，1 MHz 2 个，100 kHz
正交相位		3 个，80 kHz	3 个，80 kHz 1 个，20 kHz	3 个，80 kHz 3 个，20 kHz		3 个，1 MHz 3 个，100 kHz
脉冲输出		最多 4 路，CPU 本体 100 kHz，通过信号可输出 200 kHz（CPU 最多支持 1 MHz）				
PROFINET 通信端口		1 个			2 个	
存储卡		SIMATIC 存储卡（可选）				
实数运算执行速度		2.3 μs/指令				
布尔运算执行速度		0.08 μs/指令				

CPU 每个型号又分为 DC/DC/DC，AC/DC/RLY，DC/DC/RLY 三种，它们具有不同电源电压和输入、输出电压以及输出电流的版本，如表 3-2 所示。

表 3-2　S7-1200 CPU 的 3 种版本

<table>
<tr><th>版　本</th><th>电源电压</th><th>DI 输入电压</th><th>DQ 输出电压</th><th>DQ 输出电流</th></tr>
<tr><td>DC/DC/DC</td><td colspan="3">DC 24 V</td><td>0.5 A，MOSFET</td></tr>
<tr><td>DC/DC/RLY</td><td colspan="2">DC 24 V</td><td rowspan="2">DC 5～30 V，AC5～250 V</td><td rowspan="2">2 A，DC 30 W/AC 200 W</td></tr>
<tr><td>AC/DC/RLY</td><td>AC 85～264 V</td><td>DC 24V</td></tr>
</table>

4. 状态指示灯

LED 状态指示灯提供 CPU、模块或 PROFINETIO 设备的运行状态的信息。CPU 共有 3 种状态指示灯，分别是起停（STOP/RUN）指示灯、故障（ERROR）指示灯和维护（MAINT）指示灯，主要用于显示当前 CPU 模块的运行状态，具体如表 3-3 所示。

CPU 还提供了两个可指示 PROFINET 通信状态的 LED。当 Link 指示灯显示绿色时，表示连接成功，当 Rx/Tx 指示灯显示黄色时，表示传输活动。

表 3-3　状态指示灯

说　明	STOP/RUN 黄色/绿色	ERROR 红色	MAINT 黄色
断电	灭	灭	灭
起动、自检或固件更新	闪烁（黄色和绿色交替）	-	灭
停止模式	亮（黄色）	-	-
运行模式	亮（绿色）	-	-
取出存储卡	亮（黄色）	-	闪烁
错误	亮（黄色或绿色）	闪烁	-
请求维护（强制 I/O、需要更换电池）	亮（黄色或绿色）	-	亮
硬件出现故障	亮（黄色）	亮	灭
LED 测试或 CPU 固件出现故障	闪烁（黄色和绿色交替）	闪烁	闪烁
CPU 组态版本未知或不兼容	亮（黄色）	闪烁	闪烁

CPU 和各数字量信号模块为每个数字量输入和输出提供了 I/O 通道指示灯，通过点亮或熄灭来指示各输入或输出的状态，具体如表 3-4 所示。

表 3-4　信号模块状态指示灯

说　明	DIAG 红色/绿色	I/O Channel 红色/绿色
现场侧电源关闭	呈红色闪烁	呈红色闪烁
没有组态或更新在进行中	呈绿色闪烁	灭
模块已组态且没有错误	亮（绿色）	亮（绿色）
错误状态	呈红色闪烁	-
I/O 错误（启用诊断时）	-	呈红色闪烁
I/O 错误（禁用诊断时）	-	亮（绿色）

5. CPU 的外部接线图

CPU1214C AC/DC/RLY 接线图如图 3-8 所示。输入回路一般使用图中标有①的 CPU 内置的 24 V 传感器电源，漏型输入时需要去除图 3-8 中标有②的外接 DC 电源，将输入回路的 1M 端子与 DC 24 V 传感器电源的 M 端子连接起来，将内置的 24 V 电源的 L+端子接到外接触点的公共端。源型输入时将 DC 24 V 传感器电源的 L+端子连接到 1M 端子。CPU1214C DC/DC/RLY 的接线图与图 3-8 的接线图区别在于前者的电源电压为 DC 24 V。

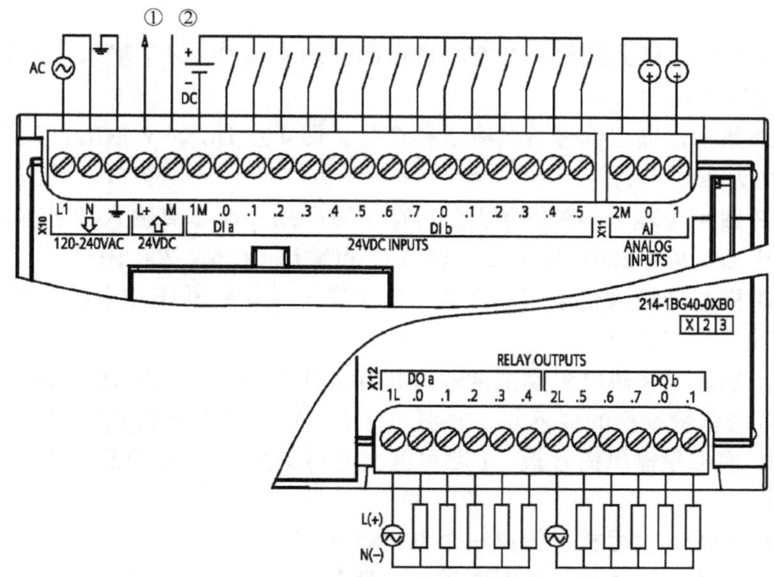

图 3-8　CPU 1214C AC/DC/Relay 外部接线图

CPU1214C DC/DC/DC 接线图如图 3-9 所示，其电源、输入回路和输出回路电压均为 DC 24 V。输入回路也可使用内置的 DC 24 V 电源。

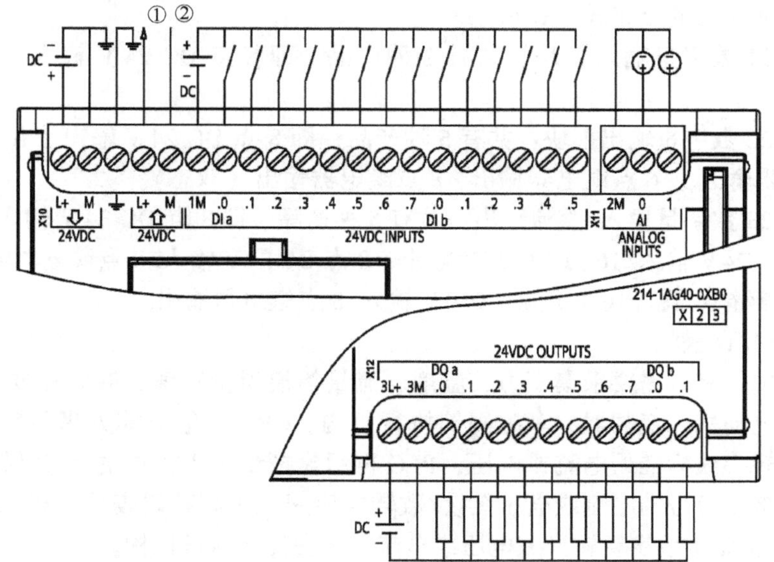

图 3-9　CPU 1214C DC/DC/DC 外部接线图

3.2.2 信号板及信号模块

S7-1200 信号模块安装在 CPU 右侧，以扩展数字量或模拟量 I/O 的点数。CPU 1214C、1215C 和 1217C 最多允许 8 个信号模块，CPU 1212C 最多允许 2 个信号模块，而 CPU 1211C 不允许安装任何信号模块。所有的 CPU 允许在 CPU 左侧最多安装 3 个通信模块，以及在 CPU 顶部安装 1 块信号板、通信板和电池板。

1. 信号板

1）SB 1221 数字量输入信号板共有 2 种产品，即 4 点 DC 24 V 输入、4 点 DC 5 V 输入，最高计数频率均为 200 kHz。

2）SB 1222 数字量输出信号板共有 2 种产品，即 4 点 DC 24 V 输出、4 点 DC 5 V 输出，最高计数频率均为 200 kHz。

3）SB 1223 数字量输入/输出信号板共有 3 种产品，即 2 点输入/2 点输出 DC 24 V、2 点输入/2 点输出 DC 24 V 200 kHz 和 2 点输入/2 点输出 DC 5 V 200 kHz。

4）SB 1231 模拟量输入信号板有 1 路 12 位输入，可测电压和电流，输入范围±10 V，±5 V，±2.5 V 或者 0~20 mA。

5）SB 1231 热电偶和热电阻模拟量输入共有 2 种产品，即 1 路 16 位热电偶、1 路 16 位热电阻，它们可选多种量程的传感器，分别为 0.1℃/0.1℉和 15 位+符号位。

6）SB 1232 模拟量输出信号板：1 路可输出分辨率为 12 位的电压和 11 位的电流，输出范围±10 V 或 0~20 mA。

7）CB 1241 RS485 信号板，提供一个 RS485 接口。

8）BB 1297 电池板，适用于实时时钟的长期备份。

2. 数字量 I/O 模块

数字量输入/输出模块可方便地安装在标准的 35 mm DIN 导轨上，并且配备有可拆卸的接线连接器，不用重新接线即可迅速地更换组件。S7-1200 控制器通过对 I/O 映射区的读写操作可实现主从架构的分布式 I/O 应用。

1）SM 1221 数字量输入模块：共有 2 种产品，即 8 点 DC 24 V 输入、16 点 DC 24 V 输入。

2）SM 1222 数字量输出模块：共有 5 种产品，即 8 点 DC 24 V 输出、16 点 DC 24 V 输出、8 点继电器输出、16 点继电器输出、8 点继电器输出（双态）。

3）SM 1223 数字量输入/直流输出：共有 5 种产品，即 8 点 DC 24 V 输入/8 点 DC 24 V 输出、16 点 DC 24 V 输入/16 点 DC 24 V 输出、8 点 DC 24 V 输入/8 点继电器输出、16 点 DC 24 V 输入/16 点继电器输出、8 点 AC 230 V 输入/8 点继电器输出。

3. 模拟量 I/O 模块

工业控制中，有时需要采集压力、温度、流量等模拟量数值，有时需要 PLC 输出模拟量信号来控制电动机、变频器、电磁阀等执行机构。CPU 一般只能处理数字量，因此，需要先将模拟量转换成标准的电流或电压，PLC 再用模拟量输入模块的 A/D 转换器将它们转换成数字量，带正负号的电流或电压在模/数转换后用二进制补码表示。相反，模拟量输出模块的 D/A 转换器将数字量转换成电压或电流，再去控制执行机构。

1）SM 1231 模拟量输入模块：共有 3 种产品，即 4 路 13 位、4 路 16 位和 8 路 13 位模块。输入范围为±10 V、± 5 V、± 2.5 V 或 0~20 mA。

2）SM 1231 热电偶和热电阻模拟量输入模块：共有 4 种产品，即 4 路和 8 路的 16 位热电偶、4 路和 8 路的 16 位热电阻。系统可选多种量程的传感器，分别为 0.1 ℃/0.1℉和 15 位+符号位。

3）SM 1232 模拟量输出模块：共有 2 种产品，即 2 路和 4 路模拟量输出，输出分辨率为 14 位的电压和 13 位的电流，输出范围±10 V 或 0~20 mA。

4）SM 1234 4 路模拟量输入/2 路模拟量输出模块：这种模块性能指标与 SM 1231AI 4×13 bit 模块和 SM1232 AQ 2×14 bit 模块相同，相当于这两种模块的组合。

3.2.3　通信接口与通信模块

S7-1200 PLC 具有 PROFIBUS、PROFINET、AS-i、RS-232/RS-485、PtP、USS、Modbus 和 I/O-Link 等通信功能。通信模块（CM）和通信处理器（CP）用于扩展 CPU 的通信接口，通信模块可使 CPU 支持 PROFIBUS、RS-232/RS-485（适用于 PtP、USS、Modbus）以及 AS-i 主站；通信处理器通过 GPRS、LTE、IEC、DNP3 或 WDC 网络连接到 CPU。

1. 集成的 PROFINET 接口

PROFINET 是一种基于工业以太网的开放式现场总线。S7-1200 集成的 PROFINET 接口可用于编程、HMI 通信和 PLC 之间的通信。此外它还通过开放的以太网协议支持与第三方设备的通信，它支持 TCP、UDP、ISO-on-TCP、Modbus TCP 和 S7 通信。

知识讲解
S7-1200 CPU 的
扩展能力
3-3

PROFINET 接口集成的 RJ45 连接器具有自动交叉网线（auto-cross-over）功能，提供 10/100 Mbit/s 的数据传输速率，最大的连接数为 23 个连接：

1）3 个连接用于 HMI 与 CPU 的通信；

2）1 个连接用于编程设备（PG）与 CPU 的通信；

3）8 个连接用于开放式用户的编程通信，可用于 S7-1200 之间的通信，以及 S7-1200 与 S7-300/400 的通信；

4）3 个连接用于 S7 通信的服务器端连接，可实现与 S7-200、S7-300/400 的以太网 S7 通信；

5）8 个连接用于 S7 通信客户端连接，可实现与 S7-200、S7-300/400 的以太网 S7 通信。

2. PROFIBUS 通信

PROFIBUS 现场总线是一种开放式的现场总线标准，它既是欧洲现场总线 EN50170 标准，又是国际现场总线 IEC61158 标准。PROFIBUS 具有 DP、PA 及 FMS 三个兼容部分，它是唯一能够全面覆盖工厂自动化和过程自动化领域的现场总线，PROFIBUS 是在世界范围内应用最广泛的现场总线。

S7-1200 可通过 CM 1243-5 主站通信模块作为主站连接到 PROFIBUS 网络，与其他 CPU、编程设备、人机界面和 PROFIBUS 从站设备进行通信；S7-1200 也可通过 CM 1242-5 从站通信模块作为从站连接到 PROFIBUS 网络。

3. 点对点 PtP 通信

S7-1200 使用点对点通信可直接发送信息到打印机等外部设备，或从条码阅读器、RFID 读写器和视觉系统等设备接收信息。

S7-1200 可通过 CM 1241 RS-485 通信模块或者 CB 1241 RS-485 通信板，使用通用串行接口协议（Universal Serial Interface Protocol，USS）指令与多个驱动器进行通信，或者使用 Modbus 指令与多个设备进行通信。

4. AS-i 通信与通信模块

AS-i 是执行器传感器接口（Actuator Sensor Interface）的缩写，它被公认为是一种最好的、最简单和成本最低的现场总线，它通过高柔性和高可靠性的单根电缆把现场具有通信能力的传感器和执行器连接起来，组成 AS-i 现场总线网络。它可在简单的应用中自成系统，更可通过连接单元连接到各种现场总线或通信系统中。

AS-i 是单主多从式网络，支持总线供电。通过 S7-1200 AS-i 主站 CM 1243-2 可将 AS-i 网络连接到 S7-1200 CPU。CM 1243-2 可处理所有 AS-i 网络协调事务，并通过为其分配的 I/O 地址中继传输从执行器和传感器到 CPU 的数据和状态信息。

5. 远程控制通信与通信模块

S7-1200 通过 GPRS 通信处理器 CP 1242-7 可和中央控制站、远程站、移动设备、编程设备和实用开放式用户通信设备等进行无线通信，以实现简单的远程监控。

6. IO-Link 主站模块

IO-Link 是一种用于传感器/执行器领域的点对点通信接口。IO-Link 主站模块 SM1278 用于连接 S7-1200 CPU 和 IO-Link 设备，它有 4 个 IO-Link 端口，同时具有信号模块功能和通信模块功能。

7. 称重模块

SIWAREX WP231、WP241 和 WP251 电子称重系统可用于 S7-1200。该模块使用了现代控制系统中的所有功能，如综合通信、操作和监控、诊断系统以及 TIA Portal 中的组态工具。

3.2.4 其他附件

1. 电池板

BB1927 电池板用于 CPU 断电后长期保持实时时钟，它可插入 S7-1200 CPU 本体正面的插槽中。电池板必须添加到设备组态并将硬件配置下载到 CPU 中才能正常工作。

2. 扩展电缆

S7-1200 CPU 提供一条长度为 2 m 的扩展电缆，用于更灵活地组态 S7-1200 系统的布局。每个 S7-1200 CPU 最多使用一根扩展电缆。

3. 输入仿真器

输入仿真器是调试及实际运行期间用于测试程序的外部输入信号仿真器，可作为接通或断开输入信号的选择开关。

4. 电位器模块

电位器模块按照正比于电位器位置的关系输出电压，为两个 CPU 模拟量输入提供 DC 0~10 V 的驱动电压。顺时针旋转电位器将增大输出电压，而逆时针旋转将减小输出电压。

5. 存储卡

S7-1200 CPU 使用的存储卡为 SD 卡，有如下四种功能。

1）程序卡：用户项目文件可仅存储在卡中，CPU 中没有项目文件，离开存储卡将无法运行。

2）传送卡：作为向多个 S7-1200 PLC 传送项目文件的介质。

3）忘记密码时，清除 CPU 内部项目文件和密码，将 CPU 重置为出厂设置。

4）用于更新 S7-1200 CPU 的固件版本。

存储卡不是必需的，S7-1200 目前仅支持由西门子制造商预先格式化过的存储卡，如果使用 Windows 格式化程序对存储卡进行格式化，CPU 将无法使用该存储卡。需要注意的是，把存储卡插到一个处于运行状态的 CPU，将会造成 CPU 停机。

3.3　S7-1200 工作原理

知识讲解
PLC 工作原理
3-4

3.3.1　CPU 工作模式

S7-1200 CPU 负责运行操作系统和用户程序。操作系统固化在 CPU 中，用于执行与用户程序无关的功能，以及组织所有用户任务的执行顺序；而用户程序是下载到 CPU 中的数据块和组织块，以完成特定的自动化任务。

CPU 具有 3 种工作模式，即停止（STOP）模式、启动（STARTUP）模式和运行（RUN）模式。STOP 模式下，CPU 处理所有通信请求并执行自诊断，但不执行用户程序，过程映像也不会自动更新，用户可下载程序。上电后，CPU 进入 STARTUP 模式，并进行上电诊断和系统初始化，一旦检查到故障或错误，CPU 禁止进入 RUN 模式，仍将保持为 STOP 模式。RUN 模式下，CPU 将循环重复执行用户程序，以及响应各种中断事件。CPU 进入 STARTUP 模式，执行图 3-10 所示的任务。

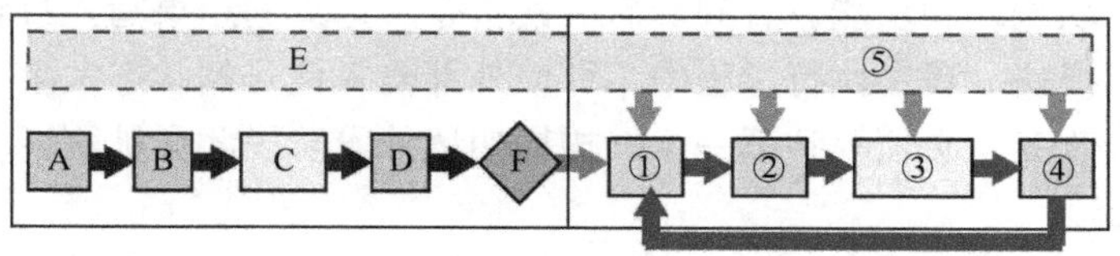

图 3-10　启动与运行过程示意图

阶段 A：清除过程映像输入区。

阶段 B：根据组态情况将过程映像输出区初始化为零、上一值或替换值，并将 PB、PN 和 AS-i 输出设为零。

阶段 C：将非保持性 M 存储器和数据块初始化为其初始值，并启用组态的循环中断事件和时钟事件，以及执行启动 OB。

阶段 D：将物理输入的状态复制到过程映像输入区。

阶段 E：将所有中断事件存储到要在进入 RUN 模式后处理的队列中。

阶段 F：启用过程映像输出区到物理输出的写入操作。

CPU 进入 RUN 模式后，将反复地分阶段处理各种不同的任务：

① 将过程映像输出区写入物理输出；

② 将物理输入的状态复制到过程映像输入区；

③ 执行程序循环 OB 组织块；

④ 执行自检诊断；

⑤ 在扫描周期的任何阶段处理中断和通信。

需要注意的是，CPU 模块面板上没有启停开关，用户只能使用编程软件的 STOP 或 RUN 命令更改当前工作模式。此外，程序中的 STP 指令可使 CPU 切换到 STOP 模式。

CPU 支持通过暖启动进入 RUN 模式。暖启动时，CPU 先初始化所有非保持性系统和用户数据，并保留所有保持性用户数据值。存储器复位将清除所有工作存储器、保持性存储区及非保持性存储区。另外，下载用户程序和硬件组态后，再切换到 RUN 模式时，CPU 将执行冷启动。冷启动时将清除工作存储器、非保持性存储区和保持性存储区，并将装载存储器的内容复制到工作存储器。存储器复位不会清除诊断缓冲区，也不会清除永久保存的 IP 地址。

3.3.2 处理扫描周期

在每个扫描周期中，CPU 都会写入输出、读取输入、执行用户程序、更新通信模块以及响应用户中断事件和通信请求。

1. 读外设输入

每个扫描周期的开始，从过程映像重新获取数字量及模拟量输出的当前值，并将状态传送到过程映像输入区。外部输入电路闭合时，对应的过程映像输入位为 1，梯形图中对应输入点的常闭触点断开，常开触点接通；外部的输入电路断开时，对应的过程映像输入位为 0，梯形图中对应输入点的常闭触点闭合，常开触点断开。

2. 执行用户程序

读取外设输入后，用户程序开始从第一条指令逐条顺序执行，包括所有的程序循环组织块及其所有关联的功能块和功能，直到最后一条指令。运算的结果写入过程映像输出区，而不是立即写入输出模块。程序执行过程中，即使外部输入信号的状态发生了变化，过程映像输入的状态也不会改变，必须等到下一个扫描周期读外设阶段才会被刷新。

3. 写外设输出

用户程序将过程映像输出中的值写到输出模块并锁存起来。梯形图某输出位的线圈通电时，对应的过程映像输出位为 1，信号经输出模块隔离和功率放大后，输出模块中对应的线圈通电，其常开触点闭合，使外部负载通电工作。若梯形图中某输出位的线圈断电，对应的过程映像输出位为 0，对应的线圈断电，其常开触点断开，外部负载断电，停止工作。程序处理的结果在扫描周期的最后时刻统一输出。通过指令访问物理输出时，输出过程映像和物理输出本身都将被更新。

4. 通信处理与自诊断

在扫描循环的通信处理与自诊断阶段，用户程序处理接收到的报文，并将报文发送给通信的请求方。此外，还要周期性地检查固件、用户程序和输入/输出模块的状态。

5. 中断处理

中断可能发生在扫描周期的任何阶段，并且由事件驱动。一旦有事件发生时，CPU 将中断扫描循环并调用组态给该事件的程序组织块。程序组织块处理完事件后，CPU 再在中断点处继续执行用户程序。

3.4 S7-1200 程序结构与语言

STEP 7 编程软件提供各种类型的程序单元块，用于存放用户程序和相关数据。块类似于子程序，但类型更多、功能更强大。对于复杂的控制功能和需求而言，程序往往是非常复杂和庞大的，采用块的概念不仅便于大规模程序的分解和设计，还可设计能重复调用的标准化和通用化程序块，程序结构更为清晰和模块化，从而使得程序调试、修改和维护变得更为简单。

STEP 7 提供了组织块（Organization Block，OB）、函数块（Function Block，FB）、函数（Function，FC）和数据块（Data Block，DB）四种类型的块。如图 3-11 所示，组织块用于定义程序结构，主要由操作系统调用，用于控制扫描循环和中断程序的执行、PLC 的启动和错误处理等。组织块具有预定义的行为和启动事件，具体程序由用户编写。

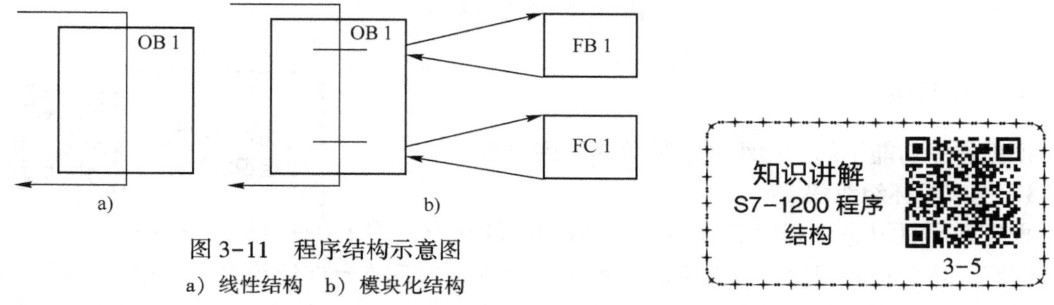

图 3-11　程序结构示意图
a）线性结构　b）模块化结构

FB 和 FC 包含与特定任务或参数组合相对应的程序代码，用于执行通用任务，每个 FC 或 FB 都提供输入和输出参数，用于与调用块共享数据。DB 用来存储程序块产生的数据。FB 可使用与之相关联的背景数据块来保存该调用实例的数据值。用户可多次调用 FB，每次调用都采用唯一的背景数据块，这些背景数据块数据值之间不会产生任何影响。

程序中指令或事件被触发后，一个代码块可调用另一个代码块，CPU 会执行被调用块中的程序代码。程序执行完被调用块后，CPU 返回并继续执行被调用块之后的指令。

根据实际应用要求，如图 3-11 所示，可选择线性结构或模块化结构用于创建用户程序。

线性程序按顺序逐条执行用于自动化任务的所有指令。通常，线性程序将所有程序指令都放入用于循环执行程序的 OB（OB1）中。

模块化程序调用可执行特定任务的特定代码块。要创建模块化结构，需要将复杂的自动化任务划分为与过程的工艺功能相对应的更小的次级任务。每个代码块都为每个次级任务提供程序段，通过从另一个块中调用其中一个代码块来构建程序。

用户使用项目浏览器中“程序块”下的“添加新块”对话框，即可创建 OB、FB、FC 和全局 DB，具体创建界面如图 3-12 所示。

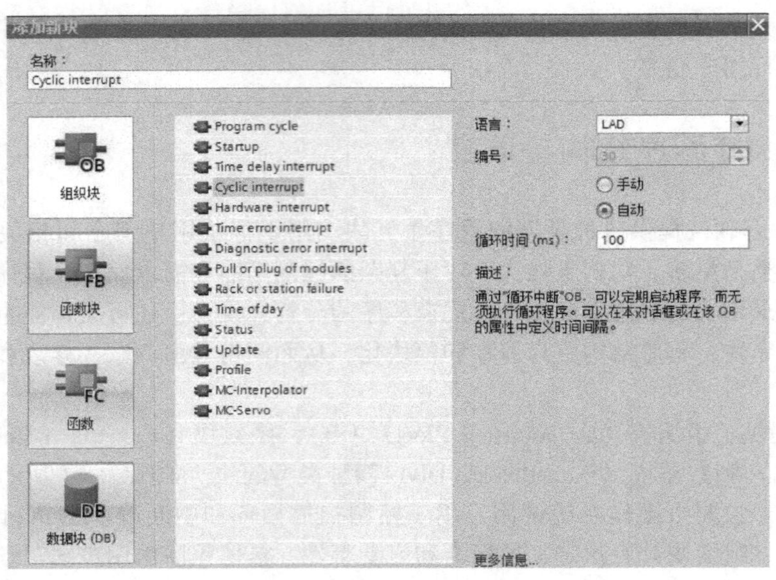

图 3-12　添加代码块

3.4.1　组织块

知识讲解
组织块概述
3-6

根据程序功能不同，组织块主要分为下列类型。

1. 程序循环组织块

程序循环组织块在 CPU 处于 RUN 模式时循环执行，用户可编写具体的控制程序，以调用其他程序组织单元。系统允许使用多个程序循环组织块，按编号顺序由小到大依次执行。OB1 是默认程序循环组织块，相当于主程序功能，而其他程序循环组织块的标识符自动给定，编号从 123 开始。

2. 启动组织块

启动组织块在 CPU 的操作模式从 STOP 切换到 RUN 时执行一次，以后不再执行。启动组织块主要完成系统初始化操作，用户可编写初始化程序，执行完启动组织块后，再执行程序循环组织块 OB1。程序可有多个启动组织块，默认编号为 OB100，其他启动组织块编号应大于或等于 123。

3. 延时中断组织块

延时中断组织块在经过一个指定的时间间隔后发生，延迟时间可通过 SRT_DINT 指令分配。延时事件将中断程序循环以执行相应的延时中断组织块。CPU 支持 4 个延时事件，但只能将一个延时中断组织块连接到一个延时事件。延时中断组织块的标识符可从 OB20 开始，只允许使用 21、22、23 以及 123 以后的编号。

4. 时间中断组织块

时间中断组织块用于在某个指定的日期或时间发生一次；或者按每分钟、小时、天、周、月、年等循环周期运行。程序只有在先激活时间中断组织块，而且程序中存在调用组织块的情况下，才能运行时间中断组织块。时间中断组织块的标识符可从 OB10 开始，最多允许 2 个时间中断组织块。

5. 循环中断组织块

循环中断组织块以指定的时间间隔执行，主要用于定期检测模拟量的输入值。循环中断事件的优先级比程序循环事件更高，每个循环事件只可连接一个循环中断组织块。用户程序中最多可使用 4 个循环中断组织块或延时中断组织块，OB 标识符可从 OB30 开始。

循环中断组织块的执行时间应小于组态的周期时间，否则尚未执行完循环中断组织块，就将启动时间错误组织块，稍后将执行错误的循环中断或将其放弃。程序中可为每个循环中断分配一个相移，从而使循环中断彼此错开一定的相移量执行。

6. 硬件中断组织块

硬件中断组织块在发生相关硬件事件时执行，硬件中断组织块将中断正常的循环程序执行来响应硬件事件信号。数字输入通道上升或下降沿事件，以及高速计数器可触发硬件中断，上升沿或下降沿事件各自最多 16 条；HSC 事件中，当前值等于预设值最多 6 条，计数方向更改最多 6 条，外部复位最多 6 条。

系统可在设备组态中启用硬件事件并分配组织块编号，事件只能分配给一个硬件中断组织块，但一个硬件中断组织块可分配给多个事件。当然，用户也可在程序中通过 ATTACH 指令分配和连接硬件中断组织块。

7. 时间错误中断组织块

最大循环时间在 CPU 属性中被定义，当程序执行时间超过最大循环时间，或发生时间错误事件，程序将调用时间错误中断组织块 OB80。时间错误中断将中断正常的循环程序执行或其他任何事件 OB。

8. 诊断错误中断组织块

OB82 是系统用于响应诊断错误的中断组织块。启用诊断错误中断后，一旦识别到无用户电源、超出上下限、断路等错误，诊断错误中断组织块将中断程序的循环执行。若使 CPU 收到诊断错误后进入 STOP 模式，可在诊断错误中断 OB 中包含一个 STP 指令，以使 CPU 进入 STOP 模式。

9. 拔出或插入模块组织块

OB83 是系统用于响应对模块拔出或插入操作的中断组织块，以下情况将产生拔出或插入模块事件：

1）拔出或插入一个已组态的模块；

2）扩展机架中不存在已组态模块；

3）扩展机架中模块与已组态模块不相符；

4）扩展机架中插入了与所组态模块兼容的模块，但组态不允许替换值；

5）模块或子模块发生参数化错误。

发生拔出或插入模块相关事件时，系统将执行拔出或插入模块组织块。如果尚未对该组织块进行编程，那么当已组态且未禁用的分布式 I/O 模块出现以上任意情况时，CPU 都将保持在 RUN 模式，但当中央机架中的模块出现以上任意情况时，CPU 都将切换到 STOP 模式。

10. 机架或站故障组织块

OB86 是操作系统用于响应机架或站故障的组织块。当 CPU 检测到分布式机架或站出现故障或发生通信丢失时，将执行机架或站故障组织块。如果尚未对该组织块进行编程，那么发生以上任意情况时，CPU 将保持在 RUN 模式。

11. MC-Interpolator、MC-Servo、MC-PreServo、MC-PostServo

这四个组织块属于 S7-1200 PLC 运动控制相关的组织块，此处不再阐述。

CPU 为启动 OB 和程序循环 OB 分配 16 KB 大小的临时存储区，其他事件 OB 分配 6 KB 大小的临时存储区。组织块的接口区中，除了自动生成的变量之外，用户可自行定义临时变量及本地常量。

12. 中断的几点说明

S7-1200 CPU 以上各种组织块采用中断方式在特定情况或时间执行相应程序。如果没有中断，CPU 将循环执行组织块 OB1 及其他组织块。OB1 中断优先级最低，CPU 检测到中断请求时，系统执行完当前程序指令后，立即响应中断，CPU 暂停正在执行的程序，调用中断程序。执行完中断程序，返回到中断程序断点处继续执行原来的程序。

如果正在执行中断程序时，又检测到一个中断请求，CPU 将比较两个中断源的中断优先级。中断优先级其实是组织块的优先级别，优先级数字越大，优先级越高，CPU 按照优先级顺序处理事件，数字 1 为最低优先级，数字 26 为最高优先级。

如果优先级相同，按照产生中断请求的先后次序进行处理；而如果后者的优先级比正在执行的中断程序优先级高，并且设置了可中断模式，将中止当前正在处理的中断程序，改为调用较高优先级的中断程序，处理完更高优先级中断程序后，再继续执行之前的中断程序，这种处理方式称为中断程序的嵌套。当然，如果未设置可中断模式，则无论触发中断组织块在运行期间是否触发了其他任何事件，都将继续运行直至结束。

需要注意的是，编写中断程序时，应使中断程序尽量短小精悍，以尽量减少中断程序的执行时间，减少对其他处理的延迟，否则可能引起主程序控制的设备操作异常。

3.4.2 功能和功能块

功能块和功能都是由用户自己编写的子程序块或带形参的函数，可被其他程序块（OB、FC 和 FB）调用。

1. 功能

FC 通常用于对一组输入值执行特定功能的代码块，可用于执行标准的和可重复的功能操作，如数学计算、工艺功能等。FC 类似于子程序，仅在被其他程序调用时才执行，可简化程序代码和减少扫描时间，它可在程序中的不同位置多次调用，从而简化了对经常重复发生任务的编程，以实现模块化编程。

FC 不具备相关的背景数据块 DB，对于用于计算的临时数据，FC 采用了局部数据堆栈。临时变量是在块变量声明表中定义的，当 FC 执行结束后，这些临时数据会丢失。如果要长期存储数据，需要在 FC 中将输出值赋给共享数据块或位存储区。

2. 功能块

功能块 FB 与 FC 类似，用户程序中的每个 FB 都具有一个或多个背景数据块，常用于编写功能复杂的任务。调用 FB 时，需要指定背景数据块，调用时背景数据块自动打开，并可在程序中或通过人机界面接口访问这些背景数据。CPU 执行 FB 程序代码，将块的输入、输出参数和局部静态变量保存在背景数据块中；FB 执行完成后，CPU 返回到调用该 FB 的代码块中；背景数据块保留该 FB 实例值，随后在同一扫描周期或其他扫描周期中调用该功能块时可使用这些值。多个设备可重复使用 FB，但应为 FB 的不同调用选择不同的背景数据块。如图 3-13 所示，FB 22 控制三个独立的设备，DB 201～DB 203 分别用于存储 3 个设备的运行数据，每个背景数据块存储单个设备数据。

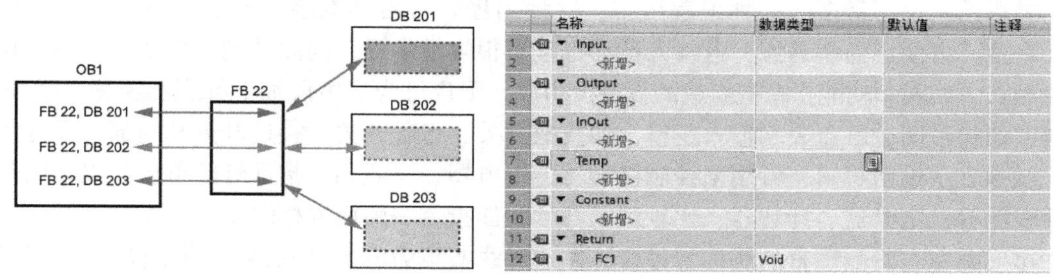

图 3-13　FB 调用和部变量声明表

FC 和 FB 可用于结构化编程，通过临时变量声明表定义形参实现。其中，Input 为输入变量，Output 为输出变量，InOut 为输入/输出变量，Temp 为临时变量，Constant 为符号变量，Return 为返回变量。

3.4.3　数据块 DB

数据块是用于存放执行代码块时所需的数据存储器，数据以变量的形式存储，通过存储地址和数据类型来确保数据的唯一性。数据块包含全局数据块、背景数据块两种。全局数据块用来存储程序中代码块的数据，任何 OB、FB 或 FC 都可访问全局数据块中的数据；而背景数据块用来存储特定功能块参数和静态数据，尽管背景数据块反映特定功能块数据，然而任何代码块都可访问背景数据块中的数据。程序调用功能块时，可为之分配已创建的背景数据块，当然也可定义新的数据块。

数据块没有指令，STEP 7 按变量生成的顺序自动分配地址，数据单元按字节进行寻址，最大长度依赖于 CPU 机型。新建数据块时，默认状态是“优化的块访问”，而且数据块中存储变量的属性是非保持的。组态时，用户可根据需要定义变量数据类型、启动值和保持等属性。

3.4.4　编程语言

不同公司的 PLC，甚至是同一家公司不同系列的 PLC，它们的编程语言和使用方法都存在着很大的差异，这为在工业自动化中实现互换性、互操作性和标准化都带来了极大的不便。为了解决这一问题，IEC SC65BWG7 工作组制定了可编程序控制器标准 IEC61131，其中的第 3 部分是 PLC 的编程语言标准，也是至今唯一的工业控制系统的编程语言标准。目前，已有越来越多的工控产品厂商推出了符合 IEC61131-3 标准的 PLC 指令系统或在计算机上运行的软件包，使 PLC 不断向开放化和标准化发展。

IEC61131-3 规定了五种编程语言：梯形图（Ladder Diagram，LD）、指令表（Instruction List，IL）、顺序功能图（Sequential Function Chart，SFC）、功能块图（Function Block Diagram，FBD）、结构化控制语言（Structured Control Language，SCL），这些编程语言的编

程方法有很大的不同，适合于不同的控制任务和领域。其中，梯形图、顺序功能图和功能块图是图形表达语言，主要用于面向应用的控制任务的描述。

1. 梯形图

梯形图是使用最多的一种编程语言。这种编程语言与继电接触器控制系统电路图很相似，直观、方便、易学易懂，电气人员和工程师很容易掌握，因此得到了广泛的应用。梯形图由触点、线圈和功能指令框组成的程序段构成，用户可为程序段加上标题和注释。图 3-14 是典型的梯形图，触点表示输入逻辑，如按钮开关、行程开关、接近开关和内部软元件触点等；线圈表示输出逻辑，常用来控制接触器、继电器、电磁阀、指示灯等负载，以及内部软元件线圈等；定时器、计数器、比较器及各种功能指令一般用方框表示。

梯形图左右两侧垂直的线称为母线，左边母线假想为电源“火线”，右边母线假想为电源“零线”，母线之间是触点逻辑关系和线圈输出。类似于继电器，输入端子接通时，常闭触点断开，常开触点闭合；输入端子断开时，常闭触点闭合，常开触点断开。例如，I0. 0 为电动机起动按钮，I0. 1 为电动机停止按钮，按下起动按钮 I0. 0，则“能流”通过闭合的 I0. 0 常开触点，以及和 I0. 1 常闭触点自左向右流向线圈，则 Q0. 0 线圈通电自锁。需要指出的是，梯形图中的能流不是实际意义的电流，内部的继电器也不是实际存在的继电器，引入“能流”概念可帮助用户更好地理解和分析梯形图，事实上“能流”在梯形图中是不存在的。

2. 功能块图

FBD 也是一种图形编程语言。如图 3-15 所示，FBD 逻辑表示法以布尔代数中使用的图形逻辑符号为基础，用类似于与门、或门的方框来表示逻辑运算关系，方框左边为输入变量，右边为输出变量，指令框用来表示一些复杂的功能，信号自左向右流动，逻辑直观、使用方便。STEP 7 不限制 FBD 程序段中的指令的行和列数。因此，对于具有数字逻辑电路基础的设计人员很容易掌握，但在我国的电气工程师中较少使用。

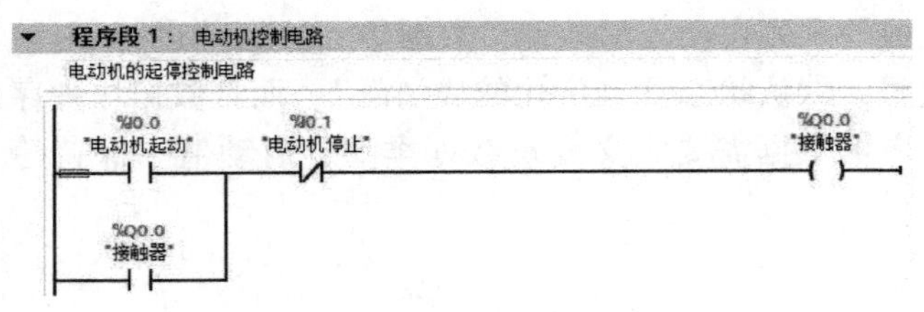

图 3-14　梯形图举例

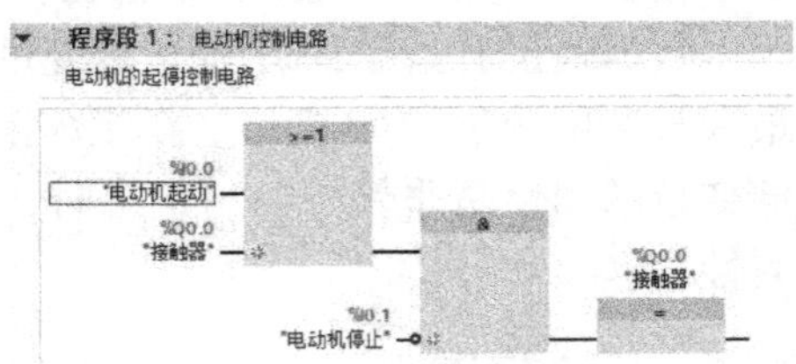

图 3-15　功能块图举例

3. 指令表

指令表使用助记符来编写程序，它是面向机器的低级语言。指令表不够直观，但程序执行效率高，对于部分梯形图及另外几种编程语言无法表达的 PLC 程序，必须使用语句表，或者在繁杂的计算、中断等场合也会使用语句表。大多数 PLC 编程系统提供指令表语言，一般 PLC 程序的梯形图和语句表可相互转换。

4. 结构化控制语言

结构化控制语言是用结构化描述文本来描述程序的一种编程语言，采用类似于 Pascal 的高级语言进行编程。结构化控制语言常被用于其他语言较难实现的一些控制功能的实施，但需要有一定的计算机高级语言的知识和编程技巧，对工程设计人员要求较高，直观性和操作性较差。结构化文本可用来描述功能、功能块和程序的行为，还可在顺序功能图中描述步、动作和转换的行为，从而用于控制任务以及复杂的计算。

SCL 支持 STEP 7 块结构，还可将用 LAD 和 FBD 编写的程序块包括在用 SCL 编写的程序块中。SCL 指令使用标准编程运算符，例如用赋值（:=）、算术功能（+ - * /）。SCL 使用标准 Pascal 程序控制操作，如 IF-THEN-ELSE、CASE、REPEAT-UNTIL、GOTO 和 RETURN。SCL 能像 Pascal 一样提供条件处理、循环和嵌套控制结构，因此在 SCL 中可比 LAD 或 FBD 更轻松地实现复杂的算法。以下示例显示了用法不同的各种表达式。

"C" := #A+#B;将两个局部变量的和赋给一个变量

"Data_block_1". Tag := #A;为数据块变量赋值

IF #A > #B THEN "C" := #A; IF-THEN 语句的条件

"C" := SQRT (SQR (#A) + SQR (#B)); SQRT 指令的参数

5. 顺序功能图

顺序功能图通过定义在任一事件内将会启动、禁止或结束哪些控制过程的动作，非常清晰地描述了程序流向，并将控制任务分解为可按顺序执行、并行执行和循环执行的部分，以控制其整体执行。

需要说明的是，S7-1200 没有顺序功能指令，但可以用起保停电路间接实现顺序功能图控制及编程。

3.5 系统存储区与数据类型

3.5.1 存储器和寻址

1. 装载存储器

装载存储器主要用于非易失性地存储用户程序、数据和组态。项目下载到 CPU 后，CPU 会先将程序存储在装载存储区中。

每个 CPU 都具有内部装载存储器，当然也可使用外部存储卡作为装载存储器。如果插入了存储卡，CPU 将使用该存储卡作为装载存储器，即使插入的存储卡有更多空闲空间，外部装载存储器的大小也不能超过内部装载存储器的大小。

2. 工作存储器

工作存储器是易失性存储器，用于在执行用户程序时存储用户项目的某些内容。CPU 会将一些项目内容从装载存储器复制到工作存储器中。该易失性存储区将在断电后丢失，恢复供电时再由 CPU 恢复。

3. 系统存储器

系统存储器用于存放系统程序的操作数据。S7-1200 CPU 的存储器分为不同的地址区，地址区包括过程映像输入区（I）、外设输入（I_:P）、过程映像输出区（Q）、外设输出（Q_:P）位存储区（M）、数据块（DB）、临时局部存储区（L）和诊断缓冲区等，具体如表 3-5 所示。

表 3-5 系统存储器的各存储区

存储区	描述	强制	保持性
过程映像输入（I）	在扫描周期开始时从物理输入复制到过程映像输入	无	无
外设输入（I_:P）	立即读取 CPU、SB 和 SM 上的物理输入点	支持	无
过程映像输出（Q）	扫描周期开始时将过程映像输出中的值复制到物理输出	无	无
外设输出（Q_:P）	立即写入 CPU、SB 和 SM 上的物理输出点	支持	无
位存储器（M）	控制和数据存储器	无	支持（可选）
临时局部存储区（L）	存储块的临时局部数据，仅在该块的本地范围内有效	无	无
数据块（DB）	数据存储器，同时也是 FB 的参数存储器	无	支持（可选）

（1）过程映像输入/外设输入

1）过程映像输入的标识符为 I，CPU 仅在每个扫描周期的循环 OB 执行之前对物理输入点进行采样，并将这些值写入到过程映像输入，可按位、字节、字或双字访问过程映像输入，例如 I0.1、IB0、IW0 或 ID0。程序编辑器自动地在绝对操作数前面插入%，允许对过程映像输入进行读写访问，但过程映像输入通常为只读。

2）立即指令要在输入点地址后面添加“:P”，可不受扫描周期影响而立即读取 CPU、SB、SM 或分布式模块的数字量和模拟量输入。

3）I_:P 访问直接从被访问点而非过程映像输入获得数据，这种访问称为“立即读”访问，不会影响存储在过程映像输入中的相应值。

4）因为 I_:P 物理输入点直接从与其连接的现场设备接收值，所以不允许对这些点进行写访问，与可读写的 I 访问不同的是，I_:P 访问为只读访问。

5）I_:P 访问仅限于单个 CPU、SB 或 SM 所支持的输入大小。例如，2DI/2DQ SB 的输入组态为从 I4.0 开始，可访问 I4.0:P、I4.1:P 或 IB4:P 的形式输入点，但不能访问 I4.2:P~I4.7:P，因为不存在这些输入点。同时，不允许访问 IW4:P 和 ID4:P，因为地址超出了相关的字节偏移量。

（2）过程映像输出/外设输出

1）过程映像输出标识符为 Q，扫描周期结束时将过程映像输出中的值复制到物理输出，再由后者驱动外部负载。过程映像输出同样可按位、字节、字或双字寻址访问，例如 Q0.1、QB0、QW0 或 QD0。过程映像输出允许读访问和写访问。

2）输出地址后面添加“:P”，可不受扫描周期影响而立即写入 CPU、SB、SM 或分布式模块物理数字量和模拟量输出。

3）Q_:P 访问除了将数据写入过程映像输出映像，还直接写给被访问的外设输出点而不必等待过程映像输出的下一次更新，这种访问称为“立即写”访问。

4）因为 Q_:P 外设输出点直接控制与其连接的现场设备，所以不允许对这些点进行读访问，与可读或可写的 Q 访问不同的是，Q_:P 访问为只写访问。

5）与 I_:P 访问相同，Q_:P 访问也受到硬件支持的输出长度的限制。

（3）位存储区

位存储器标识符为 M，主要用于存储中间数据或其他控制信息，允许读访问和写访问。位存储器可按位、字节、字或双字访问位存储区，例如 M10.0、MB10、MW10、MD10。

（4）临时局部存储区

临时局部存储区标识符为 L，主要用于存储代码块被处理时使用的临时数据，代码块执行完成后，CPU 重新分配临时存储区，以用于执行其他代码块。临时局部存储区与位存储区类似，两者主要区别在于位存储区全局有效，而临时存储区局部有效。

1）位存储区　任何 OB、FB 或 FC 都可访问位存储区中的数据，这些数据可全局性地用于用户程序中的所有元素。

2）临时局部存储区　只有预先创建或声明临时存储单元的 OB、FC 或 FB 才可访问临时存储区中的数据。临时局部存储区只能在生成它们的代码块内使用，不能与其他代码共享，即使 OB 调用 FC，FC 也无法访问对其进行调用的 OB 的临时局部存储区。CPU 为启动和程序循环组织块提供 16 KB 临时局部存储区，为中断时间和时间错误等中断事件提供 4 KB 临时局部存储区。

（5）数据块

数据块存储区用于存储各种类型的数据，包括操作的中间数据或功能块控制信息参数，以及定时器和计数器等功能指令所需的数据结构。

数据块与临时局部存储区不同，当程序执行结束或数据块关闭时，数据块中的数据不会被覆盖。读/写数据块允许读访问和写访问，但只读数据块只允许读访问。数据块可按位（DB1. DBX2. 3）、字节（DB1. DBB2）、字（DB1. DBW2）或双字（DB1. DBD2）等形式访问数据块存储区。

标准 DB 中既可采用绝对地址访问，也可采用符号访问；例如，MyDB. start 为符号访问，MyDB 为数据块的符号名称，start 为数据块中定义的命令；DB1. DBW2 则为绝对地址访问，DB1 指明了数据块 DB1，W 表示寻址一个字长，寻址的起始字节为 2，即寻址的是 DB1 数据块中的数据字节 2 和字节 3。优化 DB 的变量没有绝对地址，仅能使用符号访问。

4. 保持性存储器

保持性存储器用于非易失性存储限量的工作存储器值。断电过程中，CPU 使用保持性存储器存储所选用户存储单元的值，在上电时再恢复这些保持性值。CPU 最多支持 10240 字节的保持性数据，可用下列方法将数据配置为保持性数据。

（1）位存储器

保持性位存储器总是从 MB0 开始向上连续贯穿指定的字节数，可在 PLC 变量表或选择“工具>分配列表”菜单命令指定该值。

（2）功能块 FB 的变量

如果 FB 为优化块访问类型，则该接口编辑器将包含保持列，该列中可单独为每个变量选择保持、非保持或在 IDB 中设置。IDB 设置只能更改背景 DB 接口编辑器中某个变量的保持性状态。相反，如果 FB 为非优化块访问类型，则该接口编辑器将不包含保持列，只能在背景数据块中定义所有的变量是否具有保持属性。

（3）全局数据块的变量

如果激活了 DB 优化的块访问属性，则可设置每个单独变量的保持性状态；如果没有激活 DB 优化的块访问属性，则只能设置 DB 中所有的变量是否有断电保持属性。

3.5.2 数据类型

数据类型用于指定数据元素的大小和格式，具体包括位、字节、字、双字、整型、浮点数、日期、时间、字符、数组、结构、指针等数据类型。

一般而言，定义变量，以及使用指令、功能、功能块时，每个指令参数至少支持一种数据类型，而有些参数支持多种数据类型，将光标停在指令的参数域上方，即可看到给定参数所支持的数据类型。表 3-6 给出了基本数据类型的属性。

表 3-6　S7-1200 基本数据类型

分　类	变量类型	符号	位数	数值范围	常数和地址示例
位	布尔型	Bool	1	FALSE/0、或 TRUE/1	TURE
位序列	字节	Byte	8	16#00～16#FF	16#12
	字	WORD	16	16#0000～16#FFFF	16#1235
	双字	DWORD	32	16#00000000～16#FFFFFFFF	16#12345678
整型	无符号短整型	USInt	8	0～255	223
	短整型	SInt	8	-128～127	123，-123
	无符号整型	UInt	16	0～65535	65292
	整型	Int	16	-32768～32767	12356
	无符号双整型	UDInt	32	0～4294967295	4042322160
	双整型	DInt	32	-2147483648～2147483647	-2131754992
浮点数	浮点数	Real	32	±1.175495e-38～±3.402823e+38	123.456
	长浮点数	LReal	64	±2.2250738585072014e-308～±1.7976931348623158e+308	12345.123456789e40
日期和时间	时间	Time	32	T#-24d20h31m23s648ms～T#24d20h31m23s647ms	T#1d_2h_15m_30s_45ms
	日期	Date	16	D#1990-1-1～D#2167-12-31	D#2019-12-13
	实时时间	TOD	32	TOD#0:0:0.0～TOD#23:59:59.999	TOD#10:30:10.400
	长格式日期时间	DTL	12B	DTL#1970-01-01-00:00:00.0～DTL#2262-04-11-23:47:16.854775807	DTL#2007-12-15-20:30:20.250
字符	字符	Char	8	16#00 到 16#FF	'A'、't'、'@'、'ä'、'Σ'
	16 位宽字符	WChar	16	16#0000～16#FFFF	A'、't'、'@'、'ä'、'Σ'、亚洲字符、西里尔字符，以及其他字符
	字符串	String	n+2B	n=(0 到 254 字节)	"PLC"
	16 位宽字符串	WString	n+2W	n=(0 到 65534 个字)	"123@163.COM"

1. 位和位序列

位数据类型为布尔（BOOL）型，BOOL 变量的值 1 和 0 用 TRUE（真）和 FALSE（假）来标志。位地址由字节地址和位地址两部分组成，图 3-16 所示的 IB2.6 的区域 I 表示输入继电器，字节地址为 2（2 为第 3 个字节），“.”为字节与位地址之间的分隔符，位地址为 6

（6 为第 7 位），这种存取方式称为“字节．位”寻址方式。

字节（BYTE）共有 8 个数据位，例如 I2.0～I2.7 组成输入字节 IB2。

字（WORD）由相邻的两个字节组成，图 3-17 所示的 MW200 由字节 MB200、MB201 组成。MW200 中的 M 为位存储器标识符，W 表示字。

双字（DWORD）由相邻的两个字组成，图 3-17 所示的 MD200 由 4 个字节 MB200～MB203，或 2 个字 MW200、MW202 组成，D 表示双字。MB200 为 MD200 的最高位字节，MB203 为 MD200 的最低位字节。

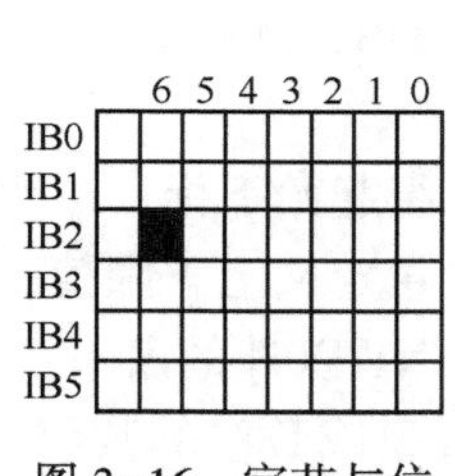

图 3-16　字节与位

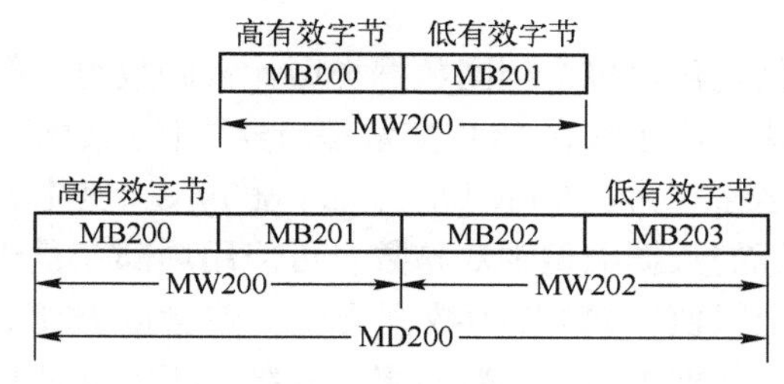

图 3-17　字节、字与双字

2. 整型

整型可分为无符号短整型、短整型、无符号整型、整型、无符号双整型、双整型 6 种类型。SINT（Short Int）为 8 位短整型，INT 为 16 为整型，DINT（Double Int）为 32 位双整型，U（Unsigned）为无符号整型，不带 U 为有符号整型。

有符号整型为正数时，最高位为 0；相反，有符号整型为负数时，最高位为 1。整型用补码形式表示，正数的补码就是本身，而对于负数，需将正数取反加 1，即得到绝对值与它相同的负数的补码。

3. 浮点数

浮点数又称为实数，分为 32 位单精度浮点数（REAL）和 64 位双精度数（LReal）两种类型，最高位均为符号位，尾数的整数部分总是 1。

单精度浮点数具有 1 位符号位、8 位指数和 23 位小数，精度最高为 6 位有效数字；双精度数具有 1 位符号位、11 位指数和 52 位小数，精度最高为 15 位有效数字。

4. 时间与日期

TIME 数据作为有符号双整数存储，单位为 ms，最大表示时间为 24 天多。格式可使用日期、小时、分钟、秒和毫秒，组合值不能超过-2,147,483,648 ms～2,147,483,647 ms。当然也可不指定全部时间单位。例如，T#1h10 s 和 600 h 均有效。

DATE 数据作为无符号整数存储，用以获取指定日期，编辑器格式必须指定年、月和日。

TOD（TIME_OF_DAY）数据作为无符号双整数存储，含义为自指定日期的 0 时算起的毫秒数，格式必须指定小时、分钟和秒。

DTL（日期和时间长型）数据类型使用 12 个字节结构保存日期和时间信息，可在临时存储器或者数据块中定义 DTL 数据。

5. 字符

CHAR 在存储器中占一个字节，可存储以 ASCII 格式（包括扩展 ASCII 字符代码）编码的单个字符。WChar 在存储器中占一个字的空间，可包含任意双字节字符表示形式。

STRING 数据类型存储一串单字节字符。STRING 类型提供了多达 256 个字节，用于在字符串中存储最大总字符数（1 个字节）、当前字符数（1 个字节）以及最多 254 个字节。STRING 数据类型中的每个字节都可以是从 16#00 到 16#FF 的任意值。

WSTRING 数据类型支持单字值的较长字符串。第一个字包含最大总字符数，下一个字包含总字符数，接下来的字符串可包含多达 65534 个字。WSTRING 数据类型中的每个字可以是 16#0000~16#FFFF 之间的任意值。

6. 数组

数组可创建包含多个相同数据类型元素的数组。数组可在 OB、FC、FB 和 DB 的块接口编辑器中创建，但无法在 PLC 变量编辑器中创建数组。

数组命名格式为：Array [lo . . hi] of Type，其中，lo 为数组起始下标，hi 为数组结束下标，数组下标的数据类型为双整数，可使用局部变量或全局变量定义上下限值，下限值必须小于或等于上限值；TYPE 为数据类型，包含除数组、VARIANT 以外的所有类型。数组元素必须是同一数据类型，维数最多为 6 维，不允许使用嵌套数组或数组的数组。图 3-18 给出了一个名为电压的二维数组 Array[1. . 2, 1. . 3] of Int 的内部结构，它共有 6 个整型元素。第一维的下标 1、2 是电动机的编号，第二维的下标 1~3 是三相电压的序号。例如电压[1,3]是 1 号电动机的第 3 相电压。

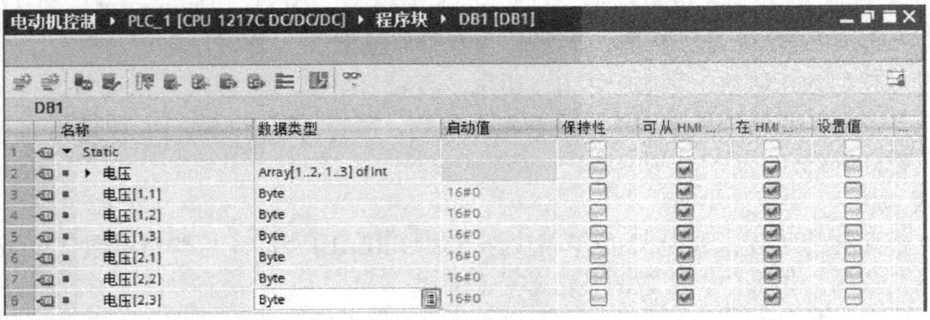

电动机控制 ▸ PLC_1 [CPU 1217C DC/DC/DC] ▸ 程序块 ▸ DB1 [DB1]

DB1

	名称	数据类型	启动值	保持性	可从 HMI ...	在 HMI ...	设置值
1	▼ Static						
2	▸ 电压	Array[1..2, 1..3] of Int					
3	电压[1,1]	Byte	16#0				
4	电压[1,2]	Byte	16#0				
5	电压[1,3]	Byte	16#0				
6	电压[2,1]	Byte	16#0				
7	电压[2,2]	Byte	16#0				
8	电压[2,3]	Byte	16#0				

图 3-18　二维数组的结构

7. 结构

结构（STRUCT）是一种由多个不同数据类型元素组成的数据类型，元素可以是基本数据类型，也可以是数组、结构等复杂数据类型，以及 PLC 数据类型等，结构可嵌套 8 层。结构用来以单个数据单元方式处理一组相关过程数据，而不是使用大量的单个的元素，为统一处理不同类型的数据或参数提供了方便。图 3-19 中生成了一个名为“电动机”的结构。数组和结构的偏移量列是它们在数据块中的起始绝对字节地址。使用符号地址表示结构的元素，如“DB1”. 电动机 . 电流。将 PLC 组态数据和用户程序下载到 CPU，单击工具栏上的，启动监控功能，出现监视值列，即可看到 CPU 中的变量值。

8. PLC 数据类型

PLC 数据类型（UDT）用来定义可在程序中多次使用的数据结构。打开项目树的“PLC 数据类型”分支，并双击“添加新数据类型”，即可创建 PLC 数据类型。在新创建的 PLC 数据类型项上，两次单击可重命名默认名称，双击则会打开 PLC 数据类型编辑器。

DB1						
	名称	数据类型	默认值	启动值	快照	监视值
9	▼ 电动机	Struct				
10	电流	Real	0.0	0.0		
11	▸ 电压	Real	0.0	0.0		
12	功率	Real	0.0	0.0		
13	转速	Real	0.0	0.0		
14	启停	Bool	false	false		

图 3-19　创建结构数据类型

用户在数据块编辑器中可用相同的编辑方法创建自定义 PLC 数据类型，该新类型名称将出现在数据块编辑器和代码块接口编辑器的数据类型选择器下拉列表中。定义好以后可在用户程序中作为数据类型使用，既可在程序中作为一个变量整体使用，又可单独使用该变量的元素。例如，PLC 数据类型可能是混合颜色的配方，用户可将该 PLC 数据类型分配给多个数据块，并在每个数据块中调整变量以创建特定颜色。

9. 指针

（1）Pointer 指针

Pointer 指针指向特殊变量，共占用 6 个字节，包含 DB 编号、CPU 存储器和变量地址等信息，如图 3-20 所示。字节 0~1 用来存放数据块编号，若数据未存储在数据块，则字节 0~1 值为 0。字节 2 用来表示 CPU 中的存储区。16 位字节地址由字节 3~5 组合而成，3 位位地址用字节 5 的低 3 位表示。

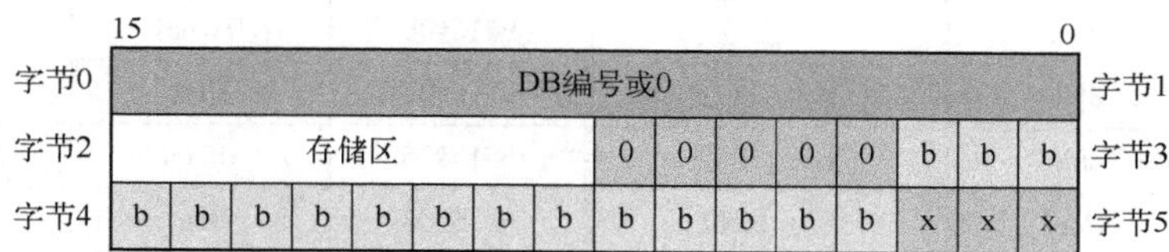

图 3-20　Pointer 指针结构

用户可以使用指令声明以下三种类型的指针。

① 区域内部的指针：包含变量的地址数据，如 P#20.0。

② 跨区域指针：包含存储区中数据以及变量地址数据，如 P#M20.0。

③ DB 指针：包含数据块编号以及变量地址，如 P#DB10.DBX20.0。

输入时可省略 P#，编译时将自动转换为指针格式。存储区的编码如表 3-7 所示。

表 3-7　Pointer 指针结中的存储区编码

十六进制代码	数据类型	说　明	十六进制代码	数据类型	说　明
b#16#81	I	输入存储区	b#16#85	DB	背景数据块
b#16#82	Q	输出存储区	b#16#86	L	局部数据
b#16#83	M	位存储区	b#16#87	V	主调块的局部数据
b#16#84	DBX	数据块			

（2）ANY 指针

ANY 指针指向数据区的起始位置，并指定其长度。ANY 指针使用存储器中的 10 个字节，包括数据类型、重复因子、数据块编号、存储区和起始地址等信息。如图 3-21 所示。字节 4~9 与 Pointer 指针的 0~5 字节相同。字节 1 的意义参见 S7-1200 的系统手册。

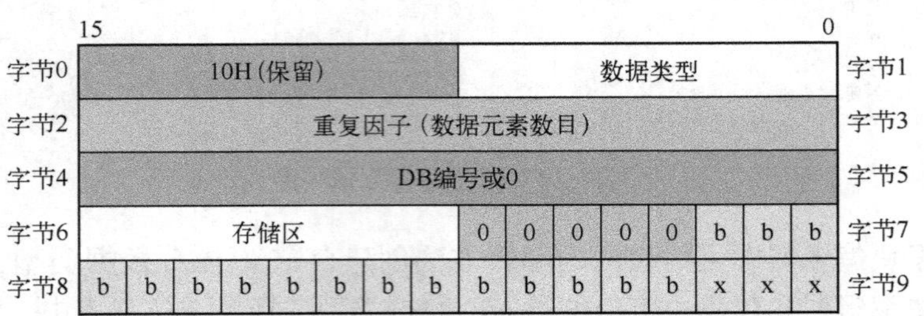

图 3-21　Any 指针结构

指针无法检测 ANY 结构，只能将其分配给局部变量。例如 P#DB10. DBX20. 0 BYTE 20 表示 DB10 中从 DBB20 开始的 20 个字节，DB 编号为 10，数据元素数目为 20，数据类型的编码为 b#16#02(Byte)。ANY 指针中的存储区编码同表 3-7，数据类型编码如表 3-8 所示。

表 3-8　ANY 数据类型编码

十六进制代码	数 据 类 型	说　明	十六进制代码	数 据 类 型	说　明
b#16#00	Null	Null 指针	b#16#34	USInt	16 位有符号整数
b#16#01	Bool	位	b#16#06	DWord	双字，16 位
b#16#02	Byte	字节，8 位	b#16#07	DInt	32 位双整数
b#16#03	Char	字符，8 位	b#16#36	UDInt	32 位无符号双整数
b#16#04	Word	字，16 位	b#16#08	Real	32 位浮点数
b#16#05	Int	16 位整数	b#16#0B	Time	时间
b#16#37	SInt	8 位整数	b#16#13	String	字符串
b#16#35	UInt	16 位无符号整数			

(3) Variant 指针

Variant 指针可指向不同数据类型变量或参数，只出现在除 FB 静态变量以外的 OB、FC 和 FB 接口。Variant 指针可指向结构和单独的结构元素，它不会占用存储器任何空间。

1) 使用符号地址方式的 Variant 指针示例：操作数 MyTag，DB1. Struct1. pressure1，其中，DB1、Struct1 和 pressure1 分别是用小数点分隔的数据块、结构和结构元素的符号地址。

2) 使用绝对方式的 Variant 指针示例：操作数%MW10，P#DB1. DBX10. 0 INT 12，后者用来表示一个地址区，其起始地址 DB1. DBW10，一共 12 个连续的 Int 整数变量。

10. 访问一个变量数据类型的片段

用户可根据大小按位、字节或字访问 PLC 变量和数据块变量，双字变量按位 0~31、字节 0~3 或字 0~1 访问；字变量按位 0~15、字节 0~1 或字 0 访问；字节变量则按位 0~7 或字节 0 访问，具体如图 3-22 所示。访问变量数据片段的语法如下所示：

1) "<PLC 变量名称>". xn (按位访问)；

2) "<PLC 变量名称>". bn (按字节访问)；

3）"<PLC 变量名称>". wn（按字访问）；

4）"<数据块名称>". <变量名称>. xn（按访问）；

5）"<数据块名称>". <变量名称>. bn（按字节访问）；

6）"<数据块名称>". <变量名称>. wn（按字访问）。

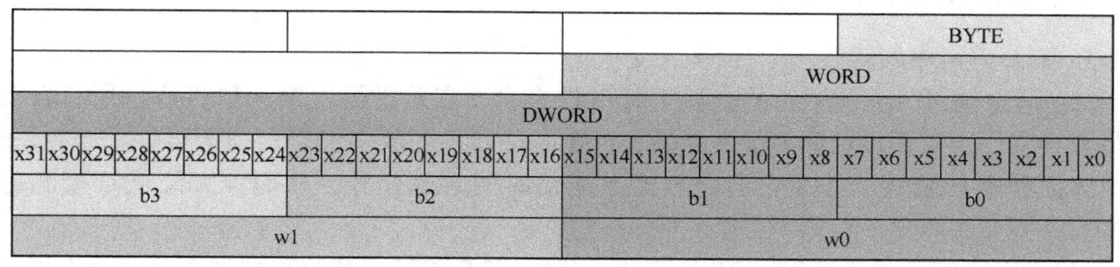

BYTE
WORD
DWORD
x31 x30 x29 x28 x27 x26 x25 x24 x23 x22 x21 x20 x19 x18 x17 x16 x15 x14 x13 x12 x11 x10 x9 x8 x7 x6 x5 x4 x3 x2 x1 x0
b3
b2
b1
b0
w1
w0

图 3-22　访问一个变量数据类型的“片段”

11. 访问带有一个 AT 覆盖的变量

借助 AT 变量覆盖，可通过一个不同数据类型的覆盖声明访问标准访问块中已声明的变量。例如，可通过 Array of Bool 寻址数据类型为 Byte、Word 或 DWord 变量的各个位。

图 3-23 所示例子中，第 1 个例子显示一个标准访问 FB 的输入参数，字节变量 B1 将由一个布尔型数组覆盖。第 2 个例子 DWord 变量由一个 Struct 覆盖，其中包括字、字节和两个布尔值。

名称		数据类型	偏移量
B1		Byte	0.0
OV	AT"B1"	Array[0..7] of Bool	0.0
OV[0]		Bool	0.0
OV[1]		Bool	0.1
OV[2]		Bool	0.2
OV[3]		Bool	0.3
OV[4]		Bool	0.4
OV[5]		Bool	0.5
OV[6]		Bool	0.6
OV[7]		Bool	0.7

名称		数据类型	偏移量
DW1		DWord	2.0
DW1_Struct	AT"DW1"	Struct	2.0
W1		Word	0.0
B1		Byte	2.0
BO1		Bool	3.0
BO2		Bool	3.1

图 3-23　块的接口区声明 AT 覆盖变量

12. 数据类型转换

（1）显式转换

显式转换是指通过现有的转换指令实现不同数据类型的转换，指令包括 CONV、T_CONV、S_CONV，这些指令包括非常多的数据类型的转换。

（2）隐式转换

隐式转换是指在执行指令时，如果指令形参与实参的数据类型不同，则程序自动进行的转换。如果形参与实参的数据类型是兼容的，则自动执行隐式转换。

通过“FC/FB/OB>属性>属性”，可设置该块内部是否启用 IEC 检查，从而决定隐式转换条件是否严格。若转换条件严格，则只有字节、字、整数、浮点数、字符等数据类型可隐式转换。若转换条件宽松，则除 BOOL 以外的所有基本数据类型以及字符串数据类型都可隐式转换。

3.6 S7-1200 软件开发环境与编程步骤

3.6.1 TIA 博途软件安装

1. TIA 博途中的软件

TIA 博途是西门子自动化的全新工程设计平台，它是世界上第一款将几乎所有自动化工件整合在一个工程设计环境下的软件，可在同一开发环境内组态西门子可编程序控制器、人机界面和驱动装置，并在它们之间建立通信时的共享任务，从而大大降低连接和组态成本。

TIA 博途软件包含 STEP7、WinCC、Startdrive 和 SCOUT，用户可根据实际需求选用任意一种软件或多种软件产品的组合。

S7-1200 使用 TIA 博途软件中的 STEP7 Basic（基本版）或 STEP7 Professional（专业版）编程。STEP7 Professional 可用于 S7-1200/1500、S7-300/400 和 WinCC 的组态和编程。STEP7 不仅操作直观、上手容易，而且具有通用的项目视图、智能的拖曳功能，以及共享的数据处理，从而使用户能对项目进行快速而简单的组态。SIMATIC STEP7 Safety 适用于标准和故障安全自动化的工程组态系统，支持所有的 S7-1200F/1500F-CPU。

WinCC 是用于西门子的触摸屏、上位机的组态软件，精简面板可使用 WinCC 的基本版。

Startdrive 是一款适用于西门子所有驱动装置和控制器的组态工具，具有硬件组态、参数设置、调试和诊断功能，使得运动控制无缝集成到自动化解决方案。

此外，SCOUT 软件可实现对 SIMOTION 运动控制器的组态和用户程序编制。

2. 安装 TIA 博途对计算机的要求

安装 STEP 7 Basic/Professional V13 的计算机必须至少满足以下需求：计算机处理器主频 3.3 GHz 或者更高版本，8 GB RAM，硬盘 300 GB，屏幕分辨率建议 1920×1080 像素，操作系统要求 Win7 32 位或 64 位及以上系统。

TIA 博途中的软件应按以下顺序安装：STEP 7 Professional、SIMATIC WinCC Professional、Startdrive V13、STEP 7 Safety Advanced V13。

3. 安装 STEP 7

双击 SETP 7 Professional V13 SP1 中的 start.exe，即可开始安装。在“安装语言”对话框，采用默认的安装语言中文。在“产品语言”对话框，采用默认的英语和中文，单击“下一步”按钮，进入下一个对话框。

在“产品配置”对话框，路径尽量不要选择 C:盘，以免系统卡顿。用户可单击“浏览”按钮来设置安装软件的目标文件夹。

如图 3-24 所示，在“许可证条款”对话框中，勾选窗口下方的两个复选框，接受所列出的许可证协议中所有条款和产品操作安全信息，并继续下一步。

在“安全控制”对话框中，勾选复选框“我接受此计算机上的安全和权限设置”，单击“安装”按钮，开始安装软件。

安装快结束时，单击“许可证传送”对话框中“跳过许可证传送”按钮，可在安装结束后再传送许可证密钥。跳过该步骤后，继续安装过程。安装完成后，单击“重新启动”

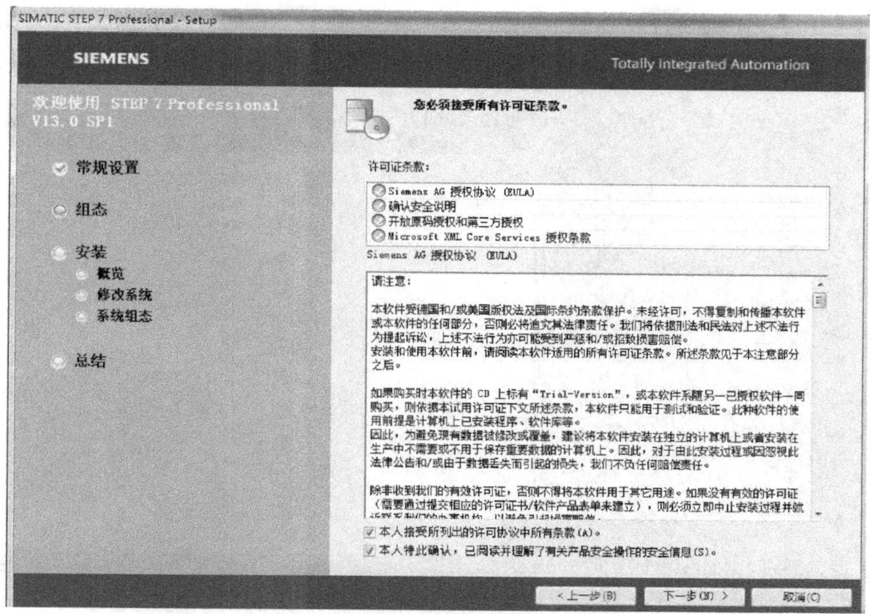

图 3-24　安装过程中的许可证条款

按钮，立即重启计算机。

4. 安装 S7-PLCSIM

双击 S7-PLCSIM V13 SP1 文件夹中的 start.exe，即可开始安装仿真软件。待安装完上述软件以后，再安装 TIA V13 SP1 UPD9 和 S7-PLCSIM V13 SP1 UPD1 两个更新包。

5. TIA 博途软件的升级

博途软件具有自动更新的功能，一旦计算机查询到可用的更新程序包，即自动给出可用的软件更新列表，用户可下载更新包和升级软件版本，具体如图 3-25 所示。

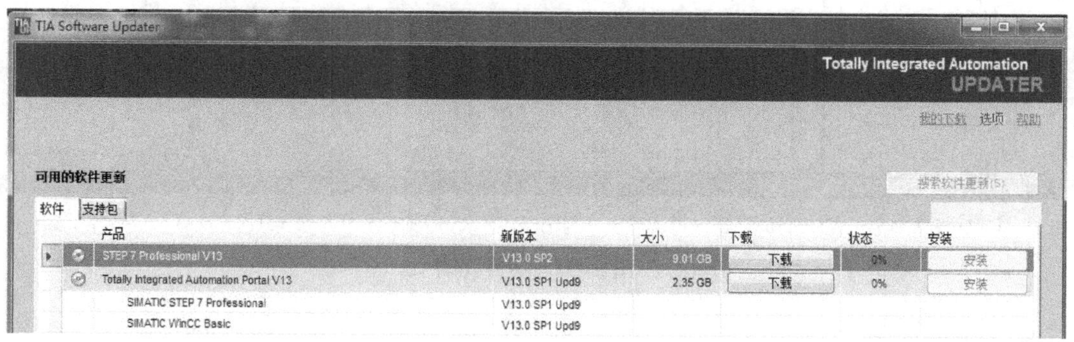

图 3-25　软件更新对话框

3.6.2　项目视图的结构

STEP 7 提供了一个用户友好的环境，供用户开发控制器逻辑、组态 HMI 可视化和设置网络通信。STEP 7 提供了两种不同的项目视图，即如图 3-26 所示的根据工具功能组织的面向任务的 Portal 视图，以及如图 3-27 所示的项目中各元素组成的面向项目的项目视图。

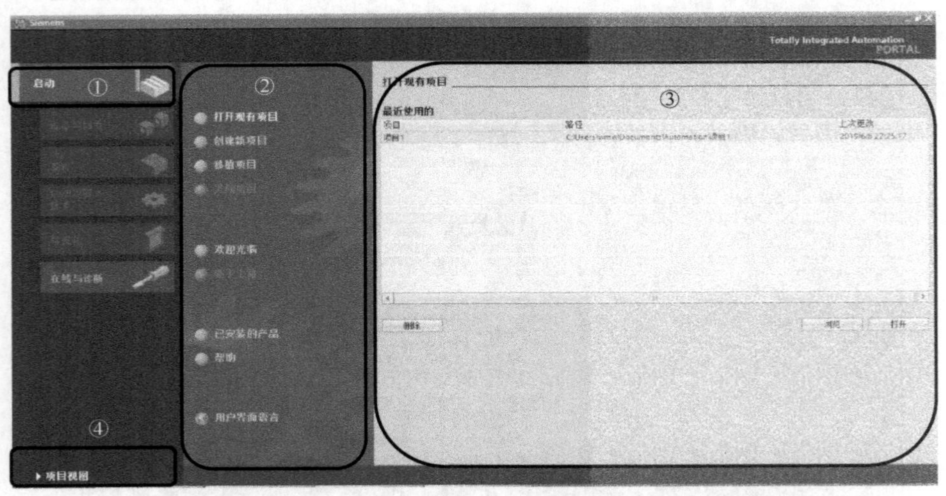

①不同任务的门户　②所选门户的任务　③所选操作的选择面板　④切换到项目视图

图 3-26　Portal 视图

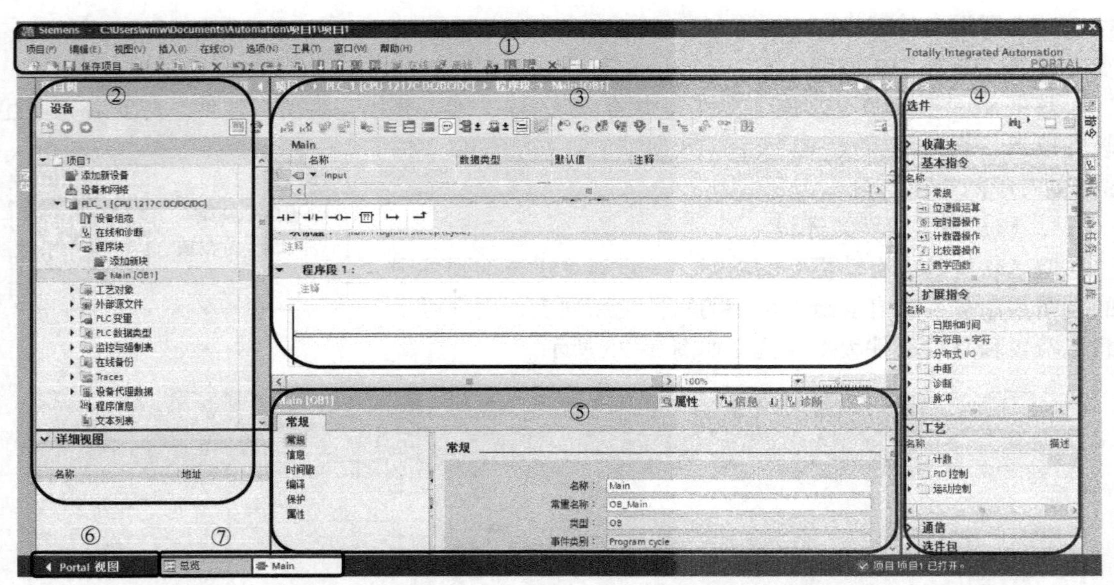

① 菜单和工具栏　② 项目浏览器　③工作区　④任务卡　⑤巡视窗口　⑥切换到门户视图　⑦编辑器栏

图 3-27　项目视图

1. Portal 视图

在 Portal 视图中，用户可快速了解自动化项目的所有任务，包括设备与网络、PLC 编程、运动控制技术、可视化、在线与诊断等。所选门户任务提供了对所选任务选项可使用的操作，具体内容会根据所选的任务选项动态变化。单击视图左下角的“项目视图”，即可切换到项目视图。

2. 项目视图

（1）菜单和工具栏

菜单栏包含工作所需的全部命令，工具栏则提供了上传、下载等常用命令的按钮，通过工具栏图标可以更快地访问这些命令。

（2）项目浏览器

项目浏览器工作区可以访问所有组件和“项目”文件夹中的项目数据，将找到与项目相关的所有对象和操作，例如设备、公共数据、文档信息、语言和资源、在线访问和读卡器等。

1）设备　项目中每个设备都有一个单独的文件夹，具体包含设备组态、在线和诊断、程序块、工艺对象、外部源文件、变量、在线备份、本地模块和分布式 I/O 等内容。

2）公共数据　文件夹包含可跨多个设备使用的数据，例如报警类别、文本列表、日志和指令配置文件等内容。

3）文档信息　文件夹可指定项目文档信息、框架和封面。

4）语言和资源　文件夹中可查看或者修改项目语言和文本。

5）在线访问　文件夹包含 PG/PC 所有接口，也包括未用于与模块通信的接口。

6）读卡器/USB 存储器　文件夹可由用户自定义读卡器。

（3）工作区

工作区由三个选项卡形式的视图组成，每个视图还可用于执行组态任务。

1）设备视图：显示已添加或已选择的设备及其相关模块。

2）网络视图：显示网络中的 CPU 和网络连接。

3）拓扑视图：显示网络拓扑结构，以及设备、无源组件、端口、互连及端口诊断等状况。

工作区内显示进行编辑而打开的对象。工作区中可打开若干个对象，但通常每次在工作区中只能看到其中一个对象。编辑器栏中，所有其他对象均显示为选项卡，从而帮助用户更快速和高效地工作。用户要进行编辑器切换，只需单击不同的编辑器即可，还可以将两个编辑器垂直或水平排列在一起显示。

（4）任务卡

任务卡的功能与编辑器有关，使用任务卡可执行从库或硬件目录中选择对象、项目中搜索和替换对象、将预定义的对象拖入工作区等操作。屏幕右侧的条形栏中列出可用任务卡，复杂的任务卡会划分为多个窗格，这些窗格可折叠和重新打开。

（5）巡视窗口

巡视窗口显示用户在工作区中所选对象的属性和信息。当用户选择不同的对象时，巡视窗口会显示用户可组态的属性。巡视窗口具有三个选项卡：属性、信息和诊断。

1）属性选项卡　该选项卡显示所选对象的属性，可查看或更改对象属性。

2）信息选项卡　该选项卡显示所选对象的交叉引用、语法等附加信息，以及执行报警等。

3）诊断选项卡　该选项卡中将提供有关系统诊断事件、已组态消息事件、CPU 状态以及连接诊断的信息。

（6）切换到门户视图

用户可单击“Portal 视图”切换到门户视图。

（7）编辑器栏

编辑器栏显示已打开的编辑器。如果已打开多个编辑器，只需单击不同的编辑器即可相互切换，从而帮助用户更快速和高效地工作，还可将两个编辑器垂直或水平排列在一起显示。此外，STEP 7 的所有组态、编程和监视工具都提供了内容丰富的在线帮助。

3.6.3 项目创建与组态

1. 新建项目

使用“项目”菜单的“新建”命令，或在门户视图使用“创建新项目”命令，即可创建新项目。在图 3-28 所示“创建新项目”对话框中，将项目的名称修改为“电动机控制”，并修改保存项目路径，单击“创建”按钮，开始生成项目。此后，弹出如图 3-29 所示的新菜单，在此菜单中既可直接进行设备组态，也可创建 PLC 程序，或是打开项目视图。

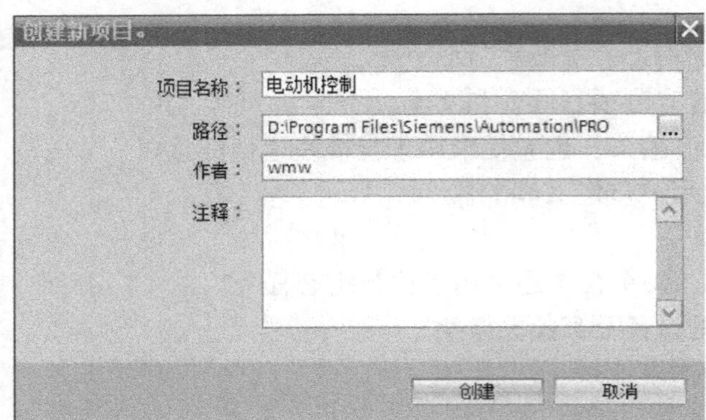

图 3-28 创建新项目

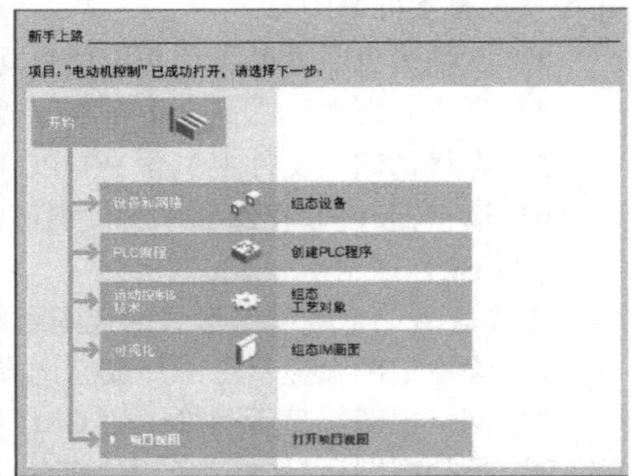

图 3-29 项目对话框

2. 设置工作环境和项目参数

打开项目视图界面后，执行“选项”菜单的“设置”命令，用户可在如图 3-30 所示的常规、硬件组态、PLC 编程、仿真、在线与诊断、PLC 报警、可视化、键盘快捷方式等选项卡中，对系统的工作环境和程序编辑器参数进行设置。PLC 编程可设置是否显示注释、是否启用 IEC 检查、LAD/FBD 字体大小，以及操作数的最大高度和最大宽度等内容。

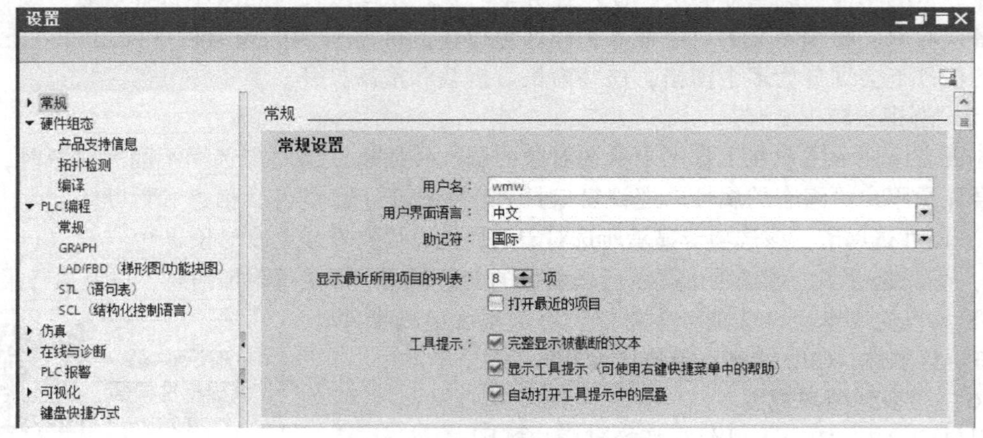

图 3-30 设置 TIA 常规环境

3. 添加、更改或删除设备

双击项目树中的“添加新设备”选项，出现如图 3-31 所示的“添加新设备”对话框。单击其中的“控制器”按钮，双击要添加的 CPU 订货号即可添加一个 PLC 到项目中，在项目树、设备视图和网络视图中均可看到添加的 CPU。

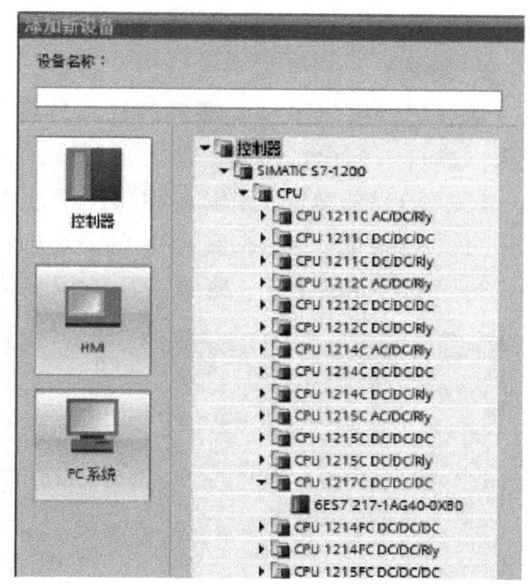

图 3-31　添加新设备对话框

工作区可给 PLC 增加扩展模块，可在右侧边栏中选择各种功能模块后，使用拖动或双击的方式进行添加。例如，增加 1 个 DI2/QQ2 信号板。从图 3-32 可看出，CPU、信号板和信号模块的 I/Q 地址是自动分配的。DI、DQ 地址以字节为单位分配，CPU 1217C 集成的 14 点数字量输入地址为 I0.0~I0.7 和 I1.0~I1.5，10 点数字量输出地址为 Q0.0~Q0.7 和 Q1.0~Q1.1；DI2/QQ2 信号板地址为 I4.0~I4.1 和 Q4.0~Q4.1。CPU 集成的模拟量输入地址为 IW64 和 IW66，集成的模拟量输出地址为 QW64 和 QW66，每个通道占用一个字或两个字节。

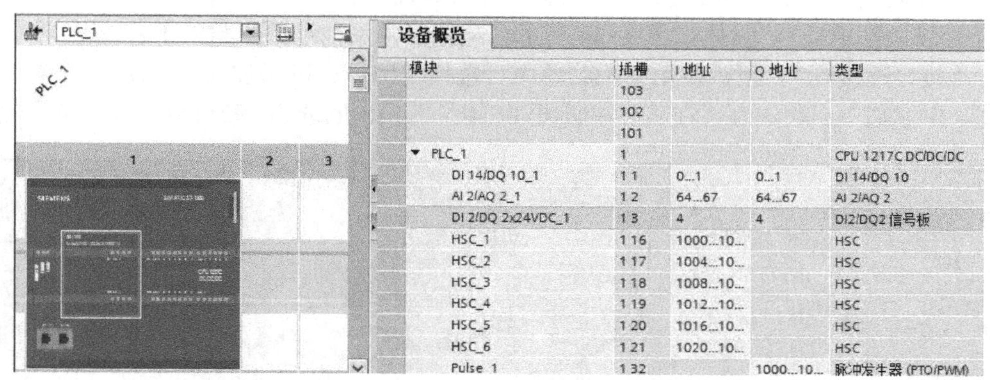

图 3-32　设备视图与设备概览视图

当需要更改设备时，用鼠标右击设备中要更改型号的 CPU 或 HMI，执行快捷菜单中的“更改设备类型”命令，双击出现的“更改设备”对话框的“新设备”列表中用来替换设备的订货号，设备型号即被更改。

此外，工作区中还可删除设备视图或网络视图中的硬件组件，但不能单独删除 CPU 和机架，只能删除整个 PLC 站。添加或删除硬件完毕后，为避免违反插槽规则，可选中 PLC_1，单击工具栏上的编译按钮，对硬件组态进行编译，如果有错误将会显示错误信息，应改正错误后重新进行编译，直至无误。

3.6.4　CPU 属性设置

选中 CPU 后，在下方巡视窗口中，可对 CPU 的输入/输出接口、PROFINET 接口、高速计数器、脉冲发生器等进

行组态。

1. 常规

常规属性提供了有关项目信息和目录信息，单击属性视图中的“常规选项”，如图3-33所示，进行下列参数设置。

1）“项目信息”：编辑名称、作者及注释信息。

2）“目录信息”：查看CPU的简短标识、参数描述、订货号、固件版本及更新模块说明。

3）“标识和维护”：查看工厂标识、位置标识符、安装日期和附加信息。

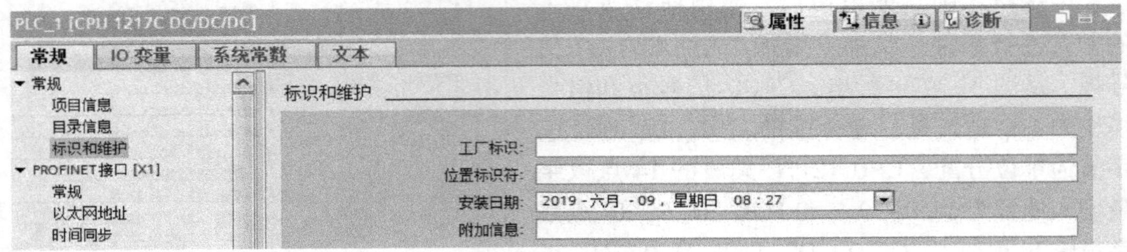

图 3-33　CPU 常规属性配置

2. PROFINET 接口［X1］

1）“常规”：标识PROFINET接口名称、作者和注释。

2）“以太网地址”：具体如图3-34所示，配置以太网地址的步骤如下：

①“接口连接到”：用户使用下拉菜单中可选择子网，也可添加新的网络。

②“IP 协议”：默认为“在项目中设置IP地址”，IP地址为192.168.0.1，子网掩码为

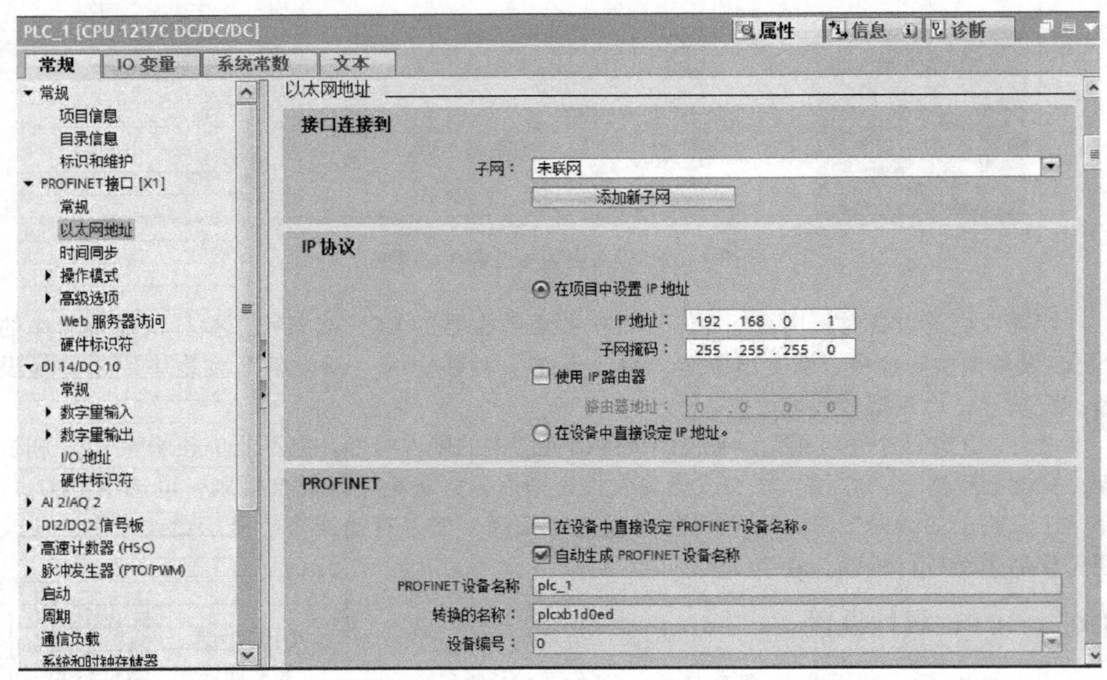

图 3-34　PROFINET 属性配置

255.255.255.0，也可根据需要重新设置。若使用路由器，须先激活“使用 IP 路由器”，并设置路由器地址。若激活“在设备中直接设定 IP 地址”，则允许使用 T_CONFIG 指令分配 IP 地址。

③“PROFINET”：默认为“自动生成 PROFINET 设备名称”，系统自动生成 PROFINET 设备名称；若激活“在设备中直接设定 PROFINET 设备名称”，则表示不在硬件组态中组态设备名称，而是在程序中使用 T_CONFIG 设置设备名。

3）“时间同步”：若激活“启动通过 NTP 服务器进行时间同步”，系统可实现跨子网之间的时间同步，精度主要取决于所使用的 NTP 服务器和网络路径等特性。

4）“操作模式”：默认为“IO 控制器”，用户根据需要选择是否激活其他参数，以及设置智能设备的通信传输区等；若激活“IO 设备”，则该 CPU 作为智能设备，并将其指定给已分配的 IO 控制器，并可选择 PN 接口参数由 IO 控制器指定。

5）“高级选项”：该选项卡中可对“接口选项”、“介质冗余”、“实时设定”和“端口”进行设置，具体请查看第 7 章。

6）“Web 服务器访问”：激活“启用使用该接口访问 Web 服务器”选项，则可通过该接口访问集成在 CPU 内部的 Web 服务器。

7）“硬件标识符”：设备的硬件标识符信息。

3. 高速计数器

如果要使用高速计数器，则在此处设置中激活“启用该高速计数器”，以及设置计数类型、工作模式、输入通道。详细介绍参见 5.6.2 节。

4. 脉冲发生器

如果要使用高速脉冲输出 PTO/PWM 功能，则在此处激活“启动该脉冲发生器”，并设置具体的脉冲参数等。详细介绍参见 5.7.4 节。

5. 启动

1）“上电后启动”：定义了 CPU 上电后的启动特性，如图 3-35 所示，可组态 CPU 上电后的 3 种启动方法，即：

① 未重启（保持为 STOP 模式）：CPU 上电后直接进入 STOP 模式。

② 暖启动-RUN 模式：CPU 上电后直接进入 RUN 模式。

③ 暖启动-断电前的操作模式：CPU 上电后将按照断电前的操作模式启动。

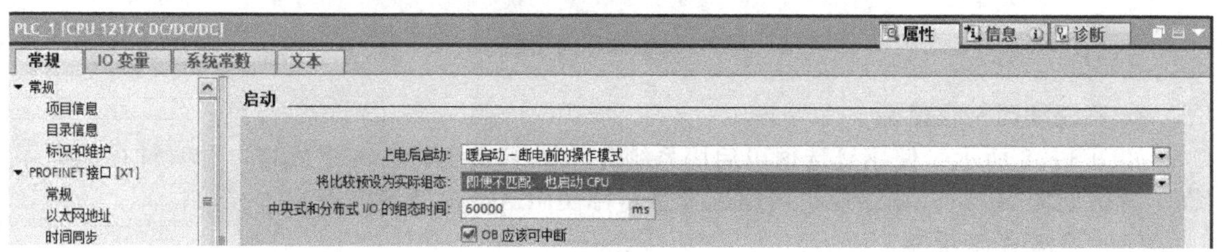

图 3-35　设置启动方式

2）“比较预设与实际组态”：定义了 S7-1200 PLC 的实际组态与当前组态不匹配时的 CPU 启动特性，可以选择即使不匹配也启动 CPU、仅在兼容时才启动 CPU 两种方式。

3）“中央式和分布式 I/O 的组态时间”：CPU 启动过程中，组态将分布式 I/O 切换到在线状态所允许的最长时间，默认值 60000 ms，数值范围为 100~6480000 ms。若在组态时间内完成了组态，则立刻启动 CPU，否则，只启动 CPU，但不启动集中式和分布式 I/O。

4）“OB 应该可中断”：激活该选项后，OB 运行时，更高优先级的中断可中断当前 OB，处理完后再继续处理被中断的 OB；如果未激活该选项，则优先级大于 2 的任何中断只可中断循环 OB，但优先级为 2~25 的 OB 不可被更高优先级的 OB 中断。

6. 周期

循环时间是指 CPU 在运行模式下执行循环阶段所需的时间，有最大扫描周期时间、最小扫描周期时间两种。

最大循环周期监视时间默认值 150 ms，具体如图 3-36 中所示。如果循环时间超过预设循环周期监视时间，CPU 将启动时间错误组织块 OB80，若未使用 OB80，CPU 将忽略这一事件；但一旦循环时间超过预设循环周期监视时间 2 倍，无论是否存在 OB80，CPU 都将切换到 STOP 模式。若激活“启用循环 OB 的最小循环时间”，即使在预设的最小循环时间内，CPU 没有完成循环扫描，CPU 仍将正常扫描，并且不会产生超出最小循环时间事件。

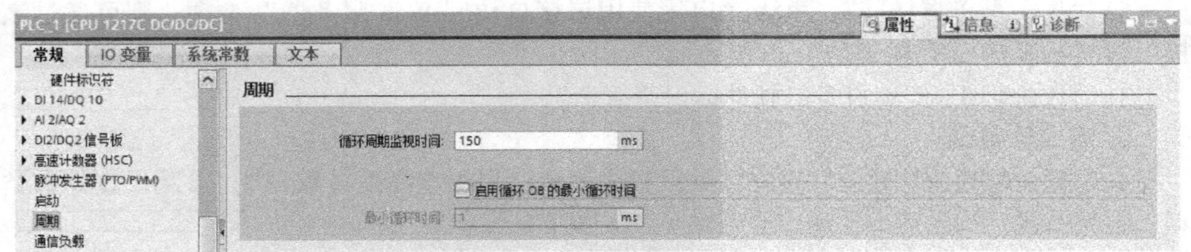

图 3-36　设置循环周期监视时间

7. 通信负载

“通信负载”属性用于分配 CPU 专门用于通信任务的时间百分比，设置范围为 15%~50%，默认值为 20%，如图 3-37 所示。通信不需要这部分时间时，它可用于其他程序的执行。

图 3-37　设置循环周期监视时间

8. 系统和时钟存储器

如图 3-38 所示，使用复选框可启用系统存储器字节（默认地址 MB1）和时钟存储器字节（默认地址 MB0），程序逻辑可通过变量名称使用这些存储器位。

（1）系统存储器位

1）M1.0（首次循环）首次扫描周期时为 1，其后变为 0，主要用于完成系统上电后的初始化操作。

2）M1.1（诊断状态已更改）诊断事件后的一个扫描周期内设置为 1。由于直到首次程序循环 OB 执行结束，CPU 才能置位该位，因此，用户程序无法检测在启动执行期间或首次程序循环执行期间是否发生过诊断更改。

3）M1.2（始终为 1）总为 1，即常开触点总是闭合。

4）M1.3（始终为 0）总为 0，即常闭触点总是断开。

（2）时钟存储器位

时钟存储器字节的每位都可生成方波脉冲，共提供了 8 种不同的频率，范围 0.5～10 Hz，每一位的频率如图 3-38 所示。时钟存储器方波脉冲占空比为 50%，这些位可作为控制位用于在用户程序中周期性触发动作。例如，M0.3 的时钟脉冲频率为 2 Hz，则时钟周期为 0.5 s，可用它来控制指示灯，指示灯亮 0.25 s，熄灭 0.25 s，以 2 Hz 的频率闪烁。

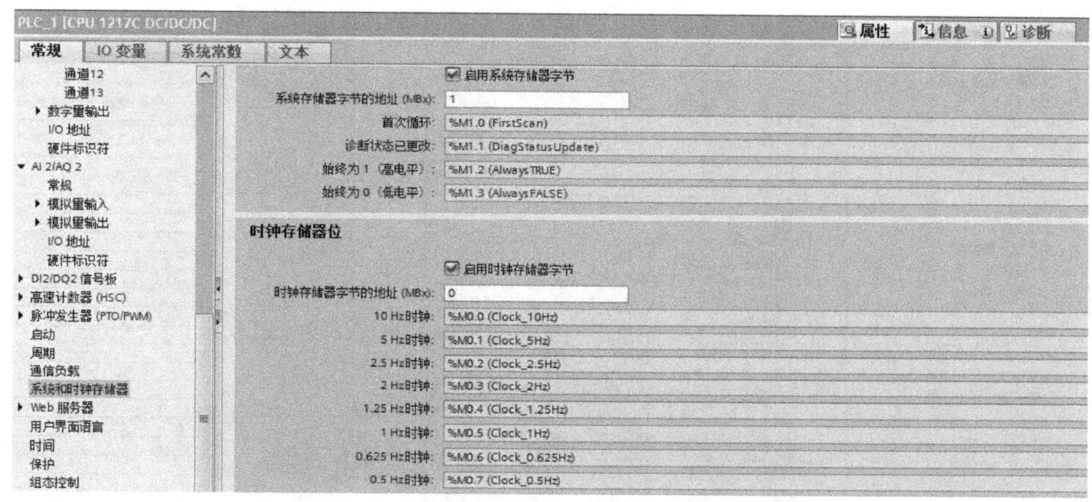

图 3-38　组态系统存储器与时钟存储器字节

需要指出的是，指定系统存储器和时钟存储器字节后，这两个字节绝不能再作其他用，否则将可能使用户程序出错，甚至发生危险。

9. 时间

时间用来设置时区，具体的时间设置步骤如如图 3-39 所示。

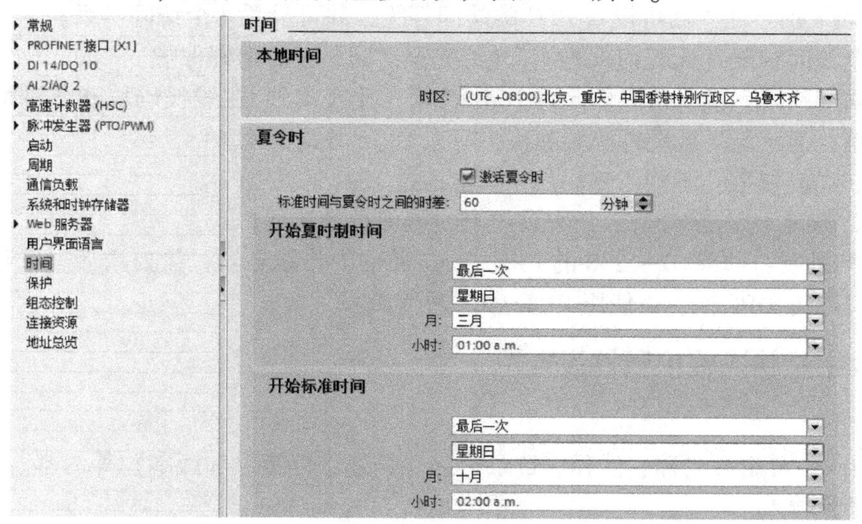

图 3-39　时间设置

1）本地时间：CPU 设置本地时间的时区，中国一般选择东 8 区。

2）夏令时：如果需要夏令时，则可选择“激活夏令时”，并进行相关设置，中国目前不支持夏令时。

10. 保护

CPU 提供了 4 个安全等级，用于限制对特定功能的访问，默认状态是没有任何限制，也没有密码保护。如图 3-40 所示，可组态 CPU 的存取等级、权限和密码。对勾表示在没有该访问级别密码的情况下可执行的操作，否则，就需要输入密码，密码区分大小写。

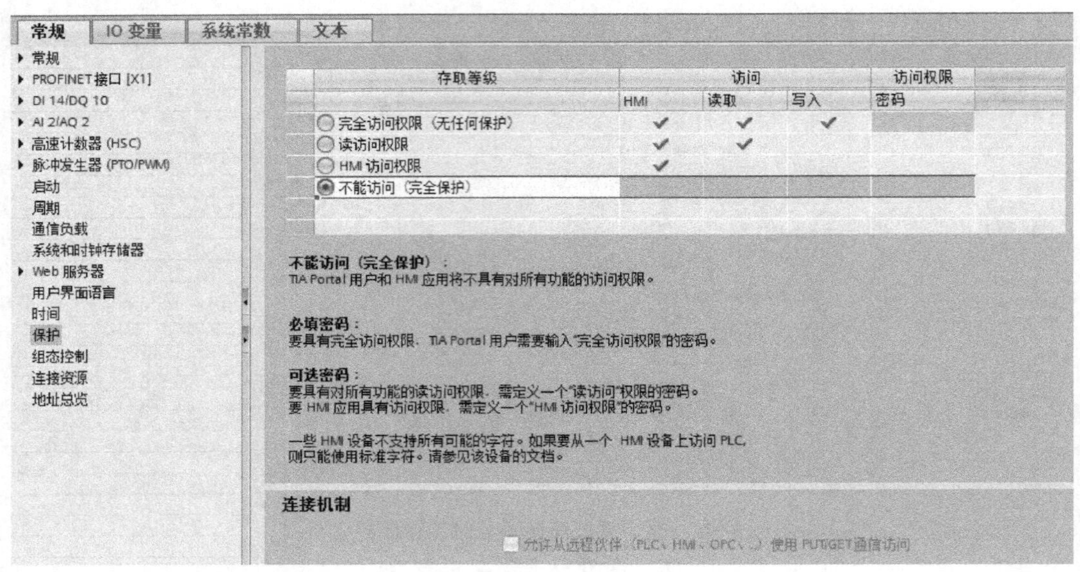

图 3-40　设置访问权限和密码

CPU 要限制访问，可对 CPU 的属性进行组态并输入密码。密码保护不适用于用户程序指令的执行，包括通信功能。输入正确的密码便可访问该级别的所有功能。

1）访问级别：此界面可设置 PLC 的访问等级，共可设置 4 个访问等级。

① 完全访问权限（无任何保护）：允许完全访问，没有密码保护。

② 读访问权限：没有密码仅允许 HMI 访问、比较离线/在线代码块和各种形式的 PLC 到 PLC 通信；但不能下载硬件配置和块，写入 CPU 需要密码。

③ HMI 访问权限：不输入密码用户只能通过 HMI 访问 CPU。

④ 不能访问（完全保护）：不允许没有密码保护的访问。

2）连接机制：如果 S7-1200 的 CPU 在 S7 通信中作服务器，需要激活“允许从远程伙伴（PLC、HMI、OPC、…）使用 PUT/GET 通信访问”。

3.6.5　数字量输入输出属性设置

1. 常规

该选项卡中可定义名称、注释、目录信息（描述、订货号和版本）等内容。

2. 数字量输入

1）“通道地址”：输入通道的地址，首地址在 I/O 地址选项中设置。

2）“输入滤波器”：为了抑制寄生干扰，可设置一个延迟时间，在这个时间之内的干扰信号都可得到有效抑制，被系统自动滤除，默认的输入滤波时间为 6.4 ms，滤波时间范围为 0.1 μs～20 ms，具体如图 3-41 所示。

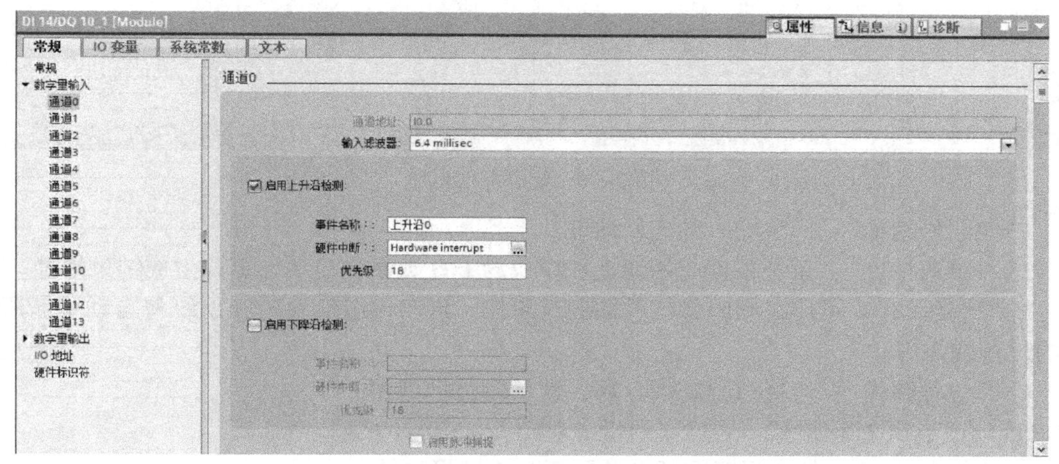

图 3-41　组态 CPU 的数字量输入

3）“启动上升沿或下降沿检测”：可为每个数字量输入启用上升沿和下降沿检测，以及设置产生边沿中断事件时所调用的硬件中断组织块，若没有定义好的硬件中断组织块，用户可单击按钮新增硬件中断组织块。

4）“启用脉冲捕捉”：CPU 一般在扫描周期采样阶段读取数字量输入，当脉冲出现时间极短时，可能会造成丢脉冲现象。激活“启用脉冲捕捉”功能后，输入状态改变被锁定并保持至下次输入循环更新，这样即使脉冲沿比扫描循环时间短，CPU 也能检测出来。需要注意的是，脉冲捕捉功能必须调整输入滤波时间，以防滤波器滤掉脉冲。

3. 数字量输出

1）“对 CPU STOP 模式的响应”：设置数字量输出从运行状态切换到停止状态的响应，可设置为保留上一个值，或使用替代值。

2）“通道地址”：输出通道的地址，首地址在 I/O 地址选项中设置。

3）“从 RUN 模式切换到 STOP 模式时，替代值 1”，共有两种情况：使用替代值时，此处勾选表示从运行切换到 STOP 时，输出使用替代值 1；如果不勾选，输出使用替代值 0。如果选择保持上一个值，此处为灰色不可勾选。具体如图 3-42 所示。

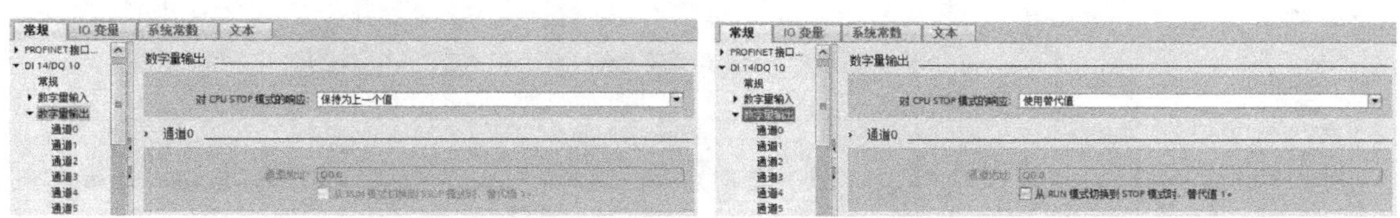
图 3-42　组态 CPU 的数字量输出

4. I/O 地址

数字量的 I/O 地址组态如图 3-43 所示。

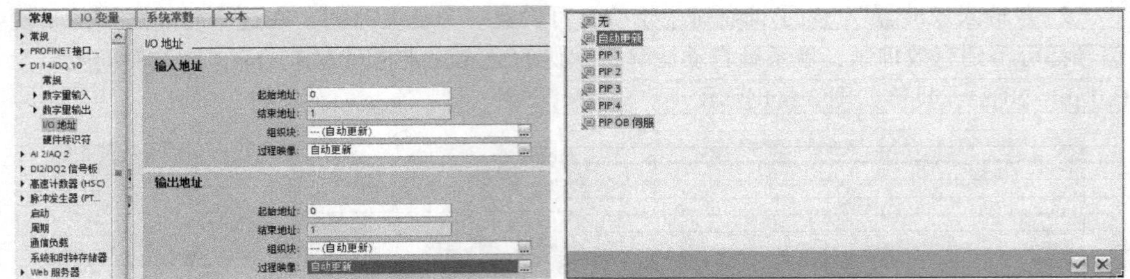

图 3-43　组态 I/O 地址

1）“起始地址”：模块输入的起始地址。

2）“结束地址”：系统根据起始地址和模块的 I/O 数量，自动计算并生成结束地址。

3）“组织块”：可将过程映像区关联到组织块，启动该组织块时，系统将自动更新所分配的过程映像区。

4）“过程映像”：选择过程映像分区，默认为自动更新。

①“无”：无过程映像，通过立即指令对此 I/O 进行读写。

②“自动更新”：每个程序循环自动更新 I/O 过程映像。

③“PIP x”：可关联到所选的组织块，同一个映像分区只能关联一个组织块，一个组织块只能更新一个映像分区。系统在执行分配的 OB 时更新此 PIP，如果未分配 OB，则不更新 PIP。

④“PIP OB 伺服”：为了对控制进行优化，将运动控制使用的所有 I/O 模块均指定给过程映像分区“OB 伺服 PIP”，即可与工艺对象同时处理。

3.6.6　模拟量输入输出属性设置

1. 模拟量输入参数设置

具体如图 3-44 所示，模拟量输入需要设置下如下参数：

①“积分时间”：积分时间有 400 Hz(2.5 ms)、60 Hz(16.6 ms)、50 Hz(20 ms)和 10 Hz(100 ms)。积分时间越长，精度越高，转换时间越长。积分时间为 20 ms 时，对 50 Hz 工频干扰噪声有很强的抑制作用，一般选择积分时间为 20 ms。

②“通道地址”：输出通道的地址，首地址在 I/O 地址选项中设置。

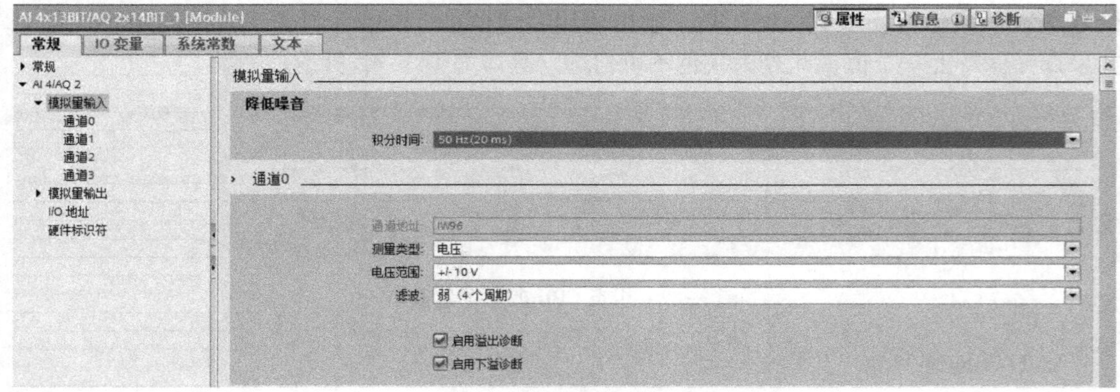

图 3-44　组态模拟量输入

③ “测量类型”：可设置为电压或电流模式，电压范围为±10 V、±5 V、±2.5 V，电流范围为 0~20 mA。

④ “滤波”：滤波处理根据系统规定的转换次数来计算转换后的模拟量的平均值，可减轻干扰的影响。滤波有无、弱、中、强共 4 个等级，计算平均值的周期数分别为 1、4、16 和 32。滤波等级越高，滤波后的模拟量越稳定，但测量的快速性越差。

⑤ “诊断功能”：可选择是否启用溢出诊断和下溢诊断。

2. 模拟量输出参数设置

模拟量输出需要设置输出类型和输出范围，可激活短路诊断功能，溢出诊断功能和下溢诊断功能是默认启用的，具体如图 3-45 所示。

模拟量与数字量输出相同，可设置 CPU 进入 STOP 模式后，各模拟量输出点保持上一个值，或使用替代值，模拟量 I/O 地址与数字量 I/O 地址设置相似，此处不再赘述。

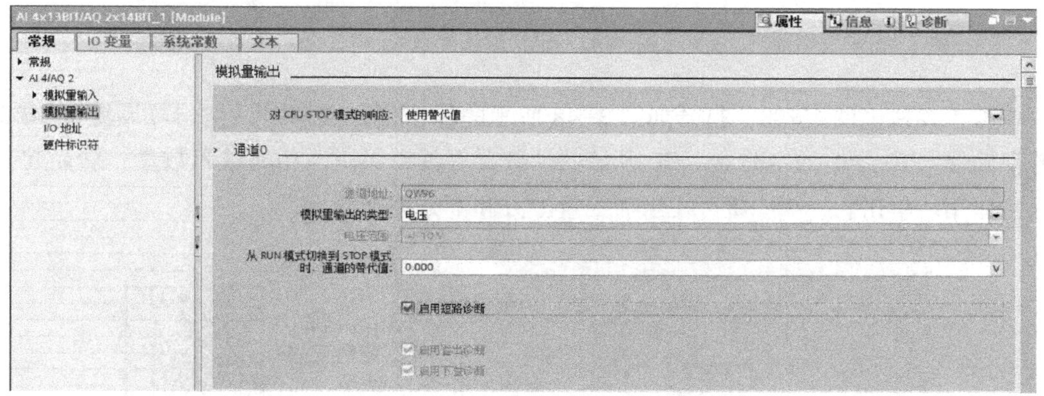

图 3-45　组态模拟量输出点

3.6.7　通信和工艺模块组态

通信模块包括工业远程通信、点对点、标识系统、PROFIBUS、AS-i 通信模块；工艺模块包括称重模块、IO-Link 主站等模块，实际应用时，也需要对上述模块进行组态，对通信接口的类型和参数进行配置。例如，图 3-46 为 IO-Link 模块组态，系统可进行启用模块诊断、I/O 地址配置等。

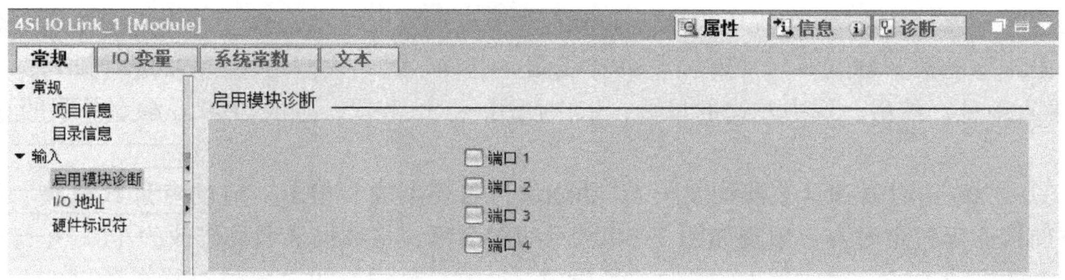

图 3-46　IO-Link 组态

3.6.8 程序编写

完成上述工作环境及参数组态后，即可根据项目的具体控制要求来设定 PLC 的输入和输出变量，以及程序的编写。

1. 项目变量表

点击左边栏的 PLC 变量文件夹，双击打开下拉表中的“默认变量表”，如图 3-47 所示，依次输入变量的名称、数值类型和地址等信息。单击名称或地址单元向上或向下的三角形，可按名称、变量地址对变量分别进行升序排列或降序排列。

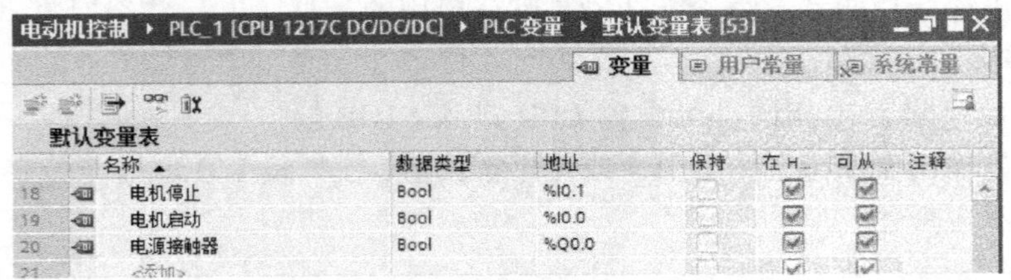

图 3-47　定义默认变量表

单击工具栏上的按钮，打开如图 3-48 所示的保持性存储器对话框，可设置从 MB0 开始的存储器、T0 开始的定时器、CP 开始的计数器等具有保持性功能单元数量，从而起到断电保持作用。单击、按钮可在当前变量上方和下方添加新行。

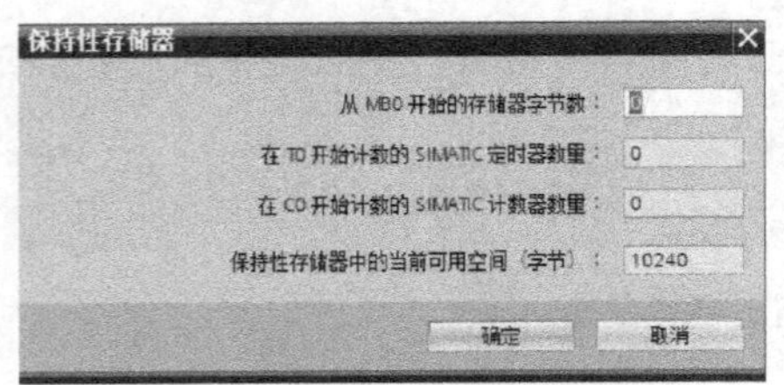

图 3-48　定义默认变量表

单击变量名称前面按钮，左下角将出现深蓝色小正方形，按住鼠标左键不放，向下移动鼠标，可在空白行快速生成多个同一数据类型的变量，名称和地址自动排序递增。

2. 输入程序

打开项目树中的“程序块”文件夹，双击打开“Main[OB1]”主程序块，在该块中编写梯形图程序。图 3-49 中选中程序段 1 中的水平线，依次在编辑器上方快捷按钮或收藏夹中单击或拖动常开触点、常闭触点和线圈指令，水平线上从左到右进行排列，双击<??.?>输入地址。然后，选中左边的母线，依次使用、和，生成与 I0.0 触点并联的 Q0.0 触点。

S7-1200 定时器和计数器均属于 FB 功能块，需要生成并指定对应的背景数据块。程序中添加接通延时定时器，出现如图 3-50 所示的对话框，将数据块名称修改为 T1，并自动生成背景数据块 DB2。定时器 PT 端输入预设值 T#10s，定时器的输出位符号名为“T1”.Q。双击触点上方的<??.?>，再单击出现的，单击地址列表中的“T1”，再选择“Q”即可。

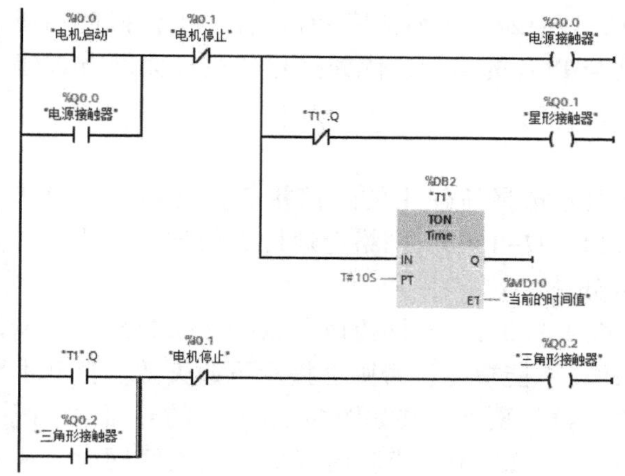

图 3-49　程序梯形图

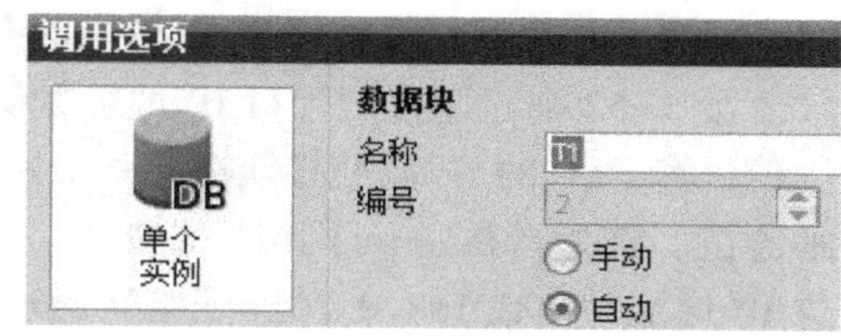

图 3-50　调用定时器实例

使用上述方法，生成 Q0.2 的控制电路。与 S7-200 和 S7-300/400 不同，S7-1200 的梯形图允许在一个程序段中生成多个独立的电路。

单击工具栏上的按钮或单击程序段，可在选中程序段下方插入一个新的程序段，按钮用于删除选中的程序段，按钮用于关闭或打开程序段的注释。单击按钮，可选中只显示绝对地址、符号地址或同时显示两种地址，并在这三种方式之间切换。

3.6.9　建立通信连接

PC 与 PLC 之间的在线连接可用于对 S7-1200 PLC 下载或上传组态数据、用户程序，以及调试用户程序、显示和改变 PLC 工作模式、显示和改变 PLC 时钟、重置为出厂设置、比较在线和离线的程序块、诊断硬件和更新固件等操作。

1. 设置 PG/PC 接口

在项目视图中右击所组态的 PLC，选择快捷菜单中的在线和诊断选项，可设置或修改 PG/PC 接口，如图 3-51 所示。

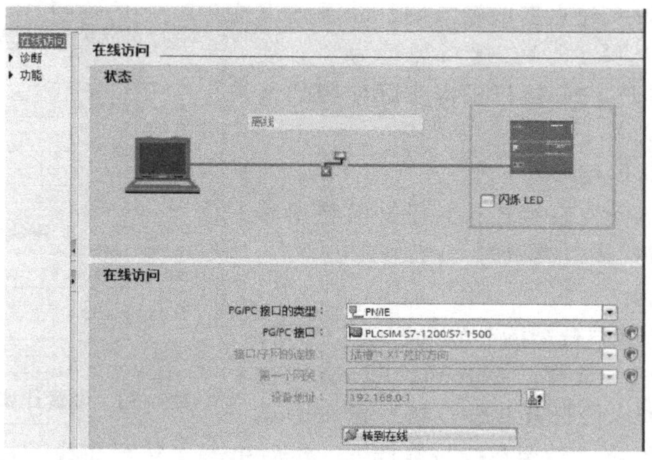

图 3-51　PG/PC 接口组态

S7-1200 PLC 集成的以太网接口和通信模块 CM1243-5 都支持 PG 功能，上位机使用通信适配器、通信处理器或以太网网卡都可建立与 PLC 的连接，优先推荐使用以太网方式建立与 PLC 的连接。

（1）工业以太网

选择 PG/PC 类型为“PN/IE”，根据网卡型号选择所使用的通信接口，例如 Intel Wifi Link1000 BGN，仿真模式则选择 PLCSIM S7-1200/S7-1500。网络上地址必须唯一，若存在多个设备，可勾选“闪烁 LED”进行设备的区分。

图 3-52 中，以太网接口 IP 地址默认为 192.168.0.1，子网掩码默认为 255.255.255.0。上位机和 PLC 的 IP 地址必须在同一个网段，而且不能重复，否则会提示下载失败。打开本地连接，选择“Internet 网络协议版本（TCP/IPv4）”属性，在如图 3-53 所示的界面中，配置 IP 地址为 192.168.0.10，子网掩码也为 255.255.255.0。若使用宽带访问互联网时，一般只需要自动获得 IP 地址即可。

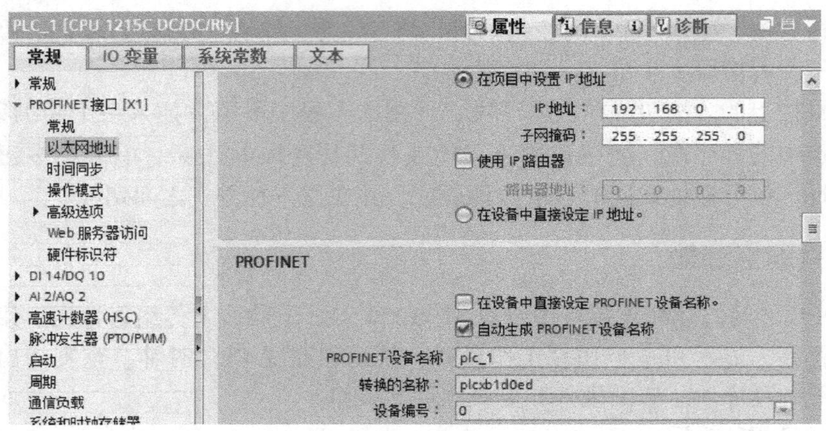

图 3-52　设置以太网接口地址

（2）自动设备协议

当通过 CM1243-5 建立在线连接时，若不知道波特率等参数，可选择 PG/PC 接口类型为“自动协议识别”。此时，PG/PC 接口根据实际使用的编程电缆进行设置。

（3）PROFIBUS 网络

通过 CM1243-5 建立在线连接并已知波特率等参数时，选择 PG/PC 接口类型为“PROFIBUS”。

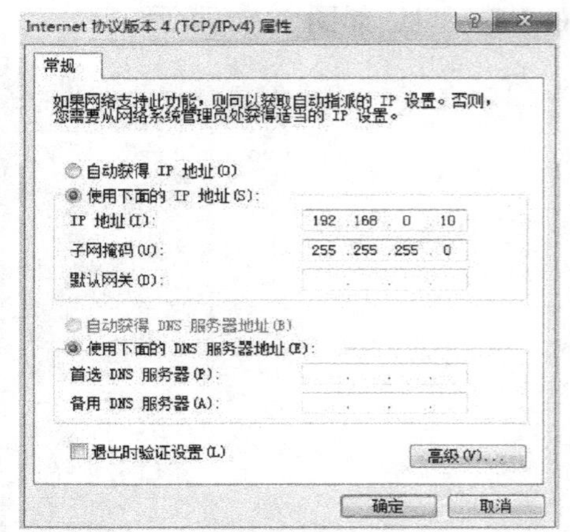

图 3-53　设置计算机网卡的 IP 地址

2. 建立在线连接

单击图 3-51 中项目视图的“转到在线”按钮；或者在 Portal 视图中，选择“在线和诊断>在线状态”，在“选择设备以便打开线性连接”窗口中显示了名称和类型，勾选“转至在线”复选框，然后单击“转至在线”按钮，均可建立在线连接。

3. 显示和改变 PLC 工作模式

建立在线连接后，如图 3-54 所示，双击项目下的“在线和诊断”，在右侧的“在线工具”的“CPU 操作面板”界面中，通过相应按钮可将 CPU 的工作模式切换为 STOP、RUN、MRES，RUN/STOP、ERROR、MAINT 用于指示 CPU 的工作状态。

4. 显示和设置 PLC 时钟

建立在线连接后，如图 3-55 所示，在“在线访问”窗口选择“功能>设置时间”，打开“设置时间”界面。该界面显示了当前 PC 和 PLC 时钟信息，并可对 PLC 模块的本地时间进行修改。勾选“从 PG/PC 获取”选项，即可将当前 PC 的时间应用设置到 PLC。

图 3-54　CPU 操作面板

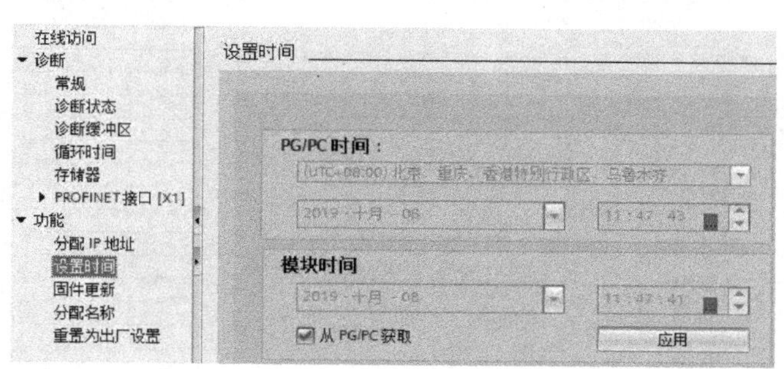

图 3-55　显示和设置 PLC 时钟

5. 重置为出厂设置

CPU 下载错误需要恢复等情况时，可将 PLC 重置为出厂设置。如图 3-56 所示，建立在线连接后，“在线访问”窗口选择“功能>重置为出厂设置”，出现的对话框中显示了 IP 地址、PROFINET 设备名称，可选择“保持 IP 地址”或“删除 IP 地址”，单击“重置”按钮。CPU 切换到 STOP 模式，并复位为出厂设置。

6. 固件更新

建立在线连接后，“在线访问”窗口选择“功能>固件更新”。固件引导程序对话框显示订货号、固件、名称、机架、插槽等在线数据。如图 3-57 所示，固件更新升级时，用户可浏览选择固件程序，将显示更新固件文件、固件版本、订货号等信息，运行更新对固件进行升级。

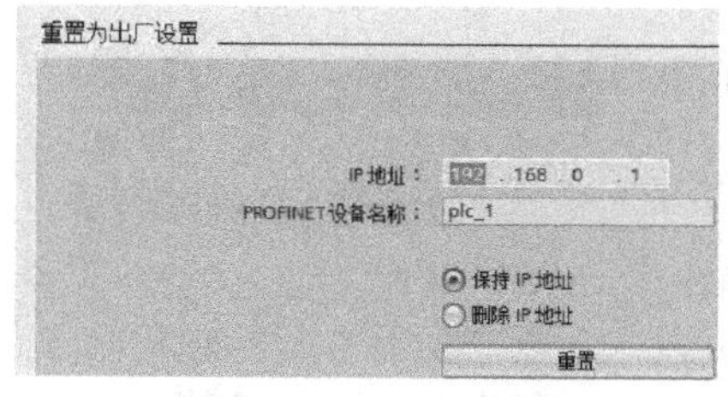

图 3-56　重置为出厂设置

图 3-57　固件更新

3.6.10　项目下载、仿真和上传

1. 程序下载

项目编译完成无错误后，可通过以下三种方式执行项目下载。

1）单击工具栏的下载按钮，将项目中的硬件或软件数据下载到 CPU 中。

2）菜单栏选择“在线”，然后根据用户需求选择下载方式，如图 3-58 所示。

① 下载到设备：功能相当于工具栏的下载按钮。

② 扩展的下载设备：需要重新设置 PG/PC 接口设置时，可选择“扩展的下载设备”。如图 3-59 所示，在窗口中选择接口，点击搜索按钮，系统会自动搜索和显示所有可访问的在线的 PLC 设备。完成与所选设备的在线连接后，即可将硬件组态或软件数据下载到设备。

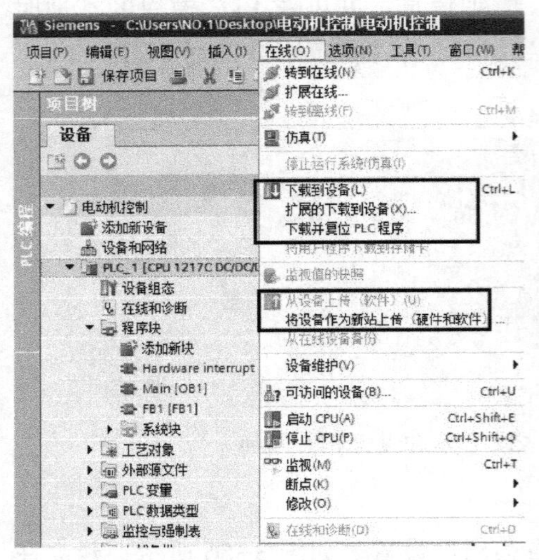

图 3-58　PLC 程序下载

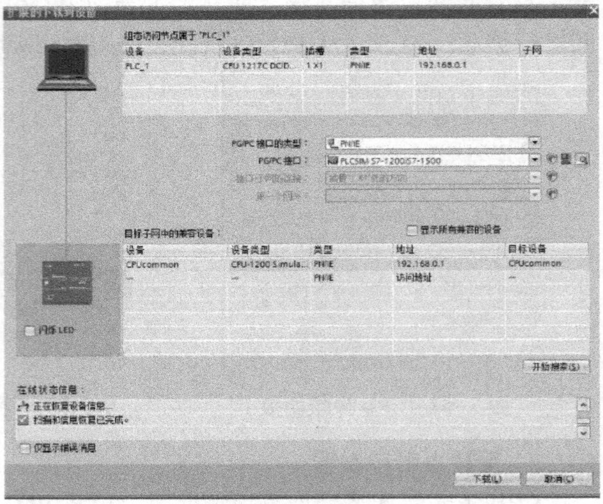

图 3-59　PLC 程序下载

③ 下载并复位 PLC 程序：下载所有的块，包括未改动的块，下载后同时复位 PLC 程序中的所有过程值。

3）选中项目树下的 S7-1200 PLC 站点，右键选择“下载到设备”，然后根据用户需求选择下载方式。

① 硬件和软件仅更改：下载设备、网络和连接的组态数据等硬件项目数据，以及程序块和过程映像等软件项目数据。

② 硬件配置：仅下载硬件项目数据。

③ 软件（仅更改）：仅下载更改的块。

④ 软件（全部下载）：下载包括未更改的块在内所有程序块，并将所有值复位为初始状态。

2. 程序仿真调试

单击工具栏上的仿真按钮，启动 S7-PLC SIM，弹出“自动化许可证管理器”对话框，显示“启动仿真将禁用所有其他的在线接口”，勾选“不再显示此消息”复选框，出现如图 3-60 所示的精简视图。S7-PLCSIM 若未设置该选择项，系统将自动生成一个新的 S7-PLCSIM 项目。

图 3-60　S7-PLCSIM 精简视图

打开仿真软件后，出现“扩展的下载到设备”对话框，设置好 PG/PC 接口类型等参数。建立通信连接后，单击

"下载"按钮，弹出对话框询问"是否将这些设置保存为 PG/PC 接口的默认值?"，单击"是"按钮确认，即出现如图 3-61 所示的"下载预览对话框"。编译组态成功后，勾选"全部覆盖"复选框，单击下载按钮，将程序下载到 PLC 中。勾选其中的"全部启动"复选框，仿真 PLC 被切换到 RUN 模式。

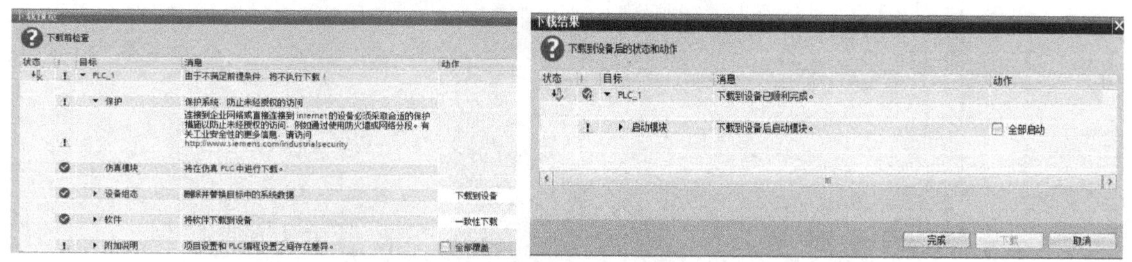

图 3-61　下载预览与下载结果对话框

单击图 3-60 所示精简视图右下角的按钮，切换到如图 3-62 所示的项目视图。双击 SIM 表 1，并在地址列中输入 I0.0～I0.1、Q0.0～Q0.2，以及 T1.ET 和 T1.Q。两次单击启动按钮 I0.0 行中的方框，I0.0 先变为 1，后变为 0，梯形图中对应的 I0.0 常开触点闭合后又断开，电源接触器 Q0.0 和星形接触器 Q0.1 通电自锁。同时，接通延时定时器 T1 开始定时，定时 10 s 到后，"T1".Q 变为 1，星形接触器 Q0.1 变为 0，三角形接触器 Q0.2 变为 1，电动机由星形接法切换到三角形接法。两次单击停止按钮 I0.1 行中的方框，I0.0 同样先变为 1，后变为 0，Q0.0 和 Q0.2 断电复位，电动机停机。

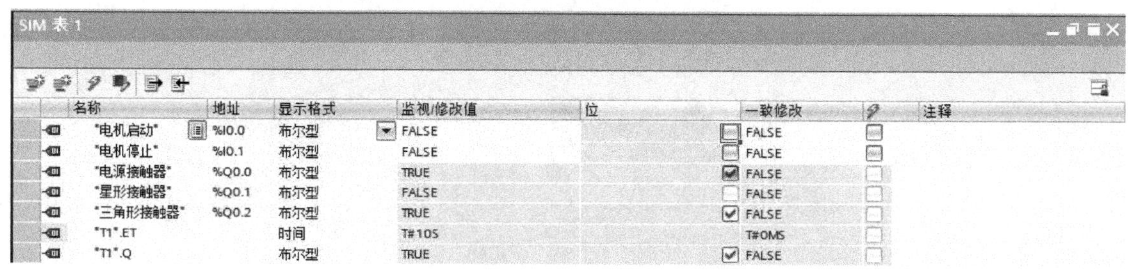

图 3-62　S7-PLCSIM 的项目视图

3. 程序上传

上传是将存储于 CPU 装载存储器中的项目复制到编程器的离线项目中，可通过以下三种方式上传。

1）单击工具栏的上传按钮，可上传选定的程序块和变量。

2）菜单栏选择"在线"，然后根据用户需求选择上传方式，如图 3-58 所示。若有 PLC 项目时，用户可选择从设备中上传和从在线设备备份。

① 从设备中上传（软件）：编程器与 CPU 建立连接并转至在线，可执行"从设备中上传"，功能相当于工具栏的上传按钮。若有程序块仅存于项目中，而不存于 PLC 中，上传将删除离线项目中的程序块、PLC 变量和 PLC 数据类型等数据，上传前需要确认，如图 3-63 所示。

② 将设备作为新站上传（硬件和软件）：若 PLC 没有项目时，用户可新建项目，然后

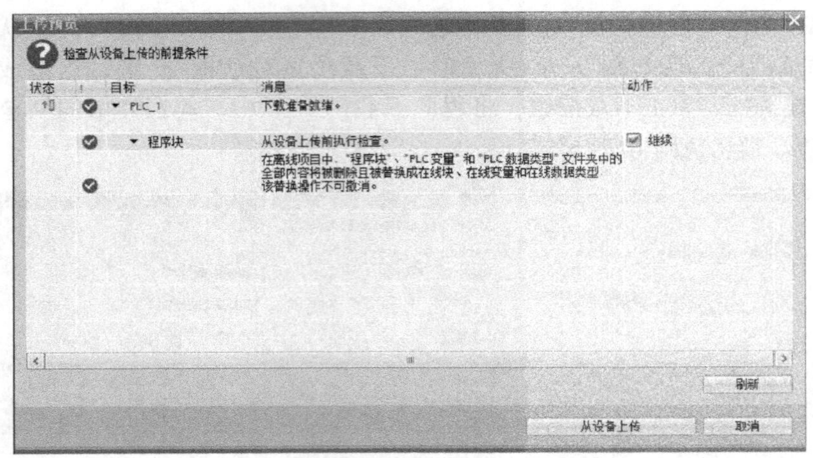

图 3-63　从设备中上传

选择“将设备作为新站上传”，从在线连接将硬件配置与软件一起上传，并在项目中创建一个新站。

3）获取非特定的 CPU 项目树选择“添加新设备”，选择相应的版本并添加“Unspecific CPU 1200”，然后在设备视图中单击“获取”，可上传 PLC 的组态，如图 3-64 所示。此种方式只上传 CPU 和扩展模块的硬件配置，而不包括程序和硬件参数。

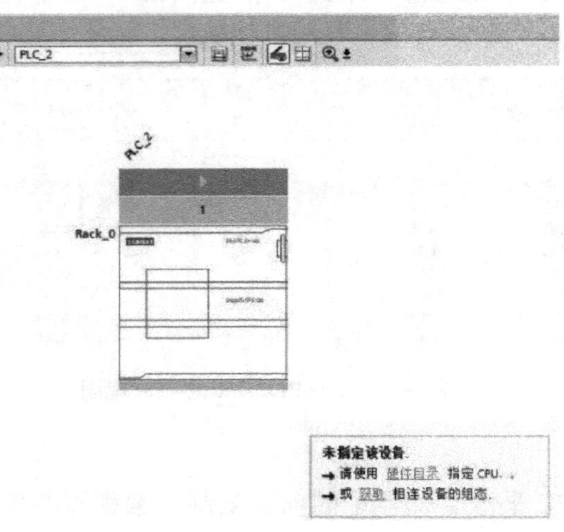

图 3-64　获取非特定的 CPU

3.6.11　项目调试

1. 程序状态监视

使用程序状态与监控表可对用户程序进行调试。如图 3-65 所示，PLC 建立好在线连接后，单击“启用/禁用监视”按钮，启动程序状态监视。LAD 和 FBD 程序编辑器中可监控多达 50 个变量的状态。如果在线程序与离线程序不一致，则需要重新下载有问题的块，然后才能启动程序状态功能。

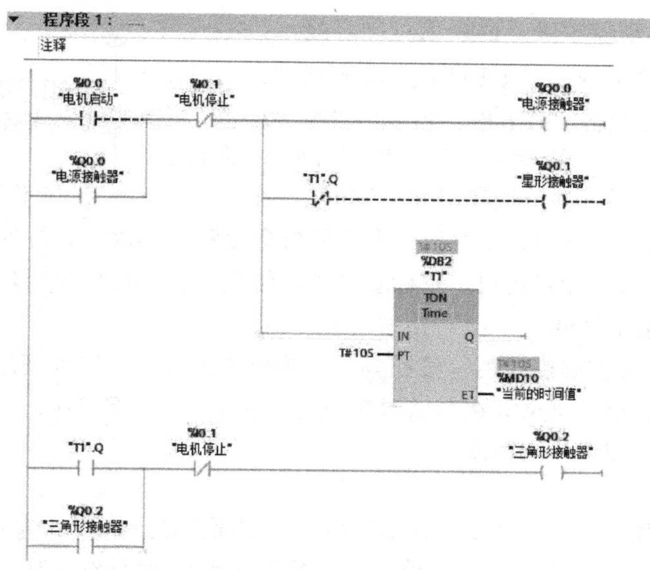

图 3-65　程序状态监视

启动程序状态后，绿色实线表示能流通过，蓝色虚线表示能流断开，灰色实线表示未扫描或未调用。对于输入继电器，按下通电时，常开触点接通，常闭触点断开；释放断电时，常开触点断开，常闭触点闭合。

结构化文本程序监控是类似的，但没有颜色实线虚线，监控结果不直观。鼠标右键单击程序状态中的某个变量，执行出现的快捷菜单中的命令可修改变量的值。Bool 变量可修改为 0 或 1，但不能修改外部硬件过程映像输入值，其他数据类型的变量可修改变量显示格式和操作数。若被修改变量同时受到程序控制，则程序控制作用优先。

2. 监控表监视

程序状态监视优点是能形象、直观地显示梯形图运行状态，逻辑关系清晰明了，缺点是因受屏幕大小限制只能显示或查看部分程序，往往不能同时看到全部变量状态。监控表则可监视、修改和强制调用用户程序或 CPU 内的各个变量。

打开监控与强制表文件夹，添加一个新监控表，生成并自动打开如图 3-66 所示的“监控表_1”。监控表中输入变量表中已定义的变量名称和地址，此外还可将变量表的变量名称统一复制到监控表中。如果变量名称或地址输入有误，单元背景变为提示错误的浅红色，并用黄色感叹号提示用户进行修改。用户既可使用变量默认的显示格式，也可选择其他显示格式。

电动机控制 ▸ PLC_1 [CPU 1217C DC/DC/DC] ▸ 监控与强制表 ▸ 监控表_1

	i	名称	地址	显示格式	监视值	使用触发器监视	使用触发器进行修改	修改值			注释
1		"电机启动"	%I0.0	布尔型	FALSE	永久	永久		☐		
2		"电机停止"	%I0.1	布尔型	FALSE	永久	永久		☐		
3		"电源接触器"	%Q0.0	布尔型	FALSE	永久	永久	FALSE	☑	!	
4		"星形接触器"	%Q0.1	布尔型	FALSE	永久	永久		☐		
5		"三角形接触...	%Q0.2	布尔型	TRUE	永久	永久		☐		
6		"T1".ET		时间	T#0MS	永久	永久		☐		
7		"T1".Q		布尔型	FALSE	永久	永久		☐		

图 3-66　监控表

单击按钮，启动监控表。监视值可动态显示显示变量当前值。单击工具栏上的，即使没有启动监视表，也可读取一次变量值。位变量为 TRUE 时，监视值方框为绿色，位变量为 FALSE 时，监视值方框为灰色。“T1”.ET 为定时器当前时间值，定时到后，该值继续增大。

单击按钮，出现隐藏的修改值列。用户可为变量输入修改值，并勾选复选框，再单击按钮，则修改值生效。用户还可用鼠标右键单击位变量，执行快捷菜单中的命令将选择的变量修改为 TRUE 或 FALSE。

单击“显示/隐藏扩展模式列”按钮，切换到扩展模式，出现使用触发器监视、使用触发器进行修改列，用户可选择在扫描周期开始、结束、切换到 STOP 模式时监视或修改变量，触发方式有永久或仅一次模式。

3. 强制表

强制表提供了强制功能，能将与外围设备输入或输出地址对应的输入或输出值改写成特定的值。物理输入读取值被强制值覆盖，执行程序过程中使用该强制值；而对写入物理输出，输出值被强制值覆盖，强制值出现在物理输出端并被过程使用。需要注意一点，强制操作将变成用户程序的一部分，即使编程软件已关闭，强制选项在 CPU 程序中仍保持激活，直到在线连接到编程软件并停止强制功能将其清除为止。

双击打开项目树中的强制表，输入 I0.0 或 Q0.0，地址后面自动添加符号“:P”，需要单击工具栏上的按钮，切换到扩展模式才能监视外围输入。如图 3-67 所示，水平拆分 OB1 和强制表后，单击工具栏上的按钮，启动监视功能。鼠标右击 I0.0:P，执行快捷菜单命令，将其强制为 1，强制表和梯形图变量出现，Q0.0 通电自锁。

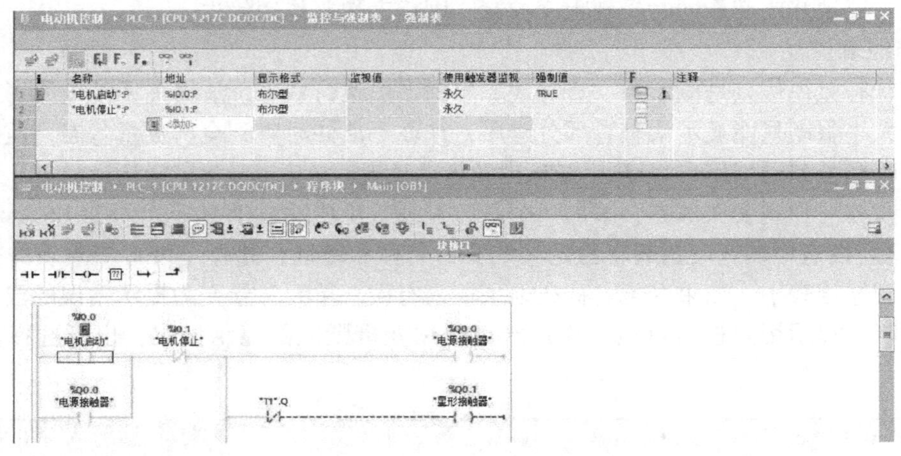

图 3-67　强制表

单击按钮，变量强制标识消失，强制被停止。复选框后面的黄色感叹号重新出现，表示该地址被选择强制，但 CPU 中的变量没有被强制。

4. 比较功能

比较功能可用于比较项目中选定对象之间的差异。S7-1200 CPU 支持“离线/在线比较”和“离线/离线比较”两种方式。

（1）离线/在线比较

选择菜单栏“工具>比较>离线/在线比较”，比较编辑器界面如图 3-68 所示。状态区将比较结果以符号形式显示，动作区可为不同对象指定响应的操作动作。该方式将在线 CPU 中的代码块与项目代码块进行比较，若两者不匹配，则可通过比较编辑器使两者同步，即将项目代码块下载到 CPU，或从项目中删除在线 CPU 不存在的块。当程序存在多个版本或多人维护、编辑项目时，充分利用详细比较功能可确保程序的正确执行。

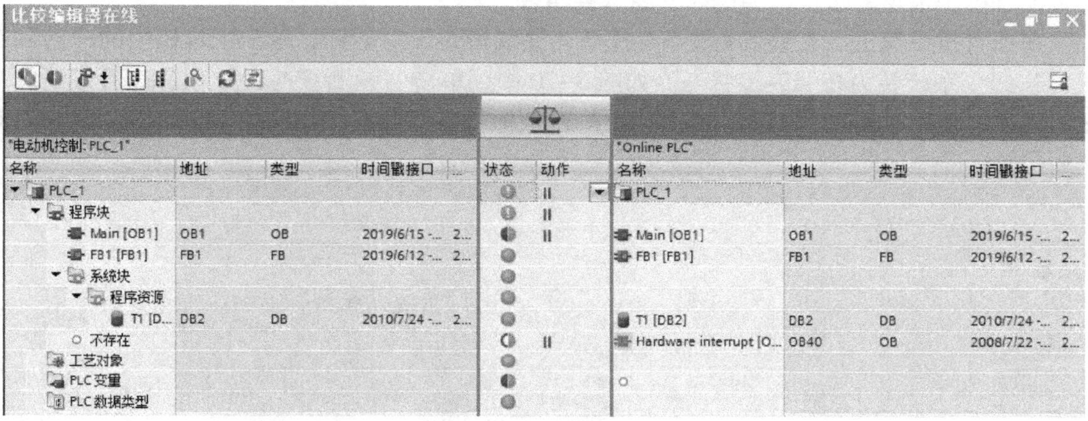

图 3-68　比较编辑器在线

（2）离线/离线比较

这种方式能对软件和硬件进行比较。进行软件比较时，可比较不同项目或库中的对象；而进行硬件比较时，则可比较当前打开的项目和参考项目。

右键选择“比较>离线/离线”命令，将打开比较编辑器，并在左侧区域显示所选设备。将另一设备拖放到右侧窗格的比较区域中。手动模式可比较相同类型的程序块，自动模式将比较相同类型和编号的块，如图 3-69 所示。

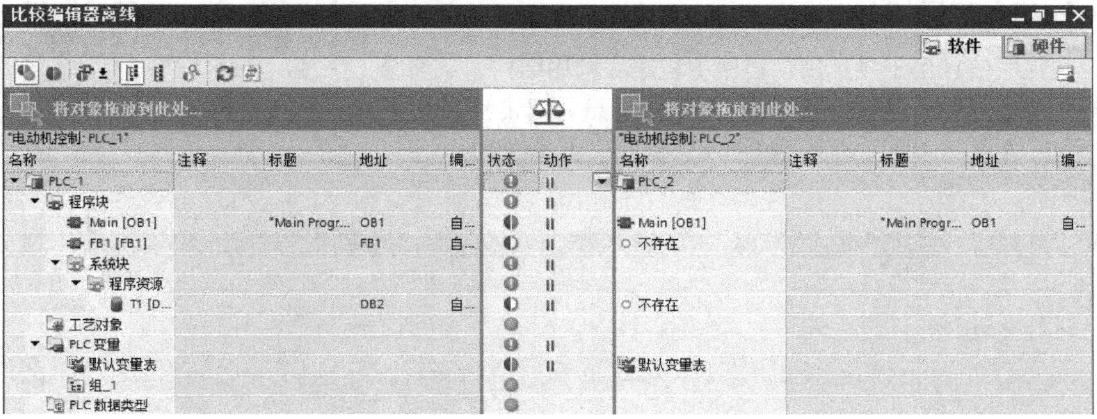

图 3-69　比较编辑器离线

5. 诊断缓冲区

诊断缓冲区包含由CPU或具有诊断功能的模块所检测到的事件和错误等。

CPU提供一个诊断缓冲区。诊断缓冲区用于记录所有系统诊断事件，以及CPU的每次模式切换。每个条目对应一个诊断事件，并给出事件发生的日期和时间、事件类别及事件描述。S7-1200 PLC可保存最多50个条目，条目按时间顺序显示，最新发生的事件位于最上面。日志填满后，新事件将替换日志中最早的事件，掉电时，将保存事件。

在项目树中双击“在线和诊断”，打开“在线诊断”对话框，单击工具栏中的“转到在线”按钮，系统转为在线连接状态。如图3-70中，单击“诊断缓冲区”项，查看诊断缓冲区的内容。使用诊断缓冲区可以查看CPU近期活动，可综合CPU的运行状态进行分析和判断。

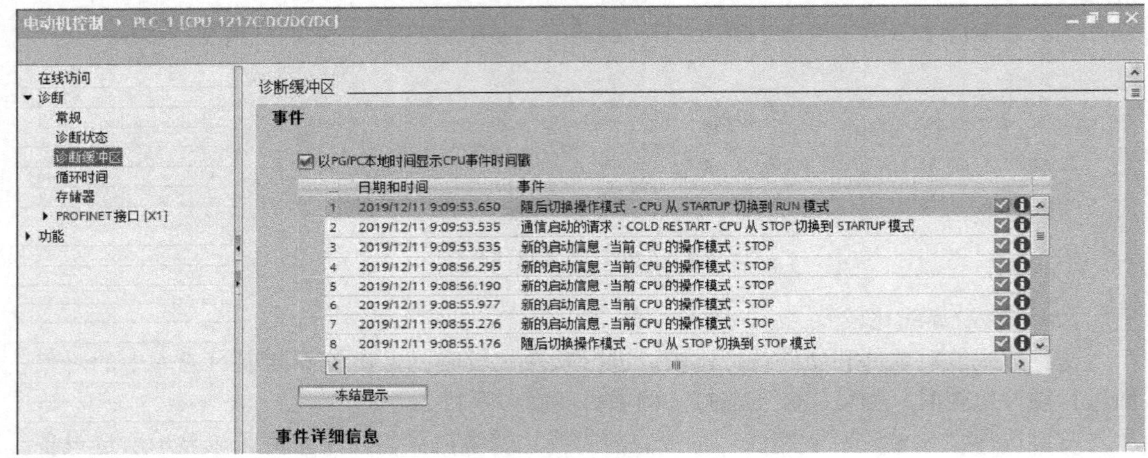

图3-70 诊断缓冲区

3.6.12 程序信息

程序信息用于显示用户程序中程序块调用结构、从属结构，地址分配，以及CPU使用资源等信息。双击项目树下“程序信息”，即可进入程序信息窗口，具体如图3-71所示。

电动机控制 ▸ PLC_1 [CPU 1217C DC/DC/DC] ▸ 程序信息

调用结构 | 从属性结构 | 分配列表 | 资源

PLC_1 的调用结构

	调用结构	!	地址	详细信息	局部数据（在路径...	局部数据（用于块）
1	▸ Main		OB1		0	0
2	Hardware interrupt		OB40		0	0

图3-71 程序调用结构

1. 调用结构

选择“调用结构”选项卡，可查看用户程序中使用的程序块列表和调用的层次关系，以及程序块的状态，具体如图 3-71 所示。

1）单击“程序块”前的三角箭头可逐级显示其调用块的结构。

2）鼠标选中某个程序块，通过右键菜单可完成打开编辑器、一致性检查、编译和下载到设备、显示交叉引用信息等操作。其中，勾选“一致性检查”，可显示有冲突的程序块，主要有时间戳、调用块接口已更改、使用变量地址或数据类型已更改、未被组织块调用、调用不存在或缺失块等错误，通过重新编译代码块可纠正大多数时间戳和接口冲突。

3）显示该程序块在调用块中的位置，单击可直接进入相关的位置。

2. 从属性结构

选择“从属性结构”选项卡，可查看用户程序每个块与其他块的隶属关系，关系与调用结构恰好相反，如图 3-72 所示。

电动机控制 ▸ PLC_1 [CPU 1217C DC/DC/DC] ▸ 程序信息

调用结构 | 从属性结构 | 分配列表 | 资源

PLC_1 的从属性结构

	从属性结构	!	地址	详细信息
1	▸ T1		DB2	
2	FB1		FB1	
3	Main		OB1	
4	Hardware interrupt		OB40	

图 3-72　从属性结构

3. 分配列表

选择“分配列表”选项卡，用户编程过程中可查看程序对 I、Q、M 存储区的占用概况，以免地址使用冲突，如图 3-73 所示。

4. 资源

资源选项用于显示硬件资源的使用信息，具体如图 3-74 所示。资源信息包括如下内容：

电动机控制 ▸ PLC_1 [CPU 1217C DC/DC/DC] ▸ 程序信息

调用结构 | 从属性结构 | 分配列表 | 资源

<无过滤器>

PLC_1 的分配列表

输入、输出

地址	7	6	5	4	3	2	1	0	B	W	DWORD	LWORD
IB0							◆	◆				
IB1												
IB4												
IB64												
IB65												

存储器

地址	7	6	5	4	3	2	1	0	B	W	DWORD	LWORD
MB3								◆				
MB10												
MB11												
MB12												
MB13												

图 3-73　分配表列表

1）使用的编程对象，例如 OB、FC、FB、DB、运动工艺对象、数据类型和 PLC 变量等。

2）装载存储器、工作存储器、保持性寄存器最大存储空间和使用情况。

3）程序使用的数字和模拟模块通道数，PROFINET IO 智能设备通信的 I、Q 区也会统计。

电动机控制 ▸ PLC_1 [CPU 1217C DC/DC/DC] ▸ 程序信息

调用结构 | 从属性结构 | 分配列表 | 资源

PLC_1 的资源

	对象	装载存储器	工作存储器	保持性存储器		I/O	DI	DO	AI	AO
1		0 %	0 %	0 %			13 %	25 %	0 %	0 %
2										
3	总计:	4 MB	153600 个字节	10240 个字节		已组态:	16	12	6	4
4	已使用:	10987 个字节	160 个字节	0 个字节		已使用:	2	3	0	0
5	详细信息									
6	▸ OB	5644 个字节	118 个字节							
7	FC	-	-							
8	▸ FB	1568 个字节	18 个字节							
9	▸ DB	1723 个字节	24 个字节	0 个字节						
10	运动工艺对象	-	-	0 个字节						
11	数据类型	-								
12	PLC 变量	2052 个字节		0 个字节						

图 3-74　程序资源

5. 交叉引用

交叉引用列表提供用户程序中存储器地址和变量的使用概况，从而可快速查询编程对象在用户程序中的使用位置信息，以及与上一级的逻辑关系，极大方便阅读和帮助调试程序。

交叉引用基于对象查询。如果选择站点，程序块、变量等所有对象都将被查询；如果选择程序块，查询范围将缩小到该程序块；如果选择某个变量，即可显示该变量的使用信息。例如，如图 3-75 所示，在程序段中选中 Q0.0，右键选择“交叉引用信息”，或巡视窗口选择“信息>交叉引用”选项卡，会自动显示 Q0.0 在程序中的具体位置。

常规 | 交叉引用 | 编译 | 语法

交叉引用信息用于：Main

对象	使用点	作为	访问	地址	类型
▾ "电源接触器"				%Q0.0	Bool
▾ Main				OB1	LAD-Orga...
	Main NW1		只读		
	Main NW1		写入		

图 3-75　巡视窗口显示交叉引用

6. 地址总览

该功能提供已为 CPU 组态的 I/O 地址摘要。用户可在巡视窗口“属性”选项卡中找到地址总览，以表格形式将使用的输入、输出地址整体显示在地址总览中。具体如图 3-76 所示。

7. 跟踪信息

S7-1200 只能将跟踪测量数据保存到 SIMATIC 存储卡中，如果 CPU 无存储卡，则程序试图保存跟踪测量数据时，CPU 将记录诊断缓冲区条目。CPU 对分配给跟踪测量数据的空间有限制，必须保证始终有 1 MB 的外部装载存储器可用。如果跟踪测量数据需要的存储空间大于最大限制，CPU 将不会保存测量数据，而会记录诊断缓冲区条目，具体如图 3-77 所示。

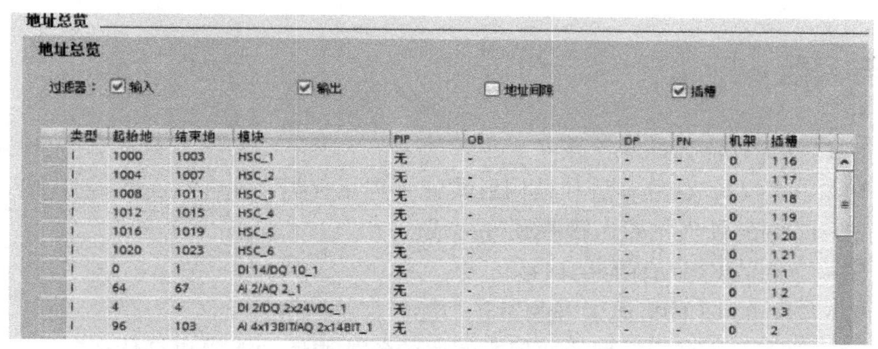

类型	起始地	结束地	模块	PIP	OB	DP	PN	机架	插槽
I	1000	1003	HSC_1	无	-	-	-	0	1 16
I	1004	1007	HSC_2	无	-	-	-	0	1 17
I	1008	1011	HSC_3	无	-	-	-	0	1 18
I	1012	1015	HSC_4	无	-	-	-	0	1 19
I	1016	1019	HSC_5	无	-	-	-	0	1 20
I	1020	1023	HSC_6	无	-	-	-	0	1 21
I	0	1	DI 14/DQ 10_1	无	-	-	-	0	1 1
I	64	67	AI 2/AQ 2_1	无	-	-	-	0	1 2
I	4	4	DI 2/DQ 2x24VDC_1	无	-	-	-	0	1 3
I	96	103	AI 4x13BIT/AQ 2x14BIT_1	无	-	-	-	0	2

图 3-76　巡视窗口显示交叉引用

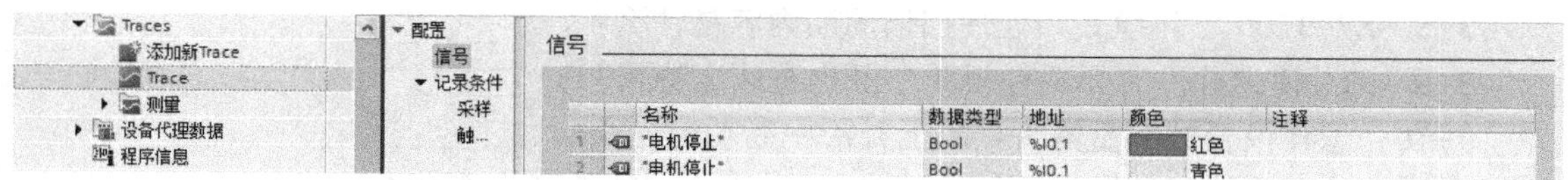

		名称	数据类型	地址	颜色	注释
1		"电机停止"	Bool	%I0.1	红色	
2		"电机停止"	Bool	%I0.1	青色	

图 3-77　跟踪信息

3.6.13　备份和恢复

随着时间的推移，用户调试程序时可能会不断进行更改，例如更换现有设备或调整用户程序。用户可在修改程序前整体备份在线程序，以备修改不成功时恢复程序。S7-1200 CPU 提供多种选项来备份与恢复硬件组态和软件。

1. 在线备份

如图 3-78 所示，在线菜单中，选择“从在线设备备份”命令，若设置有密码保护，则必须输入密码才能进行读访问，需要注意的是，执行从站在线备份时要求 CPU 转到 STOP 模式。备份包含恢复特定组态所需的所有数据，具体包括数据块、计数器和位存储器等保持性存储区，以及存储卡内容等。

S7-1200 PLC 可将多个备份文件存储于一个项目下，备份文件按当前的时间点存储在项目树在线备份文件夹中，具体如图 3-78 所示。备份文件可重新命名和下载，但不能打开和编辑。

2. 恢复数据

用户若之前已备份 CPU 数据，则必要时可将备份传送给 CPU。恢复备份时，CPU 同样应进入 STOP 模式。

在在线备份文件夹中选择要恢复的备份文件。从在线菜单中选择“下载到设备”命令。如果之前已建立网络连接，则打开加载预览对话框，否则打开延长下载到设备对话框，用户需建立网络连接。加载预览对话框中，先进行检查报警和必要操作，然后单击加载按钮将备份恢复到 CPU 中，最后重启 CPU。

图 3-78　在线备份

思考题与习题

3-1　PLC 主要有什么技术特点？

3-2　PLC 按照 I/O 点数容量和结构形式怎么进行分类？每一类特点是什么？

3-3　S7-1200 的硬件主要由哪些硬件构成？

3-4　S7-1200 的 CPU 有哪些共性？

3-5　S7-1200 的 CPU 集成了哪些工艺功能？

3-6　S7-1200 支持哪些类型的通信？使用的各种通信功能模块是什么？

3-7　S7-1200 有几种编程语言，各有什么特点？

3-8　S7-1200 工作模式和处理扫描周期内容是什么？

3-9　TIA 博途软件有哪两种视图？各自有什么特点？

3-10　怎样设置数字量输入点的上升沿中断功能？

3-11　使用系统存储器默认的地址 MB1，M1.0~M1.3 各自有什么功能？

3-12　在符号名为 Pump 的数据块中生成一个由 10 个整数组成的一维数组，数组名为 Press。此外，生成一个由 Bool 变量 Start、Stop 和 Int 变量 Speed 组成的结构，结构的符号名为 Motor。

3-13　I0.0:P 和 I0.0 有什么区别，为什么不能写外设输入点？

3-14　怎么切换程序中地址的显示方式？

3-15　程序状态有什么优点？什么情况应使用监控表？

3-16　修改变量和强制变量有什么区别？

第 4 章　S7-1200 基本指令

S7-1200 PLC 的指令系统包括基本指令、扩展指令、工艺指令和通信指令。本章重点讲解 S7-1200 PLC 的基本指令系统及其使用方法，最后介绍梯形图编程注意事项。

4.1　位逻辑指令

基本的位逻辑指令包括触点、线圈、置位复位、触发器、边沿检测等指令。

4.1.1　触点和线圈指令

1. 常开触点与常闭触点

常开触点在指定位为 1 时闭合，为 0 时断开；常闭触点在指定位为 1 时断开，为 0 时闭合。触点符号中间的“/”表示常闭触点。触点串联将进行与操作，触点并联将进行或操作。

通过在 I 偏移量后追加“:P”，可执行立即读取物理输入，例如:%I3.0:P。对于立即读取，直接从物理输入读取位数据值，而非从过程映像中读取，立即读取不会更新过程映像。

2. 取反 RLO 触点

NOT 触点取反能流输入逻辑状态，指令无操作数，指令形式为–|NOT|–。如图 4-1 所示，如果没有能流流入 NOT 触点，则会有能流流出；如果有能流流入 NOT 触点，则没有能流流出。程序状态中，连续的绿色圆弧和字母表示 Q0.0 表示 1，间断的蓝色圆弧和字母表示 0。

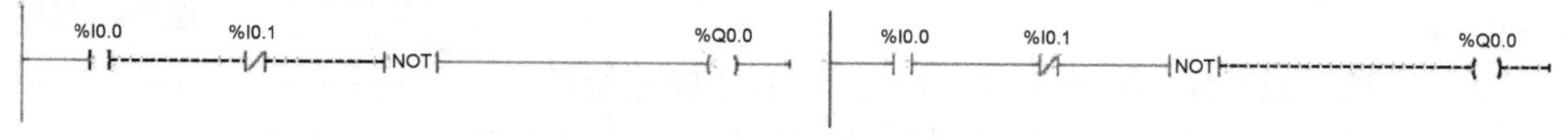

图 4-1　RLO 取反指令举例

3. 线圈

线圈输出指令写入输出位的值，线圈通电时写入 1，断电时写入 0，指令形式为–( )–。通过在 Q 偏移量后加上“:P”，可指定立即写入物理输出，例如：%Q0.0:P。对于立即写入，将位数据值写入过程映像输出并直接写入物理输出。取反输出线圈中间有“/”符号，指令形式为–(/)–。同一程序中不能使用双线圈输出，即同一元器件在程序中只能使用一次线圈输出指令，否则将引起异常结果。图 4-2 中，M2.0 常闭触点断开，能流没有流入，M2.1 取反线圈为 1，其后 Q0.0 立即写输出。

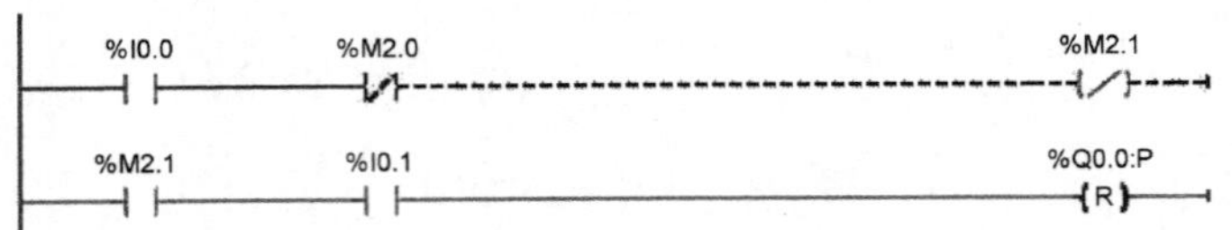

图 4-2　取反线圈和立即输出举例

4.1.2　触发指令

1. 置位、复位输出指令

置位输出：S 激活时，OUT 地址处的数据值置为 1；S 未激活时，OUT 不变。LAD 指令为—(S)—。

复位输出：R 激活时，OUT 地址处的数据值置为 0；R 未激活时，OUT 不变。LAD 指令为—(R)—。

置位与复位指令最主要的特点就是具有记忆和保持功能。位元件一旦置位始终保持为 1，除非对其进行复位；一旦复位始终保持为 0，除非对其进行置位。

图 4-3 中，I0.0 常开触点闭合，Q0.0 置位为 1 并保持该状态，即使 I0.0 断开，Q0.0 仍然保持为 1。相反，I0.1 常开触点闭合，Q0.0 复位为 0 并保持该状态，即使 I0.1 断开，Q0.0 仍然保持为 0。

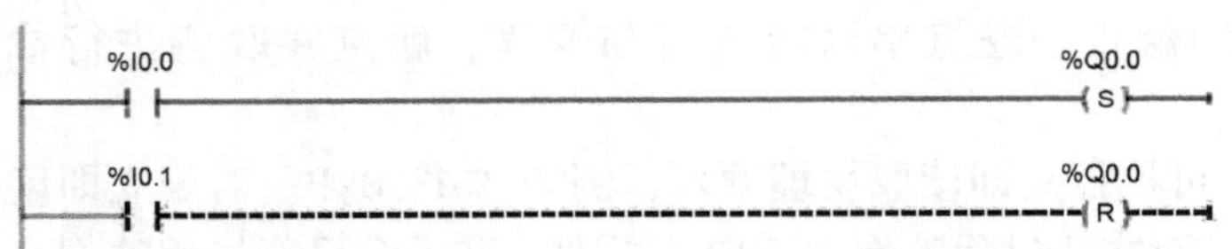

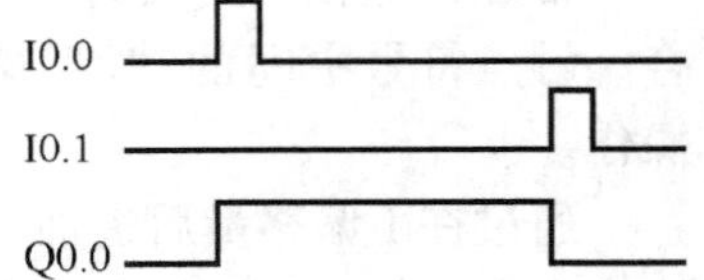

图 4-3　置位输出与复位输出指令举例

2. 置位位域、复位位域指令

知识讲解
置位复位指令
4-2

置位位域：SET_BF 激活时，从地址 OUT 处开始的连续的 n 位置位为 1。SET_BF 未激活时，OUT 不变。LAD 指令为—(SET_BF)—。

复位位域：RESET_BF 激活时，从地址 OUT 处开始的连续的 n 位复位为 0。RESET_BF 未激活时，OUT 不变。LAD 指令为—(RESET_BF)—。

图 4-4 中，在 I0.0 的上升沿，M2.0 开始的连续 3 位置位为 1，并保持该状态不变；在 I0.1 的下降沿，M3.0 开始的连续 3 位被复位为 0，并保持该状态不变。

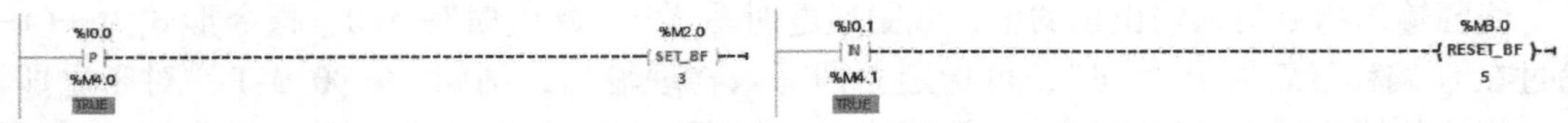

图 4-4　置位与复位位域指令举例

3. 触发器

SR：置位/复位触发器，复位优先锁存。如果置位和复位信号同时为真，输出值为 0；如果同时为假，则保持上一状态。

RS：复位/置位触发器，置位优先锁存。如果置位和复位信号同时为真，输出值为 1；如果同时为假，则保持上一状态。

图 4-5 中，M2. 0 与 M2. 1 同时为 1，M2. 2 优先复位为 0，M2. 3 反映了 M2. 2 的状态，M3. 0 与 M3. 1 同时为 1，M3. 2 优先置位为 1，M3. 3 反映了 M3. 2 的状态。

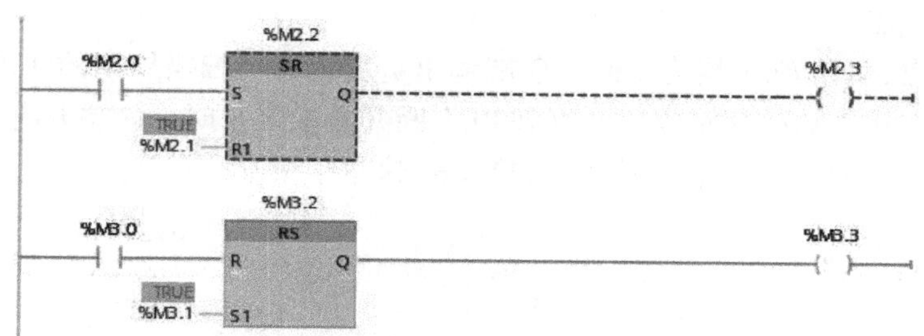

图 4-5　SR 触发器与 RS 触发器举例

4.1.3　边沿检测指令

1. 扫描操作数信号边沿指令

扫描操作数的信号上升沿：输入位检测到上升沿时，该触点的状态为 TRUE。LAD 指令为-|P|-。图 4-4 中当 I0. 0 由 0 变为 1，则该触点接通一个扫描周期，P 触点下方的 M4. 0 为边沿存储位，用来存储上一次扫描循环时 I0. 0 的状态，通过比较当前状态与上一循环的状态，从而检测信号的边沿。

图 4-4 中，当 I0. 1 由 1 变为 0，则该触点接通一个扫描周期。该触点下方的 M4. 1 为边沿存储位。边沿存储位只能在程序中使用一次，一般可使用 M、DB 和 FB 的静态局部变量来作边沿存储位，但不能用块的临时局部数据或 I/O 变量当作边沿存储位。P 触点和 N 触点可放置在程序段中除分支结尾外的任何位置。

2. 信号边沿置位操作数指令

在信号上升沿置位操作数：进入线圈的能流中检测到上升沿时，OUT 变为 TRUE。LAD 指令为-(P)-。

在信号下降沿置位操作数：进入线圈的能流中检测到下降沿时，OUT 变为 TRUE。LAD 指令为-(N)-。

这两条指令能流输入状态总是通过线圈后变为能流输出状态，线圈可以放置在程序段中的任何位置。图 4-6 中，运行时使 I0. 0 变为 1，I0. 0 常开触点闭合，在 I0. 0 的上升沿，能流经 P 线圈流过 M2. 4 线圈，M2. 0 的常开触点闭合一个扫描周期，使 M2. 6 置位；在 I0. 0 的下降沿，能流经 N 线圈流过 M2. 5 线圈，M2. 2 的常开触点闭合一个扫描周期，使 M2. 6 复位。

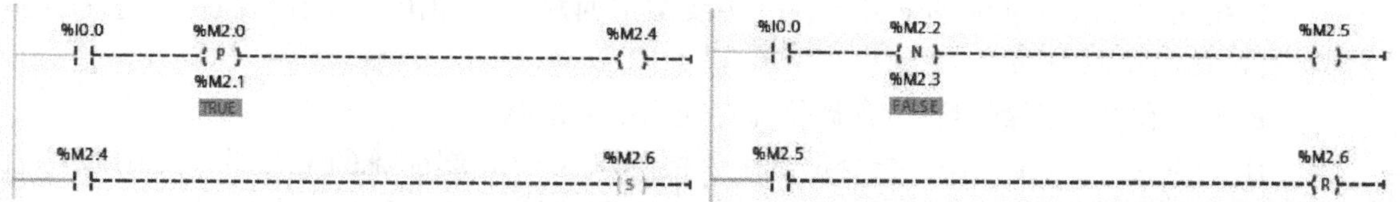

图 4-6　信号边沿置位操作数指令举例

3. 扫描 RLO 的信号边沿指令

扫描 RLO 的信号上升沿（P_TRIG）：在 CLK 输入端中检测到上升沿时，Q 端输出能流或逻辑状态为 TRUE。

扫描 RLO 的信号下降沿（N_TRIG）：在 CLK 输入端中检测到下降沿时，Q 端输出能流或逻辑状态为 TRUE。

图 4-7 中，I0.0 和 I0.1 均为 1 时，Q 端输出宽度为一个扫描周期的能流使 M2.2 置位，指令框下方的 M2.0 是脉冲存储位；I0.0 和 I0.1 断开其中之一时，Q 端输出宽度为一个扫描周期的能流使 M2.3 置位，指令框下方的 M2.1 是脉冲存储位。

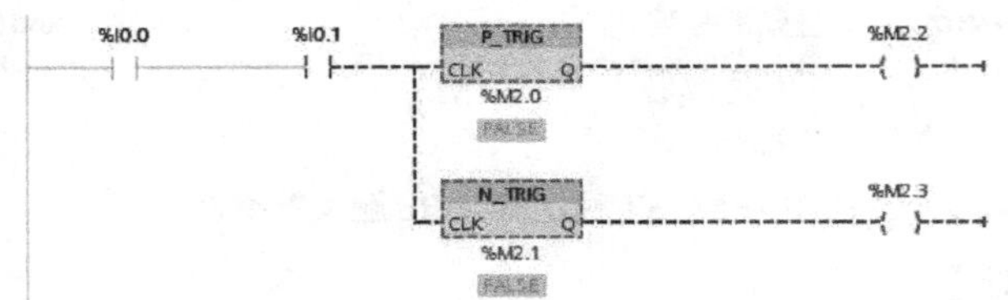

图 4-7　扫描 RLO 的信号边沿指令举例

4. 检测信号边沿指令

检测信号上升沿指令（R_TRIG）在信号上升沿置位变量，检测信号下降沿指令（F_TRIG）在信号下降沿置位变量。

这两条指令都是功能块，调用时应指定用于存储 CLK 输入前一状态的背景数据块，并将输入 CLK 的当前状态与背景数据块中边沿存储位保存的上一个扫描周期状态进行比较，如图 4-8 所示。如果检测到 CLK 的上升沿或下降沿，Q 端输出一个扫描周期的脉冲。

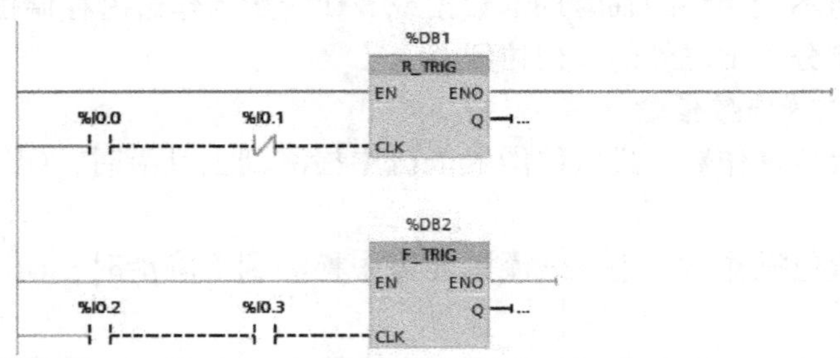

图 4-8　检测信号边沿指令举例

以上升沿为例，下面比较 4 种边沿检测指令的异同点。

1）P 触点用于检测触点上面的地址的上升沿，并且直接输出上升沿脉冲，而其他 3 种指令都是用来检测流入指令输入端能流的上升沿。

2）P 线圈用于检测能流的上升沿，并用线圈上面触点来输出上升沿脉冲。其他 3 种指令都是直接输出检测结果。

3）P 触点和 P 线圈都用边沿存储位保存输入信号的状态。

4）R_TRIG 指令与 P_TRIG 指令都是用于检测流入 CLK 端能流的上升沿，并用 Q 端直接输出检测结果。区别在于 R_TRIG 是功能块，需用背景数据保存上一次扫描循环 CLK 端信号的状态，而 P_TRIG 指令用边沿存储位来保存它。

例 4-1 一台电动机的起动、停止是通过两只按钮控制的，当有多台电动机时，就要占用很多输入点数。为了节省输入点，用户可采用单按钮，通过软件编程实现启动、停止控制。单按钮控制启停有很多种编程方法，图 4-9 为其中一种。第一次按下，Q0.0 有输出，第二次按下时 Q0.0 无输出，而第三次按下时 Q0.0 又有输出，如此反复。

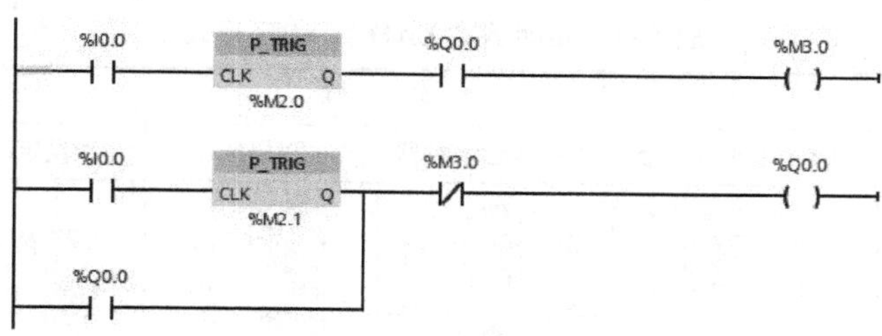

图 4-9　单按钮控制起停电路

4.2　定时器与计数器指令

S7-1200 使用符合 IEC61131-3 标准的定时器和计数器。定时器类似于时间继电器，使用指令可完成时间延时，定时不仅精度高，而且范围宽。定时器输入条件满足时，定时器开始定时，当前值达到预设值时，定时器发生动作。

4.2.1　定时器指令

1. 概念

1）种类 S7-1200 PLC 为用户提供了 4 种定时器：脉冲定时器（TP）、接通延时定时器（TON）、关断延时定时器（TOF）和时间累加器（TONR）。

2）功能块 IEC 定时器都属于功能块，每个定时器均使用 16 字节的 IEC_Timer 数据类型的 DB 结构来存储定时器数据，STEP 7 会在放置定时器指令时自动创建 DB，用户可修改默认的背景数据块名称。放置定时器指令时，还可选择多重背景数据块，各定时器数据包含在同一个数据块中，无须为每个定时器都使用一个独立的数据块。这样可减少处理定时器所需的处理时间和数据存储空间。

3）定时器的编号 IEC 定时器没有编号，而是使用背景数据块名称作为定时器的标识符。用户程序可使用的定时器数目仅受 CPU 存储器容量限制。定时器的编号包括两个方面的变量信息：定时器位（Q）和定时器当前值（ET）。

定时器位：定时器当前值达到预设值 PT 时，定时器的触点动作，可当作布尔量使用。

定时器当前值：存储定时器当前所累计的时间，用 32 位符号整数表示，最大计数值为 2147483647，单位是 ms，定时器最大范围为 T#24d_20h_31m_23s_647ms。

2. 定时器指令

定时器指令功能框与线圈如表 4-1 所示。定时器输入端 IN 为使能条件，输入端上升沿启动 TP、TON 和 TONR 开始定时，输入端下降沿启动 TOF 开始定时，Q 为定时器的位输出。PT 为预设时间值，ET 为定时当前值。R 为定时器

复位端，仅用于 TONR 定时器。输出 Q 和 ET 可不指定地址。复位定时器（RT）和预设定时器（PT）功能框仅适用于 FBD。

PT 和 ET 数值以表示毫秒时间的有符号双精度整数形式存储在背景数据块中。PT 使用 T#标识符，可用简单时间单元（T#200ms 或 200）和复合时间单元（如 T#2s_200ms）输入。

表 4-1　定时器的 LAD 和 FBD 形式

格式	名　称					
	脉冲定时器	接通延时定时器	关断延时定时器	时间累加器	预设定时器	复位定时器
LAD/FBD 功能框	IEC_Timer_0 TP Time IN Q PT ET	IEC_Timer_1 TON Time IN Q PT ET	IEC_Timer_2 TOF Time IN Q PT ET	IEC_Timer_3 TONR Time IN Q R ET PT	PT PT	RT
LAD 线圈	TP_DB —(TP)— "PRESET_Tag"	TON_DB —(TON)— "PRESET_Tag"	TOF_DB —(TOF)— "PRESET_Tag"	TONR_DB —(TONR)— "PRESET_Tag"	TON_DB —(PT)— "PRESET_Tag"	TON_DB —(RT)—

3. 脉冲定时器指令

脉冲定时器（TP）可生成具有预设宽度时间的脉冲。如图 4-10 所示，输入信号 I0.0 的上升沿启动定时器，定时器位为 1，开始输出脉冲。当前值从 0 开始计时，当前值达到预设值时（见波形①），定时器位为 0。如果输入信号继续为 1，当前值保持不变。如果输入信号为 0，则定时器自动复位，当前值清零（见波形②）。

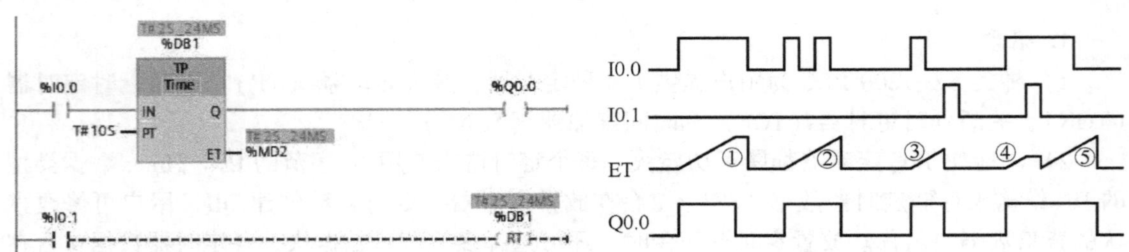

图 4-10　脉冲定时器指令举例

输入的脉冲宽度可小于预设值，即使输入信号出现下降沿和上升沿，也不会影响脉冲的输出宽度（见波形②）。当 I0.1 为 1 时，定时器复位线圈通电，定时器复位，如果正在定时且输入信号为 0，当前值清零，定时器位为 0（见波形③）；如果正在定时且输入信号为 1，当前时间清零，但是定时器位为 1（见波形④）。复位信号为 0 时，如果输入信号为 1，将重新定时（见波形⑤）。

4. 接通延时定时器

接通延时定时器（TON）上电或首次扫描时，定时器位为 0，当前值为 0，在预设的延时过后将输出设置为 1。如图 4-11 所示，输入信号 I0.2 接通时，定时器位为 0，当前值从 0 开始计时，当前值等于预设值时，

知识讲解
保持型接通延时定时器
4-5

定时器位为 1，输出 Q0.1（见波形①），当前值继续累加。输入信号 I0.2 断开时，定时器复位，当前值清零，定时器位为 0。如果输入信号 I0.2 未达到预设时间就断开，定时器保持 0 不变（见波形②）。

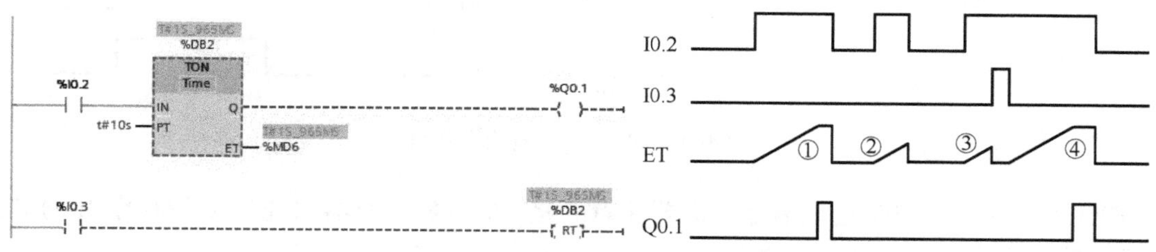

图 4-11　接通延时定时器指令举例

当 I0.3 为 1 时，定时器复位线圈通电，定时器复位，当前值清零，定时器位为 0（见波形③）。输入信号 I0.2 重新接通时，定时器将开始重新定时（见波形④）。

5. 关断延时定时器

关断延时定时器（TOF）上电或首次扫描时，定时器位为 0，当前值为 0，经过预设的延时后将输出重置为 0。

如图 4-12 所示，输入信号 I0.4 接通时，定时器位为 1，当前值为 0。输入信号 I0.4 断开时，当前值从 0 开始计时，当前值等于预设值时，定时器位为 0，当前值保持不变，直到输入信号 I0.4 接通复位（见波形①）。如果当前值未达到 PT 预设的值，输入信号 I0.4 就变为 1，当前值被清零，定时器保持 1 不变（见波形②）。

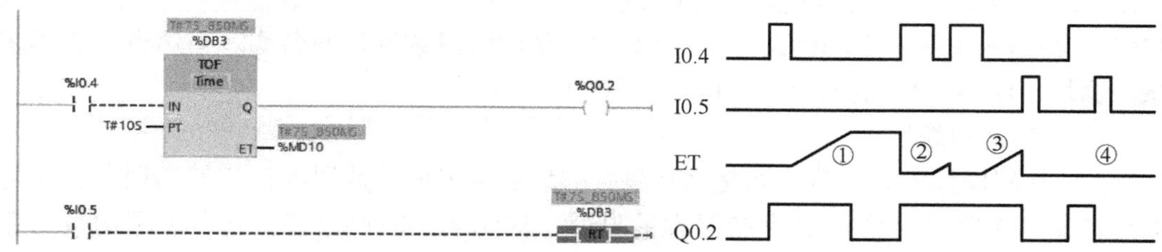

图 4-12　关断延时定时器指令举例

6. 时间累加器

时间累加器（TONR）具有记录记忆功能，即在使用 R 输入重置经过的时间之前，会跨越多个定时时段一直累加经过的时间。上电或首次扫描时，定时器位为掉电前的状态，当前值保持在掉电前的值。

如图 4-13 所示，输入信号 I0.6 接通时开始定时，输入信号断开时，累计的当前时间不变，可用 TONR 累计输入信号接通的若干个时间段（见波形①和②）。当累计的时间等于预设值 PT 时，定时器位为 1（见波形④）。复位输入 I0.7 为 1 时，TONR 定时器复位，当前值清零，同时定时器位为 0（见波形③）。

当 M20.0 为 1 时，定时器的预设定时器线圈通电，将 PT 线圈下方指定的时间预设值写入背景数据块 DB4 静态变量“T4”.PT 中，将它作为 TONR 的输入参数 PT 的实参。I0.7 复

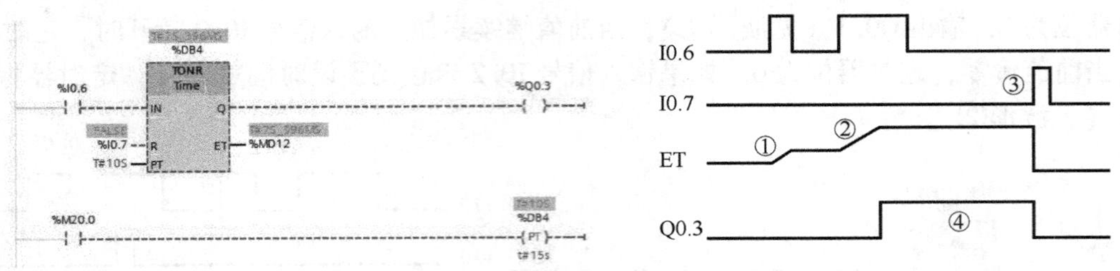

图 4-13　时间累加器指令举例

位 TONR 时，“T4”.PT 也被清零。需要注意的是，TONR 定时器只能用复位指令 R 对其进行复位操作。

4.2.2　计数器指令

计数器用来对内部程序事件和外部输入脉冲进行计数，从而参与复杂的逻辑任务控制。计数器同当前值达到预设值时，计数器位置位输出。

1. 概念

（1）种类

S7-1200 PLC 为用户提供 3 种定时器：加计数器（CTU）、加减计数器（CTUD）和减计数器（CTD）。计数器最大计数频率受到 OB1 扫描周期的限制，若需采集频率更高的脉冲，则可使用高速计数器。

（2）功能块

IEC 计数器指令都属于功能块，调用它们时需要生成保存计数器数据的背景数据块，STEP 7 会在插入指令时自动创建 DB，可修改默认的背景数据块的名称。当然也可使用多重背景数据块，将各计数器数据包含在同一个数据块中。

（3）计数器的编号

IEC 计数器同样没有编号，而是用背景数据块名称来做计数器的标识符。用户程序可使用的计数器最大数目仅受 CPU 存储器容量限制，从而减少因计数器工作所占用的数据存储空间。

计数器与定时器相似，计数器的编号也包括两个方面的变量信息：计数器位（Q）和计数器当前值（CV）。

计数器位：计数器当前值达到预设值时，计数器的触点动作，可当作布尔量使用。

计数器当前值：该值是一个存储单元，用来存储计数器当前所累计的脉冲个数。计数值数值范围取决于所选数据类型。如果计数值是无符号整型数，则可减计数到零或加计数到范围限值。如果计数值是有符号整数，则可减计数到负整数限值或加计数到正整数限值。

2. 计数器指令

计数器指令如表 4-2 所示。CU 和 CD 分别是加计数器和减计数器的输入端，CU 和 CD 上升沿时，计数器当前值加 1 或减 1。PV 为预设值输入端，CV 为当前计数值。对于加减计数器，R 为复位输入端，LD 为预设值的装载控制端。当前值大于或等于预设值时输出，Q、QU 输出端 1，当前值小于或等于 0 时，QD 输出端输出 1。

表 4-2　计数器的指令形式

格　　式	增 计 数 器	增减计数器	减 计 数 器
LAD/FBD 功能框	"Counter name" CTU Int CU　Q R　CV PV	"Counter name" CTD Int CD　Q LD　CV PV	"Counter name" CTUD Int CU　QU CD　QD R　CV LD PV

3. 加计数器

上电或首次扫描时，计数器位为 0，当前值为 0。如图 4-14 所示，计数器脉冲输入端 I0. 0 的每个上升沿，计数器计数 1 次，当前值加 1。当前值达到预设值时，计数器位为 1，当前值可累加到指定数据类型的上限值。复位输入端有效或者对计数器执行复位指令，计数器自动复位，即计数器位为 0，当前值清零。

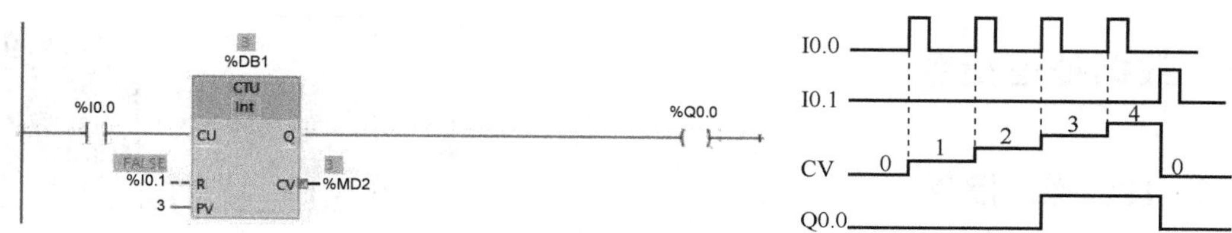

图 4-14　加计数器指令举例

4. 减计数器

上电或首次扫描时，计数器位为 1，当前值为预设值 PV。如图 4-15 所示，装载输入端 I0. 3 为 1 时，计数器位复位为 0，预设值 PV 装入当前值 CV，I0. 2 不起作用。I0. 3 为 0 时，计数器脉冲输入端 I0. 2 的每个上升沿，计数器计数 1 次，当前值减 1，直到指定的数据类型的下限值。当前值小于或等于 0 时，计数器位为 1。复位输入端有效或者对计数器执行复位指令，计数器自动复位，即计数器位为 0，为预设值 PV。

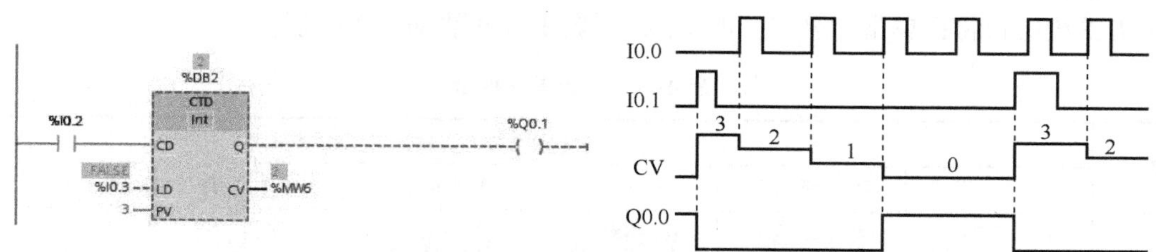

图 4-15　减计数器指令举例

5. 加减计数器

首次扫描时，计数器位为 0，当前值为 0，CU 输入端用于加计数，CD 输入端用于减计数。如图 4-16 所示，每个 I0. 4 上升沿，计数器当前值加 1，当前值达到指定的数据类型的上限时不再增加；每个 I0. 5 上升沿，计数器当前值减 1，当前值达到指定的数据类型的下限时不再减小。当前值达到预设值时，计数器置位为 1。

装载输入 I0. 7 为 1 时，预设值 PV 被装入当前计数值 CV，输出 QU 变为 1，QD 被复位

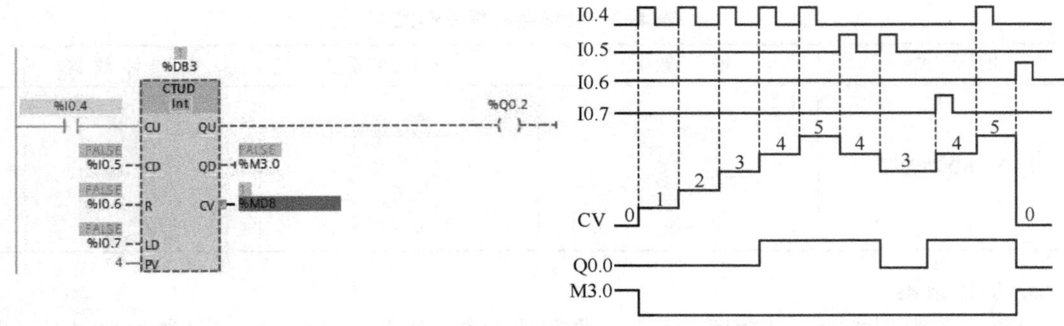

图 4-16　加减计数器指令举例

为 0。复位输入端 I0. 6 有效，计数器被复位，输出 QU 变为 0，QD 变为 1，并且 I0. 4、I0. 5 和 I0. 7 不再起作用。

4.3　数据处理指令

知识讲解
比较指令
4-8

4.3.1　比较操作指令

1. 比较指令

比较指令（CMP）用于比较两个数据类型相同的值，若结果成立，比较触点会闭合。实际应用中，比较指令为上、下限以及数值条件判断提供了方便。

比较指令的类型有：Byte、Word、DWord、SInt、Int、Dint、USInt、UInt、UDInt、Real、LReal、String、WString、Char、Time、Date、TOD、DTL、常数等。操作数可以是 I、Q、M、L、D 等变量或常数。

比较符可以是= =、< >、>、>=、<、<=等六种。

比较操作指令如表 4-3 所示。对于比较指令，单击指令名称（如“= =”），可从下拉列表中更改比较符；单击“???”可从下拉列表中选择数据比较类型。

表 4-3　比较操作指令

格式	名　称					
	等　于	不　等　于	大　于	大于或等于	小　于	小于或等于
FBD 功能框	== ??? IN1 IN2	<> ??? IN1 IN2	> ??? IN1 IN2	>= ??? IN1 IN2	< ??? IN1 IN2	<= ??? IN1 IN2
LAD 线圈	== ???	<> ???	> ???	>= ???	< ???	<= ???

2. 值范围指令

值范围指令测试输入是在指定值的范围之内还是之外。IN_RANGE 为值在范围内指令，如果满足 MIN<= VAL<= MAX，输出为 TRUE；相反，OUT_RANGE 为值超出范围内指令，如果满足 VAL<MIN 或 VAL>MAX，输出为 TRUE。

这两条指令都可等效为布尔量触点，若有能流流过指令方框，执行比较，条件成立，能流向下传递。需要注意的是 MIN、MAX 和 VAL 数据类型必须相同，可选整数和实数。

3. 有效性指令

检查有效性指令⊣OK⊢、检查无效指令⊣NOT_OK⊢用来检测输入数据是否有效的实数，触点变量的数据类型是 Real。输入数据如果是有效的实数，OK 触点接通；反之，NOT_OK 触点接通。如果 Real 或 LReal 类型的值为 +/-INF（无穷大）、NaN（不是数字）或者非标准化的值，则其无效。

图 4-17 所示为比较指令和值范围指令举例。程序段 1：计数器 C3 当前值大于或等于 10 时，Q0.0 为 1。程序段 2：I0.0 为 1，MD2 小于 95.8，且 MW30∈[0,100]，Q0.1 为 1。程序段 3：当 MW10 大于 MW20，或 I0.1 为 1，且 MD50∉[100.0,500.0]，则 Q0.2 为 1；程序段 4：MD60 为有效实数，且 MD70 为无效实数，则 Q0.3 为 1。

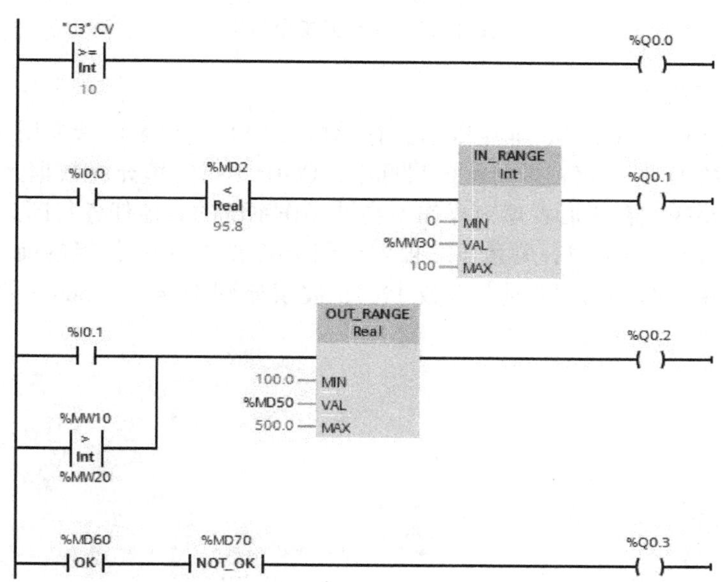

图 4-17　比较指令和值范围指令使用举例

4.3.2　移动指令

移动指令可将数据元素复制到新的存储器地址，并从一种数据类型转换为另一种数据类型，移动过程不会更改源数据。

1. 移动值指令

移动值（MOVE）指令用于将单个数据元素从参数 IN 指定的源地址复制到参数 OUT1 指定的目标地址，并转换为 OUT1 允许的数据类型，因此可用于不同类型之间的数据传送。若在 LAD 或 FBD 中添加其他输出，可单击输出参数旁的创建图标。

存储区移动（MOVE_BLK）、非中断存储区移动（UMOVE_BLK）指令用于将数据元素块复制到新地址，COUNT 指定要复制的数据元素个数。两者功能基本相同，主要区别仅在于后者复制操作不会被操作系统的其他任务打断。

移动块指令（MOVE_BLK_VARIANT）指令用于将源存储区域的内容移动到目标存储区域，可将一个完整的数组或数组元素复制到另一个相同数据类型的数组中。源数组和目标数组的大小可不同。源数组和目标数组都可用 Variant 数据类型来表示。

图 4-18 中，I0.0 接通时，将 MB2 中的数据送到 MB4 中，DB3 中 Source 数组的 0 号元素开始的 20 个元素的值，被复制给 DB4 中 Distin 数组的 0 号元素开始的 20 个元素，同理，DB5 中 Source 数组的 10 号元素开始的 10 个元素的值，被复制给 DB6 中 Distin 数组的 10 号元素开始的 10 个元素，源区域和目标区域类型应相同，而移动块指令将 DB7. Source 数组的连续 50 个元素值块传送给 DB8. Distin 数组。

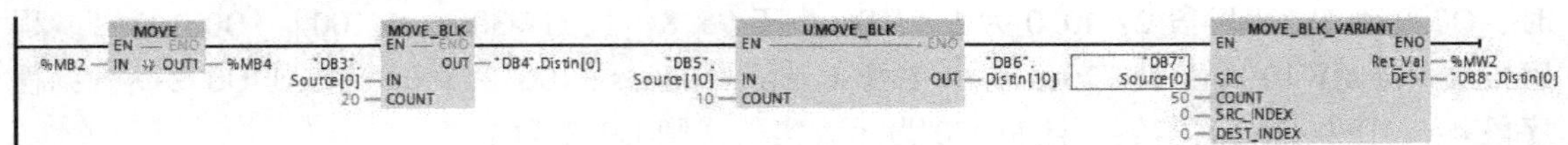

图 4-18　移动值指令举例

2. 填充存储区指令

填充存储区（FILL_BLK）、非中断填充存储区（UFILL_BLK）指令用于将 IN 源数据元素复制到通过参数 OUT 指定初始地址的目标中，COUNT 指定填充的数据元素个数。两者功能基本相同，主要区别在于后者填充操作不会被操作系统的其他任务打断。

图 4-19 中，I0.0 接通时，常数 123 被填充到 DB3 的 Source 数组的前 20 个元素中，传送后数值可从 DB3 中监控。同理，常数 12978 被填充到 DB4 的 Source 数组的前 20 个元素中。

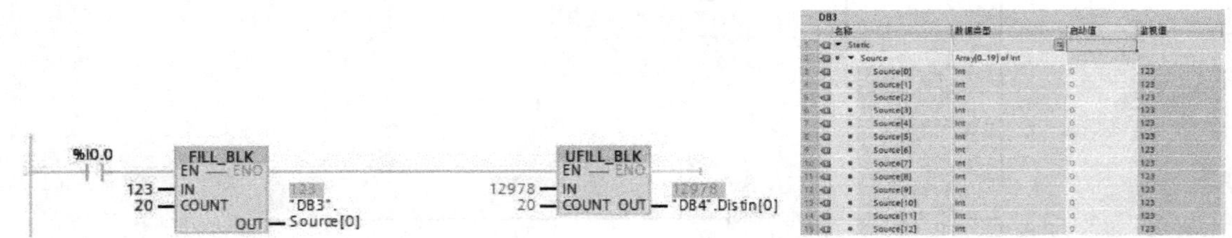

图 4-19　填充存储区指令举例

3. 交换指令

交换（SWAP）指令用于交换字或双字数据元素的字节顺序并保存到 OUT 指定的地址中。图 4-20 中，I0.0 接通时，SWAP 交换 MW2 高、低字节后保存到 MW4，交换 MD6 的高、低字后保存到 MD10 中。

图 4-20　交换指令举例

4. 序列化指令

序列化（Serialize）指令将多个 PLC 数据类型转换成按顺序表达的版本，并且不丢失结构。反序列化（Deserialize）指令将按顺序表达的 PLC 数据类型转换回 PLC 数据类型，并填充整个内容。该指令操作与序列化操作是相反的过程。

4.3.3 移位和循环移位指令

1. 移位指令

右移（SHR）、左移（SHL）指令将输入参数指定的存储单元内容逐位右移或左移 N 位，并将移位结果保存到输出参数 OUT 指定的地址中。N 为 0 时不移位，将 IN 指定的输入值复制给 OUT 指定的地址中。无符号数移位和有符号数左移后空位用 0 填充，有符号数右移后空位用符号位填充，若 N 大于数据类型位数，则原始位值被移出并用 0 代替，即将 0 分配给 OUT。

如图 4-21 所示，右移 n 位相当于除以 2^n，将十进制数-200 对应的二进制数 2#1111 1111 0011 1000 右移 2 位，变为 2#1111 1111 1100 1110，相当于除以 4，右移后变为-50。反之，左移 n 位相当于乘以 2^n，将对应的 16#0010 左移 2 位，相当于乘以 4，左移后变为 16#0040。

图 4-21　移位指令举例

2. 循环移位指令

循环右移（ROR）、循环左移（ROL）指令用于将输入参数 IN 的位序列循环移位，即移出来的位又送回存储单元另一端，原始的位不会丢失。N 为移位的位数，移位结果保存到输出参数 OUT。N 为 0 时不移位，将 IN 指定的输入值复制给 OUT 指定的地址。

如图 4-22 所示，MB10 中的内容为二进制数 0101 1010，执行循环右移指令后，MB12 中内容变为 0100 1011；MW16 中内容为 0000 0000 0001 0001，执行循环左移指令后，MW18 中内容变为 0000 0000 0100 0100。

图 4-22　循环移位指令举例

4.3.4 转换操作指令

S7-1200 指令和数据类型众多，不同性质的指令对操作数的类型要求不同，操作数不同就需要进行相互转化，这样才能保证指令的正确执行。

1. 转换值指令

转换值（CONV）指令将数据元素从一种数据类型转换为另一种数据类型，单击“???”

可从下拉菜单中选择数据类型，该指令不允许选择字节、字或双字，而是选择位长度相同的无符号整型。

图 4-23 中，I0.2 接通时，CONV 将 BCD16 码格式的 16#F123 转换成整数-123，而将 BCD16 码格式的 16#023F 转换成整数 575。这里，BCD 码（Binary-coded Decimal）用 4 位二进制数表示一位十进制数，常见的有 8421 码、2421 码、5421 码，其中，8421 码是最常用的 BCD 码，各位权值为 8、4、2、1，数值范围为 2#0000~2#1001，对应十进制数 0~9。

图 4-23　转换值指令举例

2. 浮点数转换为整数指令

浮点数转换为整数有 4 条指令。取整（ROUND）指令将浮点数四舍五入转换为整数；截尾取整（TRUNC）指令仅保留浮点数的整数部分，小数部分直接截尾舍去。浮点数向上取整（CEIL）指令将实数转换为大于或等于它的最小整数；浮点数向下取整（FLOOR）指令将实数转换为小于或等于它的最大整数。

图 4-24 中，M0.0 接通时，ROUND 指令将 MD4 中的浮点数 123.89 转换成双整数 124，TRUNC 指令将浮点数 123.89 转换成双整数 123，小数部分截尾取整成 0，CEIL 指令将浮点数 123.45 向上取整为整数 124，FLOOR 指令将浮点数 123.45 向下取整为整数 123。

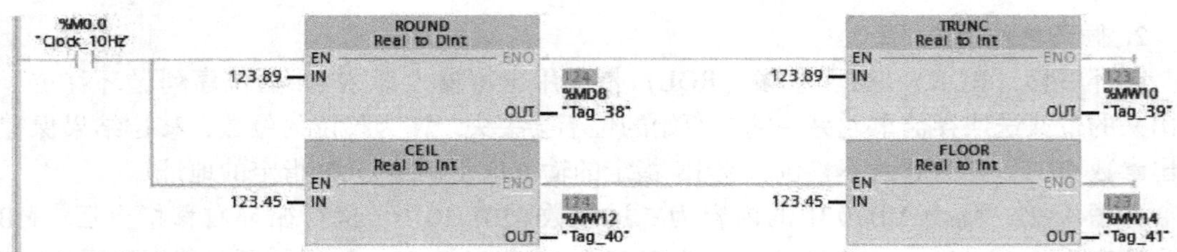

图 4-24　浮点数转换为整数指令举例

3. 标准化指令

标准化（NORM_X）指令将整数或实数输入值 VALUE（MIN≤VALUE≤MAX）标准化为 0.0~1.0 之间的浮点数，并将转换结果存放到 OUT。MIN、VALUE 和 MAX 的数据类型必须相同，输入、输出之间的线性关系如下：

$$OUT=(VALUE-MIN)/(MAX-MIN) \tag{4-1}$$

如果 VALUE 小于 MIN，或大于 MAX，线性标定运算生成小于 0.0 或大于 1.0 的标准化 OUT 值。

4. 标定指令

标定（SCALE_X）指令将浮点数输入值 VALUE（0.0≤VALUE≤1.0）标定为参数上下限 MAX 和 MIN 范围之间的数值，并将转换结果存放到 OUT。MIN、MAX 和 OUT 数据类型相同，输入、输出之间的线性关系如下：

$$OUT=VALUE\times(MAX-MIN)+MIN \tag{4-2}$$

如果 VALUE 小于 0.0 或大于 1.0，可能会有如下两种情况：

1）生成小于 MIN 或大于 MAX 的标定值，数值在 OUT 数据类型值范围内。此时，ENO 输出为 1。

2）生成一些不在 OUT 数据类型值范围内的标定数值，被标定实数最终转换为 OUT 数据类型之前的最低有效部分。此时，ENO 输出为 0。

例 4-2 电流输入型模拟量信号模块或信号板模拟量输入有效值为 0~27648。假设模拟量输入代表温度，模拟量输入值 0 表示-30.0℃，27648 表示 70.0℃。如图 4-25 所示，欲将模拟采样值 IW82 转换为对应工程单位，首先要把模拟采样值标准化为 0.0 到 1.0 之间的值，然后再将其标定为-30~70℃之间的值，其结果值是用模拟量输入表示的温度。

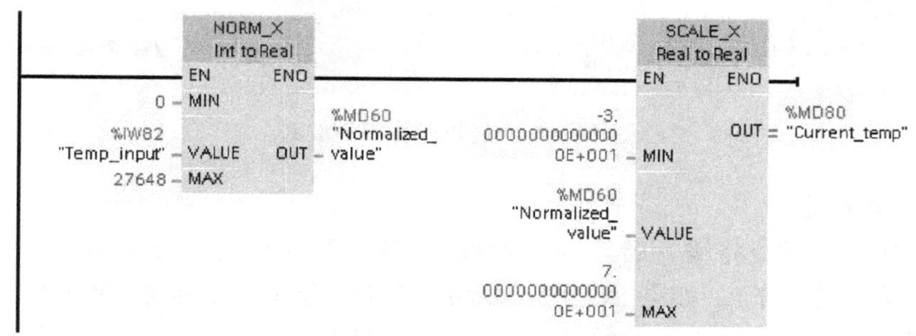

图 4-25　标准化与标定指令举例 1

相反，如图 4-26 所示，要将 MW80 中的温度值转换为 0~27648 范围内的数字量输出值，必须先将以工程单位表示的值标准化为 0.0~1.0 之间的值，然后再将其标定为 0~27648 范围内的数字量输出值。

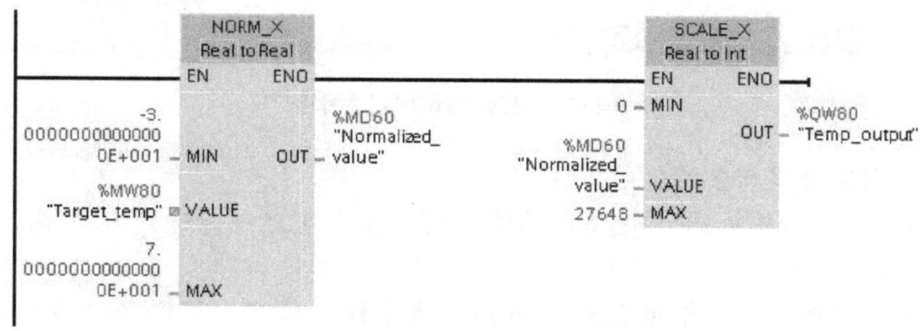

图 4-26　标准化与标定指令举例 2

4.4　数学运算指令

知识讲解
逻辑功能指令
4-12

4.4.1　字逻辑功能指令

PLC 一般具有较强的逻辑功能和数学运算功能。逻辑功能包括字逻辑运算指令、解码与编码指令、选择和多路复用指令等。在指令框中单击“???”可从下拉菜单中选择数据类型，单击“创建”（Create）图标，或在其中任一个短线处单击右键，并选择插入输入命令，可添加输入或输出个数。

1. 字逻辑运算指令

字逻辑运算指令对两个或多个输入数据逐位进行与（AND）、或（OR）、异或（XOR）和取反（INV）逻辑运算，运算结果在输出 OUT 指定的地址中。操作数的数据类型为 Byte、Word 或 DWord。

图 4-27 中，IN1、IN2 分别为 2#01100101 和 2#11010111，AND 指令输出结果为 2#01000101，OR 指令输出结果为 2#11110111，XOR 指令结果为 2#10110010，INV 指令输出结果为 2#10011010。

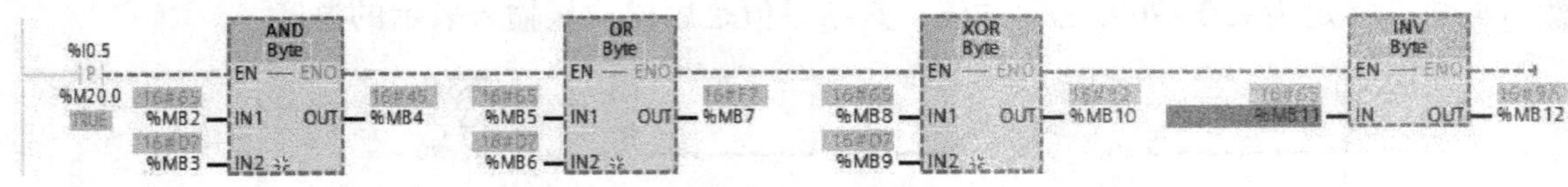

图 4-27　字逻辑运算指令举例

2. 解码与编码指令

编码（ENCO）指令将输入转换为与参数 IN 最低有效设置位位置所对应的二进制数，并将结果返回给参数 OUT。如果 IN 为 1，则将值 0 返回给 OUT；如果 IN 为 0，ENO 为 0。

解码（DECO）指令将输出参数 OUT 的第 *n* 位置为 1，其他各位置 0。利用解码指令，可用输入的 IN 值控制输出 OUT 中指定位的状态。

图 4-28 中，ENCO 指令输入参数为 16#000C，出现 1 的最低位是 2，MW4 中编码的结果是 2；DECO 指令的输入参数是 6，MW8 为 00100000，仅第 6 位为 1，其他位为 0。

图 4-28　解码与编码指令举例

3. 选择、多路复用与多路分用指令

选择（SEL）指令根据输入参数 G 的值将两个输入值之一传送到 OUT 指定的地址，G 为 0 时选中 IN0，G 为 1 时选中 IN1。

多路复用（MUX）指令根据参数 K 的值将多个输入值之一传送到参数 OUT 指定的地址。K=n 时，将选中输入参数 INn，如果 K>INn-1，则会将参数 ELSE 的值复制到参数 OUT。

多路分用（DEMUX）指令根据参数 K 的值将输入值 IN 传送给选定的输出，其他输出则保持不变。K=n 时，将输出传送给 OUTn，如果 K> OUTn-1，则会将参数 IN 的值复制到参数 ELSE。

多路复用与分用指令的 IN、ELSE 和 OUT 数据类型应相同，单击方框的“???”可从下拉菜单中选择数据类型。图 4-29 中，SEL 的 G 参数为 1，将 IN1 的值 456 传送给 MW100；MUX 的 K 参数为 1，将 IN1 中的值 99 传送给 MW6，DEMUX 的 K 参数为 8，超出了可输出的个数，将 IN 的值传送给 ELSE 参数 MW18 中。

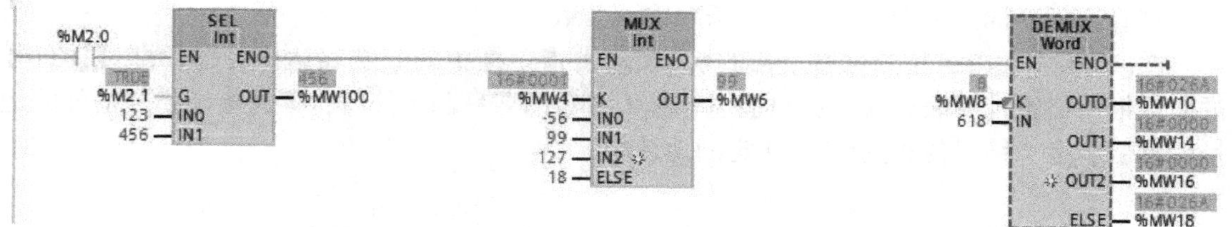

图 4-29　选择、多路复用、多路分用指令举例

4.4.2 数学函数指令

数学函数指令主要包含四则运算指令、计算指令、指数、对数和三角函数，以及其他函数指令。具体如表 4-4 所示。

表 4-4　数学函数指令

指令	描　述	数学运算表达式	指令	描　述	数学运算表达式
ADD	计算加法	OUT=IN1+IN2	SQR	计算平方	$OUT=IN^2$
SUB	计算减法	OUT=IN1-IN2	SQRT	计算平方根	$OUT=\sqrt{IN}$
MUL	计算乘法	OUT=IN1×IN2	LN	计算自然对数	OUT=LN(IN)
DIV	计算除法	OUT=IN1/IN2	EXP	计算指数值	$OUT=e^{IN}$,e=2.718281828
MOD	取余	OUT=IN1 MOD IN2	SIN	计算正弦值	OUT=sin(IN)
NEG	计算补码	OUT=-IN	COS	计算余弦值	OUT=cos(IN)
INC	递增	IN_OUT=IN_OUT +1	TAN	计算正切值	OUT=tan(IN)
DEC	递减	IN_OUT=IN_OUT-1	ASIN	计算反正弦值	OUT=arcsin(IN)
ABS	计算绝对值	OUT =ABS(IN)	ACOS	计算反余弦值	OUT=arccos(IN)
MIN	取最小值	OUT=MIN(IN1,…,IN32)	ATAN	计算反正切值	OUT=arctan(IN)
MAX	取最大值	OUT=MAX(IN1,…,IN32)	EXPT	取幂	$OUT=IN1^{IN2}$
LIMIT	设置限值	OUT=输入值限定在指定范围内	FRAC	提取小数	OUT=浮点数 IN 的小数部分

1. 四则运算指令

数学函数中的 ADD、SUB、MUL 和 DIV 指令分别是加、减、乘、除指令。操作数可以是整数和浮点数，输入参数和输出参数的数据类型应相同。单击方框的“???”可从下拉菜单中选择数据类型。

图 4-30 中，MW100=1000，MW12=200，MD22=1.23，MD26=5.6，执行完相关程序后，MW14=1200，MW16=800，MD18=200000，MD30=0.2196429。

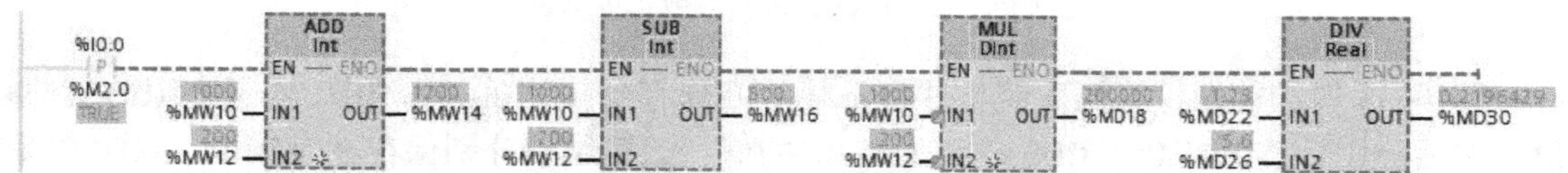

图 4-30　四则运算指令举例

2. 计算指令

计算（CALCULATE）指令可用于创建作用于多个输入上的数学函数(IN1,IN2,…,INn)，并根据定义的等式在 OUT 处生成结果。单击方框的“???”可从下拉菜单中选择数

据类型。在指令框内单击图标，可增加输入个数。

图 4-31 中，单击指令框右上角的图标，或双击指令框中的数学表达式方框，即可在打开的对话框中编辑计算表达式，但只能包含输入参数的名称和运算符，不能指定指令框外的地址和常数，运算结果传送到 OUT 指定的地址中。

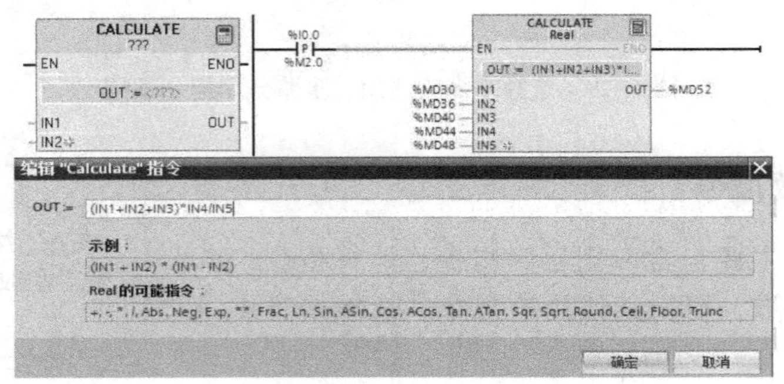

图 4-31　计算指令举例

3. 指数、对数和三角函数指令

平方（SQR）、平方根（SQRT）指令分别计算输入值的平方和平方根，而指数（EXP）、自然对数（LN）指令中的指数和对数的底数 $e=2.718281828$。SQRT 和 LN 指令的输入值如果小于 0，则输出无效的浮点数。

三角函数（SIN、COS、TAN）和反三角函数（ASIN、ACOS、ATAN）指令中的角度均为以弧度为单位的浮点数。如果输入值是以度为单位的浮点数，使用三角函数之前应先将角度值乘以 $\pi/180.0$，转换为弧度值。ASIN、ACOS 指令输入值的允许范围为 $-1.0\sim1.0$，反正弦和反正切的运算结果范围为 $-\pi/2\sim\pi/2$，反余弦的运算结果范围为 $0\sim\pi$。

图 4-32 中，MD50 = 2.0，MD70 = 8.0，则执行完相应运算后，MD60 = e^2 = 7.389056；MD80 = LN(8.0) = 2.079442，MD90 = 2.0^2 = 4.0；MD100 = $\sqrt{8.0}$ = 2.828427。

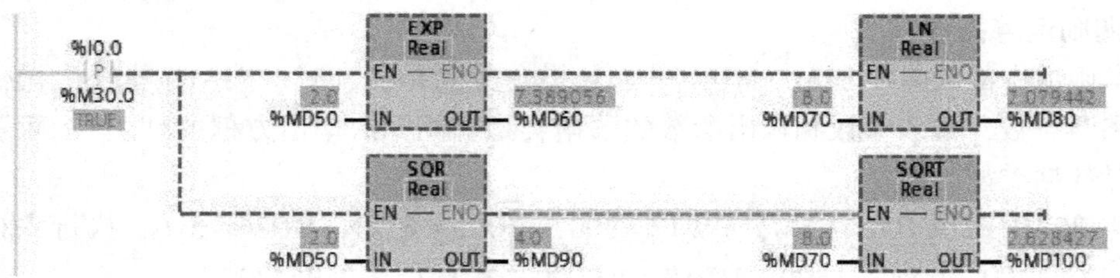

图 4-32　指数和自然对数指令举例

图 4-33 中，首先计算弧度值，并将 $\pi/180.0$ 保存到 MD100 中，MD104 保存 10°的弧度值，然后分别计算 SIN10°、COS10°、TAN10°的值，运算结果分别保存在 MD108、MD112 和 MD116 中。ASIN、ACOS 和 ATAN 分别计算对应的反正弦、反余弦和反正切值，运算结果分别保存在 MD120、MD124 和 MD128 中。

4. 其他数学函数指令

1）返回除数的余数（MOD）指令　除法指令只能得到商，余数被丢掉，该指令返回整数除法运算的余数，即 IN1 的值除以 IN2 的值，输出 OUT 中返回余数。

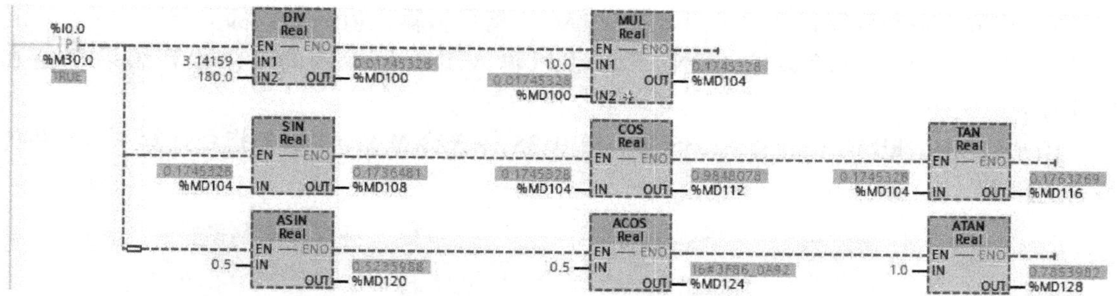

图 4-33　三角和反三角函数举例

2）求二进制补码（NEG）指令 该指令将参数 IN 的值的算术符号取反，并将结果存储在参数 OUT 中。

3）计算绝对值（ABS）指令 该指令计算参数 IN 的有符号整数或实数的绝对值，并将结果存储在参数 OUT 中。

图 4-34 为上述三条指令程序，I0.0 上升沿时，执行程序。MW2 = 10.0 MOD 3.0 = 1，MW6 = NEG(123) = -123，MD24 = ABS(-123.45) = 123.45。

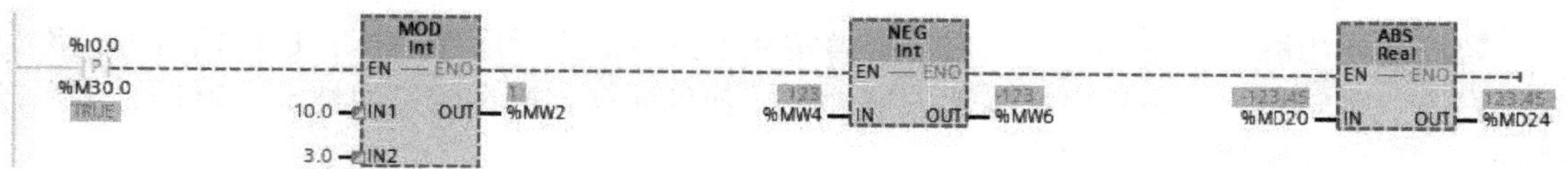

图 4-34　余数、补码和绝对值举例

4）递增（INC）、递减（DEC）指令 这两条指令用于递增或递减整数值。图 4-35 中，I0.0 上升沿时，执行完一次程序后，MW2 加 1，而 MD16 减 1。

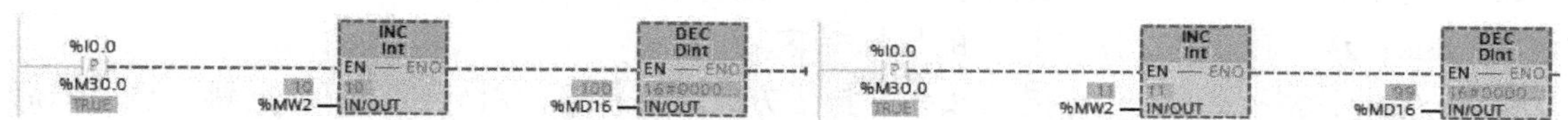

图 4-35　递增和递减指令举例

5）获取最大值（MAX）、获取最小值（MIN）指令 这两条指令适用于比较两个参数 IN1 和 IN2 的值，并将最大值或最小值传送给参数 OUT。

6）设置限值（LIMIT）指令用于判断 IN 的值是否在 MIN 和 MAX 指定的值范围内。如果 IN 值在指定的范围内，则将 IN 值存储在参数 OUT 中；如果 IN 值超出指定的范围，则 OUT 为 MIN 值（IN≤MIN）或 MAX 值（IN≥MAX）。

图 4-36 中，将 5.2 和 2.1 的最小值传送给 MD20，最大值传送给 MD24，因 0≤10≤100，将 10 传送给 MW26 中。

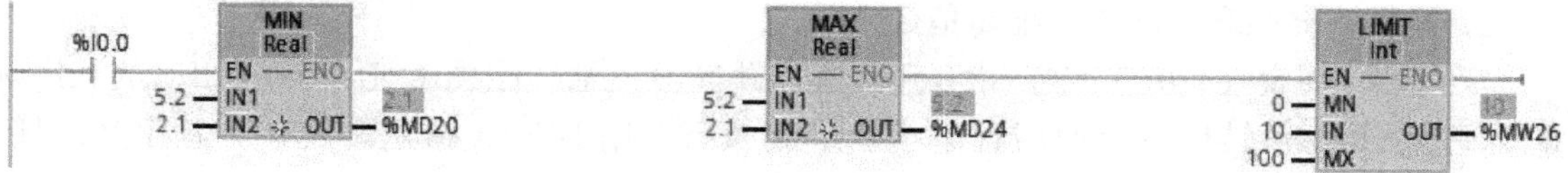

图 4-36　最大值、最小值和设置限值指令举例

7）提取小数与取幂指令 提取小数（FRAC）指令将输入值的小数部分传送到 OUT 中。取幂（EXPT）指令计算以输入 IN1 为底，以输入 IN2 为指数的幂，计算结果存储在 OUT 中。

图 4-37 中，FRAC 指令将 12.35 的小数 0.35 传送给 MD2，EXPT 指令计算 $2^3=8$ 并传送给 MD20。

图 4-37 提取小数与取幂指令举例

4.5 程序控制操作指令

程序控制类指令包括跳转与标签指令、退出返回、循环、看门狗等，这些指令可灵活控制程序的执行顺序。

1. 跳转与标签指令

若没有使用跳转和循环指令，用户程序按从上到下的先后顺序执行，这种执行方式称为线性扫描。跳转指令终止程序的线性扫描，跳转到目标标签所在的目的地址，跳转时不执行跳转指令与目标标签之间的程序。

JMP 指令：RLO= 1 时跳转，即有能流通过 JMP 线圈，或者功能框的输入为 TRUE，则程序将从指定标签后的第一条指令继续执行。

JMPN 指令：RLO = 0 时跳转，即没有能流通过 JMPN 线圈，或者功能框的输入为 FALSE，则程序将从指定标签后的第一条指令继续执行。

Lable：JMP 或 JMPN 跳转指令的目标标签。

跳转到目标标签后，程序继续按线性扫描方式顺序执行。跳转指令可往前跳，也可向后跳。跳转指令可使 PLC 编程的灵活性大大提高，主机可根据不同条件的判断，选择不同的程序段执行。

标签在网络的开始处，标签的第一个字母必须是字母，其余的可以是字母、数字或下画线。如果跳转条件不满足，将继续执行下一网络的程序。跳转指令和标签必须配合使用，可在同一代码块中进行跳转，但不能从一个代码块跳转到另一个代码块。各标签在代码块内必须唯一，可从同一代码块的多个位置跳转到同一标签。

如图 4-38 所示，M10.0 常开触点闭合后，跳转指令 JMP 线圈通电，程序直接跳转到标签 wmw 处，转而执行标签之后的第一条指令。被跳过的程序段 2 没有执行，这些程序段的梯形图为灰色。

2. 定义跳转列表与跳转分配器指令

定义跳转列表（JMP_LIST）指令用作程序跳转分配器，根据 K 值跳转到相应的程序标签，程序从目标跳转标签后面的程序指令继续执行，用 DESTn 指定的跳转标签定义跳转。如果 K 值超过最大标签数 n，则不进行跳转。指令框内单击图标，可增加标签个数。

跳转分配器指令（SWITCH）也可用作程序跳转分配器，指令根据 K 值与指定的输入值

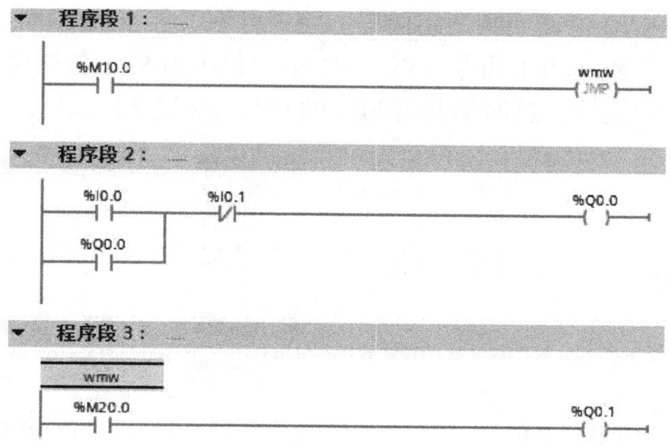

图 4-38　跳转与标签指令举例

的比较结果，跳转到与第一个为“真”的比较测试相对应的程序标签。如果比较结果都不为 TRUE，则跳转到分配给 ELSE 的标签。单击功能框内的比较运算符、问号，可选定新的比较运算符、数据类型。SWITCH 每增加一个比较运算符都会自动插入一个输出。

图 4-39 中，M2.0 接通时，如果 K=1，JMP_LIST 将跳转到 LOOP_1 指定的程序段。M2.1 接通时，如果 K 的值等于 255 或大于 100，将分别跳转到标签 LOOP_2 和 LOOP_3 指定的程序段，如果不满足上述条件，将跳转到 ELSE 处的标签 LOOP_4 指定的程序段。

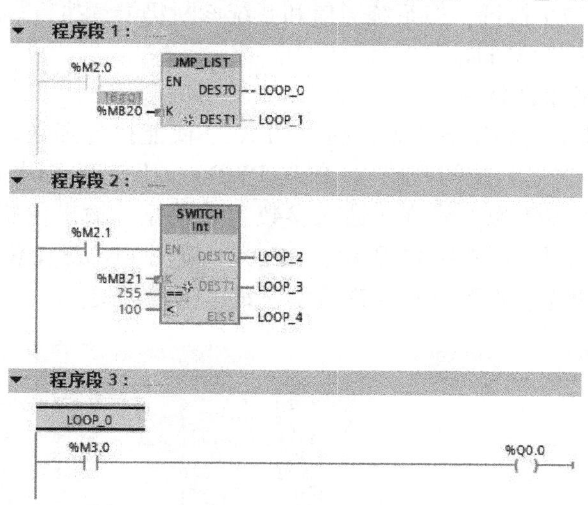

图 4-39　多分支跳转指令

3. 退出程序和返回指令

退出程序（STP）指令可将 CPU 置于 STOP 模式。CPU 处于 STOP 模式时，将停止程序执行并停止过程映像的物理更新。图 4-40 中，M2.0 常开触点闭合时，程序进入 STOP 模式，面板上的 RUN/STOP 指示灯变为黄色。

返回（RET）指令用来有条件地结束块，若线圈通电或者功能框输入为真，则当前块的程序执行将在该点终止，并且不执行 RET 指令以后的指令。RET 线圈上面的参数是返回值，数据类型为 Bool。如果当前块为 OB，则返回值被忽略；如果当前块为 FC 或 FB，则返回值作为被调用功能框的 ENO 值传回到调用例程。用户可不添加 RET 指令，该操作是程序自动完成的，一个块中可有多个 RET 指令。图 4-41 中，程序为 FB1 功能块，当 M200.0 常开触点闭合时，退出 FB1 功能块，返回到调用 FB1 的 OB1 中程序段 2 处。

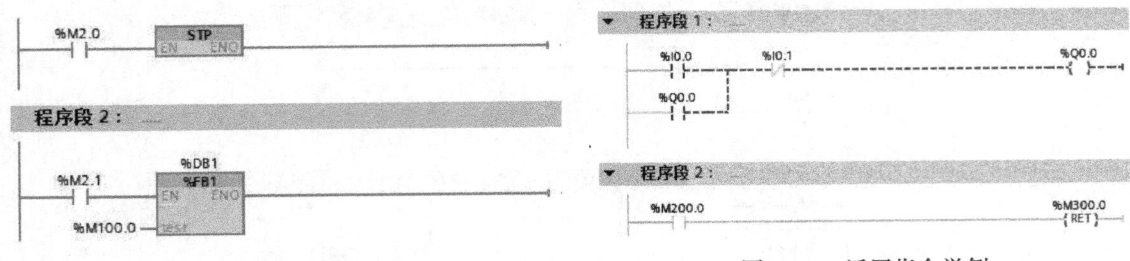

图 4-40　退出程序举例　　　　图 4-41　返回指令举例

4. 重置循环周期监视时间指令

重新触发扫描时间监视狗（RE_TRIGR）指令用于在单个扫描循环期间重新启动扫描循环监视定时器，即从最后一次执行 RE_TRIGR 功能开始，使允许的最大扫描周期延长一个最大循环时间段。每次循环都自动复位一次，正常工作时循环扫描周期时间小于看门狗时间，它不会起作用。如果扫描循环完成前达到预置时间，则会生成错误，若用户程序包含时间错误中断 OB 80，CPU 将执行时间错误中断 OB；若不包含 OB80，则忽略第一个超时条件并且 CPU 保持在 RUN 模式。第二次发生最大扫描时间超时时，则触发错误会导致切换到 STOP 模式，用户程序停止执行，但系统通信和系统诊断仍继续执行。组态 CPU 时，所允许的最大循环时间默认值为 150 ms。

5. 限制和启用密码验证指令

限制和启用密码验证（ENDIS_PW）指令的 REQ 使能执行函数。该指令允许或禁止故障安全密码（F_PWD）、完全访问密码（FULL_PWD）、读访问密码（R_PWD）和 HMI 密码（HMI_PWD），输入参数为 1 允许，输入参数为 0 禁止，输出位指示各密码状态，Ret_Val OUT 为函数结果。具体如图 4-42 所示，REQ = 1 调用 ENDIS_PW 会禁止相应密码输入参数为 FALSE 的密码类型，但可单独允许或禁止每个密码类型。

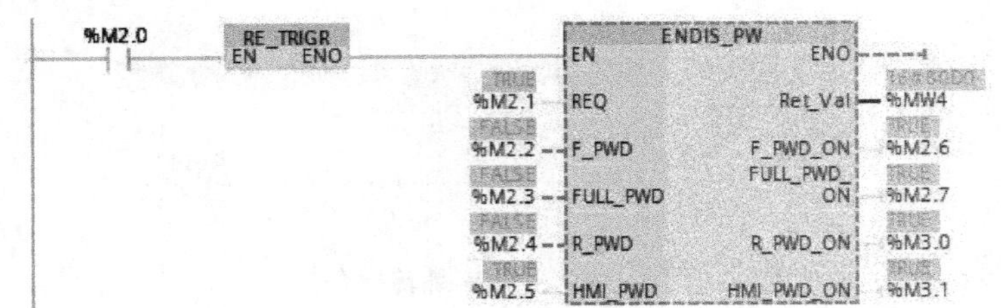

图 4-42　看门狗与密码验证指令举例

6. 获取本地错误信息和获取本地错误指令

获取本地错误信息（GET_ERROR）指令指示发生本地程序块执行错误并用详细错误信息填充预定义的错误数据结构；获取本地错误 ID（GET_ERROR_ID）指令指示发生程序块执行错误，并报告错误的标识符代码。两者均支持块内的错误处理，可在各块不同的网络段中多次调用指令，区别在于 GetError 可得到如块编号、偏移地址等详细信息，便于问题快速诊断及定位，而 GetErrorID 仅输出简单报错信息。

4.6 梯形图编程注意事项

1）PLC 内部编程元件的常开、常闭触点可无限次反复使用，而继电器中的触点数量是有限的。梯形图中，同一编程元件的常开、常闭触点切换没有时间延迟，只是互为相反状态，而继电器控制系统中的常开、常闭触点具有先断后合的特点。

2）梯形图的每一行都是从左边母线开始，然后是各种触点的逻辑连接，最后以线圈或指令盒结束，触点不能放在线圈的右边。能流只能从左到右、自上向下流动，而不允许倒流，具体如图 4-43 所示。

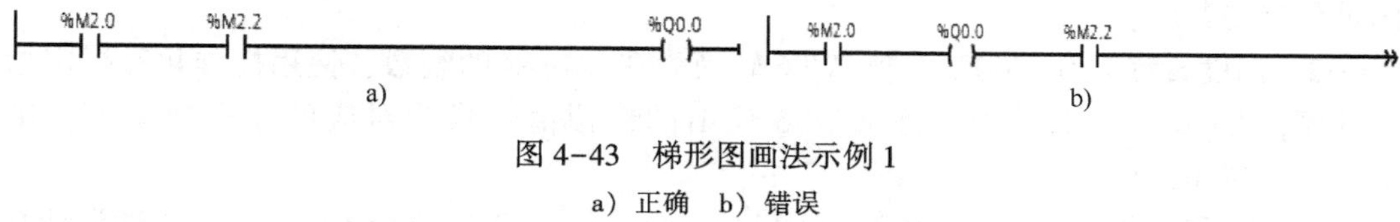

图 4-43　梯形图画法示例 1

a）正确　b）错误

3）S7-1200 PLC 与 S7-200 PLC 不同，线圈和指令盒可直接连在左边的母线上，当然也可通过特殊的中间继电器 M1.2 完成，如图 4-44 所示。

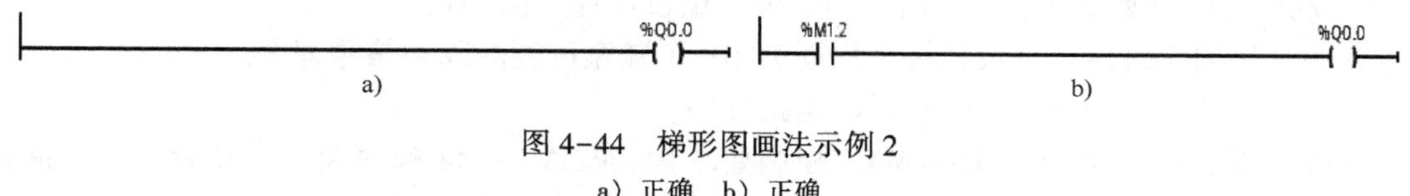

图 4-44　梯形图画法示例 2

a）正确　b）正确

4）同一程序中，同一编号的线圈使用两次及两次以上称为双线圈输出，通常不能重复使用。双线圈输出非常容易引起误动作，所以应避免使用，但是触点可无限次使用。置位和复位指令中，允许输出双线圈输出，置位指令将线圈置位，复位指令将线圈复位。

5）串联多的电路块尽量放在最上边，并联多的电路块尽量放在最左边，具体如图 4-45 所示。这样既节省指令，又看起来美观，这样编排可减少用户程序的步数，缩短程序扫描时间。

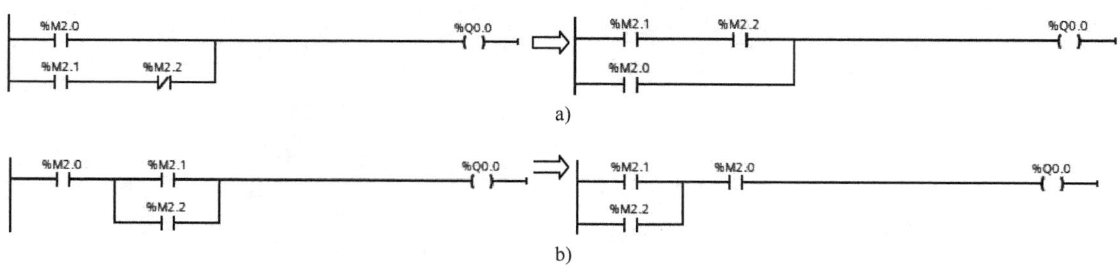

图 4-45　梯形图画法示例 3

a）把串联多的电路块放在最上边　b）把并联多的电路块放在最左边

编程时，综上几条进行梯形图程序的设计。图 4-46 所示为梯形图的推荐画法。

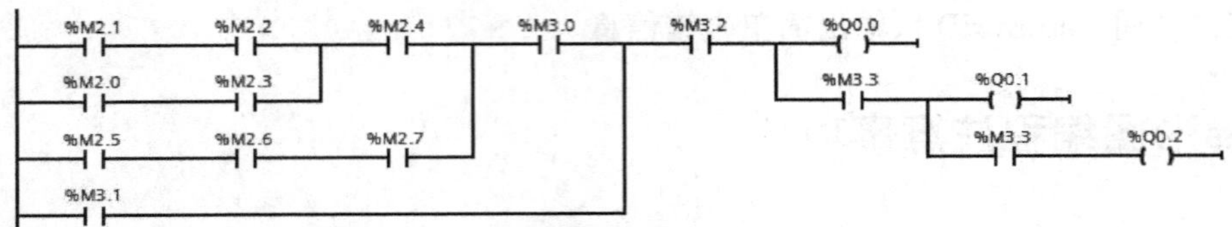

图 4-46　梯形图的推荐画法

思考题与习题

4-1　在 MW10 等于 1000 或 MW4 大于 5000 时将 M2.0 置位，反之将 M2.0 复位，设计出满足要求的程序。

4-2　温度量程为 0~800℃，被 IW96 转换为 0~27648 的整数，使用标准化和标定指令编写程序，在 I0.0 的上升沿，将 AIW96 输出的模拟值转换为对应的浮点数温度，单位为℃，存放在 MD100 中。

4-3　按下起动按钮 I0.0，电动机运行 5 s，停止 5 s，重复执行 3 次后停止。试设计其梯形图并写出相应的指令程序。

4-4　按下起动按钮 I0.0，Q0.0 控制的电动机运行 30 s，然后自动断电，同时 Q0.1 控制的制动电磁铁开始通电，10 s 后自动断电。试设计梯形图和程序。

4-5　使用定时器指令设计一个周期为 10 s、脉宽可调的脉冲信号程序。

4-6　设计一个 2h30min 的长延时电路程序。

4-7　现有 4 台电动机 M1~M4，控制要求为：按 M1~M4 顺序起动，每台电动机间隔 10 s 起动，前台电动机不起动，后台电动机不能起动；前台电动机停止时，后台电动机也停止，试设计梯形图并写出语句表程序。

4-8　设计一个单按钮起停电路程序。

4-9　利用循环移位指令设计一个 8 路跑马灯程序，每个跑马灯间隔 1 s。

第 5 章　S7-1200 扩展及工艺指令

S7-1200 除了基本指令外，还具有丰富的扩展指令和工艺指令。这些指令实际上是为满足程序特殊需要而开发的通用子程序，不仅可使程序结构更加优化，而且可帮助用户完成更为复杂的控制程序或特殊任务。

5.1　日期、时间和时钟指令

日期和时间指令用于计算或设置日历和时间。此外，S7-1200 CPU 支持时钟中断和时钟指令，这两个指令均依赖于精确的系统时间。

5.1.1　日期和时间指令

1. 转换时间并提取指令

转换时间并提取（T_CONV）指令在日期和时间数据类型，以及字节、字和双字大小数据类型之间进行转换。指令框用下列式列表来选择输入、输出参数的数据类型。

2. 时间相加和时间相减指令

时间相加（T_ADD）指令将输入的 IN1 值与 IN2 值相加，时间相减（T_SUB）指令将输入的 IN1 值与 IN2 值相减。输入为 DTL 或 Time 数据类型，即 Time±Time = Time，或 DTL±Time = DTL。具体实例如图 5-1 所示。

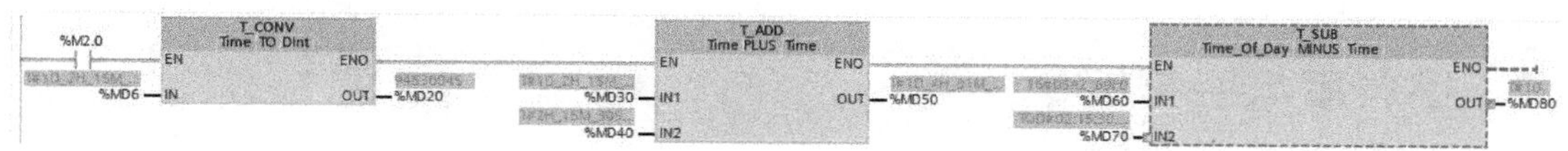

图 5-1　转换时间及时间加减指令举例

3. 时差和结合时间指令

时差（T_DIFF）指令将输入 IN1 的值与 IN2 的值相减，输入 DTL 数据类型，参数 OUT 以 Time 数据类型提供差值，即 DTL- DTL = Time。

结合时间（T_COMBINE）指令将输入 IN1 的 Date 值，以及输入 IN2 中的 Time_and_Date 值组合在一起生成 DTL 值。具体实例如图 5-2 所示。

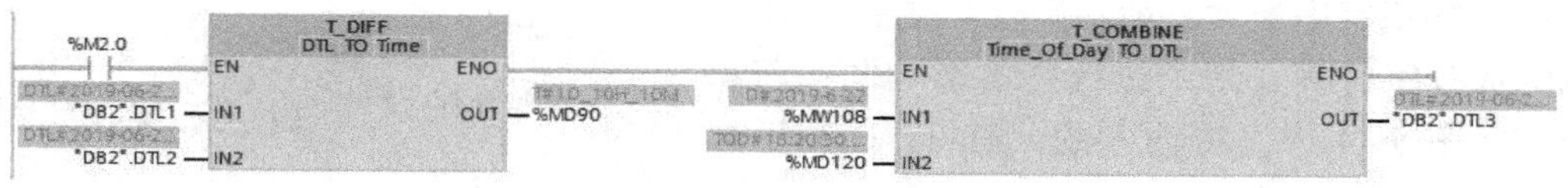

图 5-2　时差与结合时间指令举例

5.1.2 时钟指令

设置时间（WR_SYS_T）指令使用参数 IN 中的 DTL 值设置 CPU 时钟；读取时间（RD_SYS_T）指令从 CPU 中读取当前系统时间，使用参数 IN 中的 DTL 值设置 CPU 时钟。这两条时间值不包括本地时区或夏令时偏移量，具体实例如图 5-3 所示。

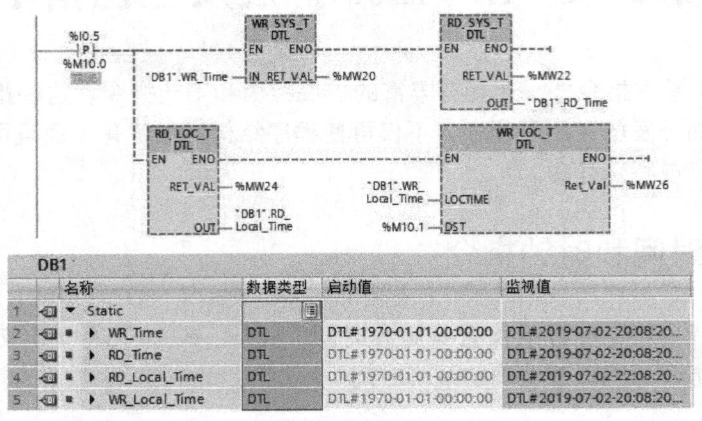

DB1

	名称	数据类型	启动值	监视值
1	Static			
2	WR_Time	DTL	DTL#1970-01-01-00:00:00	DTL#2019-07-02-20:08:20...
3	RD_Time	DTL	DTL#1970-01-01-00:00:00	DTL#2019-07-02-20:08:20...
4	RD_Local_Time	DTL	DTL#1970-01-01-00:00:00	DTL#2019-07-02-22:08:20...
5	WR_Local_Time	DTL	DTL#1970-01-01-00:00:00	DTL#2019-07-02-20:08:20...

图 5-3 时钟指令举例

写入本地时间（WR_LOC_T）指令设置 CPU 时钟的日期与时间，可使用 DTL 数据类型在 LOCTIME 中将日期和时间信息指定为本地时间。读取本地时间（RD_LOC_T）指令以 DTL 数据类型提供 CPU 的当前本地时间。

设置时区（SET_TIMEZONE）指令设置本地时区和夏令时参数，以用于将 CPU 系统时间转换为本地时间。

运行时间定时器（RTM）指令可设置、启动、停止和读取 CPU 中的运行时间小时计时器。

5.2 字符串与字符指令

字符串（String）数据被存储成 2 个字节的标头，其后是最多 254 个 ASCII 码字符组成的字符字节。标头第一个字节是字符串的最大长度，默认值为 254；第二个字节是当前长度，即字符串中的有效字符数。执行字符串指令之前，必须将字符串输入和输出数据初始化为存储器中的有效字符串。有效字符串长度范围为 0~255，当前长度必须小于或等于最大长度。

5.2.1 字符串移动指令

字符串移动（S_MOV）指令将 IN 源字符串复制到 OUT 位置，若 IN 字符串长度超过 OUT 存储的字符串最大长度，则仅会复制 OUT 能容纳的部分字符串，指令执行并不影响源字符串的内容。图 5-4 中，将输入的‘Hello world’输出到 String2 字符串中。

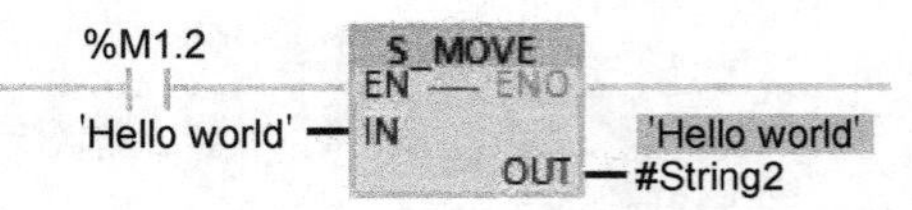

图 5-4 移动字符串指令举例

5.2.2 字符串转换指令

1. 字符串与数值转换指令

字符串转换（S_CONV）指令将字符串转换成相应的值，或将值转换成相应的字符串。S_CONV 指令没有输出格式选项，因此，指令比后两条指令更简单，但灵活性更差。

（1）字符串转换为数值

字符串 IN 的转换从首字符开始，一直进行到字符串结尾，或进行到第一个不是 0~9、加减号和小数点的字符为止。转换后的数值用参数 OUT 指定的地址保存。如果输出数值超出 OUT 数据类型允许的范围，OUT 置为 0，ENO 置为 FALSE。输入字符串可使用小数点，允许使用逗号“,”作为小数点左侧的千位分隔符，并且逗号字符会被忽略，忽略前导空格。

（2）数值转换为字符串

整数值、无符号整数值或浮点值 IN 在 OUT 中被转换为相应的字符串。有效字符串由第 1 个字节中最大字符串长度、第 2 个字节当前字符串长度，以及后面字节中当前字符串字符组成。转换后的字符串将从第一个字符开始替换 OUT 字符串中的字符，并调整 OUT 字符串的当前长度字节。OUT 字符串的最大长度字节不变。输出字符串中的值为右对齐，值的前面用空格字符串填充，正数字符串不带符号。输出字符串不使用前导“+”号，使用定点表示法，不能使用指数表示法，输出字符串值为右对齐，并且值的前面有填写空字符位置的空格字符。

图 5-5 中，第一个 S_CONV 将字符串‘123. 45’转换成双整数 123，第二个 S_CONV 将整数-123 转换成字符串‘ -123’。

图 5-5 转换字符串指令举例

字符串转换为数值（STRG_VAL）指令将数字字符串转换为相应的整型或浮点型表示法。指令从参数 IN 指定的字符串的第 P 个字符开始转换，直到字符串结束，或遇到第一个不是数字 0~9、加减号、句号、逗号、“e”和“E”字符为止。转换后的数值保存在参数 OUT 指定的存储单元。参数 FORMAT 是输出格式选项，数据类型为 Word。第 0 位 r 为小数点格式，1 和 0 时为应用逗号和句号作十进制数的小数点，第 1 位 f 为表示法格式，1 和 0 时为指数表示法和定点数表示法。图 5-6 中被转换的字符‘12345’转换成整数 12345 输出。

数值转换为字符串（VAL_STRG）指令将将整数值、无符号整数值或浮点值转换为相应的字符串。参数 IN 数据类型可以是各种整数和实数。转换的字符串将取代 OUT 从参数 P 提供的字符偏移量开始，到参数 SIZE 指定的字符数结束的字符。SIZE 必须在 OUT 字符串长度范围内，如果 SIZE 为零，则字符将覆盖字符串 OUT 中 P 位置的字符，且没有任何限制。参数 FORMAT 的第 0、1 位与 STRG_VAL 相同，第 2 位 s 是符号字符，为 1 时表示使用符号字符+和-，为 0 时仅使用符号字符-。参数 PREC 用于指定字符串中小数部分的精度或位数。

如果参数 IN 的值为整数，则 PREC 指定小数点的位置。

图 5-6 中，数据值为 12345，PREC 为 2 时，转换结果为‘123.45’。对于 Real 数据类型，支持的最大精度为 7 位。如果参数 P 大于 OUT 字符串的当前大小，则会添加空格，一直到位置 P，并将该结果附加到字符串末尾。如果达到了最大 OUT 字符串长度，则转换结束。

图 5-6　字符串与数值转换指令举例

2. 字符串与字符数组转换指令

字符串转换为字符（Strg_TO_Chars）指令将字符串 Strg 复制到 IN_OUT 参数 Chars 的字符数组中，即从 pChars 参数指定的数组元素编号开始覆盖字节，可使用长度为 1~254 的字符串。结束分隔符不会被写入，要在数组字符后面设置结束分隔符，应使用下一数组元素编号［pChars+Cnt］。Cnt 为已复制的字符数。

字符转换为字符串（Chars _TO_ Strg）指令将字符数组的全部或一部分复制到字符串，长度为 1~254。Chars_TO_Strg 不会更改字符串的最大长度值，当达到最大字符串长度后，将停止从数组复制到字符串。字符数组中的 nul 字符“$00”或 16#00 值起分隔符的作用，用于结束向字符串复制字符的操作。图 5-7 为字符串与数组转换指令应用实例。

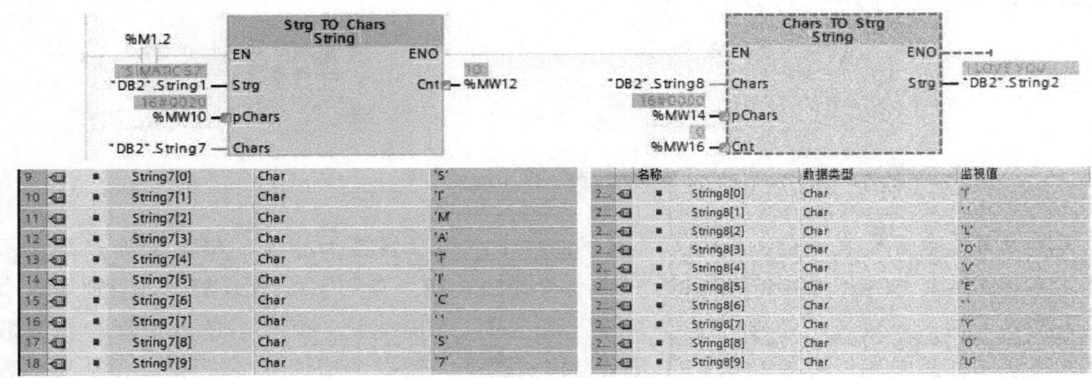

		名称	数据类型	监视值
9	■	String7[0]	Char	'S'
10	■	String7[1]	Char	'I'
11	■	String7[2]	Char	'M'
12	■	String7[3]	Char	'A'
13	■	String7[4]	Char	'T'
14	■	String7[5]	Char	'I'
15	■	String7[6]	Char	'C'
16	■	String7[7]	Char	' '
17	■	String7[8]	Char	'S'
18	■	String7[9]	Char	'7'

		名称	数据类型	监视值
2...	■	String8[0]	Char	'I'
2...	■	String8[1]	Char	' '
2...	■	String8[2]	Char	'L'
2...	■	String8[3]	Char	'O'
2...	■	String8[4]	Char	'V'
2...	■	String8[5]	Char	'E'
2...	■	String8[6]	Char	' '
2...	■	String8[7]	Char	'Y'
2...	■	String8[8]	Char	'O'
2...	■	String8[9]	Char	'U'

图 5-7　字符串与数值转换指令举例

3. ASCII 字符串与十六进制转换指令

ASCII 字符串转换为十六进制（ATH）指令将 ASCII 字符转换为压缩的十六进制数字。转换从参数 IN 指定的位置开始，并持续 N 个字节，结果放置在 OUT 指定的位置。参数 IN 和 OUT 指定的是字节数组而不是十六进制字符串数据。允许转换的 ASCII 字符包括 0~9、小写 a~f 和大写 A~F，其他字符都将被转换为零。8 位 ASCII 字符将被转换为 4 位十六进制半字节，可将两个 ASCII 字符转换为一个包含两个 4 位十六进制半字节的字节。

十六进制转换为 ASCII 字符串（HTA）指令将将压缩的十六进制数字转换为相应的

ASCII 字符字节。转换从参数 IN 指定的位置开始，并持续 N 个字节。每个 4 位半字节都会转换为单个 8 位 ASCII 字符，生成的 2N 个输出字节都会被写为 ASCII 字符 0~9，以及大写的 A~F。参数 OUT 指定一个字节数组，而不是字符串。如图 5-8 所示，ATH 将 DB2 数据块中的 String1 数组中的字符转换为十六进制，而 HTA 将 DB2 数据块中的 String3 数组中的十六进制数值转换为字符输出。

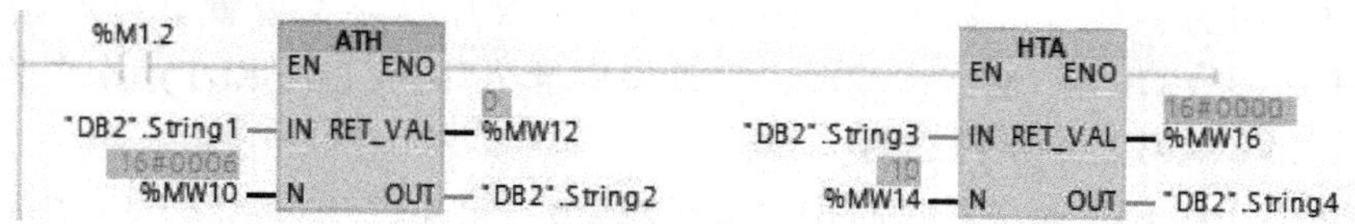

图 5-8　ASCII 字符串与十六进制转换指令举例

5.2.3　字符串操作指令

1. 字符串长度指令

确定字符串最大长度（MAX_LEN）指令提供了在输出 OUT 中分配给字符串 IN 的最大长度值。String 和 WString 数据类型包含两个长度：第一个字节或字指定最大长度，第二个字节或字指定当前长度。如图 5-9 所示，DB1. Sring1 的最大长度为 254 个字节。

获取字符串长度（LEN）指令提供输出 OUT 处的字符串 IN 的当前长度，空字符串的长度为零。如图 5-9 所示，“Hello word” 的长度为 10。

图 5-9　字符串长度指令举例

2. 字符串合并与读取指令

连接字符串（CONCAT）指令将字符串参数 IN1 和 IN2 连接成一个字符串，并在 OUT 输出，字符串 IN1 是组合字符串的左侧部分，IN2 是其右侧部分。图 5-10 中，CONCAT 指令将‘123’和‘456789’两个字符串合并为‘123456789’。

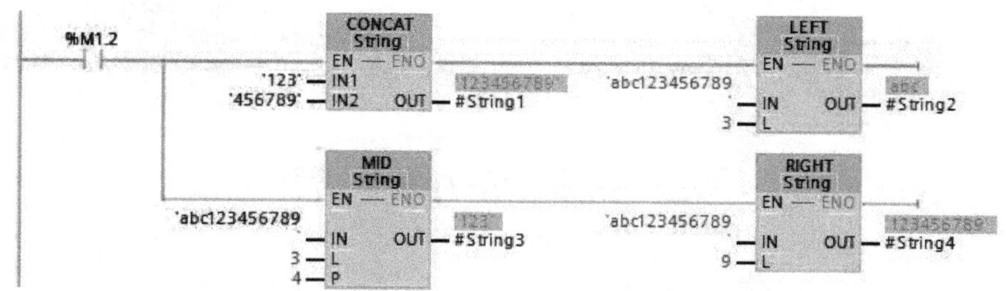

图 5-10　字符串合并与读取指令举例

读取字符串的左侧字符（LEFT）指令提取由字符串参数 IN 的前 L 个字符所组成的子串。读取字符串的中间字符（MID）指令提取字符串的中间部分，中间子串为 L 个字符长，并从字符位置 P 开始算起。读取字符串的右侧字符（RIGHT）指令提取字符串的最后 L 个字符。图 5-10 中，输入字符‘abc123456789’，LEFT 指令提取左侧前 3 个字符‘abc’，MID 指令从第 4 个字符开始提取中间 3 个字符‘123’，RIGHT 指令提取右侧 9 个字符‘123456789’。

3. 字符串删除与插入指令

删除字符串中的字符（DELETE）指令从字符串 IN 中从字符位置 P 处开始删除 L 个字符，剩余字串在参数 OUT 中输出。相反，字符串中插入字符（INSERT）指令将字符串 IN2 插入到字符串 IN1 中第 P 个字符之后。

图 5-11 中，DELETE 指令从字符串‘abc123456’第 4 位开始删除 6 位字符，输出结果为‘abc’；INSERT 指令从字符串‘abc’第 4 位开始插入‘123’，输出结果为‘abc123’。

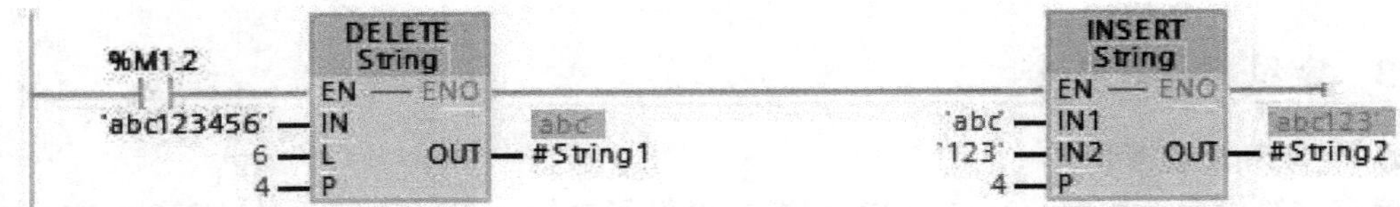

图 5-11　字符串删除与插入指令举例

4. 字符串替换与查找指令

替换字符串中的字符（REPLACE）指令使用字符串 IN2 替换 IN1 的位置 P 开始的 L 个字符。如果 L 等于零，则在字符串 IN1 的位置 P 处插入字符串 IN2，而不删除字符串 IN1 中的任何字符。

字符串中查找字符（FIND）指令提供由 IN2 指定的子串在字符串 IN1 中的字符位置。查找从左侧开始搜索，OUT 中返回 IN2 字符串第一次出现的字符位置，如果在字符串 IN1 中未找到字符串 IN2，则返回零。

图 5-12 中，REPLACE 指令从字符串‘abcdefghi’第 3 位开始替换 IN2 中的 5 位字符，输出结果为‘abc12345hi’；FIND 指令在字符串‘abcdecde’中查找第一次出现‘cde’的位置，输出结果为 3。

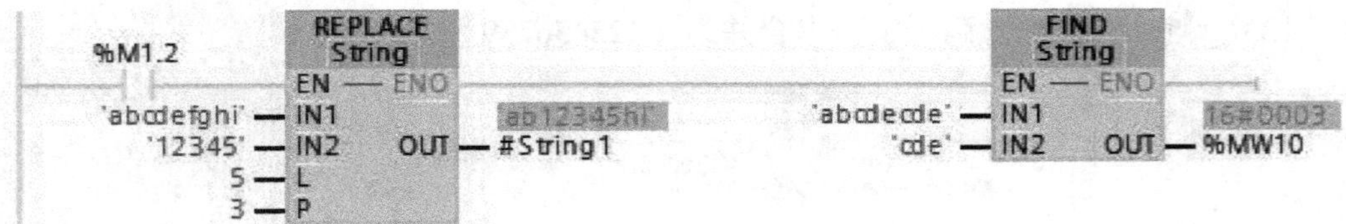

图 5-12　字符串替换与查找指令举例

5.3　分布式 I/O 和诊断指令

5.3.1　分布式 I/O 指令

用户可使用 PROFINET、PROFIBUS 或 AS-i 使用分布式 I/O 指令进行数据通信，指令如图 5-13 所示。

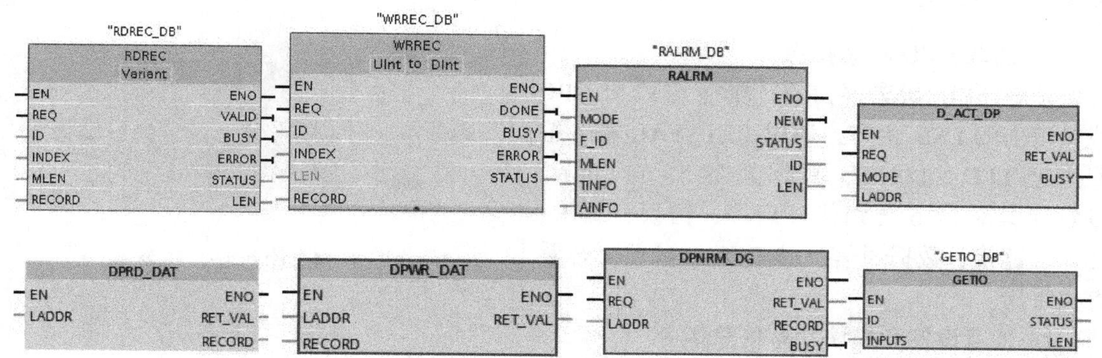

图 5-13　分布式 I/O 指令

1. 读写数据记录指令

读取数据记录（RDREC）指令通过 ID 寻址的模块或设备读取编号为 INDEX 的数据记录。MLEN 为读取最大字节数，RECORD 长度至少应该为 MLEN 个字节。

写入数据记录（WRREC）指令将编号为 INDEX 的数据传送到通过 ID 寻址的 DP 从站或 PROFINET I/O 设备，源区域 RECORD 的选定长度至少应该为 LEN 个字节。

2. 读写一致性数据指令

读取一致性数据（DPRD_DAT）指令允许从本地 I/O、DP 从站或 PROFINET I/O 设备读取大于 64 个字节的一致性数据，并输出到 RECORD 目标区域中。

写入一致性数据（DPWR_DAT）指令允许向 DP 从站或 PROFINET I/O 设备写入大于 64 个字节的一致性数据区域。

3. 读写报警和诊断指令

读取报警（RALRM）指令从 PROFIBUS 或 PROFINET I/O 设备读取诊断中断信息，输出参数包含被调用组织块的启动和中断源信息。中断组织块调用 RALRM，可返回导致中断的状态、更新、配置文件、诊断错误中断、拔出或插入模块、机架或站故障相关信息。

读取诊断数据（DPNRM_DG）指令允许以规定格式读取 DP 从站的当前诊断数据，该指令仅适用于 PROFIBUS。

启用/禁用 PROFINET I/O 设备（D_ACT_DP）指令可禁用或启用组态的 PROFINET I/O 设备，并确定当前处于激活还是取消激活状态。该指令仅用于 PROFINET I/O 设备，不能用于 PROFIBUS DP 从站。

4. 读写过程映像指令

读取过程映像（GETIO）指令用于一致性地读取 DP 标准从站或 PROFINET I/O 设备的所有输入。

写入过程映像（SETIO）指令用于一致性地从 OUTPUTS 参数定义的源范围传输数据到被定址的 DP 标准从站/PROFINET I/O 设备。

5.3.2 诊断指令

1. 读取 LED 状态指令

读取 LED 状态（LED）指令可读取 CPU 或接口上的 LED 状态，通过 RET_VAL 输出返回指定 LED 的状态，具体如图 5-14 所示。LED 标识符 1~6 分别代表启停、错误、维护、冗余、链接、数据通信，RET_VAL 参数可查看有关手册。

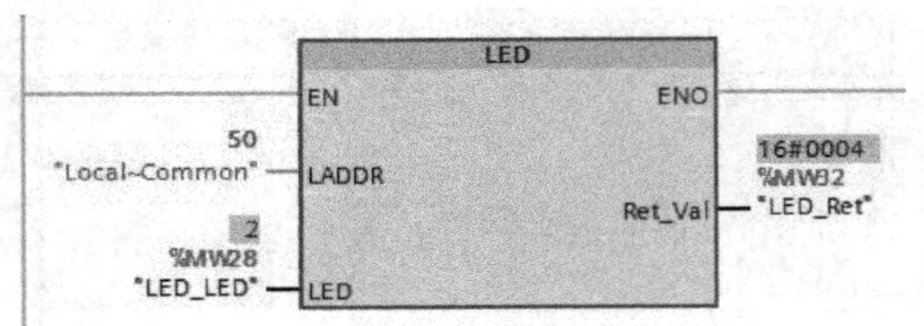

图 5-14　诊断 LED 指令

2. 读取设备和模块状态信息指令

读取 I/O 系统的模块状态信息（DeviceStates）指令用于获取 I/O 子系统的设备运行状态。STATE 参数以位列表形式包含各个 I/O 设备的错误状态。如图 5-15 所示，LADDR 输入使用分布式 I/O 接口硬件标识符；MODE 支持设备组态处于激活状态、设备故障、设备已禁用、设备存在、出现问题的 I/O 设备等 5 种模式。

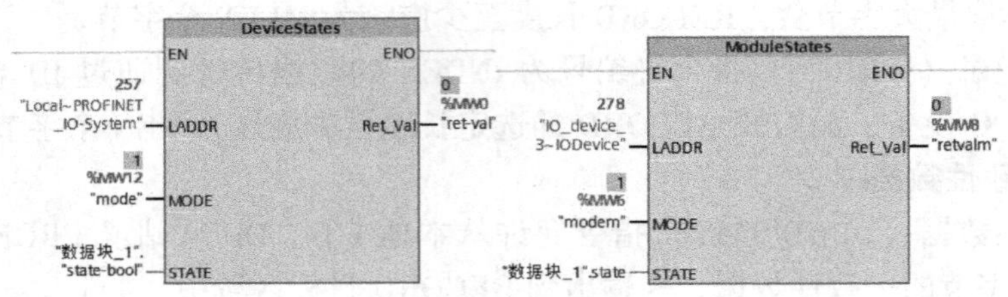

图 5-15　DeviceStates 和 ModuleStates 指令

STATE 第一个字节的 0 位为 1 时，表示其他数据可用，返回的数据展现位与模块位置之间一对一的关系。例如，ET 200SP 对于具有前端模块、电源模块和 2 个 I/O 模块，第一个字节的位 1 对应于前端模块，位 2 对应于电源模块，位 3 和 4 分别对应于两个 I/O 模块。

读取模块的模块状态信息（ModuleStates）指令用于获取 I/O 模块的运行状态。MODE 支持模块组态处于激活状态、模块有故障、模块已禁用、模块存在、模块中存在问题等 5 种模式。对于 LADDR 和 MODE，STATE 参数以位列表形式包含各个 I/O 模块的错误状态。需要注意，ModuleStates 的 LADDR 输入使用的是分布式 I/O 站的硬件标识符，而非前端模块本身的硬件标识符。

例 5-1　16 个 PROFIBUS 设备，名称为"DPSlave_10"至"DPSlave_25"，分别使用地址 10~25。每个从站设备都使用多个 I/O 模块组态。DPSlave_12 含有 1 个前端模块、1 个电源模块和 2 个 I/O 模块。STATE 参数信息的前 4 个字节如表 5-1 所示。

表 5-1　STATE 参数信息

MOD	示例 1：正常运行没有错误	示例 2：DPSlave_12 模块拔出	示例 3：DPSlave_12 断开连接
1：模块组态处于激活状态	0x1F00_0000	0x1F00_0000	0x1F00_0000
2：模块有故障	0x0000_0000	0x0900_0000	0x1F00_0000
3：模块已禁用	0x0000_0000	0x0000_0000	0x0000_0000

（续）

MOD	示例 1：正常运行没有错误	示例 2：DPSlave_12 模块拔出	示例 3：DPSlave_12 断开连接
4：模块存在	0x1F00_0000	0x1700_0000	0x0000_0000
5：模块中存在问题	0x0000_0000	0x0900_0000	0x1F00_0000

3. 读取诊断信息指令

读取诊断信息（GET_DIAG）指令可读出硬件设备的诊断信息。如图 5-16 所示，LADDR 参数进行选择硬件设备，MODE 参数用于读出诊断信息，0~3 分别代表查询模块支持的诊断模式、输出模块的诊断信息，以及输出所寻址对象所有从模块的诊断信息。

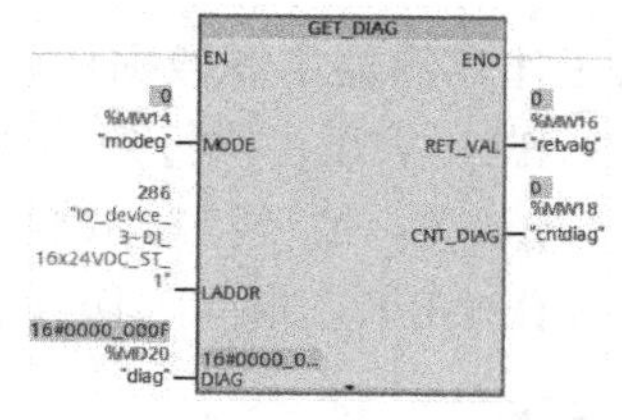

图 5-16　GET_DIAG 指令

4. 读取标识和维护数据指令

读取标识和维护数据（Get_IM_Data）指令用于检查指定模块或子模块的标识和维护数据，数据有助于检查系统组态、硬件变更或查看维护数据。如图 5-17 所示，指令成功执行后，IM0 数据将写入到数据块，包含制造商 ID、订货号、序列号以及硬件和固件版本等信息。

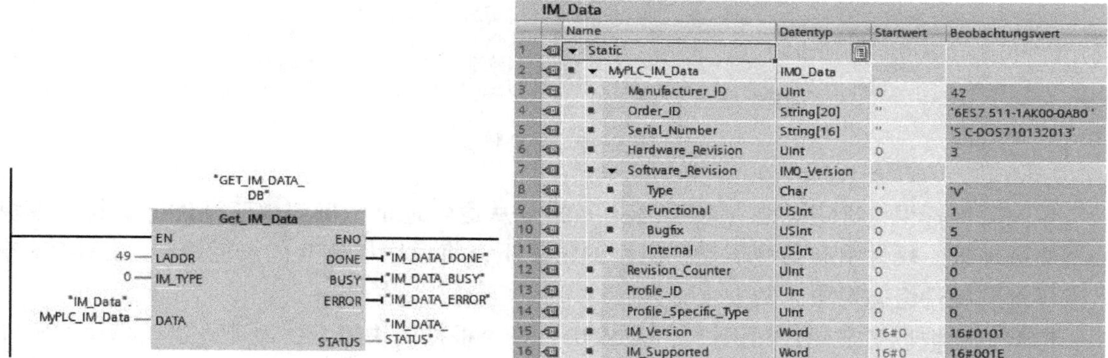

	Name	Datentyp	Startwert	Beobachtungswert
1	▼ Static			
2	▼ MyPLC_IM_Data	IM0_Data		
3	Manufacturer_ID	UInt	0	42
4	Order_ID	String[20]	''	'6ES7 511-1AK00-0AB0 '
5	Serial_Number	String[16]	''	'S C-DOS710132013'
6	Hardware_Revision	UInt	0	3
7	▼ Software_Revision	IM0_Version		
8	Type	Char	' '	'V'
9	Functional	USInt	0	1
10	Bugfix	USInt	0	5
11	Internal	USInt	0	0
12	Revision_Counter	UInt	0	0
13	Profile_ID	UInt	0	0
14	Profile_Specific_Type	UInt	0	0
15	IM_Version	Word	16#0	16#0101
16	IM_Supported	Word	16#0	16#001E

图 5-17　Get_IM_Data 指令

5.4　数据块和寻址指令

知识讲解
其他指令综述
5-1

5.4.1　数据块控制指令

从装载存储器的数据块中读取数据（READ_DBL）指令将数据块全部或部分起始值从装载存储器复制到工作存储器的目标数据块中。在复制期间，装载存储器的内容不变。

将数据写入到装载存储器的数据块（WRIT_DBL）指令将 DB 全部当前值或部分值从工作存储器复制到装载存储器的目标 DB 中。在复制期间，工作存储器的内容不变。

数据块控制指令如图 5-18 所示，输入输出参数含义具体如下：

REQ：请求位，布尔型，如果 BUSY 为 0，则高电平信号会进行动作。

SRCBLK：READ_DEL 指令为指向装载存储器中源数据块的指针，WRIT_DBL 指令为指

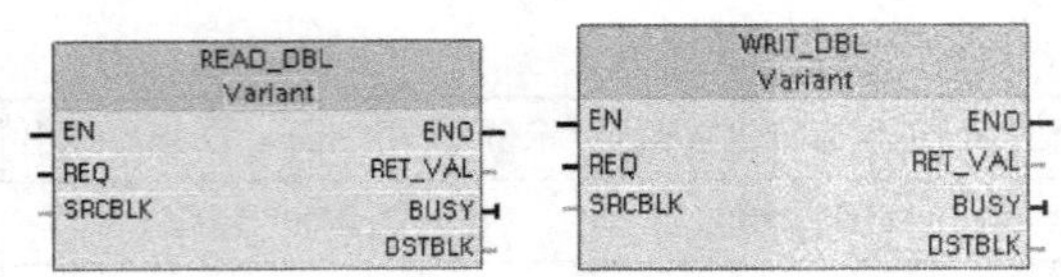

图 5-18　数据块控制指令

向工作存储器中源数据块的指针。

RET_VAL：执行条件代码，数据类型为整型。

BUSY：忙位，布尔型，为 1 表示读取/写入过程尚未完成。

DSTBLK：指向工作存储器中目标数据块的指针。

5.4.2　寻址指令

根据插槽确定硬件标识符（GEO2LOG）指令根据插槽信息确定硬件标识符。指令格式如图 5-19 所示。根据在硬件组态时定义的硬件的类型，可通过 GEOADDR 参数获取 PROFINET IO 系统和设备、机架、模块、子模块评估信息。

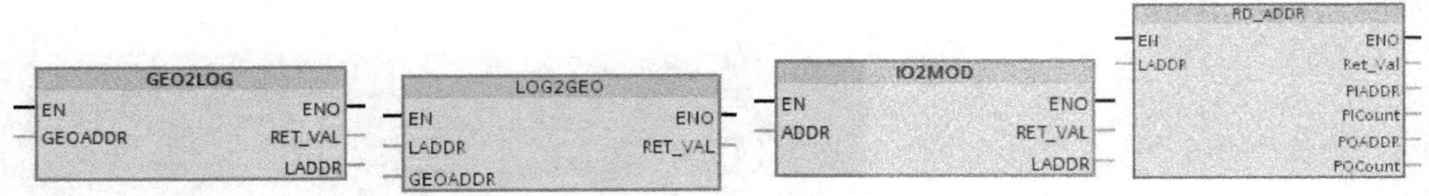

图 5-19　寻址指令

根据硬件标识符确定插槽（LOG2GEO）指令从逻辑地址中确定属于硬件标识符的模块插槽物理地址。硬件组态类型不支持组件的情况下，将返回模块 0 的子插槽号。LADDR 输入未寻址到硬件组态对象，则发生错误。

根据 I/O 地址确定硬件标识符（IO2MOD）指令根据模块的 I/O 地址确定该模块的硬件标识符。ADDR 参数中输入 I/O 地址，如果未指定地址，则 RET_VAL 参数输出错误代码 8090。

根据硬件标识符确定 I/O 地址（RD_ADDR）指令根据子模块的硬件标识符确定输入或输出的长度和起始地址。PIADDR 和 PQADDR 参数各自包含模块 I/O 地址的起始地址，PICOUNT 和 PQCOUNT 参数各自包含输入或输出的字节数。

5.5　配方和数据日志

5.5.1　配方

配方是工艺控制常用的工具，不同工艺需要不同的参数和配方，更换时直接调用相应的配方，节省时间，精力，又能保证效果。

1. 配方指令

导出配方（RecipeExport）指令将所有配方记录从配方数据块导出到 CSV 文件格式，具体包含产品名称、成分名称和起始值等信息。CSV 文件存储在内部装载存储器中，如果安装有可选的外部存储卡，也可以存储在外部装载存储器中。

导入配方（RecipeImport）指令将配方数据从装载存储器中的 CSV 文件导入到 RECIPE_DB 参数引用的配方数据块中。导入过程中，配方数据块中的起始值被覆盖。

以上两条指令，REQ 为请求位，上升沿时调用指令；BUSY 为忙位，配方处理期间该位为 1，指令停止执行后，该位复位为 0；DONE 为完成位，为 1 表示操作完成。如果执行期间发生错误，则参数 ERROR 和 STATUS 会指示结果。

2. 配方使用步骤

1）创建 PLC 数据类型　打开项目树的“PLC 数据类型”文件夹，双击“添加新数据类型”，即可创建 PLC 数据类型，重新命名为 Beer_Recipe。双击项目树添加一个新的数据块，名称更改为 Active_Recipe，数据类型使用下拉菜单选择 Beer_recipe 数据类型，具体图 5-20 所示。

2）创建配方数据块　将配方数据块创建为全局数据块，名称为 Recipe_DB，并启用数据块属性“仅存储在装载存储器中”。配方数据块的名称用作相应 CSV 文件的文件名。配方数组 Products 作为 Array［1．．5］of“Beer_Recipe”。配方成分值可添加为数据块启动值。

配方 ▸ PLC_1 [CPU 1217C DC/DC/DC] ▸ 程序块 ▸ Active_Recipe [DB2]

Active_Recipe

	名称	数据类型	启动值	保持性	可从 HMI …
1	▼ Static			☐	☐
2	Productname	String[20]	''	☐	☑
3	Water	UInt	0	☐	☑
4	Barley	UInt	0	☐	☑
5	Wheat	UInt	0	☐	☑
6	Hops	UInt	0	☐	☑
7	Yeast	UInt	0	☐	☑
8	WaterTmp	UInt	0	☐	☑
9	MashTmp	UInt	0	☐	☑
10	MashTime	UInt	0	☐	☑
11	QTest	UInt	0	☐	☑

图 5-20　定义配方数据类型

配方 ▸ PLC_1 [CPU 1217C DC/DC/DC] ▸ 程序块 ▸ Recipe_DB [DB5]

Recipe_DB

	名称	数据类型	启动值	保持性
1	▼ Static			
2	▼ Products	Array[1..5] of "B...		
3	▼ Products[1]	"Beer_Recipe"		
4	Productname	String[20]	'BlackBeer'	
5	Water	UInt	10	
6	Barley	UInt	9	
7	Wheat	UInt	3	
8	Hops	UInt	410	
9	Yeast	UInt	47	
10	WaterTmp	UInt	60	
11	MashTmp	UInt	30	
12	MashTime	UInt	90	
13	QTest	UInt	0	
14	▸ Products[2]	"Beer_Recipe"		
15	▸ Products[3]	"Beer_Recipe"		
16	▸ Products[4]	"Beer_Recipe"		
17	▸ Products[5]	"Beer_Recipe"		

图 5-21　配方数据块

3）编写用户程序　创建配方数据块导出与导入配方指令使用的背景数据块都是将指令置于程序中时自动创建的，背景数据块用于控制指令的执行，不在程序逻辑中引用。配方示例程序如图 5-22 所示。

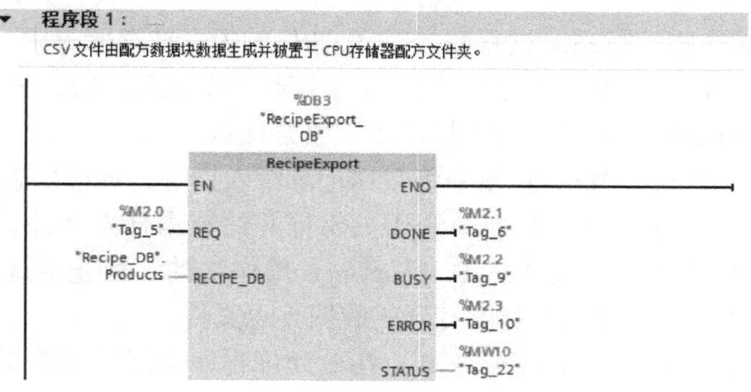

图 5-22　配方导出和导入程序

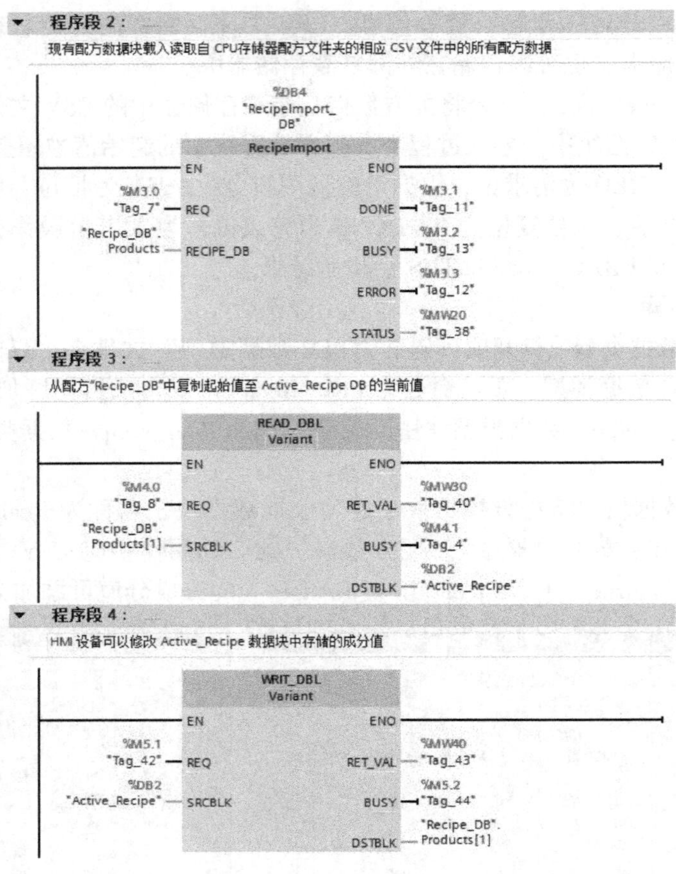

图 5-22　配方导出和导入程序（续）

5.5.2　数据日志

用户程序可使用指令将运行数据值存储在永久性日志文件中。数据日志文件以标准 CSV 文件格式存储在 CPU 或外部存储卡中，并按大小预定的循环日志文件形式组织数据记录。

1. 数据日志指令

创建数据日志（DataLogCreate）指令用于创建和初始化数据日志文件。CPU 在 \DataLogs文件夹中使用 NAME 参数中的名称创建文件，并以隐式打开以便执行写操作。程序可使用 Datalog 指令将运行系统过程数据存入 CPU 的闪存或存储卡中。

打开数据日志（DataLogOpen）指令用于单独打开各个数据日志，只有先打开数据日志，才能向该日志写入新记录。最多可同时打开 8 个数据日志。

写入数据日志（DataLogWrite）指令将数据记录写入指定的数据日志。

关闭数据日志（DataLogClose）指令用于关闭打开的数据日志文件。对已关闭的数据日志执行写操作将导致错误。再次执行 DataLogOpen 操作之前，禁止对此数据日志执行写操作。切换到 STOP 模式时将关闭所有已打开的数据日志文件。

新文件中的数据日志（DataLogNewFile）指令允许程序根据现有数据日志文件创建新的数据日志文件。

2. 数据日志使用步骤

在数据块中创建数据日志名称、标题文本和 MyData 结构，具体如图 5-23 所示。3 个 MyData变量临时存储新的采样值。通过执行数据写指令将这些过程采样值传送到数据日志文件。

数据日志 ▸ PLC_1 [CPU 1217C DC/DC/DC] ▸ 程序块 ▸ My_Datalog [DB6]

My_Datalog

	名称	数据类型	启动值	保持性
1	▼ Static			
2	MyNewDataLogName	String	'MyNewDataLog'	
3	MyDataLogName	String	'MyDataLog'	
4	MyDataLogID	DWord	0	
5	MyDataLogHeaders	String	'Count,Temperature,Pressure'	
6	▼ MyData	Struct		
7	Mycount	Int	0	
8	MyTemperature	Real	0.0	
9	MyPressure	Real	0.0	

图 5-23　创建数据日志等内容

STEP 7 会在插入数据日志指令时自动创建关联的背景数据块。数据日志示例程序如图 5-24 所示。

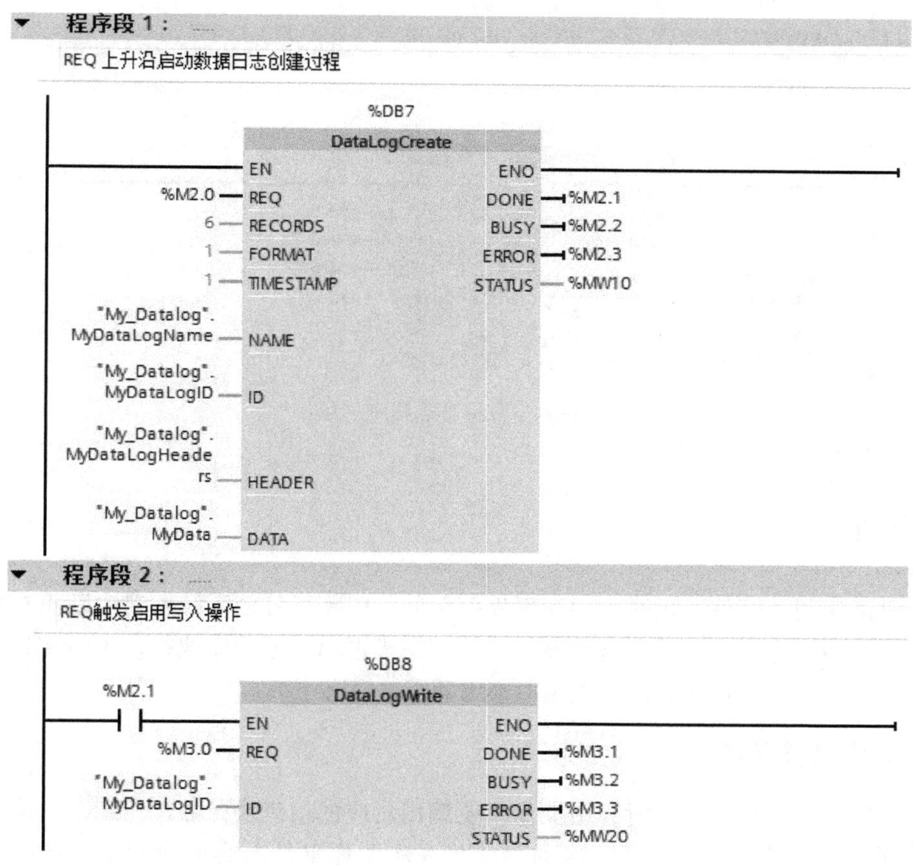

图 5-24　数据日志程序

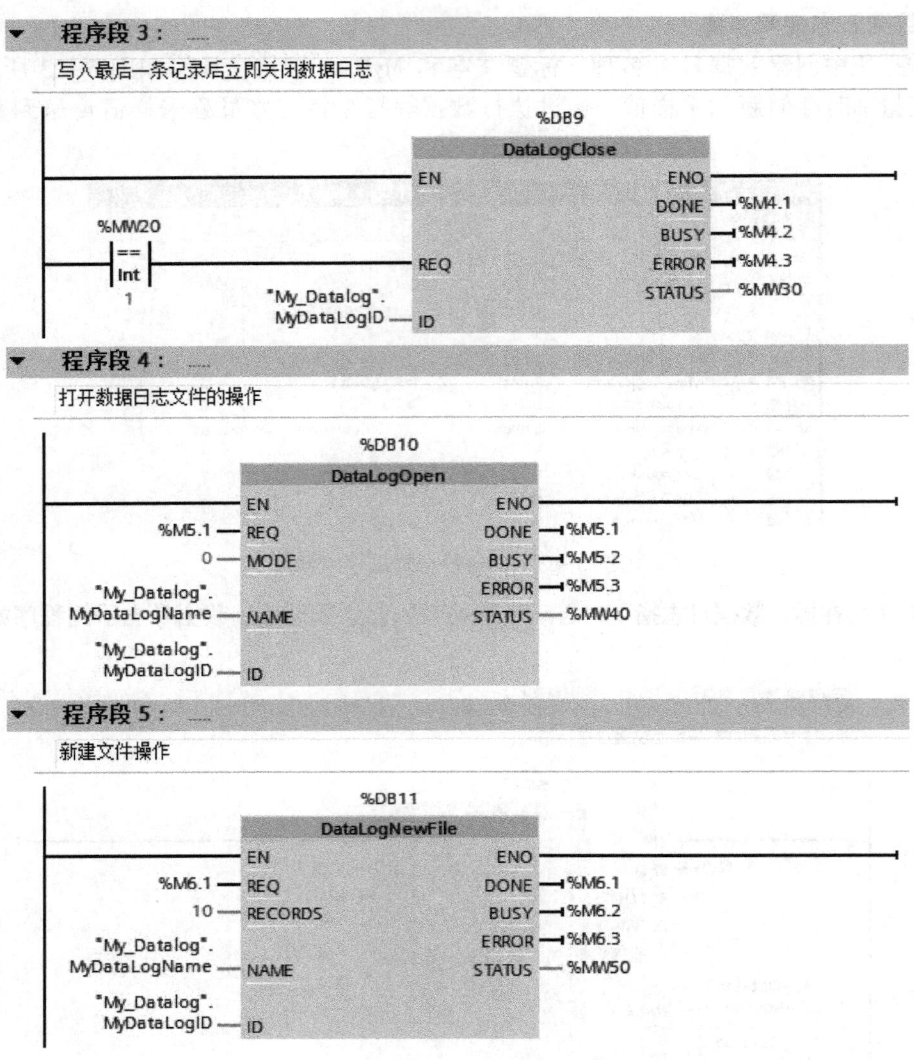

图 5-24　数据日志程序（续）

5.6　中断

中断是由时间、硬件、延时等中断事件引起的。中断事件使系统暂时中断正在执行的程序，而转到中断服务程序去处理这些事件，处理完毕再返回原程序执行。中断在处理复杂和特殊的控制任务、运动控制、网络通信时非常重要。

5.6.1　中断事件及指令

当出现启动组织块的事件时，由操作系统调用对应的组织块。启动组织块的事件属性如表 5-2 所示，为 1 的优先级最低。启动事件与程序循环事件不会同时发生，启动期间，只有诊断错误事件能中断启动事件，其他事件将进入中断队列，在启动事件后处理。事件按优先级的高低来处理，优先级编号越大，优先级越高，时间错误中断具有最高的优先级。一般而言，先处理高优先级的事件，优先级相同的事件按“先来先服务”原则处理。

表 5-2　启动 OB 事件

事件源类型	OB 编号	支持的 OB 个数	启 动 事 件	优先级
启动	100 或≥123	100 个	从 STOP 切换到 RUN 模式	1
程序循环	1 或≥123	100 个	启动或结束前一个程序循环 OB	1
时间中断	10 到 17，≥123	20 个	已达到启动时间	2
状态中断	55	1 个	CPU 接收到状态中断，例如从站中的模块更改了操作模式	4
更新中断	56	1 个	CPU 接收到更新中断，例如更改了从站或插槽参数	4
制造商或配置文件特定的中断	57	1 个	PU 接收到制造商或配置文件特定的中断	4
延时中断	20~23 或≥123	20 个	延时时间结束	3
循环中断	30 到 38，≥123	20 个	固定的循环时间结束	8
硬件中断	40~47 或≥123	50 个	数字输入通道上升沿（≤16）、下降沿（≤16）	16
			HSC 计数值=设定值，方向变化，外部复位，最多各 6 次	16
时间错误中断	80	1 个	超过最大循环时间，调用的 OB 仍在执行	22
诊断错误诊断	82	1 个	具有诊断功能的模块识别到错误	5
拔出/插入中断	83	1 个	分布式 I/O 模块或子模块插入或拔出	6
机架错误中断	86	1 个	CPU 检测到分布式机架或站出现故障或发生通信丢失	6

优先级大于或等于 2 的 OB 将中断循环程序的执行。如果设置为可中断模式，优先级 2~25 的 OB 可被优先级更高的任何事件中断，时间错误中断会中断所有其他的 OB；如果未设置可中断模式，优先级 2~25 的 OB 不能被任何事件中断。

关联 OB 与中断事件（ATTACH）指令启用响应硬件中断事件的中断 OB 子程序执行。断开 OB 与中断事件（DETACH）指令禁用响应硬件中断事件的中断 OB 子程序执行。具体指令格式如图 5-25 所示

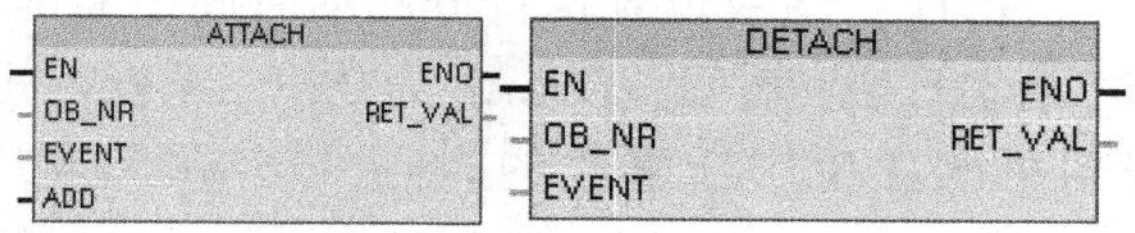

图 5-25　关联/断开 OB 与中断事件指令

OB_NR：组织块标识符，从使用“添加新块”功能创建的可用硬件中断 OB 中进行选择。双击该参数域，然后单击助手图标可查看可用的 OB。

EVENT：事件标识符，在 PLC 设备组态中为数字输入或高速计数器启用的可用硬件中断事件中进行选择。双击该参数域，然后单击助手图标可查看这些可用事件。

ADD：ADD=0（默认值），该事件将取代先前为此 OB 附加的所有事件；ADD=1，该

事件将添加到先前为此 OB 附加的事件中。

5.6.2 中断组织块

1. 循环中断

循环中断组织块以预先设定的循环时间周期性地执行，设定范围为 1～60000 ms，编号为 OB30～OB38，或者大于或等于 123。

双击项目树中的添加新块，添加组织块“Cyclic interrupt”，默认编号为 OB30，并将循环中断时间 100 ms 修改为 2000 ms。图 5-26 中，I0.0 控制彩灯是否移位，I0.1 控制移位的方向。CPU 运行期间可用 SET_CINT 指令重新设置循环中断循环时间和相移，时间单位为 μs。如果循环中断 OB 的执行时间大于循环时间，将会启动时间错误 OB。

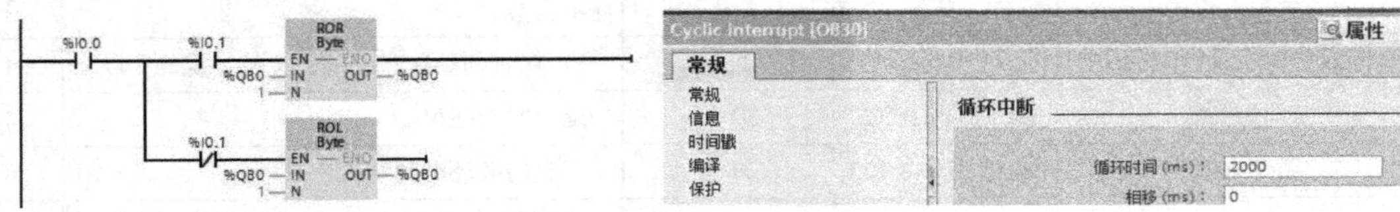

图 5-26 循环中断组织块举例

QRY_CINT 指令可查询循环中断的状态。具体如图 5-27 所示。从仿真结果来看，M26.4 为 1 表示已下载 OB30，M26.2 为 1 表示已启用循环中断 OB30。

图 5-27 循环中断组织块举例

2. 时间中断

时间中断用于设置日期和时钟中断，程序中断 OB 可设置为执行一次，或者在分配的时间段内多次执行。时间中断编号为 10～17，或大于或等于 123。在项目视图中生成新项目，添加一个名为“Time of day”组织块，默认编号 10，OB 块会自动生成和打开。

设置时钟中断（SET_TINTL）指令设置执行分配的时间中断的日期和时钟中断事件。OB_NR 为 OB 编号；SDT 启动日期和时间；LOCAL 为 0 使用系统时间，为 1 使用本地时间；PERIOD 为从起始时间到再次发生中断事件的时隔，16#0000 = 1 次，16#0201 = 分钟，16#0401 = 小时，16#1001 = 天，16#1201 = 周，16#1401 = 月，16#1801 = 年，6#2001 = 月末；ACTIVATE 为 0 必须执行 ACT_TINT 才能激活中断事件，为 1 代表中断事件已激活；RET_VAL 为执行条件代码。

CAN_TINT、ACT_TINT 和 QRY_TINT 分别用于取消、激活和查询指定的起始日期和时钟中断事件。图 5-28 中，M1.2 上升沿 QRY_TINT 指令用来查询时间中断的状态；I0.0 上升沿调用 SET_TINTL 和 ACT_TINT 分别用于设置和激活时间中断 OB10；I0.1 上升沿调用 CAN_TINT 取消时间中断。

图 5-29 是时间中断程序，每隔 1 min，调用一次时间中断 OB10，MW30 加 1。下载所有

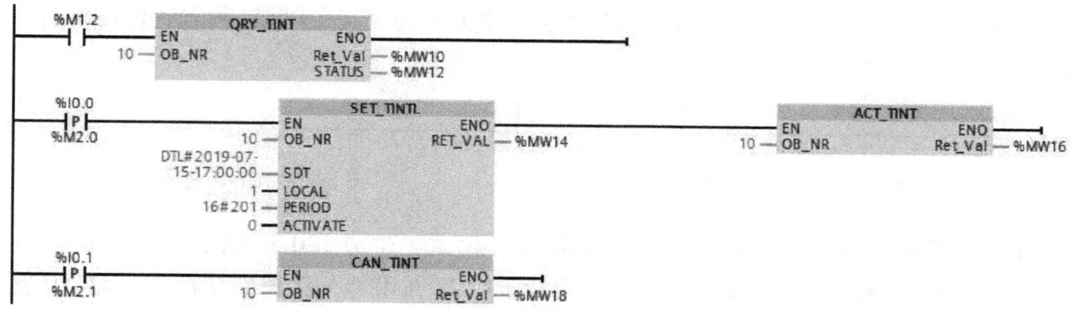

图 5-28　OB1 程序

的块后，S7-PLCSIM 中生成 IB0、MW30 和 MB13 条目，并将 PLC 切换到 RUN 模式，M13.4 为 1，表示已下载了 OB10 中断组织块。两次点击 I0.0，设置和激活时间中断，M13.0 为 0 表示时间中断运行中，M13.1 为 0 表示中断已启用，M13.2 为 1 表示 OB10 已激活，M13.4 为 1 表示已分配中断编号，M13.6 为 1 表示日期和时钟中断使用本地时间。两次单击 I0.1，I0.1 上升沿将禁止时间中断，M13.2 为 0，MW30 停止加 1。

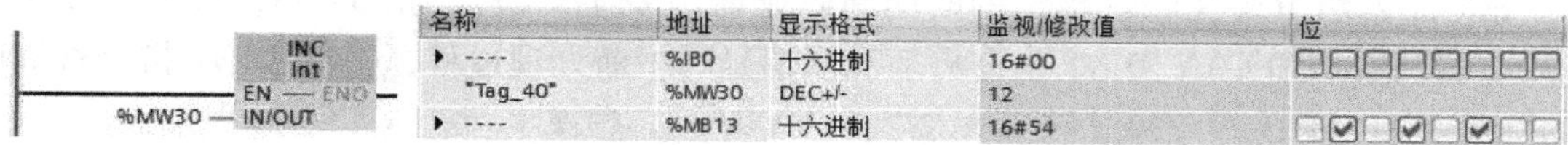

图 5-29　OB10 程序及 SIM 表监控

3. 硬件中断

硬件发生变化时将触发硬件中断事件，硬件中断组织块将中断正常的循环程序执行来响应硬件事件信号。S7-1200 最多可生成 50 个硬件中断，编号为 40~47，或大于或等于 123，所支持的硬件中断事件如表 5-2 所示。

硬件中断处理时，可给每个事件指定单独的硬件中断编号，这种方法最为简单方便，当然也可以多个硬件中断组织块分时处理一个硬件中断事件，但需用 DETACH 指令取消原有的事件连接，并用 ATTACH 指令将新的硬件中断分配给中断事件，节省资源但控制烦琐。

项目视图中生成新项目，添加“Hardware interrupt”组织块，默认编号为 40。同样的方法，生成硬件中断的另一个组织块“Hardware interrupt”，编号为 OB41。

图 5-30 所示，CPU 设备“属性>常规”选项卡中，将数字量输入通道 0 配置成上升沿检测，并关联硬件中断 Hardware interrupt（OB40），即出现 I0.0 上升沿时将调用 OB40；同时，将数字量输入通道 1 配置成下降沿检测，并关联硬件中断 Hardware interrupt1（OB41），即出现 I0.1 下降沿时将调用 OB41。

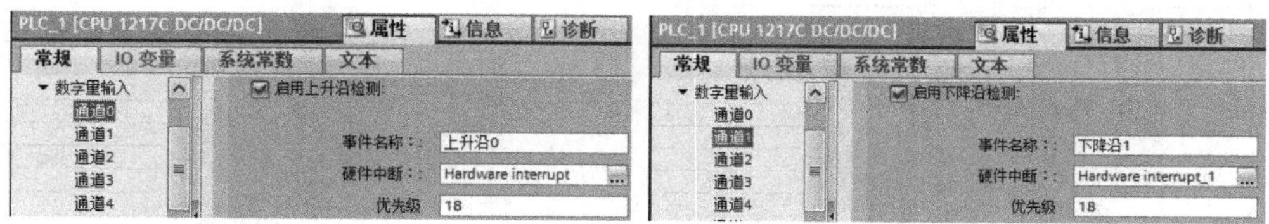

图 5-30　硬件中断组态

OB40 和 OB41 中，分别用 M1.2 一直闭合的常开触点将 Q0.0：P 触点置位和复位，分别如图 5-31 和图 5-32 所示。

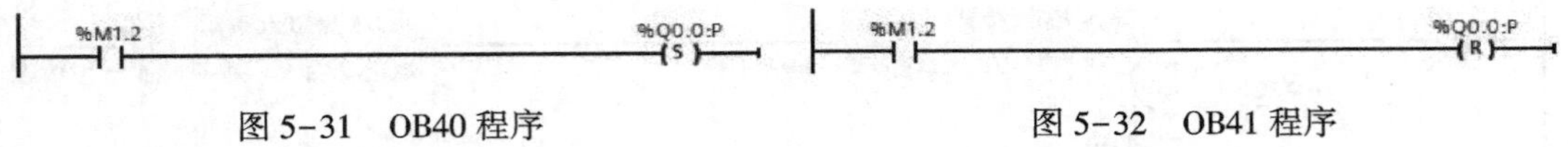

图 5-31　OB40 程序　　　　图 5-32　OB41 程序

打开仿真软件 S7-PLCSIM，CPU 切换到 RUN 模式，生成 IB0 和 QB0 条目，如图 5-33 所示。单击 I0.0 置位为 1，在 I0.0 的上升沿，CPU 调用 OB40 硬件中断块，Q0.0 置位为 1；再次单击 I0.0 复位为 0，在 I0.1 的下降沿，CPU 调用 OB41 硬件中断块，将 Q0.0 复位为 0。

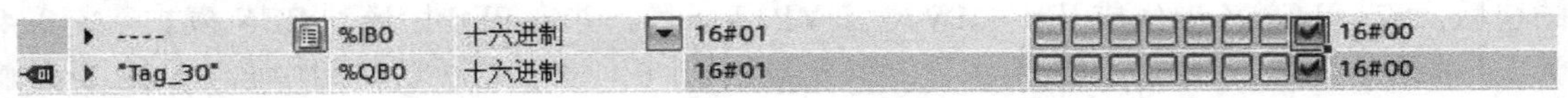

名称	地址	显示格式	监视/修改值	修改值
----	%IB0	十六进制	16#01	16#00
"Tag_30"	%QB0	十六进制	16#01	16#00

图 5-33　SIM 表监控

4. 延时中断

延时中断组织块在经过指定的时间间隔延时后发生，编号为 20～23，或大于或等于 123。SRT_DINT 和 CAN_DINT 指令启动和取消延时中断处理过程，QRY_DINT 指令查询中断状态。SRT_DINT 指令延时时间最大为 1～60000 ms，精度 1 ms。

在项目视图中生成新项目，添加“Time delay interrupt”组织块，默认编号为 20。在 I0.0 的上升沿调用硬件组织块 OB40，如图 5-34 所示，OB40 程序中调用指令 SRT_DINT 启动延时中断，延时时间值为 20 ms，RET1、RET2 是 OB40 中数据类型为 Int 的临时局部变量，OB40 中调用 RD_LOC_T 指令读取启动延时中断组织块时的实时时间并存在 DB1.Time1。如图 5-35 所示，延时时间到时调用延时中断组织块 OB20，OB20 中再次调用 RD_LOC_T 指令读取调用时的实时时间保存在 DB1.Time2，同时将 Q0.0 触点置位。

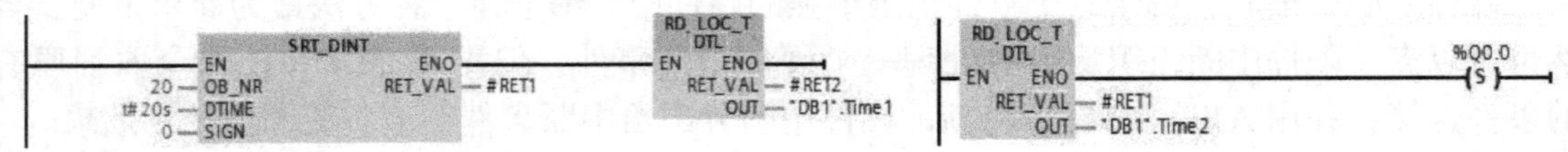

图 5-34　延时中断 OB40 程序　　　　图 5-35　OB20 程序

图 5-36 中，OB1 中调用 QRY_DINT 指令查询延时中断的状态并保存在 MW10。I0.0 为 1 时调用指令 CAN_DINT 取消延时中断过程，I0.2 为 1 复位 Q0.0。仿真时，生成 IB0、QB0 和 MB11 条目。如图 5-37 所示，MB11.4 变为 1，表示 OB20 已经下载到 CPU。

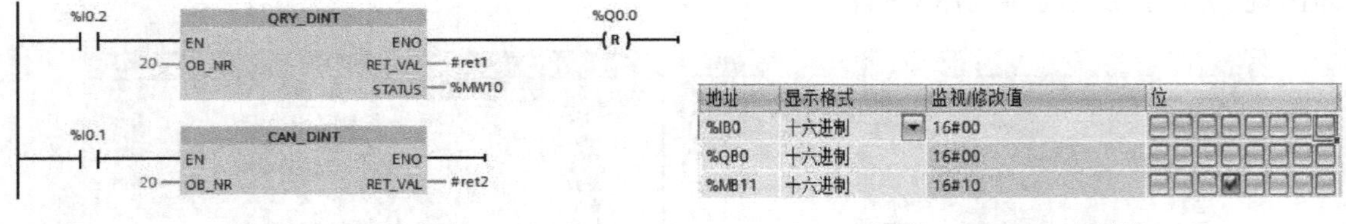

地址	显示格式	监视/修改值	位
%IB0	十六进制	16#00	
%QB0	十六进制	16#00	
%MB11	十六进制	16#10	

图 5-36　OB1 程序　　　　图 5-37　SIM 表监控

单击 I0.0 置位为 1，I0.0 上升沿时，CPU 调用 OB40，M11.2 变为 1，表示正在执行

SRT_DINT 启动的时间延时；定时时间到，M11.2 变为 0，表示定时结束，并将 Q0.0 置位为 1。

从图 5-38 中可看出，SRT_DINT 指令启动定时和定时时间到时间差刚好为 20s，说明定时精度是相当高的。延时中断时间尚未到时，单击 I0.1 置位为 1，执行指令 CAN_DINT，M11.2 变为 0，延时时间中断被取消。

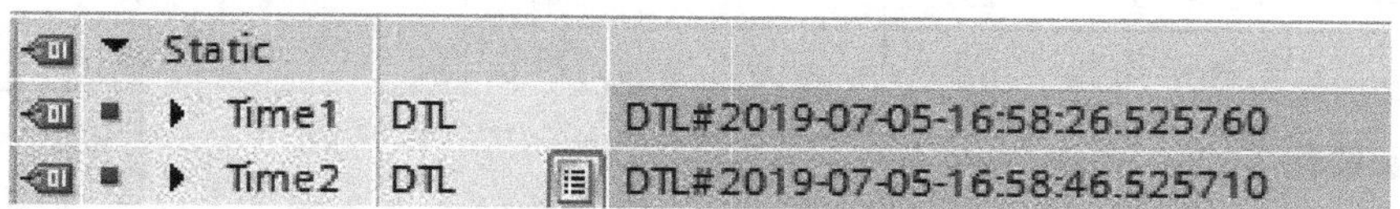

图 5-38　DB1 数据块中的日期时间值

5.7　高速计数器

计数器指令限于发生在低于 S7-1200 CPU 扫描周期速率的计数事件。高速计数器功能则提供了发生高于 PLC 扫描周期速率的计数脉冲，而不受扫描周期的限制。此外，还可组态高速计数器测量或设置脉冲发生的频率和周期，例如运动控制可通过高速计数器读取电机编码器信号。

5.7.1　高速计数器概述

1. 硬件组成

S7-1200 最多提供 6 个高速计数器，可测量的单相脉冲频率最高为 100kHz，双相或 A/B 相频率最高为 30kHz。S7-1200 给出了 HSC1～HSC6 的单向、双向和 A/B 相输入时默认的数字量输入点，以及各输入点在不同计数模式下的最高计数频率，默认地址为 ID1000～ID1020，组态时可修改地址。具体如表 5-3 所示。

表 5-3　CPU 本体输入最大频率

CPU	CPU 输入通道	单　相		两　相　位		A/B 正交	
		频率/kHz	高速计数最大数量	频率/kHz	高速计数最大数量	频率/kHz	高速计数最大数量
1211C	Ia. 0～Ia. 5	100	6	100	3	80	3
1212C	Ia. 0～Ia. 5	100	6	100	3	80	3
	Ia. 6～Ia. 7	30	2	30	1	20	1
1214/1215C	Ia. 0～Ia. 5	100	6	100	3	80	3
	Ia. 6～Ib. 5	30	6	30	4	20	4
1217C	Ia. 0～Ia. 5	100	6	100	3	80	3
	Ia. 6～Ib. 1	30	4	30	2	20	2
	Ib2. 2～Ib2. 5	1000	4	1000	2	1000	2

S7-1200 除了本体高速输入点以外，还提供了支持高速输入的信号板，具体如表 5-4 所示。

表 5-4 信号板输入最大频率

信号板	SB 输入通道	单相		两相位		A/B 正交	
		频率/kHz	高速计数最大数量	频率/kHz	高速计数最大数量	频率/kHz	高速计数最大数量
SB1221，200 kHz	Ie. 0～Ie. 3	200	4	200	2	160	2
SB1223，200 kHz	Ie. 0～Ie. 1	200	2	200	1	160	1
SB1223	Ie. 0～Ie. 1	30	2	30	1	20	1

2. 中断事件

事件组态时通过下拉菜单选择硬件中断，中断优先级取值范围为 2～26。根据 HSC 组态的情况，可使用以下事件：

1）计数器值等于参考值事件　高速计数器当前值等于参考值完全匹配时发生该事件。

2）外部复位事件　外部复位端从 OFF 切换为 ON 时，会发生此类外部复位事件。

3）更改方向事件　计数方向发生变化时，发生更改方向事件。

3. 高速计数器的指令

高速计数器指令（CTRL_HSC）通过程序控制高速计数器，指令使用 DB 中的存储结构来保存高速计数器数据。当组态的计数方向设置为内部方向控制时，DIR 参数才有效，BUSY 参数值始终为 0。用户硬件组态可设置高速计数器计数/频率功能、复位、中断事件、硬件 I/O，以及计数值地址等参数，当然也可通过用户程序来修改某些 HSC 参数而对程序进行控制。CTRL_HSC 指令通常放置在触发计数器硬件中断事件时执行的硬件中断 OB 中。

使用高速计数器指令时，首先需要创建一个数据块用于存储参数，编辑器放置 CTRL_HSC 指令后自动分配 DB，各参数含义如表 5-5 所示。

表 5-5 高速计数器指令块参数

参数声明		数据类型	说明
HSC	IN	HW_HSC	高速计数器硬件标识号
DIR	IN	Bool	1＝请求新方向
CV	IN	Bool	1＝请求设置新的计数器值
RV	IN	Bool	1＝请求设置新的参考值
PERIOD	IN	Bool	1＝请求设置新的周期值（仅限频率测量模式）
NEW_DIR	IN	Int	新方向：1＝向上，－1＝向下
NEW_CV	IN	DInt	新计数器值
NEW_RV	IN	DInt	新参考值
NEW_PERIOD	IN	Int	ms 为单位新周期值（仅限频率测量模式），值为 10、100 或 1000 ms：
BUSY	OUT	Bool	功能忙
STATUS	OUT	Word	执行条件代码

4. 编码器

编码器是将信号或数据进行编制、转换为可用以通信、传输和存储的信号形式的设备。编码器按照工作原理编码器可分为增量式和绝对式两类。

（1）增量式编码器

增量式编码器是将位移转换成周期性的电信号，再把这个电信号转变成计数脉冲，用脉冲的个数表示位移的大小。双通道增量式编码器又称为 A/B 相或正交相位编码器，内部有两对光耦合器，输出相位差为90°的两组独立脉冲序列。如图 5-39 所示，编码器正转和反转时两路脉冲超前、滞后关系恰好相反，PLC 可根据信号的相位关系识别出转轴旋转的方向。

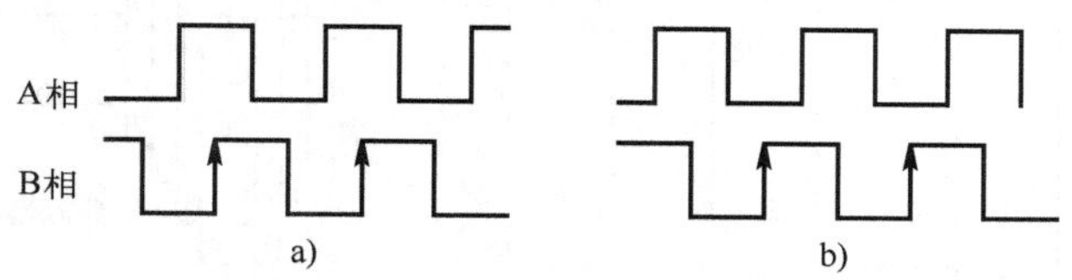

图 5-39　A/B 相编码器的输出波形图
a）正转　b）反转

（2）绝对式编码器

绝对式编码器的每一个位置对应一个确定的数字码，因此测量值只与测量起始和终止位置有关，而与测量的中间过程无关。绝对式编码器输出的 N 位二进制数据反映了运动物体所处的绝对位置，根据位置的变化情况，可判断出旋转的方向。

5. 高速计数器的功能

（1）工作模式

HSC 具有 4 种高速计数器工作模式，每种模式复位时，当前值被清除，直到断开复位才能再次启动计数器。具体如下：

① 单相计数器　用户程序使用内部方向控制，硬件输入使用外部方向信号控制，1 为加计数，0 为减计数，单相计数器时序图如图 5-40 所示。

② 双相计数器　具有两路时钟脉冲输入的双相计数器，加时钟输入向上，减时钟输入向下，双相计数器时序图如图 5-41 所示。

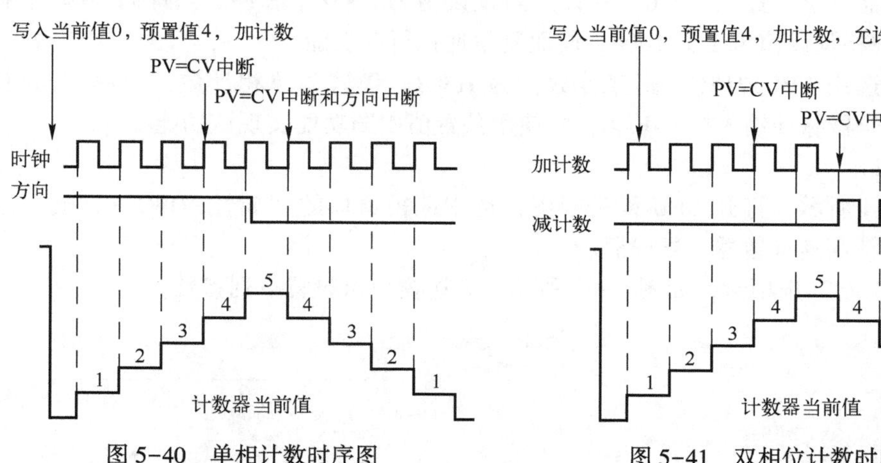

图 5-40　单相计数时序图

图 5-41　双相位计数时序图

③ A/B 相正交计数器可选择 1 倍频和 4 倍频模式，1 倍频模式在时钟脉冲每个周期计 1 次数，4 倍频在时钟脉冲的每个周期计 4 次数，两种工作模式时序图如图 5-42 和图 5-43 所示。

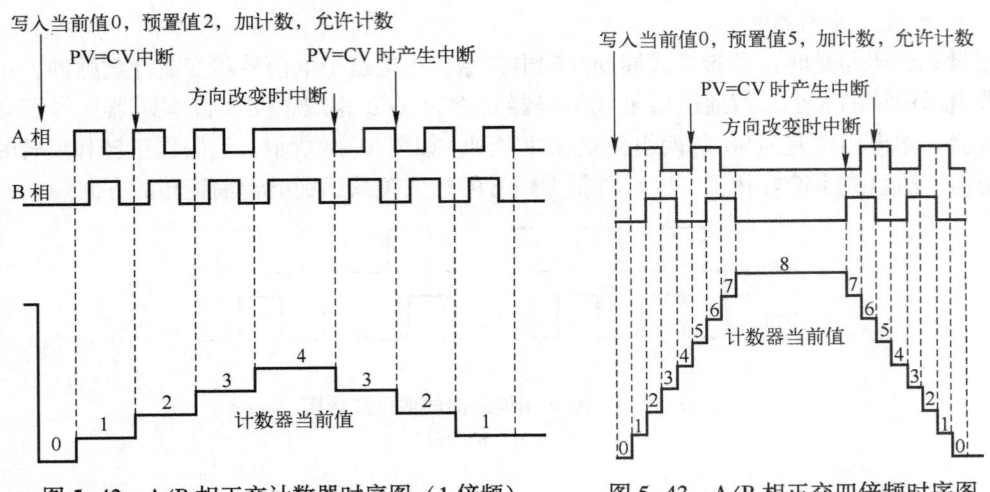

图 5-42　A/B 相正交计数器时序图（1 倍频）　　图 5-43　A/B 相正交四倍频时序图

（2）频率测量功能

HSC 模式允许选用 3 种频率测量周期（0.01 s、0.1 s 和 1 s）来测量频率值，频率测量周期决定了计算和报告新频率值的频率，新频率值是上一测量周期内总计数值的平均值。

（3）周期测量功能

周期测量通过组态的测量间隔（0.01 s、0.1 s 或 1 s）提供。HSC_Period SDT 返回周期测量并以 ElapsedTime 和 EdgeCount 两个无符号双精度整数值形式提供周期测量。ElapsedTime 表示测量间隔时间，EdgeCount 表示测量间隔内计数事件的数量。

5.7.2　高速计数器应用实例

旋转机械上使用单相增量编码器作为信号输入接入到 S7-1200 PLC。要求在计数 1000 个脉冲时，计数器复位，置位 M2.0，并设定新预设值为 2000 个脉冲。当计满 2000 个脉冲后复位 M2.0，并将预设值再设为 1000，周而复始地执行此功能。

系统控制器选用 CPU1215C，高速计数器为 HSC1，模式为单相计数，内部方向控制，无外部复位，编码器脉冲输入接入 I0.0，并使用预置值中断功能实现该功能要求。

1. 硬件组态

1）如图 5-44 所示，打开 CPU 设备视图，选中巡视窗口的“属性-HSC1-常规”选项卡，勾选“启用该高速计数器”复选框。

2）选中“功能”选项卡，如图 5-45 所示，右边窗口可设置下列参数：

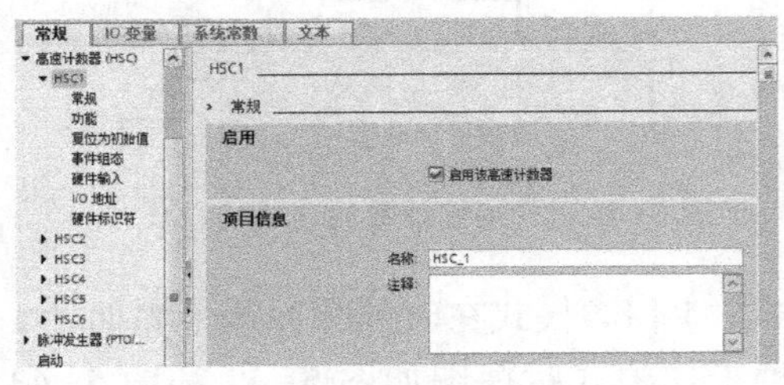

图 5-44　激活计数器功能

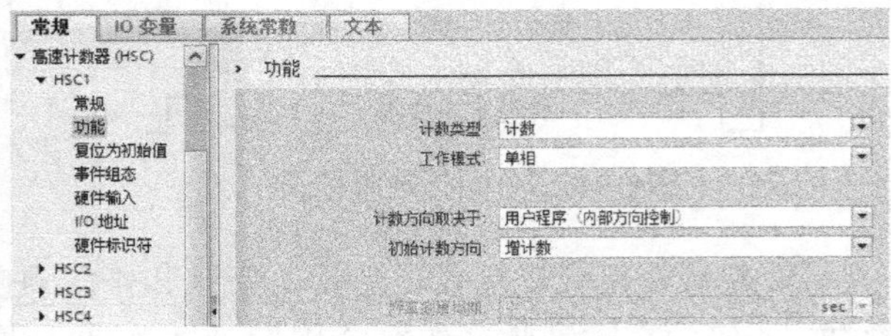

图 5-45　功能设置

①“计数类型”：可选计数、时间段、频率或运动控制。如果设置为时间段和频率，使用“频率测量周期”下拉式列表，可选择时间单位 1.0 s、0.1 s 和 0.01 s。

②“工作模式”列表：可选单相、两相位、A/B 计数器或 AB 计数器 4 倍频等四种模式，运动控制不可选单相模式。

③“计数方向取决于”：工作模式选择单相时，计数方向可选用户程序（内部方向控制）、输入（外部方向控制）。

④“初始计数方向”：可选增计数或减计数。

本例设置计数类型为计数、工作模式为单相、计数方向为用户程序（内部方向控制）、初始计数方向为增计数。

3）如图 5-46 所示，选中“复位为初始值”选项卡，可设置初始计数器值和初始参考值，如果勾选了“使用外部复位输入”复选框，用下拉式列表可选择“复位信号电平”是高电平有效还是低电平有效。本例设置初始计数器值为 0，初始参考值为 1000，不使用外部复位输入。

4）如图 5-47 所示，选中“事件组态”选项卡，用户可用复选框选择是否激活计数器值等于参考值、外部复位事件和计数方向变化事件生成中断，并进一步设置组态事件名称、硬件中断和优先级属性。外部复位事件须确认使能外部复位信号，方向改变事件须选择外部方向控制。本例设置为计数器值等于参考值时生成中断，分配事件为硬件中断 OB40，优先级默认为 18。

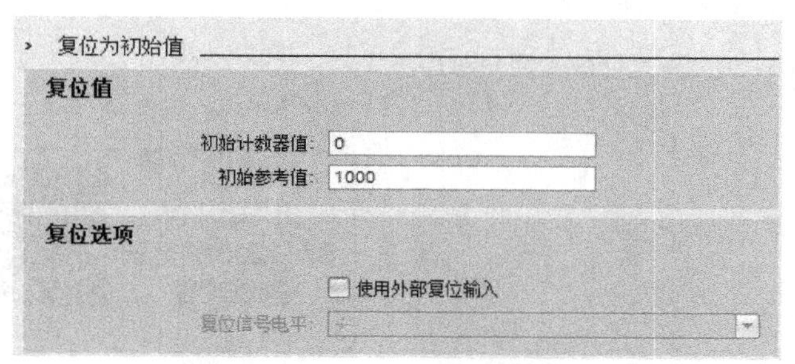

图 5-46　初始值与复位信号组态

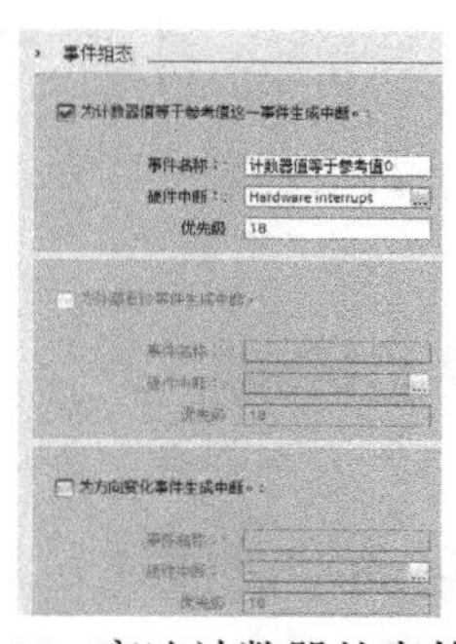

图 5-47　高速计数器的事件组态

5）如图 5-48 所示，选中“硬件输入”选项卡，用户可组态高速计数器所使用的时钟发生器输入、方向输入和复位输入的输入点，并可看到该 HSC 可用的最高频率。本例设置时钟发生器输入为 I0.0，频率为 100 kHz 板载输入。

6）选中“I/O 地址”选项卡，如图 5-49 所示，窗口中可修改 HSC 的起始地址，默认起始地址为 1000，结束地址为 1003，硬件标识符为默认的 257。

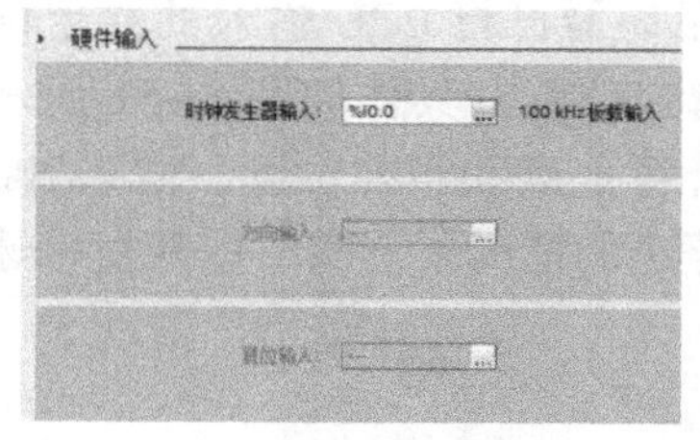

图 5-48　高速计数器的硬件输入组态

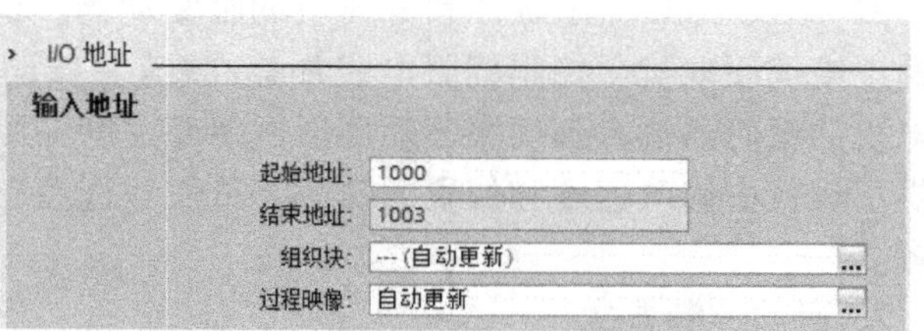

图 5-49　高速计数器的 I/O 地址组态

2. 编写程序

项目视图中，打开硬件中断组织块 OB40，将高速计数器指令块拖放到 OB40 中，选择添加默认的背景数据块，用户程序如图 5-50 所示，当前计数值可在 ID1000 中读取。

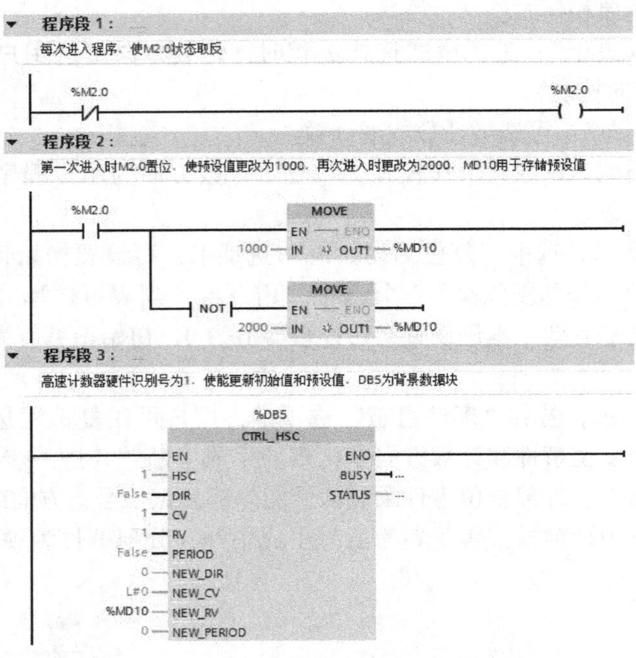

图 5-50　高速计数器用户程序

5.8　运动控制

知识讲解
S7-1200 的运动控制功能
5-2

5.8.1　运动控制概述

1. 运动控制原理

S7-1200 PLC 通过脉冲接口为步进电机和伺服电机的运行提供运动控制功能。运动控制中使用了轴的概念，通过对硬件接口、位置定义、动态特性、机械特性等组态，并与相关的指令块组合使用，用户可实现绝对位置、相对位置、点动、转动控制，以及自动寻找参考点的功能。PROFINET 接口用于在 CPU 与编程设备之间建立在线连接，除了 CPU 在线功能外，附加的调试和诊断功能也可用于运动控制。

S7-1200 PLC 输出脉冲和方向至伺服驱动器，伺服驱动器再将 CPU 输入的给定值处理后输出给伺服电机，控制伺服电机加速/减速并移动到指定位置，具体如图 5-51 所示。伺服电机的编码器输入到伺服驱动器形成闭环控制，用于计算速度和当前位置。S7-1200 PLC 提供了运行中修改速度和位置的功能，可使运行控制在停止的情况下，实时改变目标速度与位置。

2. 运动控制方式

S7-1200 PLC 运动控制根据驱动方式不同，可分为三种控制方式，具体如下。

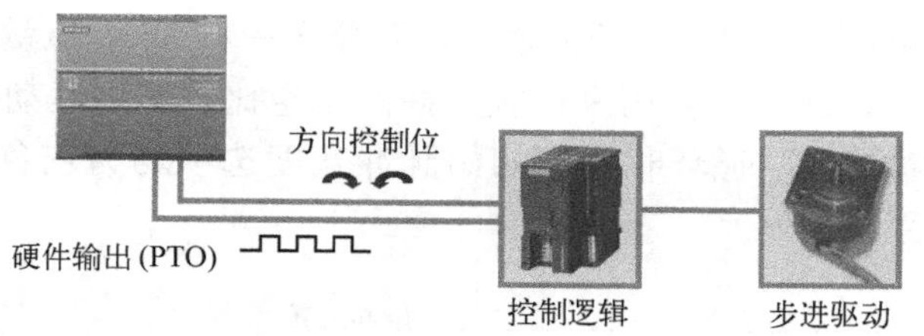

图 5-51　运动控制示意图

1）PROFIdrive：通过基于 PROFIBUS/PROFINET 的 PROFIdrive 方式与支持 PROFIdrive 的驱动器连接，进行运动控制。

2）高速脉冲串输出：通过高速脉冲输出方式控制驱动器，可以是脉冲+方向、A/B 正交，也可以是正/反脉冲的方式。高速脉冲输出有高速脉冲串输出 PTO（Pulse Train Output）和宽度可调脉冲输出 PWM（Pulse Width Modulation）两种方式。PTO 方式输出一串脉冲，占空比固定为 50%，用户可控制脉冲的周期和个数；PWM 可输出一串占空比可调的脉冲，用户可控制脉冲的周期和脉宽。PWM 时间基准可设置为 ms 和 μs。脉冲宽度为 0 时占空比为 0，输出一直为 0；脉冲宽度等于脉冲周期时，输出一直为 1，两者均没有脉冲输出。

3）模拟量：通过输出模拟量来控制驱动器，继电器类型，不能作为 PTO 输出点使用。

3. PTO 硬件组成

S7-1200 不论是使用本体 I/O、信号板 I/O，还是两者组合，最多可控制 4 个 PTO 输出。每个 CPU 有 4 个 PTO/PWM 发生器，分别通过 CPU 集成的 Q0.0~Q0.7 或信号板上的 Q4.0~Q4.3 输出，CPU1211C 没有 Q0.4~Q0.7，CPU1212C 没有 Q0.6~Q0.7，具体如表 5-6 所示。

表 5-6　脉冲发生器输出和频率范围

板　　载	CPU 输出通道	脉冲和方向输出	A/B，正交，增减计数和脉冲方向
CPU1211C	Qa.0 到 Qa.3	100 kHz	100 kHz
CPU1212C	Qa.0 到 Qa.3	100 kHz	100 kHz
	Qa.4、Qa.5	20 kHz	20 kHz
CPU1214C 和 CPU1215C	Qa.0 到 Qa.3	100 kHz	100 kHz
	Qa.4 到 Qb.1	20 kHz	20 kHz
CPU1217C	DQa.0 到 DQa.3	1 MHz	1 MHz
	DQa.4 到 DQb.1	100 kHz	100 kHz
SB 1222，200 kHz	DQe.0 到 DQe.3	200 kHz	200 kHz
SB 1223，200 kHz	DQe.0，DQe.1	200 kHz	200 kHz
SB 1223	DQe.0，DQe.1	200 kHz	200 kHz

4. PWM 和 PTO 组态

1）如图 5-52 所示，打开 CPU 设备视图，选中巡视窗口“属性-常规-脉冲发生器”选项卡，选中“启用该脉冲发生器”复选框，并可对项目进行重命名和添加注释信息。

2）如图 5-53 所示，选中参数分配选项卡，脉冲信号类型有 PWM、PTO（脉冲 A 和方向 B）、PTO（正数 A 和倒数 B）、PTO（AB 相移）、PTO（AB 相移-四倍频）。时基可选毫秒或微秒；脉宽格式可选百分之一、千分之一、万分之一和S7模拟量格式；循环时间用来设置脉冲的周期值；初始脉冲宽度用来设置脉冲的占空比。使用运动控制功能时需要选择PTO方式，时基、脉冲格式、循环时间和初始脉冲宽度选项均为灰色不可更改，输出I/O地址和硬件识别符为系统默认。

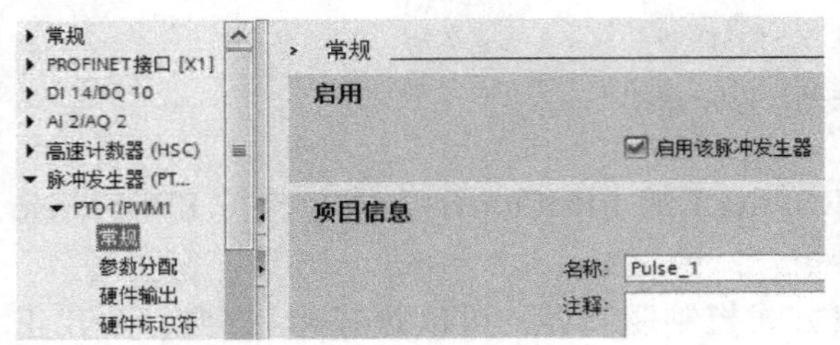

图5-52 激活脉冲发生器功能

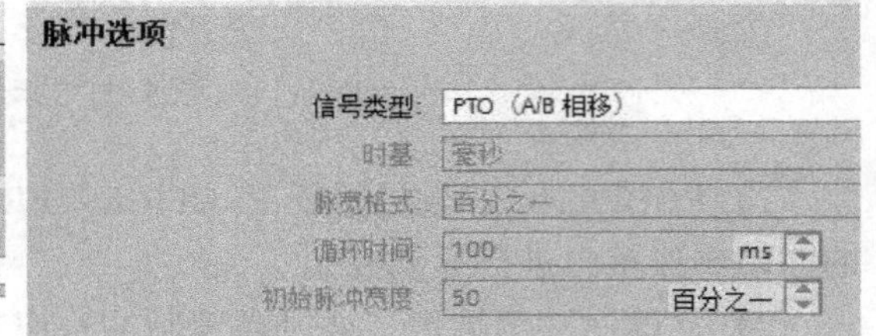

图5-53 设置脉冲发生器的参数

脉冲信号类型选项含义如下：

① PTO（脉冲A和方向B）如图5-54所示，一个输出控制脉冲，另一个输出控制方向。如果脉冲处于正向，则P1为高电平；如果脉冲处于负向，则P1为低电平。

② PTO（正数A和倒数B）如图5-55所示，一个输出脉冲控制正方向，另一个输出脉冲控制负方向。

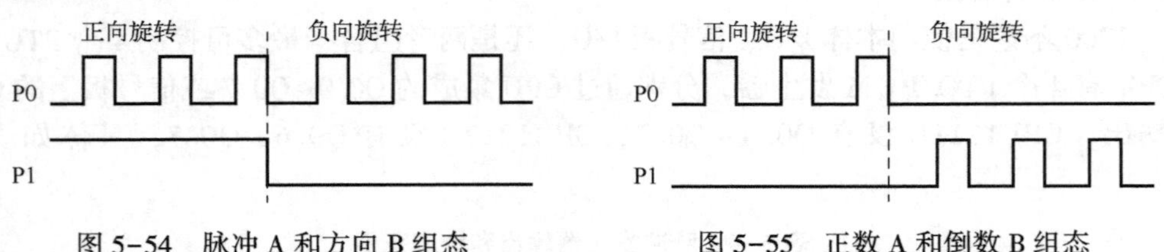

图5-54 脉冲A和方向B组态　　图5-55 正数A和倒数B组态

③ PTO（A/B相移）两个输出以指定速度产生脉冲，但相位相差90°。如图5-56所示，P0超前P1为正向，P0滞后P1为负向，相位关系决定了移动方向。

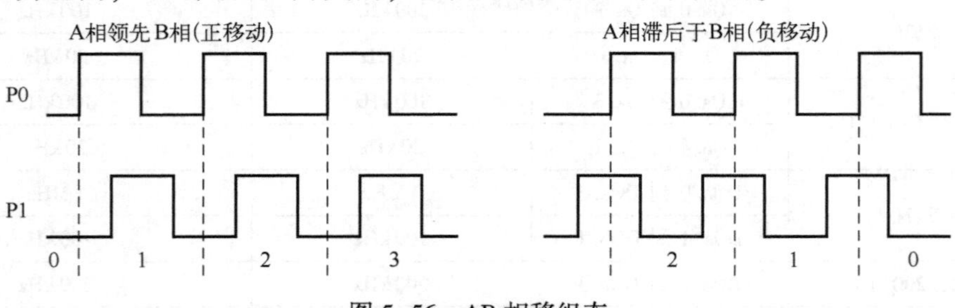

图5-56 AB相移组态

④ PTO（A/B相移-四倍频）如图5-57所示，四倍频利用两个脉冲的上下沿进行计数，每周期计数4次。P0超前P1为正向，P0滞后P1为负向，相位关系决定了移动方向。

3）如图5-58所示，硬件输出选项卡可选择脉冲输出通道，若激活启用方向输出，还需要选中方向输出通道。

4）如图5-59所示，I/O地址属性中选项卡中可看到高速脉冲输出起始地址和结束地址，可修改其起始地址，硬件标识符为265。

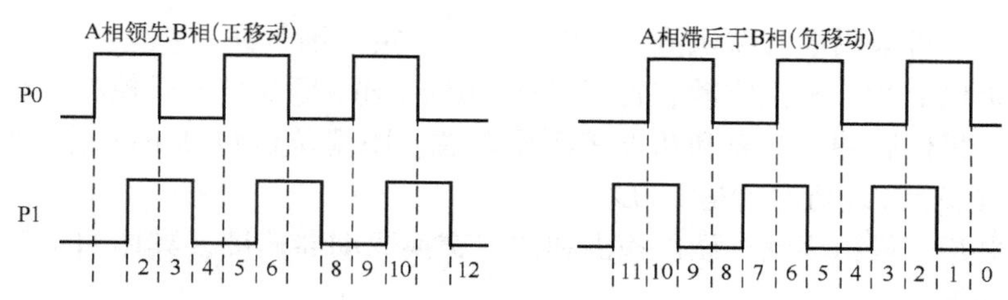

图 5-57　AB 相-四倍频组态

图 5-58　硬件输出组态

图 5-59　I/O 地址组态

5.8.2　工艺对象-轴

“轴”工艺对象用于组态机械驱动器的数据、驱动器的接口、动态参数以及其他驱动器属性。用户通过对 CPU 的脉冲输出和方向输出进行组态来控制驱动器，程序使用运动控制指令来控制轴并启动运动任务。

1. 参数组态

双击工艺对象文件夹中的“插入新对象”，选择“TO_PositioningAxis”对象，编号默认为 1，单击“确定”后，将添加一个定位轴工艺对象。添加完成后，可在项工艺对象文件夹中添加工艺对象，双击“组态”选项卡进行参数组态。

(1) 基本参数

基本参数中的“常规”参数包括轴名称、驱动器和测量单位，具体如图 5-60 所示。各个参数的含义如下。

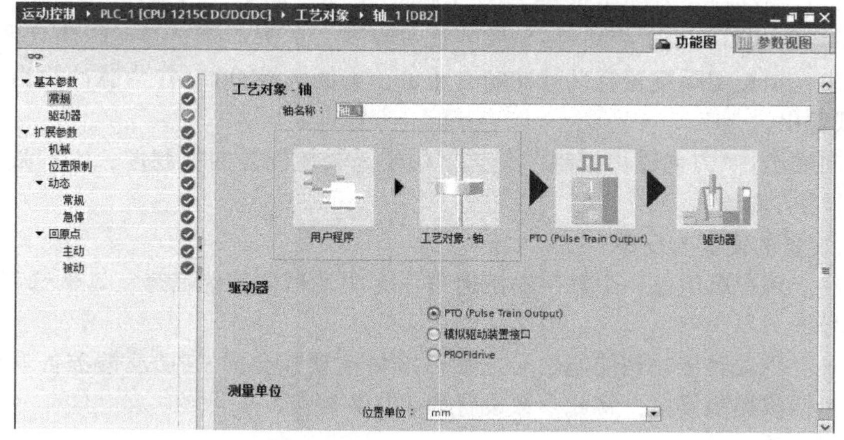

图 5-60　基本参数-常规

轴名称：用户可采用系统默认值，当然也可自行定义轴名称。

驱动器：提供 PTO、模拟驱动装置接口和 PROFIdrive 等 3 种方式控制驱动器。

测量单位：提供脉冲、距离和角度等测量单位。距离单位包括 mm（毫米）、m（米）、in（英寸）、ft（英尺），角度则是°（度）。

驱动器参数用于模拟驱动器硬件输出和数据交换驱动器速度，具体如图 5-61 所示。各个参数的含义如下：

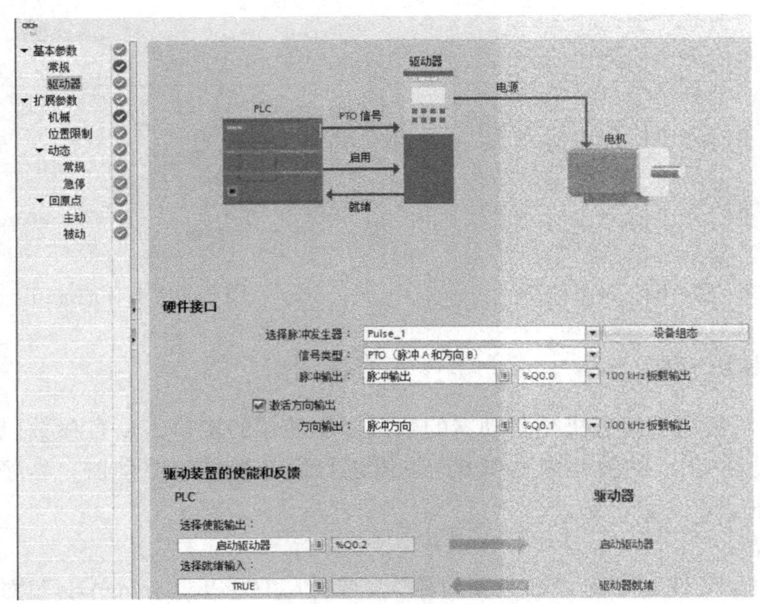

图 5-61　基本参数-驱动器

① 硬件接口

选择脉冲发生器：可选择 Pulse_1 ~ Pulse_4，单击“设备组态”按钮即可跳转到设备视图，用户回到 CPU 设备属性进行组态或修改。

信号类型：驱动器信号类型提供 PTO（脉冲 A 和方向 B）、PTO（正数 A 和倒数 B）、PTO（AB 相移）、PTO（AB 相移-四倍频）四种模式，本例选择 PTO（脉冲 A 和方向 B）。

脉冲输出：根据实际配置定义脉冲输出通道，本例选择 Q0.0 作为脉冲输出，该通道为 100 kHz 板载输出。

激活方向输出：“方向输出控制”复选框用于是否使能方向控制位，本例激活该选项并选择 Q0.1 作为方向输入。

② 驱动装置的使能与反馈

使能输出：用户可组态一个数字输出通道作为驱动器的使能信号，本例选择 Q0.2 作为使能控制信号。

就绪输入：驱动器接收到使能信号之后，准备运动前会向 CPU 反馈准备就绪信号。如果驱动器不包括该类型接口，将此参数设置为 TRUE 即可。

(2) 扩展参数

扩展参数可设置机械、位置限制、动态、回原点等功能，机械参数主要设置轴脉冲数与轴移动距离参数之间的对应关系，具体如图 5-62 所示。

① 机械参数

电动机每转的脉冲数：表示电动机旋转一周所需的脉冲，用户需要根据实际使用的驱动器参数进行设置。

电动机每转的负载位移：表示电动机旋转一周后机械装置移动的距离。

所允许的旋转方向：电动机可设置为双向、正方向和负方向。如果使能反向信号，用户程序按正方向控制电动机时，电动机实际是反方向旋转。

② 位置限制

位置限制主要用来配置限位开关，无论轴碰到了硬限位还是软限位开关，都将停止运行并报警，具体如图 5-63 所示。

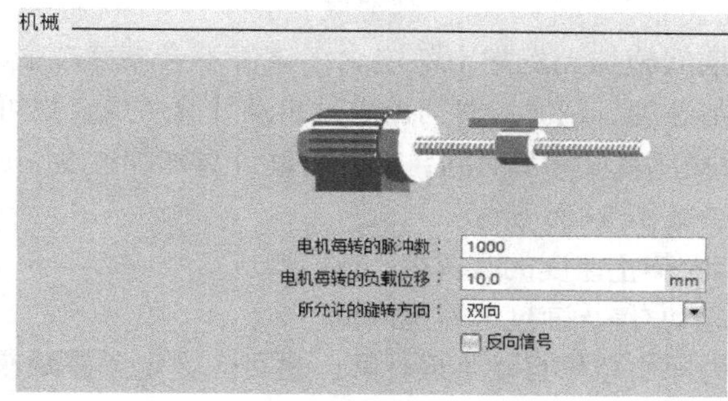

图 5-62　扩展参数-机械

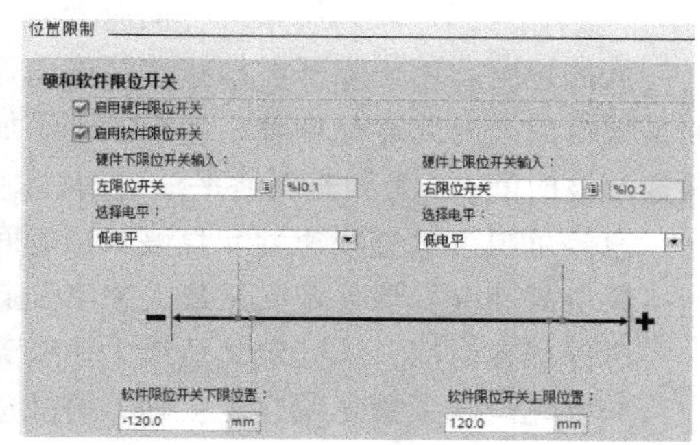

图 5-63　扩展参数-位置限制

启用硬件限位开关：使能系统的硬件限位功能，轴达到硬件限位开关时，将使用急停减速进行斜坡停车。

启用软限位开关：使能系统的软件限位开关，该功能通过程序或组态定义系统极限位置。轴达到软件限位开关时，将以组态的急停速度制动直到停止。工艺对象报告故障，故障确认后，轴即可在工作范围内恢复运动。

硬件上下限位开关输入：用于设置相应本体或信号板上的数字输入点，但都必须具有硬件中断功能，选择电平设置硬件上下限位开关输入有效电平，可选择为低电平或高电平有效。

软件限位开关上下限位置：用于设置软件限位开关的上下极限位置。

③ 动态参数

动态参数可设置组态轴的最大速度、起动/停止速度、加速度、减速度、加加速度和紧急减速度等参数，如图 5-64 所示。

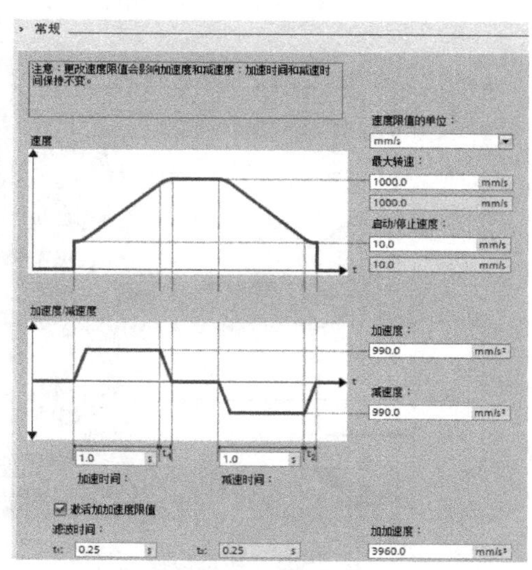

图 5-64　动态参数-常规

速度限制单位：用于选择速度限制单位，可选择脉冲/s、转/min、mm/s。

最大转速：定义电动机的最大运行速度，它由 PTO 输出的最大频率，以及电动机每转脉冲数和负载位移共同决定，可计算出最大速度：

$$\frac{\text{PTO 输出最大频率}\times\text{电动机每转的负载位移}}{\text{电动机每转的脉冲数}}=\frac{100000(\text{脉冲/s})\times 10.0\ \text{mm}}{1000(\text{脉冲})}=1000\ \text{mm/s}$$

起动/停止速度：定义电动机的起动或停止速度，考虑到电动机扭转等机械特性，起动/停止速度不能为 0。

加减速度和时间：这些参数需要用户根据控制要求和电动机本身特性调试得出，如果设定了加/减速度，则加/减速时间由软件自动计算生成。当然，也可先设定加/减速时间，而由软件自动计算出加/速度。

$$\text{加速时间}=\frac{\text{最大速度}-\text{起动速度}}{\text{加速度}}\quad \text{减速时间}=\frac{\text{最大速度}-\text{停止速度}}{\text{减速度}}$$

加加速度：用于降低在加减速斜坡运行期间施加到机械上的应力。该值不会突然改变，而是根据滤波时间逐渐调整。如果设定了加加速度，则滤波时间由软件自动计算生成；也可设定滤波时间，t_1为加速斜坡平滑时间，t_2为减速斜坡平滑时间，软件自动计算加加速度。

急停可组态紧急减速度和急停减速时间，如图 5-65 所示。

紧急减速度：该处定义从最大速度到起动/停止速度的减速度。

急停减速时间：该处定义从最大速度到起动/停止速度的减速时间。

如果先设定了紧急减速度，则急停减速时间由软件自动生成计算，也可先设定急停减速时间，而由软件自动计算出紧急减速度。

$$\text{紧急减速时间}=\frac{\text{最大速度}-\text{起动/停止速度}}{\text{紧急减速度}}$$

④ 回原点

组态窗口中可组态主动和被动回原点所需的参数，如图 5-66 所示。

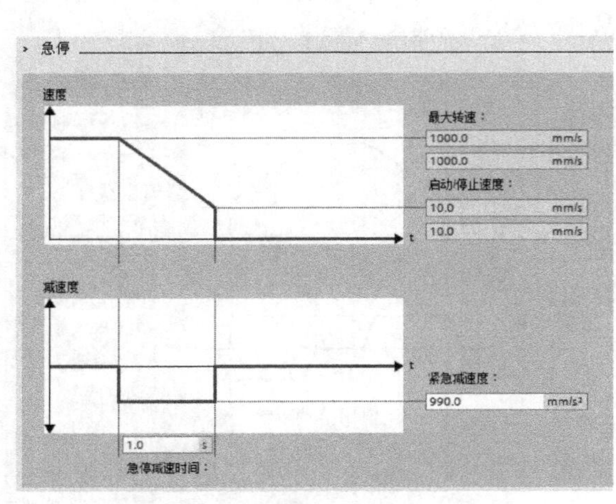

图 5-65　动态参数-急停

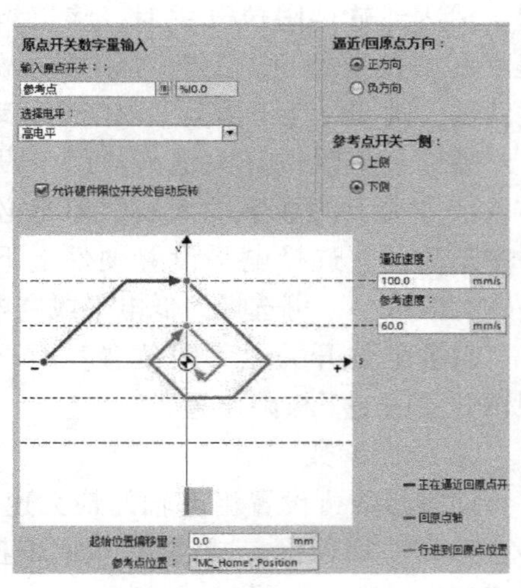

图 5-66　回原点-主动

输入原点开关：用于设置原点开关的数字输入通道，必须具有硬件中断功能。

选择电平：用于设置轴碰到原点开关时数字输入点是高电平还是低电平。

允许硬件限位开关自动反转：使能寻找原点过程中碰到硬件限位开关时自动反向，此时系统认为原点在反方向，随后按组态的斜坡减速曲线停车并翻转。若该功能没有使能且轴到达硬件限位位置，则回原点过程会立即停止。

逼近/回原点方向：用于设置轴是正方向，还是负方向开始寻找原点。

参考点上侧是指完成回原点指令后，轴左边沿停在参考点开关右侧边沿；相反，参考点下侧是指完成回原点指令后，轴的右边沿停在参考点开关左侧边沿。

逼近速度是指搜索原点开关的起始速度，参考速度是指最终接近原点开关的速度。如果参考点开关位置与参考位置存在偏差，则可指定起始位置偏移量，参考点坐标由 MC_Home 指令的 Position 参数确定。

被动组态窗口可组态被动归位所需的参数，具体如图 5-67 所示。被动归位的移动必须由其他运动控制指令来执行达到归位开关所需的运动，参数含义与主动窗口相同。

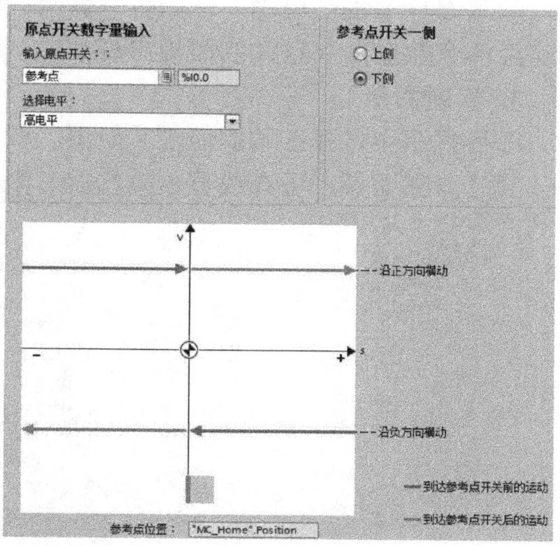

图 5-67　回原点-被动

2. 控制面板

控制面板用于显示轴的当前状态和确认错误，不仅可以启用和禁用轴，还可完成测试轴定位、指定速度、加速度和减速度，以及归位和点动任务。

在项目视图中打开已添加的工艺对象，双击“调试”项打开调试控制面板，如图 5-68 所示。用户可选择激活或禁用主控。激活主控后，控制面板拥有控制轴和驱动功能的优先权，用户程序此时不起作用，只有禁用主控后用户程序才有控制权。

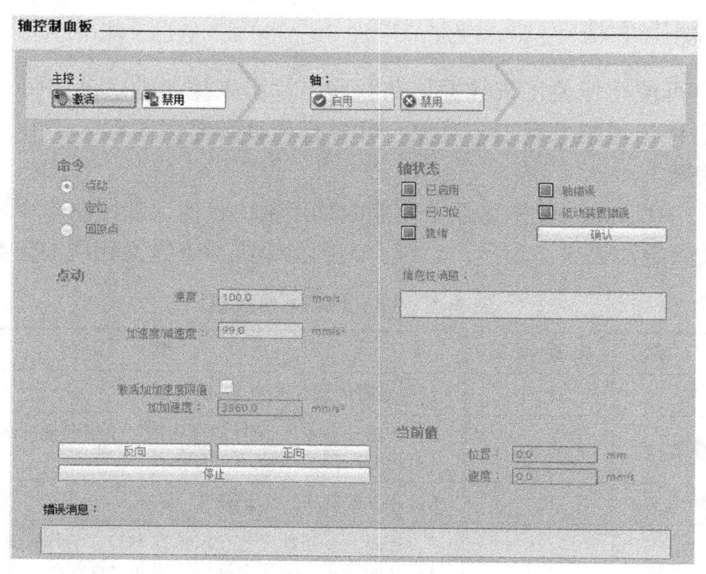

图 5-68　调试控制面板

命令选项包括点动、定位、回原点等功能。点动功能可设置点动速度、加/减速度，以及正向点动、反向点动、停止等；定位功能设置目标位置、运行速度、加/减速度、绝对位移、相对位移和停止等；回原点功能设置原点坐标、回原点时的加/减速度，将 Home Position 中的数值设为原点坐标，执行回原点功能，以及停止回原点功能。

轴状态显示轴已启用、已归位、就绪、轴错误、驱动装置错误等信息。当前值包括位置和速度两个数值。一旦控制面板出现故障，错误信息栏会进行提示。

3. 诊断面板

项目视图中打开已添加的工艺对象，双击“调试”项打开调试控制面板，如图 5-69 所示。通过诊断面板，可在线显示轴状态、限位开关状态和错误信息。

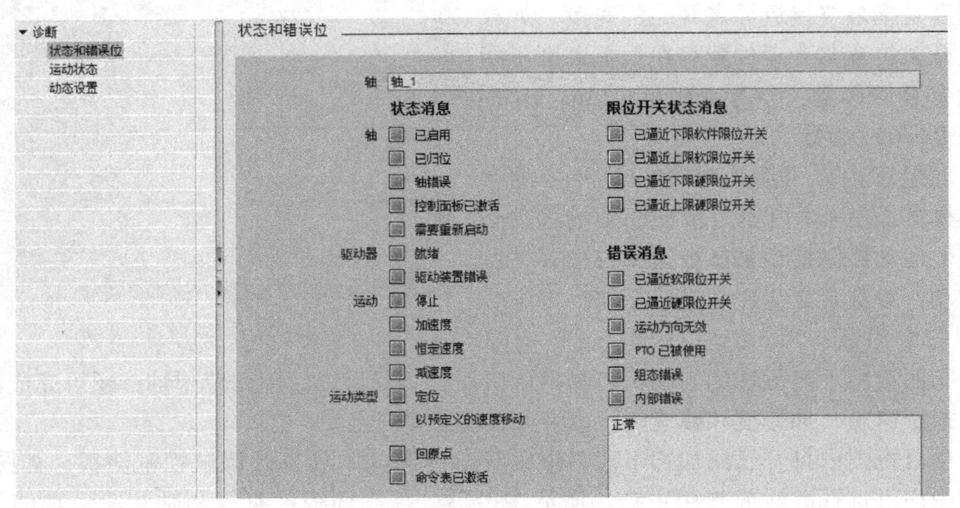

图 5-69　诊断面板

5.8.3　运动控制指令块

运动控制程序可使用相关工艺数据块和脉冲串输出来控制轴运动。每个指令都需要背景数据块，主要用于将传输指令到工艺对象，并进行处理和监视。

1. 启动/禁用轴

启动/禁用轴（MC_Power）指令用于使能或禁用轴，其他运动控制指令之前需一致调用该指令并使能，相关参数如表 5-7 所示。后续介绍的指令如果有含义相同的参数，将不再赘述。

表 5-7　MC_Power 参数表

参　数	名　称	数据类型	含　义
Axis	轴	TO_Axis	已组态好的轴工艺对象
Enable	轴使能端	Bool	0：根据 StopMode 设置的模式来停止当前轴的运行 1：运动控制启用轴
StartMode	启动模式	INT	0：速度控制 1：位置控制（默认）
StopMode	停止模式	INT	0：急停，按照轴工艺对象参数中的“急停”速度停止轴 1：立即停止，轴在不减速的情况下被禁用，脉冲输出立即停止 2：通过冲击控制进行急停，轴在达到停止后被禁用

（续）

参　数	名　称	数据类型	含　义
Status	使能状态	BOOL	0：轴已禁用　1：轴已启用
Busy	忙位	BOOL	0：空闲　1：指令正在执行
Error	错误位	BOOL	0：无错误　1：指令或工艺有错误发生
ErrorID	错误 ID	WORD	参数 Error 的错误 ID
ErrorInfo	错误信息	WORD	参数 Error 的错误信息 ID

2. 错误确认

错误确认（MC_Reset）指令用来确认导致轴停止的运行错误和组态错误，可通过上升沿激活 Execute 端进行错误复位，相关参数如表 5-8 所示。

表 5-8　MC_Reset 参数表

参　数	名　称	数据类型	含　义
Execute	执行端	BOOL	指令的启动位，用上升沿触发
Restart	重启端	BOOL	0：用来确认错误 1：将轴的状态从装载存储器下载到工作存储器（禁用轴的时候执行）
Done	忙	BOOL	0：错误存在　1：轴的错误已确认

3. 使轴回原点

使轴回原点（MC_Home）指令用于使轴回原点，将轴坐标与实际的物理驱动器位置进行匹配。轴做绝对位置定位前一定要触发该指令，相关参数如表 5-9 所示。

表 5-9　MC_Home 参数表

参　数	名　称	数据类型	含　义
Position	位置	REAL	1：当前轴位置的校正值 0，2，3：轴的绝对位置值
Mode	模式	INT	0：绝对式直接回原点，新的轴位置为参数 Position 的位置值 1：相对式直接回原点，新的轴位置为当前轴位置 + 参数 Position 的位置值 2：被动回零点，根据轴组态回原点，参数 Position 的值被设置为新的轴位置 3：主动回零点，按轴组态参考点逼近，参数 Position 的值被设置为新的轴位置 6：绝对编码器调节（相对），将当前轴的偏移值设为参数 Position 的值 7：绝对编码器调节（绝对），将当前轴的偏移值设为参数 Position 的值
Command Aborted	命令取消	BOOL	命令在执行过程中被另一命令终止

4. 暂停轴

暂停轴（MC_Halt）指令可停止所有运动并将轴切换到停止状态，并按组态好的减速曲线停车。为了使用暂停轴指令，必须先启用轴。

5. 以绝对方式定位轴

以绝对方式定位轴（MC_MoveAbsolute）指令可启动轴到绝对位置的定位运动。该指令需要定义参考点和坐标系，上升沿使能调用指令后，系统自动计算当前位置与目标位置之间脉冲数并加速到指定速度，在到达目标位置时减速到启动/停止速度。相关参数如表 5-10 所示。

表 5-10　MC_MoveAbsolute 参数表

参　数	名　称	数据类型	含　义
Position	目标位置	REAL	绝对目标位置值
Velocity	运行速度	REAL	绝对运动的速度，必须大于或等于组态的启动/停止速度，而小于最大速度

6. 以相对方式定位轴

以相对方式定位轴（MC_MoveRelative）指令不需要建立参考点。上升沿使能调用指令后，轴按照设置好的距离与速度运行，方向根据距离值的符号决定。相关参数如表 5-11 所示。

表 5-11　MC_MC_MoveRelative 参数表

参　数	名　称	数据类型	含　义
Distance	运行距离	REAL	运行的距离，可正可负
Velocity	运行速度	REAL	相对运动的速度，必须大于或等于组态的启动/停止速度，或小于最大速度

7. 以预定义速度移动轴

以预定义速度移动轴（MC_MoveVelocity）指令以指定的速度持续移动轴，需要在 Velocity 端设定速度，并在上升沿使能 Execute 端。相关参数如表 5-12 所示。

表 5-12　MC_MoveVelocity 参数表

参　数	名　称	数据类型	含　义
Velocity	运行速度	REAL	指定轴运动的速度，必须大于或等于启动/停止速度
Direction	方向选择	REAL	0：旋转方向与参数 Velocity 值的符号一致 1：正方向旋转，忽略参数 Velocity 值的符号 2：负方向旋转，忽略参数 Velocity 值的符号
Current	保持当前速度	BOOL	0：禁用“保持当前速度”，轴按照 Velocity 和 Direction 值运行 1：激活“保持当前速度”，轴忽略 Velocity 和 Direction 值，以当前速度运行
InVelocity	速度指示	BOOL	0：达到参数 Velocity 中指定的速度　1：轴在启动时，以当前速度移动

8. 以点动模式移动轴

以点动模式移动轴（MC_MoveJog）指令使轴以指定速度运行在点动模式，经常用于测试和调试。设置好定点动速度后，置位向前点动和向后点动，JogForward 或 JogBackward 复位时点动停止。轴一旦运行，Busy 端被激活。相关参数如表 5-13 所示。

表 5-13　MC_Reset 参数表

参　数	名　称	数据类型	含　义
JogForward	向前点动	BOOL	1：轴正方向移动
JogBackwardRestart	向后点动	BOOL	1：轴负方向移动

9. 按运动顺序运行轴

按运动顺序运行轴（MC_CommandTable）指令针对电机控制轴执行一系列单个运动，这些运动可组合成一个运动序列。在脉冲串输出的工艺对象命令表（TO_CommandTable_PTO）中，可以组态这些单个的运动。相关参数如表 5-14 所示。

表 5-14　MC_CommandTable 参数表

参　数	名　称	数据类型	含　义
Table IN	表格输入	TO_CommandTable_1	命令表工艺对象
StartIndex	开始索引	INT	从此步骤开始命令表处理
EndIndex	结束索引	INT	从此步骤结束命令表处理

10. 更改轴的动态设置

更改轴的动态设置（MC_ChangeDynamic）指令用于更改加减速时间（加减速度）、急停减速时间（急停减速度）、平滑时间值等运动控制轴的动态设置。相关参数如表 5-15 所示。

表 5-15　MC_ChangeDynamic 参数表

参　数	名　称	数据类型	含　义
ChangeRampUp	更改加速时间控制位	Bool	1=按输入参数“RampUpTime”更改加速时间，默认值为 0
RampUpTime	加速时间	Real	没有冲击限制的情况下，从静止状态加速到组态最大速度的时间
ChangeRampDown	更改减速时间控制位	Bool	1=按输入参数“RampDownTime”更改减速时间，默认值为 0
RampUpTime	加速时间	Real	没有冲击限制的情况下，轴从组态最大速度减速到静止状态时间
ChangeEmergency	急停减速时间控制位	Bool	1=按输入参数“EmergencyRampTime”更改急停减速时间，默认值 0
EmergencyRampTime	急停减速时间	Real	急停模式下，轴从组态的最大速度减速到静止状态的时间
ChangeJerkTime	平滑时间控制位	Bool	1=按输入参数“JerkTime”更改平滑时间，默认值 0
JerkTime	平滑时间	Real	用于轴加速度和减速度的平滑时间

5.8.4　运动控制应用举例

伺服电机带动滑块在轨道上左右滑行，伺服电机转速为 1000 转/min，旋转编码器每转一圈发出 1000 个脉冲，电动机每转一圈滑块运行 10 mm，左限位开关输入点 I0.1，右限位开关输入点 I0.2，参考点输入为 I0.0。要求从参考点位置，向左极限位置运动 30 mm。

1. 输入/输出点地址分配

根据要求定义的变量表如图 5-70 所示。

2. 组态 CPU 脉冲输出

组态 CPU 属性的“脉冲发生器”项，勾选激活脉冲发生器，脉冲输出类型为 PTO，系

PLC 变量

	名称	变量表	数据类型	地址
1	参考点	默认变量表	Bool	%I0.0
2	左限位开关	默认变量表	Bool	%I0.1
3	右限位开关	默认变量表	Bool	%I0.2
4	急停	默认变量表	Bool	%I0.3
5	脉冲输出	默认变量表	Bool	%Q0.0
6	脉冲方向	默认变量表	Bool	%Q0.1
7	启动驱动器	默认变量表	Bool	%Q0.2
8	急停输出	默认变量表	Bool	%Q0.3
9	运行控制使能	默认变量表	Bool	%M2.0
10	原点激活	默认变量表	Bool	%M2.1
11	原点模式	默认变量表	Int	%MW10

图 5-70　变量表

统默认 Q0.0 为脉冲输出，Q0.1 为方向输出，HSC1 为此脉冲发生器的高速计数器。

3. 组态工艺对象

在项目视图中添加轴工艺对象，再定义轴相关参数。硬件接口组态选择 Pulse_1 作为轴控制的 PTO，长度单位为 mm，组态 Q0.2 作为启用输出。电动机每转脉冲数为 1000，每转的距离为 10 mm。

4. 用户程序

首先添加全局数据块，建立相关的控制变量和状态指示；然后建立 FC1 块，将相关的控制指令拖入到 FC1 中，并在主程序中循环调用 FC。新建全局数据块 DB8，编写的用户程序如图 5-71 所示，程序含义见注释。

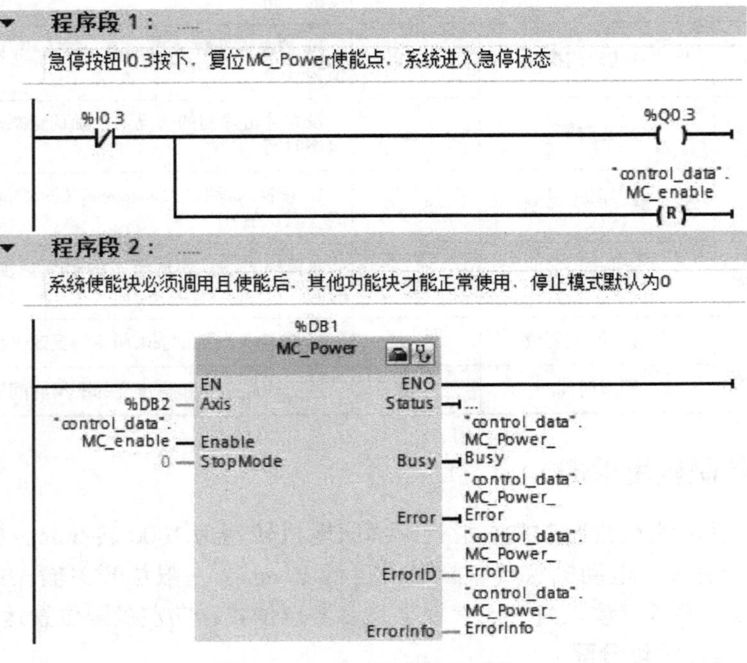

图 5-71　运动控制部分程序

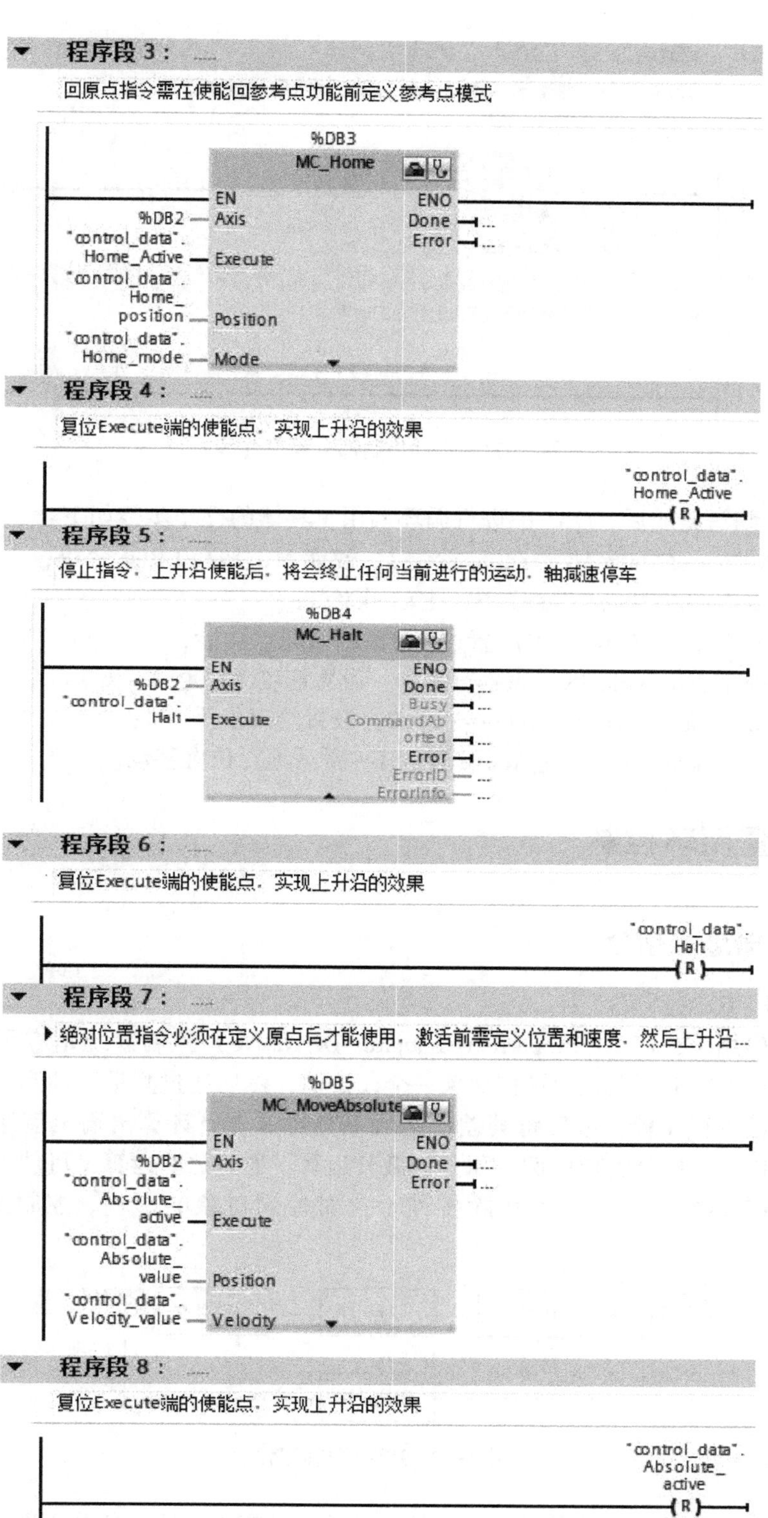

图 5-71　运动控制部分程序（续）

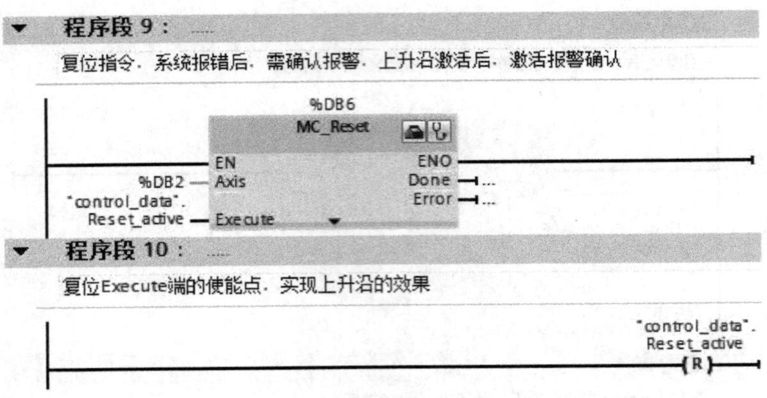

图 5-71　运动控制部分程序（续）

FC 中程序编写完成后，OB1 中进行循环调用，具体的操作步骤如下：

1）将变量 Control_data. MC_enable 置位 1，使能 MC_POWER 指令块；

2）将 Control_data. Home 设置为 3，主动回原点；

3）将 Control_data. Home_Active 置位 1，执行回原点功能；

4）令 Control_data. Velocity_value=100. 0，设置速度为 100. 0；

5）令 Control_data. Absolute_value=-30. 0，设置绝对值为-30；

6）令 Control_data. Absolute_Active 置位 1，激活绝对位置移动。

5.9　模拟量闭环控制

5.9.1　PID 概念及指令

1. 什么是 PID

实际工程应用中，PID（Proportion-Integral-Derivative）控制系统是应用最为广泛的闭环控制系统。PID 控制原理是给被控对象一个设定值，然后通过测量元件测量被控对象变量值，并与设定值进行比较，最后将其差值送入 PID 控制器，计算出输出值送到执行器进行调节。其中，P、I、D 分别指比例、积分、微分运算，通过这些运算，可使被控对象随设定值变化并使系统达到稳定，自动消除各种干扰对控制对象的影响。控制回路如图 5-72 所示。

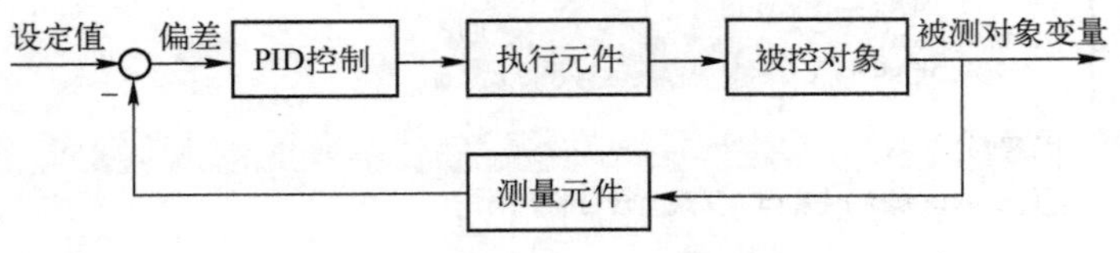

图 5-72　PID 控制回路图

比例环节：按比例反映控制系统的偏差，偏差一旦产生，比例环节立即产生控制作用以减小误差。当偏差为 0 时，控制作用也为 0。比例环节作用越大，调节速度越快，调节时间越短，但也容易造成系统稳定性下降。

积分环节：根据偏差进行积分控制，主要用于消除静差。积分作用的强弱取决于积分时间常数，积分时间越长，积分作用越弱，系统调节缓慢；反之，积分时间越短，积分作用越强，但有可能导致系统超调。

微分调节：根据偏差变化速度调节，而与偏差大小无关。微分环节可在偏差信号变得太大之前引入有效的修正信号，从而加快系统调节速度，减小调节时间。微分环节能产生超前的控制作用，常用于较大滞后的控制系统，改善系统的动态性能，但不能消除稳态误差。

2. PID 算法

S7-1200 PLC 提供 PID_Compact、PID_3Step、PID_Temp 指令。其中，PID_Compact 指令通过连续输入变量和输出变量实现工艺过程控制；PID_3Step 指令用于控制电机驱动的设备，如需要通过离散信号实现打开和关闭动作的阀门；PID_Temp 指令则提供一个通用的 PID 控制器，可用于处理温度控制的特定需求。

PID_Compact 指令可工作在手动或自动模式下，并通过预调节与精确调节两种自整定模式进行自动计算，具体算法如下所示：

$$y=K_P\left[(bw-x)+\frac{1}{T_IS}(w-x)+\frac{T_DS}{\alpha T_DS+1}(cw-x)\right] \tag{5-1}$$

PID_3Step 指令使用下式计算 PID_3Step 指令的输出值：

$$\Delta y=K_PS\left[(bw-x)+\frac{1}{T_IS}(w-x)+\frac{T_DS}{\alpha T_DS+1}(cw-x)\right] \tag{5-2}$$

式中，y 为输出值；w 为设定值；b 为比例作用权重；K_P为比例增益；T_I为积分作用时间；T_D为微分作用时间；x 为过程值；S 为拉普拉斯运算符；α 为微分延迟系数；c 为微分作用权重。

3. PID 指令

（1）PID_Compact 指令

新建项目，添加控制器 CPU 1215C，添加新块生成循环中断组织块 OB30，循环时间设置为 300 ms。如图 5-73 所示，将“指令>工艺>PID 控制>Compact PID”路径下的 PID_Compact 指令拖放到 OB30 中，自动生成背景数据块 PID_DB。为保证精确的采样时间，在循环中断组织块中调用 PID_Compact，确保 PID 的运算以固定的采样周期完成。

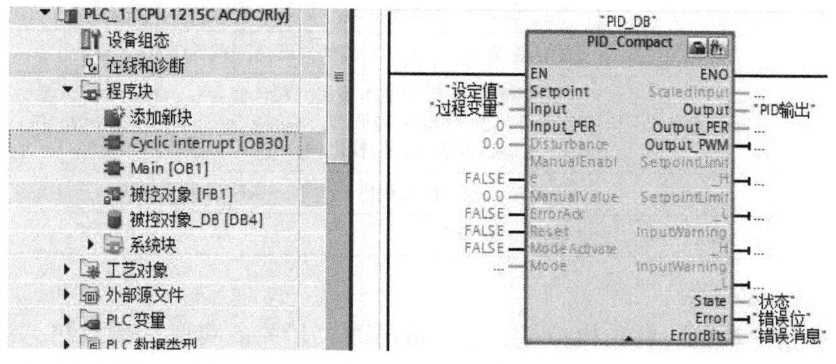

图 5-73　OB30 程序

PID_Compact 指令采集被控对象的实际过程值，并与设定值进行比较，将生成的偏差用于计算该控制器的输出值。PID_Compact 的输入参数如表 5-16 所示，后续介绍的指令如果有含义相同的参数，将不再赘述。

表 5-16 PID_Compact 输入参数

参　数	数据类型	含　义
Setpoint	REAL	PID 控制在自动模式下的设定值，默认值 0.0
Input	REAL	用户程序的变量用作过程值的源，默认值：0.0
Input_PER	INT	模拟量输入用作过程值的源，默认值：W#16#0
Disturbance	REAL	干扰变量或预控制值
ManualEnable	BOOL	启用或禁用手动操作模式，默认值为 0。上升沿切换到手动模式，下降沿时工作在 Mode 参数分配的其他模式
ManualValue	REAL	手动模式下的 PID 输出值，默认值 0.0
ErrorAck	BOOL	上升沿清除错误信息和警告输出
Reset	BOOL	重新启动控制器，默认值为 0
ModeActivate	BOOL	由 0 变为 1 时，PID_Compact 将切换到保存在 Mode 参数中的工作模式
Mode	INT	Mode=0：未激活；Mode=1：预调节；Mode=2：手动精确调节；Mode=3：自动模式 Mode=4：手动模式；5：通过错误监视替换输出值

PID 输出值有多个输出参数选择，PID_Compact 的输出参数如表 5-17 所示。

表 5-17 PID_Compact 输出参数

参　数	数据类型	含　义
ScaledInput	REAL	标定后的过程值，默认值 0.0
Output	REAL	实数格式的输出值，默认值 0.0
Output _PER	INT	模拟量输出值，默认值：W#16#0
Output _PWM	BOOL	脉宽调制输出值，默认值：FALSE
SetpointLimit_H	BOOL	默认值为 0，为 1 时，说明达到设定值的绝对上限，Setpoint ≥ Config. SetpointUpperLimit
SetpointLimit_L	BOOL	默认值为 0，为 1 时，说明达到设定值的绝对下限，Setpoint ≤ Config. SetpointLowerLimit
InputWarning_H	BOOL	默认值为 0，为 1 时，过程值已达到或超出警告上限
InputWarning_L	BOOL	默认值为 0，为 1 时，过程值已达到或低于警告下限
State	INT	PID 控制器的当前操作模式，默认值为 0，State=0：未激活；State=1：预调节；Stat =2：手动精确调节；State=3：自动模式；State=4：手动模式；State=5：通过错误监视替换输出值
Error	BOOL	为 1 时，表示该周期内至少有一条错误消息未决
ErrorBits	DWORD	输出错误代码

（2）PID_3Step 指令

PID_3Step 指令块既可输出模拟量，也可输出两个开关量实现三步控制，常用在控制电动阀的正反转来调节流量、压力等场合。PID_3Step 的输入参数如表 5-18 所示。

表 5-18　PID_3Step 输入参数

参　　数	数据类型	含　　义
Actuator_H	BOOL	上端停止位阀门数字位置反馈，如果 Actuator_H=1，阀门处于上端停止位且不再向此方向移动
Actuator_L	BOOL	下端停止位阀门数字位置反馈，如果 Actuator_L=1，阀门处于下端停止位且不再向此方向移动
Feedback	REAL	阀门的位置反馈，默认值：0.0
Feedback_PER	INT	阀门的模拟量反馈，默认值：W#16#0
Manual_UP	BOOL	1=即使用 Output_PER 或位置反馈，阀门也会打开，如果未到达上端停止位，阀门将不再移动 0=使用 Output_PER 或位置反馈会使阀门移动到 ManualValue，否则阀门将不再移动
Manual_DN	BOOL	1=即使用 Output_PER 或位置反馈，阀门也会打开，如果未到达下端停止位，阀门将不再移动 0=使用 Output_PER 或位置反馈会使阀门移动到 ManualValue，否则阀门将不再移动

PID 输出值有多个输出参数选择，PID_3Step 的输出参数如表 5-19 所示。

表 5-19　PID_3Step 输出参数

参　　数	数据类型	含　　义
ScaledFeedback	REAL	标定后的阀门位置反馈
Output_UP	REAL	用于打开阀门的数字输出值，默认值为 0
Output_DN	REAL	用于关闭阀门的数字输出值，默认值为 0
Output _PER	INT	模拟量输出值。
State	INT	0：未激活 1：预调节 2：手动精确调节 3：自动模式 4：手动模式 5：替换输出值 6：转换时间测量 7：错误监视 8：出现错误监控时，替换输出值的方式 10：无停止位信号的手动模式

(3) PID_Temp 指令

PID_Temp 指令提供有两路输出分别用于加热和制冷应用，支持死区、温度控制和级联控制，不仅减小了振荡周期，而且提高了系统稳定性。PID_Temp 指令输入参数、输出参数与前面的 PID 参数相同，输入/输出参数如表 5-20 所示。

表 5-20　PID_Temp 输入/输出参数

参　　数	数据类型	含　　义
Mode	INT	Mode=0：未激活；Mode=1：预调节；Mode=2：精确调节；Mode=3：自动模式 Mode=4：手动调节
Master	DWORD	主站级联连接控制字
Slave	DWORD	级联控制的接口位 0~位 15：从控制器的自动模式　　位 16~位 23：从控制器的替代模式
OutputHeat	REAL	实数格式的加热输出值，默认值为 0.0
OutputCool	REAL	实数格式的冷却输出值，默认值为 0.0
OutputHeat_PER	INT	外设值格式的加热输出值，默认值为 0
OutputCool_PER	INT	外设值格式的冷却输出值，默认值为 0
OutputHeat_PWM	BOOL	加热过程的脉宽调制输出值，默认值为 0
OutputCool_PWM	BOOL	冷却过程的脉宽调制输出值，默认值为 0

5.9.2 PID 组态及调试

使用 PID 控制器前，需要在工艺对象中进行组态设置。组态分为基本设置、过程值设置和高级设置 3 部分。

1. 新增对象

双击项目树的“\工艺对象\插入新对象”图标，单击“PID”图标选择适用于该 PID 控制器类型（PID_Compact、PID_3Step、PID_Temp），可为工艺对象创建名称。单击“确定”创建工艺对象，具体如图 5-74 所示。

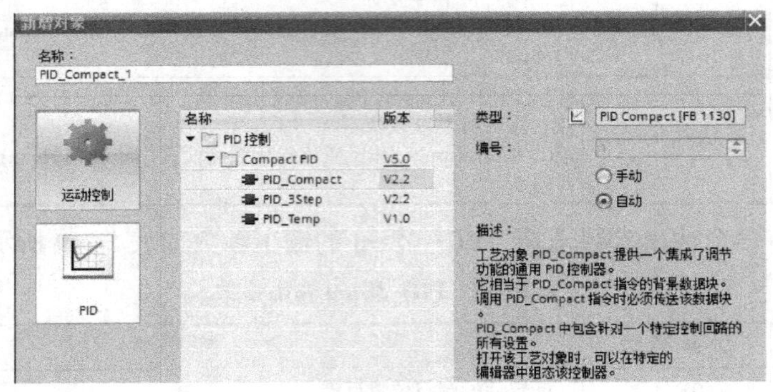

图 5-74　新增工艺对象

2. 基本设置

（1）控制器类型

控制器类型可设置控制器为各种物理量，例如常规、温度、压力、长度、流量等，一般设置为“常规”，单位为%。对于 PID 输出增大而被控对象参数值减小的设备，应激活“反转控制逻辑”。如果勾选“CPU 重启后激活 Mode”复选框，CPU 重启后将激活图中设置的手动模式、非活动、预调节、精确调节、自动模式等工作模式，具体如图 5-75 所示。

（2）Input/output 参数

过程值选择 Input 参数或 Input_PER 模拟量参数，例如，实际值 0~10 kPa 的物理量，Input_PER 为模拟量通道值，范围为 0~27648。Output 为实数类型，0~100%，Output_PER 为直接输出的模拟量通道值，范围为 0~27648，Output_PWM 输出脉宽调制信号。具体如图 5-76 所示。

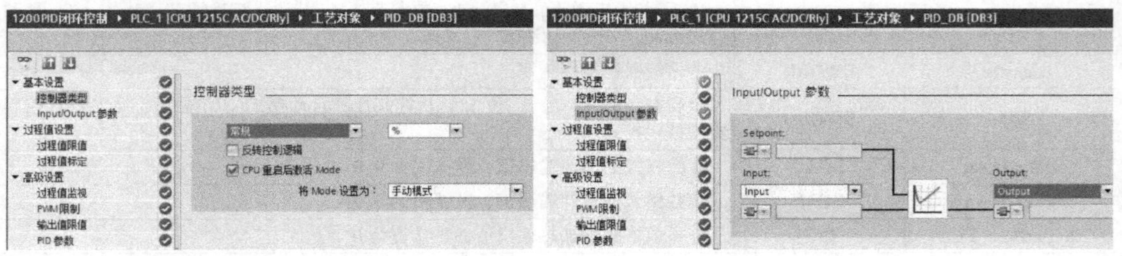

图 5-75　控制类型组态　　　　图 5-76　Input/output 控制类型组态

3. 过程值设置

过程值限值用于标定过程值的范围和限值。如图 5-77 所示，如果过程值低于下限或高出上限，则 PID 回路进入未激活模式，并将输出值设置为 0。此外，选择 Input_PER 作为过程值时，必须对该值进行标定，如图 5-78 所示。

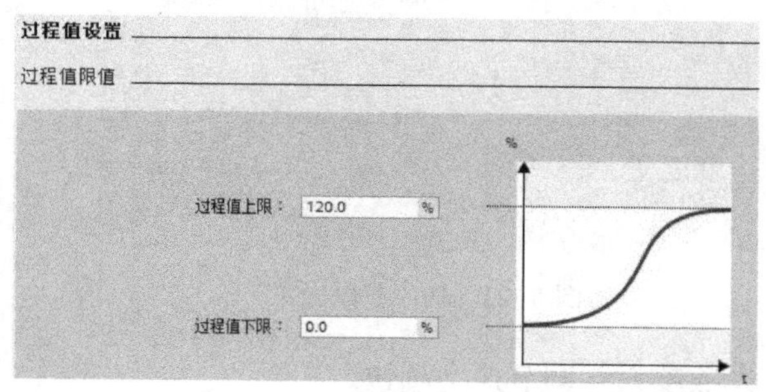

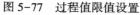

图 5-77　过程值限值设置

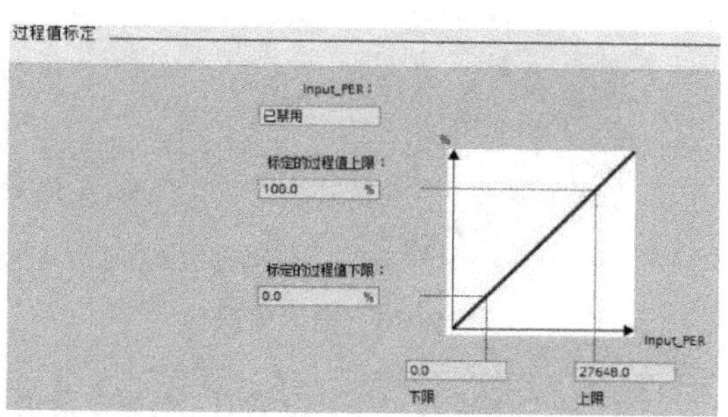

图 5-78　过程值标定

4. 高级设置

（1）过程值监视

该选项用于设置过程值上下限值，一旦过程值超出过程值的上下限范围，系统将进行报警，具体如图 5-79 所示。

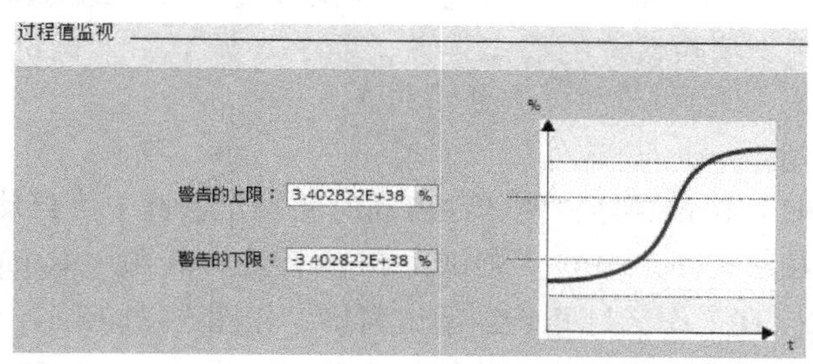

图 5-79　过程值监视

（2）PWM 限制

该选项用于设置 PWM 输出的最短接通时间和关闭时间，以防止输出频繁振荡，对设备造成损坏和冲击。最短接通时间指 PWM 周期内运行 PID 脉冲输出的最短时间，当 PID 计算得到的脉冲时间小于该值时，该周期内脉冲不输出；最短关闭时间指 PWM 周期内运行 PID 脉冲关闭的最短时间，当 PID 计算得到的脉冲时间小于该值时，该周期内脉冲不关闭。

（3）输出值限值

该选项用于设置输出值的上限和下限，同时也可设置 PID 发生错误时 PID_Compact 对系统错误的响应，即将输出值设置为非活动、错误待定时的当前值，以及错误未决时的替代输出值，具体如图 5-80 所示。

（4）PID 参数

该选项卡可用于手动或自动设置 PID 参数，并选择 PID 调节规则，具体如图 5-81 所示。

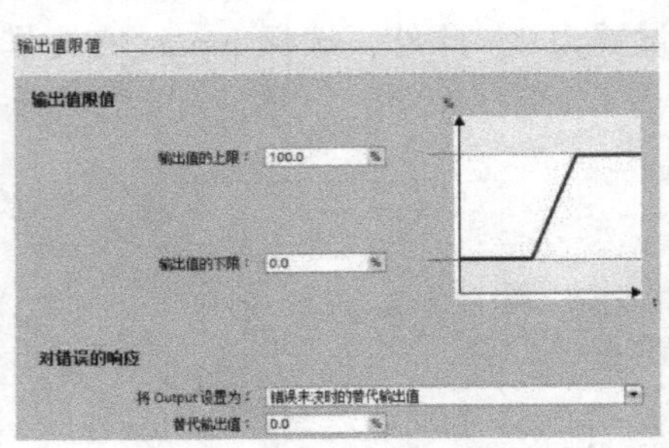

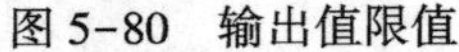

图 5-80　输出值限值

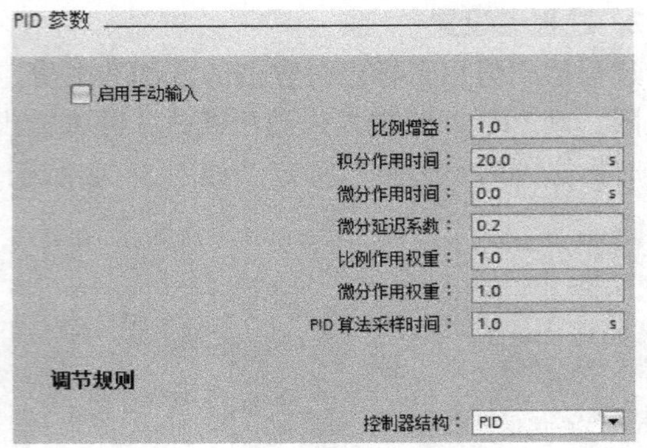

图 5-81　PID 参数设置

① 比例增益：用于设置比例调节系数，系数越大，调节速度越快。

② 积分/微分作用时间：作用时间越久，积分和微分作用越小。

③ 微分延迟系数：系数越大，微分作用时间越久。

④ 比例/微分作用权重：设置设定值变化时的比例/微分作用比重，范围在 0.0~1.0。

⑤ PID 算法采样时间：PID 计算输出值时间，必须设置为循环中断的整数倍。

激活“启用手动输入”时，用户可手动输入 PID 参数，但所修改的参数为初始值而不是当前值。控制器结构有 PID 和 PI 两种类型，PI 调节仅引入了比例和积分，比例环节用于快速进行调节，积分用于消除系统的稳态误差，而 PID 调节引入比例、积分和微分，微分适用于滞后大系统。

5. PID 参数的调试

调试编辑器可组态 PID 控制器，使其在启动时和操作过程中可自动调节。

双击项目树工艺对象文件夹中的“调试”图标，或双击 PID_Compact 指令框中的“打开调试窗口”图标，在工作区打开 PID 调试窗口。如图 5-81 所示，用户输入采样时间并单击“开始”按钮，可用趋势图测量和监视设定值（Setpoint）、过程值（ScaledInput）、输出值（Output）变量的曲线，横轴为时间轴。

PID 参数既可由用户手动设置，也可通过 TIA 博途软件按照一定的数学算法和系统工作模式自整定设置 PID 参数。此外，TIA 博途软件还提供了调试面板，用户可查看被控对象状态，也可直接进行参数调节。S7-1200 提供了预调节和精确调节两种自整定方式，可在调试面板中观察曲线图并进行整定。

“采样时间”下拉式列表中设置采样时间，单击“Start”按钮，曲线图中即会显示实时调节的曲线，下方的调节状态和控制器的在线状态窗口同时实时显示调节进度及状态。

预调节功能可确定对输出阶跃的过程响应，并搜索拐点。根据受控系统的最大上升率与延迟时间计算 PID 参数。过程值越稳定，PID 参数就越容易计算，其结果的精度也会越高。

精确调节将使过程值出现恒定受限的振荡，根据振荡幅度和频率为操作点调节 PID 参数，所有 PID 参数都重新计算。精确调节得到的 PID 参数通常比预调节具有更好的主控和扰动特性。

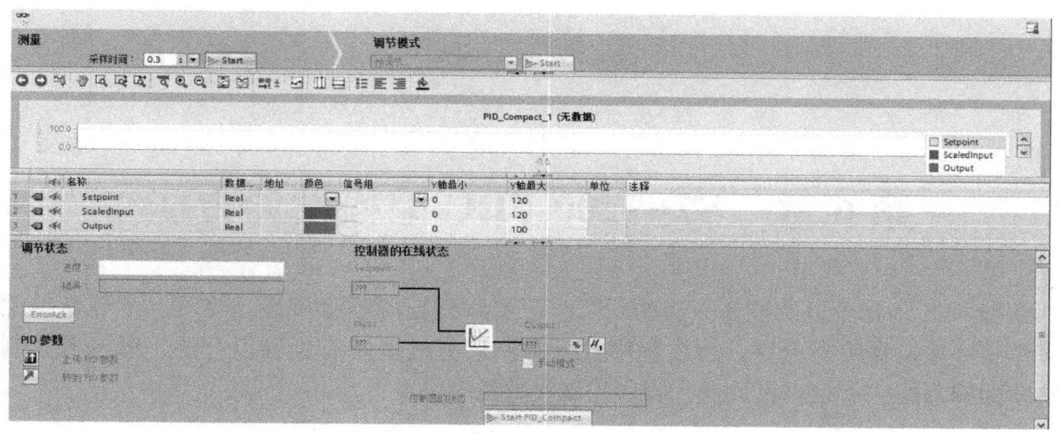

图 5-82　PID 调试窗口

思考题与习题

5-1　系统时间和本地时间分别是什么时间？怎样设置本地时间的时区？

5-2　什么是 PID 控制，其主要用途是什么？

5-3　编写一段程序计算 sin60°+cos60°的值。

5-4　编写程序，在 I0.0 的上升沿求出 MW10～MW20 中最小的整数，存放在 MW30 中。

5-5　编写程序，在 I0.1 的上升沿用逻辑运算指令将 MW2 的最高 3 位清零，其余各位保持不变。

5-6　以 0.1°为单位的整数格式的角度值在 MW8 中，在 I0.2 的上升沿，求出该角度的正弦值，运算结果转换为以为单位的双整数，存放在 MD8 中，设计出程序。

5-7　假设半径为 100，该值存放在 DB0.DBW0 中，取圆周率为 3.1416，用浮点数运算指令编写计算圆周长的程序，运算结果转换为整数，存放在 DB1.DBW2 中。

5-8　用 I0.0 控制接在 QB1 上的 8 个彩灯是否移位，每 2 s 循环左移 1 位。用 IB1 设置彩灯的初始值，在 I0.1 的上升沿将 IB1 的值传送到 QB1，设计出梯形图程序。

第 6 章　S7-1200 PLC 编程设计方法

掌握 PLC 的指令以及操作方法的同时，还要掌握正确的程序设计方法，才能有效地利用可编程序控制器编写程序。PLC 程序设计常用的方法主要有经验设计法、继电器控制电路转换为梯形图法、逻辑设计法、顺序控制设计法等。

6.1　梯形图转换法

既有的继电接触器控制电路经过长期使用和充分考验，已被证明能完全胜任控制系统所要求的功能。事实上，PLC 梯形图与继电接触器控制电路在表示和分析方法上都有很多相似之处。因此，使用 PLC 改造继电接触器控制系统时，可将继电接触器电路直接转换为 PLC 的外部接线图和梯形图。设计程序时，首先将继电接触器控制电路的接触器线圈、指示灯、电磁阀等接至 PLC 对应的输出点，将传感器、按钮、行程开关等输入触点接至 PLC 对应的输入点，再将继电器接触器控制电路中的中间继电器、定时器用 PLC 的辅助继电器、定时器来代替，最后画出全部梯形图，并予以简化和修改。

1. 自锁电路

该电路要求按下起动按钮 I0. 0，Q0. 0 输出信号，按下停止按钮 I0. 1，Q0. 0 关闭信号，实现信号的自锁输出。

图 6-1 所示为该电路的程序及时序图。按下起动按钮 I0. 0，I0. 0 常开触点闭合，Q0. 0 线圈得电，Q0. 0 常开触点闭合，此时即使松开 I0. 0，Q0. 0 线圈仍然可继续自锁得电。按下停止按钮 I0. 1，I0. 1 常闭触点断开，Q0. 0 线圈失电，Q0. 0 常开触点断开。

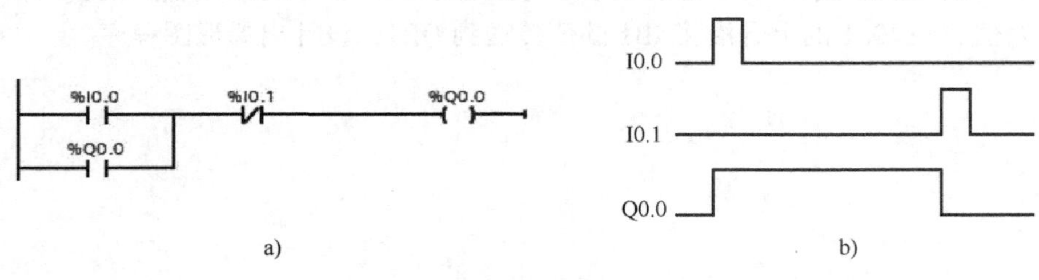

图 6-1　延时脉冲产生电路

a）程序图　b）时序图

2. 互锁电路

互锁控制指多个自锁控制电路之间又有互锁的控制关系，即起动其中任一个控制电路，其他控制电路不能再起动；只有将已起动的控制电路停掉，其他控制电路才能被起动。互锁电路采用谁先起动、谁优先控制原则，也称唯一性控制。

图 6-2 所示为该电路的程序。三个负载 Q0.0、Q0.1、Q0.2，每个回路使用自锁控制，相互之间又具有互锁逻辑。任意起动 I0.0、I0.1、I0.2，则对应的输出线圈常闭触点切断了其他两路输出，任何时候只能起动一路控制。按下复位按钮 I1.0，将起动的控制电路断开后，其他两路控制电路才可能被起动。

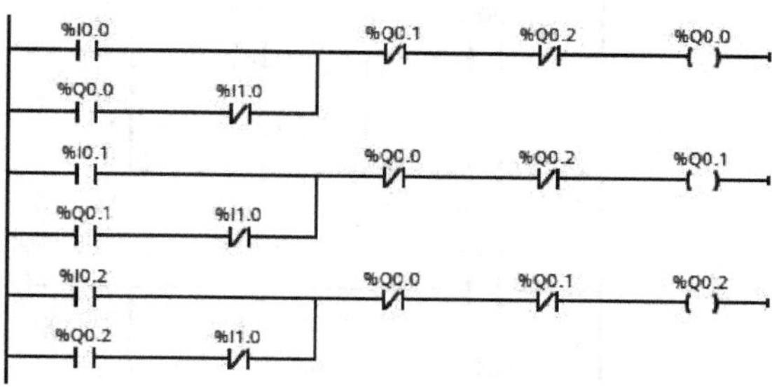

图 6-2 互锁电路

3. 多地控制电路

多地控制指同一个控制对象，在不同地点用同样的控制方式实现控制。图 6-3 所示为该电路图，I0.0 与 I0.1 是一对按钮，I0.2 与 I0.3 是另外一对按钮，分别在两个地点进行控制。常开起动按钮并联，即逻辑或的关系，电路按下起动按钮 I0.0 或 I0.2，均可自锁输出 Q0.0；常闭停止按钮应串联，即逻辑与非的关系，按下停止按钮 I0.1 和 I0.3，均可关断输出 Q0.0。

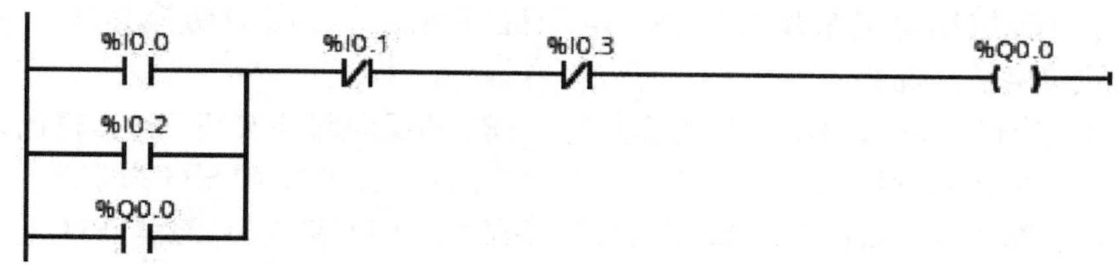

图 6-3 多地控制电路

4. 点动和连续电路

继电接触器利用复合按钮的先断开、后闭合可实现点动和连续控制。其实，只要稍微改一下，就可转换成梯形图。图 6-4 所示的程序可实现点动加连续控制功能。按下起动按钮 I0.2，Q0.0 线圈得电，释放起动按钮 I0.2，Q0.0 线圈断电，实现点动控制功能。按下起动按钮 I0.0，Q0.0 和 M3.0 线圈同时得电，M3.0 常开触点闭合，即使释放起动按钮 I0.0，通过闭合的 M3.0 常开触点，Q0.0 和 M3.0 线圈仍然可继续通电，实现连续控制功能。按下复合按钮，M3.0 常闭触点断开自锁，进行点动，释放 I0.2，关断 Q0.0 输出。

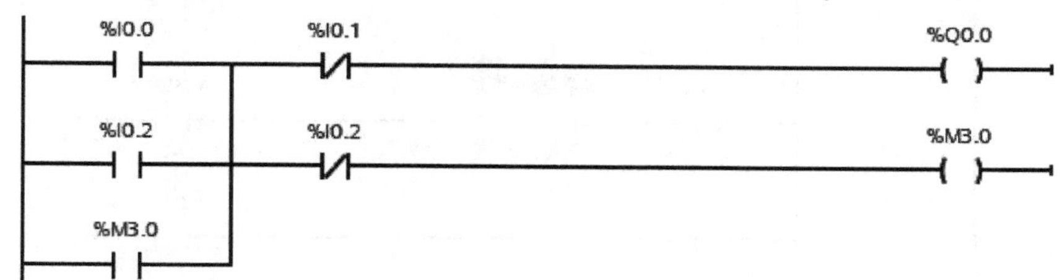

图 6-4 点动和连续电路

5. 顺序起动与停止电路

在一些生产机械中，通常要求多台电动机的起动和停止按一定顺序进行，具体如图 6-5 所示，电路实现正向起动和逆序停止功能。

起动时，只有先按下起动按钮 I0.0，同时除了 Q0.0 自锁通电外，Q0.1 线圈电路中的

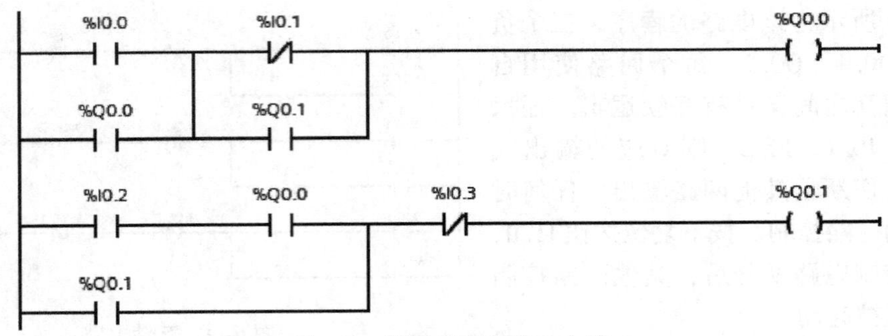

图 6-5　顺序起动与停止电路

Q0.0 常开触点闭合后，才能按下起动按钮 I0.2，使得 Q0.1 通电。停止时，只有先按下停止按钮 I0.3，同时除了 Q0.1 复位断电外，Q0.0 线圈电路中的 Q0.1 常闭触点断开后，才能按下停止按钮 I0.1，使 Q0.0 后断电。

6. 电动机正反转电路

电动机正反转控制是最常用的电路，电动机可逆运行方向的切换是通过两个接触器 KM1、KM2 的切换来实现的。

输入信号设有停止按钮 SB1、正向起动按钮 SB2 和反向起动按钮 SB3，输出信号设有正转接触器 KM1、反转接触器 KM2。其中，SB1 为常闭按钮，SB2 和 SB3 为常开按钮，分别接至 I0.0、I0.1 和 I0.2 输入点；KM1 和 KM2 分别接至 Q0.0 和 Q0.1 输出点。PLC 内部处理过程中，同一软元件的常开、常闭触点切换没有时间延迟，所以必须采用防止电源短路的方法。图 6-6 所示的梯形图中，采用两个定时器分别作为正、反转切换时间，从而防止电源短路。

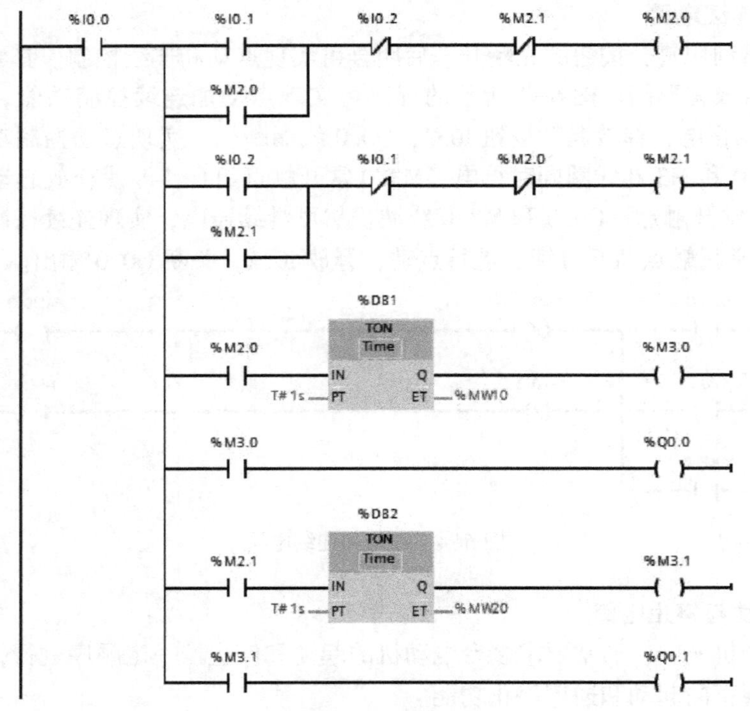

图 6-6　正反转控制电路

继电接触器转换为梯形图一般不需要改动控制面板，不仅保持了系统原有的外部特性，而且操作人员不用改变长期形成的操作习惯，非常容易接受。这种程序设计方法周期短，修改、调试程序简单方便，程序设计可以与现场施工同步进行，以缩短设计周期，但仅对简单的控制系统是可行的，对复杂的控制电路就不适用了。

6.2 经验设计法

经验设计法是在掌握常用的经典电路环节的基础上，根据被控对象的控制要求凭借平时积累的经验进行程序设计，通过不断调试和修改，设计出满足功能要求的程序梯形图。这种方法没有规律可遵循，程序设计所需时间和质量与用户经验有很大的关系，要求设计者要有很丰富的设计经验和灵活的设计思路，所以称为经验设计法。

经验设计法首先需要收集经典程序例程，程序最好有I/O分配、硬件接线图和注释等部分。其次，读懂程序并分解出程序中用于完成不同任务的组成部分，独立完成特定功能的子程序或中断程序应及时收藏到程序库，从而便于以后编程过程中调用。最后，还需对程序做功能扩展设计、调试，并详细记录和总结全过程。通过上述过程，用户就能够有效消化和融入经典程序例程，逐步确立适合自己的编程方法。

一般来说，经验设计法设计PLC程序可以按以下几个步骤来进行：分析控制要求、设计主令元件和检测元件、确定输入/输出设备、设计控制程序、调试和修改程序。

例6-1 运料小车在左限位开关处装料，10s后装料结束，然后开始右行；碰到右限位开关后停下来卸料；卸料15s后小车左行，碰到左限位开关后又停下来装料，如此进行循环，直到按下停止按钮小车停止运行，此外还设计有起动小车左行和右行的按钮。

（1）I/O地址分配

输入点：小车右行按钮SB1（I0.0）、小车左行按钮SB2（I0.1）、停止按钮SB3（I0.2）、右限位开关SQ1（I0.3）、左限位开关SQ2（I0.4）。

输出点：右行接触器KM1（Q0.0）、左行接触器KM2（Q0.1）、装料接触器（Q0.2）、卸料接触器（Q0.3）。

（2）梯形图

从控制要求可看到，运料小车左行和右行其实为电动机的正反转控制，依据正反转控制进行程序设计，如图6-7所示。

设计程序时，首先编写小车左行和右行控制逻辑的起保停程序，然后考虑互锁的问题。右行控制中串联左行按钮常闭触点，左行控制中串联右行按钮常闭触点，这就是硬件互锁。小车位置控制通过串联限位开关常闭触点实现。左限位开关驱动装料输出同时驱动定时器延时10s，延时时间到后要右行，因此，小车右行控制逻辑并联定时器常开触点。同样，右限位开关驱动卸料输出同时驱动定时器延时15s，延时时间到后要左行，小车左行控制逻辑并联定时器常开触点。

经验设计法对一些比较简单的程序设计是比较有效的方法，但对设计人员素质要求比较高。虽然对于初学者不易掌握，但随着独自设计程序的数量增长和经验的逐渐积累，这种方法将成为一种快速的设计方法。

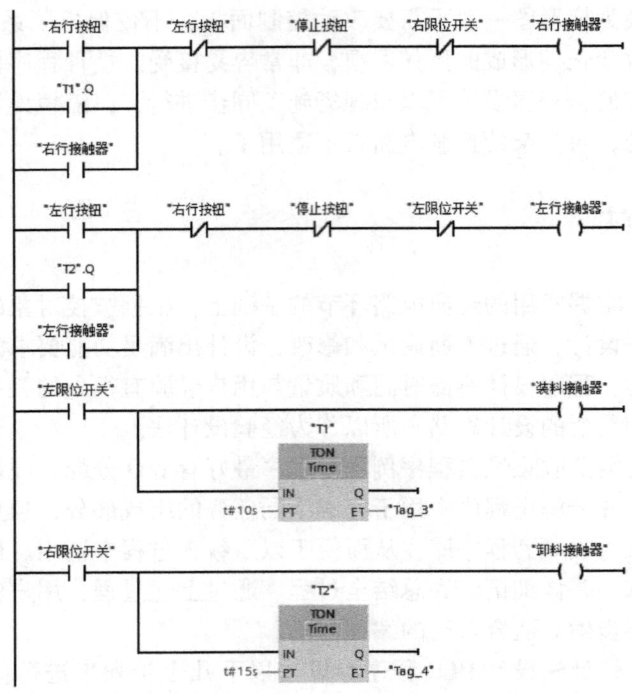

图 6-7 运料小车控制程序

6.3 顺序控制设计法

前面所介绍的基于基本指令和方法设计简单的程序是可行的，但没有普遍的规律可循，具有很大的试探性和随意性，设计时间、质量与设计者的经验有很大关系。对于复杂的控制系统，工艺要求及安全保护因素往往交织在一起，设计出的梯形图非常复杂，编程不仅难度大、可读性差，而且容易遗漏应考虑的问题，因此，有必要深入探讨更广泛的复杂控制系统顺序程序设计方法。

6.3.1 功能图产生

顺序控制是指各执行机构按照生产工艺中预先设定的动作顺序以及相应的转换条件，逐步进行自动有序操作的过程。

顺序功能图（Sequential Function Chart，SFC）源自佩特里网络（Petri net）或顺序方法论，由 Grafcet 演化而来。Grafcet 是世界自动化领域中首个通过若干步和转移条件来描述系统的规范语言。Grafcet 是用最简单、科学的技术图解来表示一个生产工艺或设备的动作过程，目前已成为 IEC 848 标准并集成到 IEC61131-3 编程语言。我国早在 1986 年也颁布了顺序功能图的国家标准（GB 6988.6-1986）。1994 年 5 月，顺序功能图被 IEC61131-3 列为 PLC 程序设计语言。

现在大多数 PLC 产品都有专为使用顺序功能图编程所设计的指令，使用起来非常方便。中小型 PLC 采用顺序功能图时，首先应根据系统工艺过程画出顺序功能图，然后将顺序功能图转化为梯形图程序。有些大型或中型PLC可直接用功能图进行编程，例如西门子的S7-Graph语言。

6.3.2 功能图组成

顺序功能图是一种描述顺序控制系统的图解表示方法，是专用于工业顺序控制程序的一种功能说明性语言，它能完整地描述控制系统的工作过程、功能和特性，也是分析、设计电气控制系统控制程序的重要工具。

顺序功能图主要由步（Step）、转移条件（Transition）和动作（Action）组成。顺序功能图编程思想其实是将复杂的顺序控制过程分解为若干步，不同步具有不同的动作。步与步之间由转移条件分隔，相邻步之间的转移条件使能时实现步的转移，即上一步动作结束，而下一个步动作开始，避免了梯形图对顺序动作编程时，由于机械互锁造成用户程序结构复杂、难以理解的缺陷。顺序功能图编程结构清晰，不仅形象直观、可读性强，而且使编程工作程序化和规范化，大大减轻编程的工作量，缩短编程和调试时间。

下面用一个简单的例子来说明功能图的绘制原则。图6-8中，小车开始时停止在最左边，限位开关I0.2为1状态。按下起动按钮，Q0.0为1，小车正向右行。碰到右限位开关I0.1时，Q0.0为0，Q0.1为1，小车反向左行。返回起始位置时，Q0.1为0，小车停止运行，同时Q0.2为1，使制动电磁铁线圈通电，接通延时定时器T1开始定时，定时时间到，制动电磁铁线圈断电，系统返回初始状态。

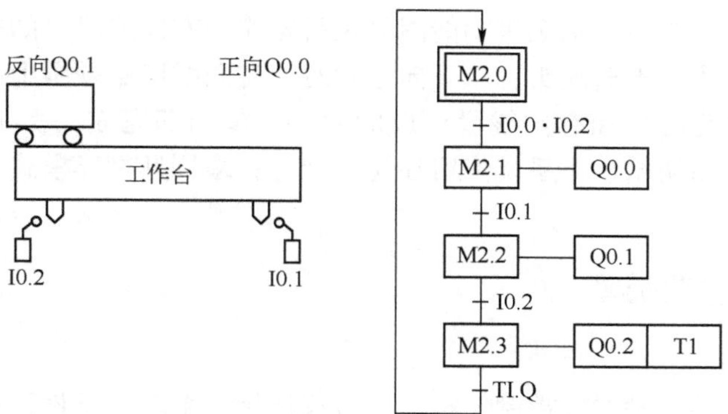

图6-8 顺序功能图

从该例可看出，小车工作顺序分为初始、右行、左行、制动延时等步，转移条件控制各步之间的转换，然后执行各步的驱动动作。

1. 步

控制系统中一个相对不变的稳定状态称为步。顺序功能图至少要有一个初始步，初始步一般是系统等待启动命令的相对静止状态，用户程序从初始步开始执行。初始步一般用双方框表示，其他步用单线方框表示。步与步之间不能直接连接，必须用转移条件分开。步处于活动状态时，称为活动步，步处于非活动状态时，称为非活动步，可分别用逻辑值1或0来表示。

2. 动作

系统处于非活动步时没有动作，只有处于活动步时才执行相应动作，相邻两个步输出量结果是不同的。每步可有多个命令或动作，它们可水平或垂直布置，具体如图 6-9 所示。

3. 转移条件

系统由当前活动步进入下一步的信号称为转移条件。转移条件一旦成立时，所有与转移条件相连的当前步都变为不活动步；同时，所有与转移条件相连的后续步都变为活动步，即将当前步所对应的编程元件复位，后续步所对应的编程元件置位。

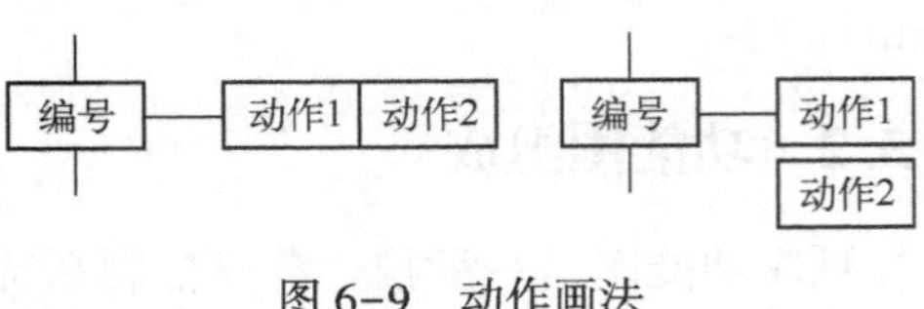

图 6-9　动作画法

转移条件之间同样不能直接连接，必须用步分开。转移条件可为按钮、限位开关、接近开关等外部输入信号，也可为内部定时器、计数器等信号，还可为若干信号的与、或、非逻辑组合。如图 6-10 所示，转移条件可用文字、图形符号或代数表达式标注在转移条件短线的旁边，使用最多的为代数表达式。

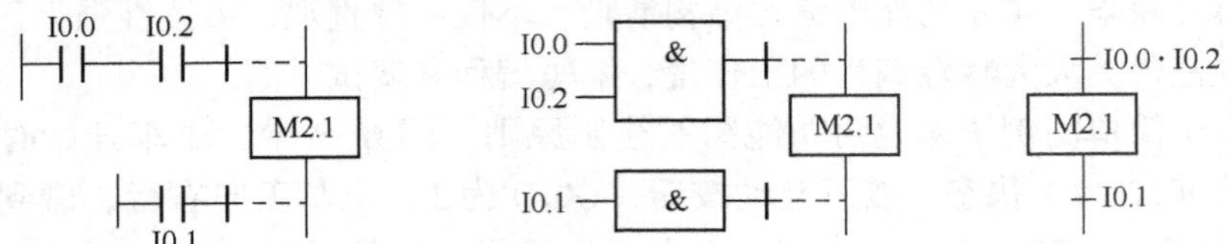

图 6-10　转移条件表示

4. 有向线段

步与步之间的有向线段表示顺序功能图的执行顺序，有向线段上的短线是转移条件。从上向下画时，有向线段可省略箭头；从下向上画时，有向线段必须画上箭头以表示方向。

顺序功能图一般为由步和有向线段组成的闭环。单周期完成一次工艺过程的全部操作后，应从最后一步返回初始步，系统停留在初始状态；多周期循环模式下，应从最后一步返回开始运行的第一步。

6.3.3　功能图的主要类型

1. 单流程

单流程是最简单的一种顺序控制结构，每步仅连接一个转移条件，每个转移条件也仅连接一个步。

S7-1200 PLC 没有提供顺序控制指令，顺序功能图编程可使用置位和复位指令来实现。当前步存储器位的常开触点与转移条件触点或电路串联，条件一旦成立则使所有前级步存储器位复位，而将后续步存储器位置位，有效地解决了经验设计法中记忆和联锁问题。

任何情况下，代表步的存储器位的控制电路都可使用这一原则来设计，每个转移条件对应一个置位和复位的电路块，有多少个转移条件就有多少个这样的电路块。这种设计方法在设计复杂的顺序功能图的梯形图时既容易掌握，又不容易出错，具有简单、规范和通用等优点。

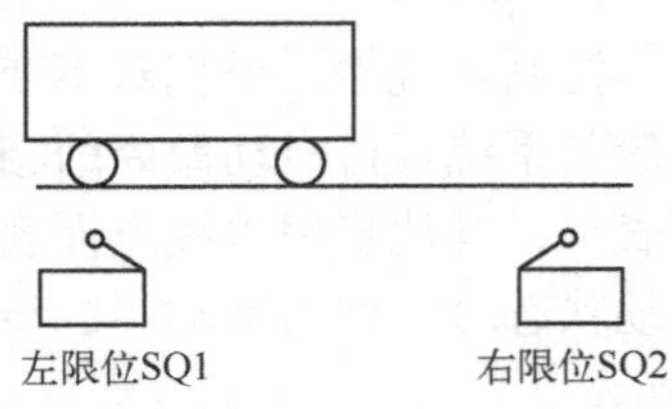

图 6-11　小车运动示意图

例 6-2　图 6-11 为某小车运动的示意图。小车初始步停在轨道的左边，左限位开关 SQ1 接通。按下起动按钮后，小车右行，当碰到右限位开关 SQ2 后，停止 3 s 后左行，当碰到左限位开关 SQ1 时，小车停止。

（1）I/O 地址分配

输入点：起动按钮 SB1（I0.0）、右限位开关 SQ2（I0.1）、左限位开关 SQ1（I0.2）。

输出点：右行接触器 KM1（Q0.0）、左行接触器 KM2（Q0.1）。

（2）顺序功能图和梯形图

顺序功能图、梯形图程序如图 6-12 和图 6-13 所示。按下起动按钮时，小车停在最左侧，则由初始状态跳转到右行状态，否则就不能跳转。若 M2.1 和 M2.3 无效，则右行接触器 Q0.0 和左行接触器线圈 Q0.1 不会通电。小车碰到左限位开关后，则会由左行状态跳转到初始状态，需要再次按下起动按钮才能进行下一次动作。

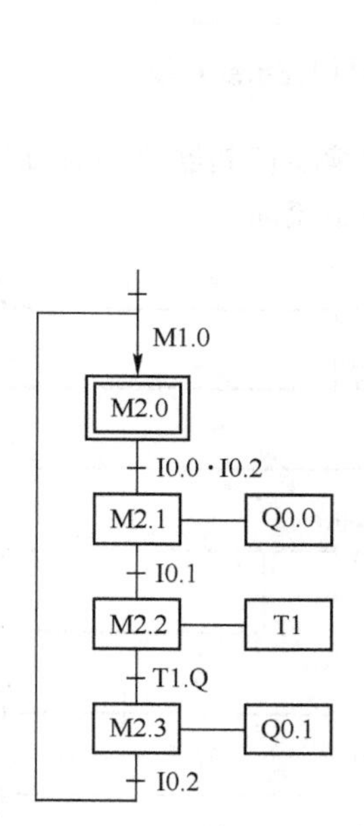

图 6-12　小车顺序功能图

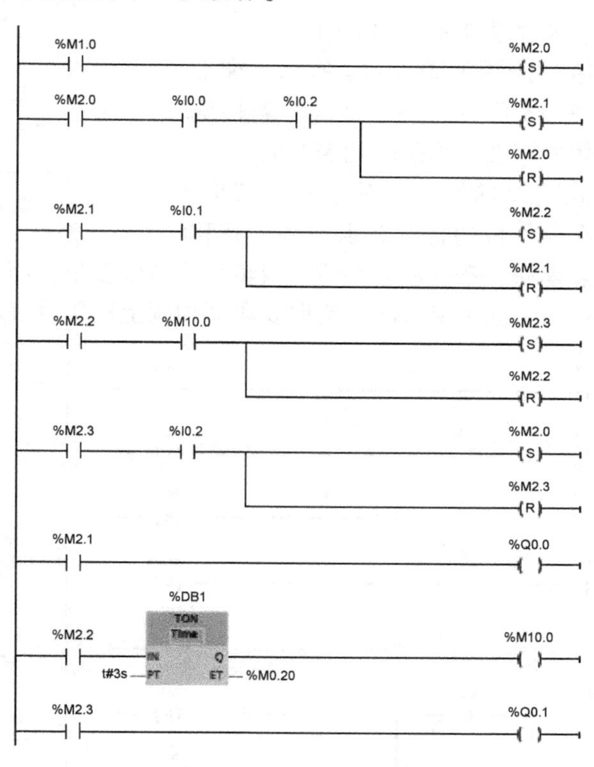

图 6-13　小车梯形图

2. 选择分支

选择分支结构是同一步下有两个或多个转移条件，哪个转移条件先满足要求，就执行对应的分支结构的程序，完成相应动作后，再根据转移条件汇合执行后续操作。控制系统比较复杂，同时有多个选择步时，分支结构使用比较多。

例 6-3　图 6-14 为自动门控制系统示意图，当人靠近自动门时，感应器输出信号，驱动电动机高速开门。碰到开门减速开关时，变为减速开门；碰到开门极限开关时电动机停转，开始延时。若在 0.5 s 内感应器检测到无人，起动电动机高速关门。碰到关门减速开关时改为减速关门，碰到关门极限开关时电动机停转。在关门期间若感应器检测到有人，停止关门，延时 0.5 s 后自动转为高速开门。

（1）I/O 地址分配

输入点：感应器（I0.0）、开门减速开关（I0.1）、开门极限开关（I0.2）、关门减速开关（I0.3）、关门极限开关（I0.4）

输出点：电动机高速开门接触器（Q0.0）、电动机低速开门接触器（Q0.1）、电动机高速关门接触器（Q0.2）、电动机低速关门接触器（Q0.3）。

（2）顺序功能图和梯形图

顺序功能图如图 6-14 所示，梯形图如图 6-15 所示。关门期间，若检测到有人体的存在，则跳转到 M2.6，从而避免危险情况的发生。对于分支结构，当前步存储器位的常开触点与多个转移条件触点串联，条件成立则使前级步存储器位复位，而将所有后续步存储器位同时置位，顺序功能图由下向上跳转时，有向线段必须画上箭头以表示程序控制流向。

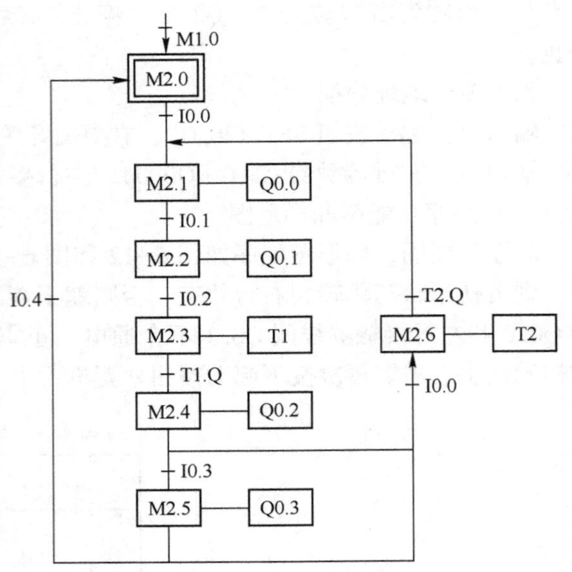

图 6-14　自动门控系统功能图

%M1.0 %M2.0 S
%M2.0 %I0.0 %M2.1 S %M2.0 R
%M2.1 %I0.1 %M2.2 S %M2.1 R
%M2.2 %I0.2 %M2.3 S %M2.2 R
%M2.3 %M10.0 %M2.4 S %M2.3 R
%M2.4 %I0.3 %M2.5 S %I0.0 %M2.6 S %M2.4 R
%M2.5 %I0.4 %M2.0 S %I0.0 %M2.6 S %M2.5 R
%M2.6 %M10.1 %M2.1 S %M2.6 R
%M2.1 %Q0.0
%M2.2 %Q0.1
%DB1 TON Time %M2.3 IN Q %M10.0 t#3s PT ET %MD20
%M2.4 %Q0.2
%M2.5 %Q0.3
%DB2 TON Time %M2.6 IN Q %M10.1 t#500ms PT ET %MD30

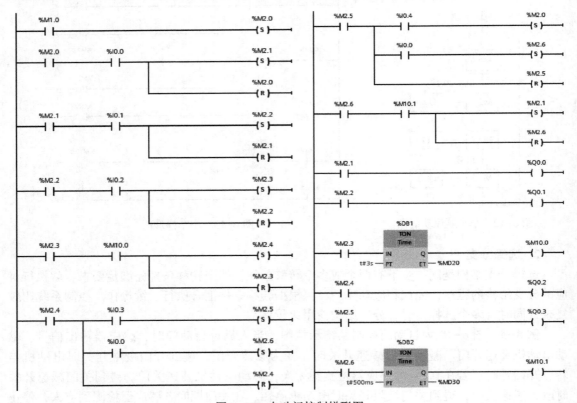

图 6-15　自动门控制梯形图

3. 并行分支

并行分支结构是在相同步、转移条件下，同时启动若干个顺序分支步，所有分支步同时激活；完成各自相应的动作后，转移汇合步，继续执行后续步的动作。并行分支一般用双水平线表示，同时结束若干个分支也用双水平线表示。

例 6-4 人行横道旁的按钮式交通信号灯示意图如图 6-16 所示，请设计顺序功能图，并写出对应的梯形图。

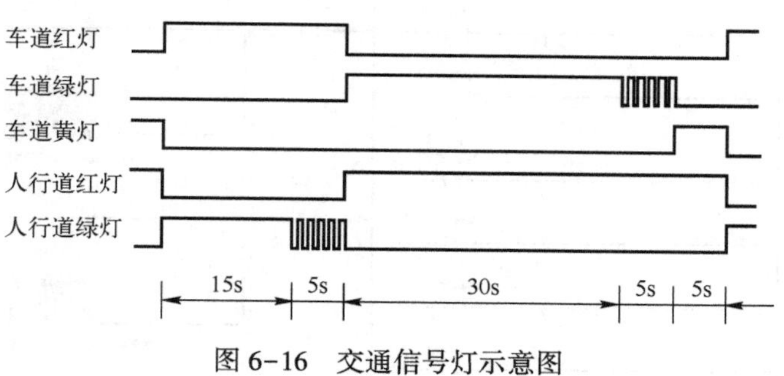

图 6-16 交通信号灯示意图

（1）I/O 地址分配

输入点：起动按钮（I0.0）、停止按钮（I0.1）。

输出点：车道红灯（Q0.0）、车道绿灯（Q0.1）、车道黄灯（Q0.2）、人行道红灯（Q0.3）、人行道绿灯（Q0.4）。

（2）顺序功能图和梯形图

顺序功能图如图 6-17 所示，为避免双线圈输出，程序可用中间继电器逻辑过渡，凡是有重复使用的相同输出驱动，先用中间继电器表示逻辑的输出，程序的最后再进行合并输出处理。例如车道绿灯和闪烁逻辑分别使用 M20.0 和 M20.1，合并输出 Q0.1，人行道绿灯和闪烁逻辑分别使用 M20.2 和 M20.3，合并输出 Q0.4。

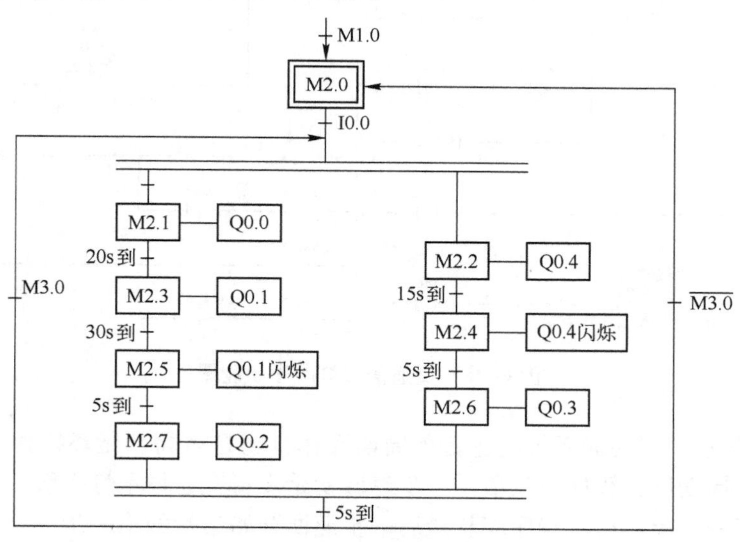

图 6-17 交通信号灯顺序功能图

梯形图程序如图 6-18 所示。车道与人行道红绿灯是两个并行的分支，并行分支关键是进行分支的合并处理，合并时必须前级步都为活动步，有时各分支不一定同时结束，有时还需要设置一些等待动作。此外，并行分支合并后转到后续步可用有转换条件。M2.6 和 M2.7 同时为活动步，且定时 5 s 后，才能根据 M3.0 的逻辑选择是跳转到 M2.0，还是 M2.1；跳转后，将 M2.6 和 M2.7 前级步复位。

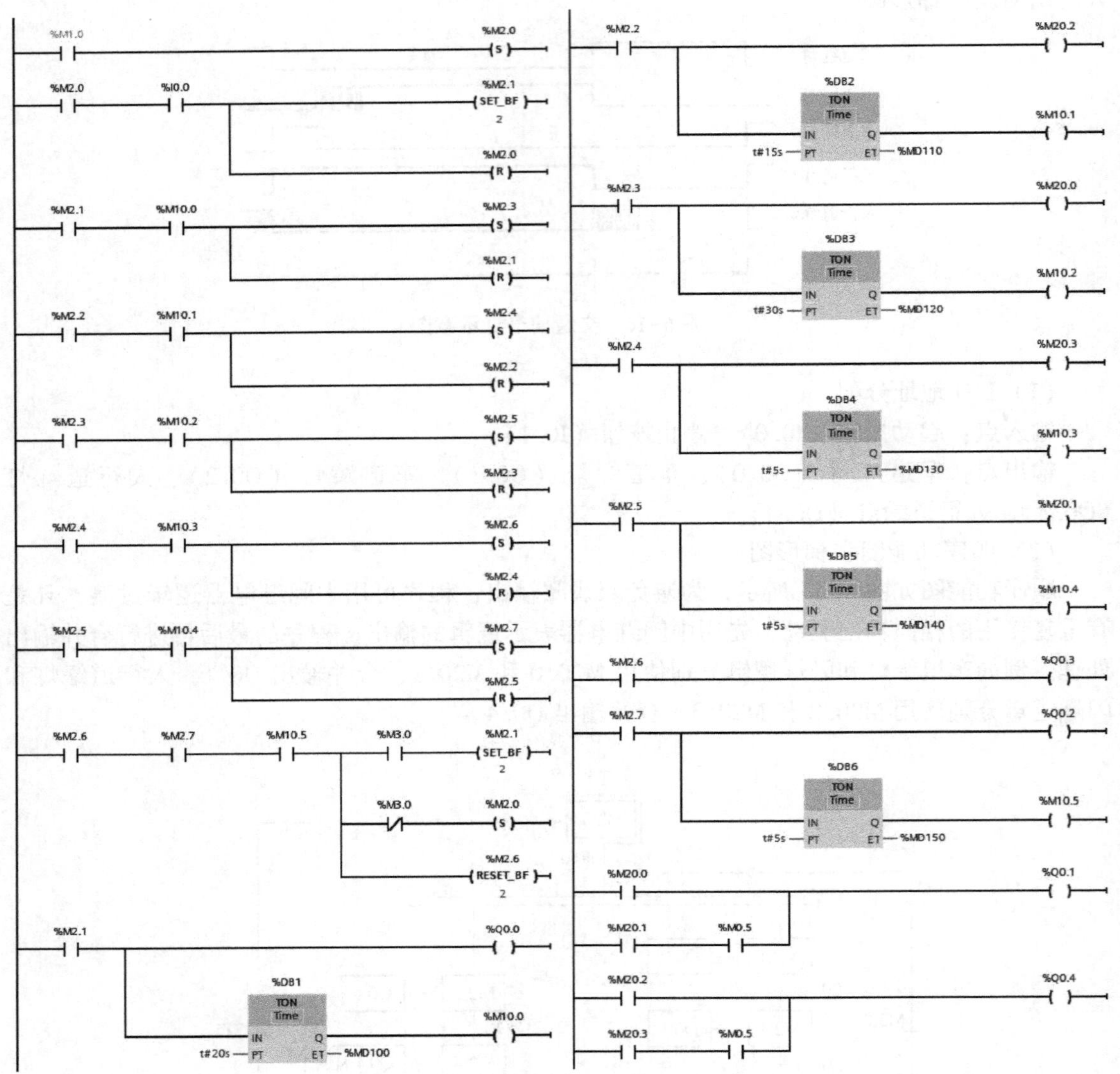

图 6-18　交通信号灯顺序功能图

M3.0 为中间逻辑，控制系统是进行单周期操作，还是多周期循环操作。若为单周期操作，执行完一个周期后，程序应从最后一步返回初始步；交通指示灯一般工作在多周期循环模式下，执行完一个周期后，程序应从最后一步返回开始运行的第一步。

4. 跳转和循环

单流程、选择分支、并行分支是顺序功能图的基本形式，除此之外，很多应用场合也会使用跳转和循环结构。

例 6-5 图 6-19 为全自动洗衣机流程图。系统处于初始状态，按下起动按钮起动，开始进水。水满时停止进水，开始洗涤正转，正洗 15 s 后暂停，暂停 3 s 后开始洗涤反转；反洗 15 s 后暂停，暂停 3 s 后，若正、反洗未满 3 次，则重新正洗；若正反洗满 3 次，则开始排水，水位下降到低水位时，开始脱水并继续排水。脱水 10 s 即完成一次从进水到脱水的大循环过程，若未完成 3 次大循环，则返回从进水开始的全部动作，进行下一次大循环。若完成了 3 次大循环，则进行洗完报警。报警 10 s 后结束全部过程，自动停机。

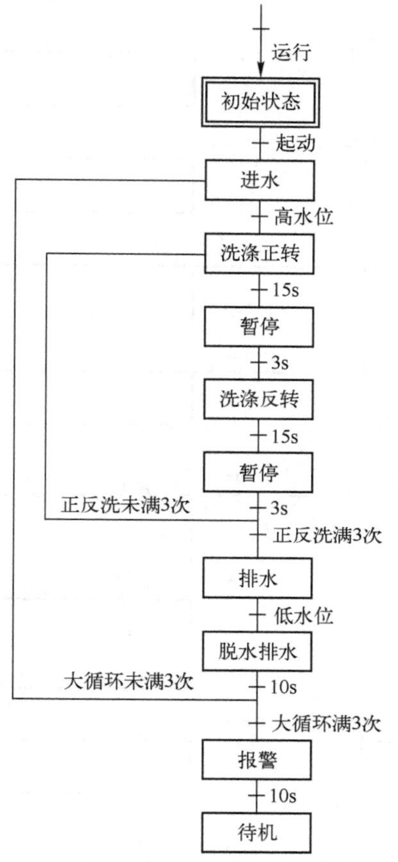

图 6-19　全自动洗衣机工作流程图

（1）I/O 地址分配

输入点：起动按钮（I0.0）、停止按钮（I0.1）、排水按钮（I0.2）、高水位传感器（I0.3）、低水位传感器（I0.4）。

输出点：进水电磁阀（Q0.0）、电动机正转接触器（Q0.1）、电动机反转接触器（Q0.2）、脱水电磁离合器（Q0.3）、报警蜂鸣器（Q0.4）。

定时器：正洗计时（T37）、正洗暂停计时（T38）、反洗计时（T39）、反洗暂停计时（T40）、脱水计时（T41）、报警计时（T42）。

计数器：正反洗循环计数正洗计时（C0）、大循环计数（C1）。

（2）顺序功能图和梯形图

由功能图设计出的梯形图程序如图 6-20 所示。系统涉及正反洗小循环、大循环。每次反洗暂停 3 s 后，计数器加 1，使用比较指令判断计数值是否达到预设值，若正反洗次数未满 3 次，则跳转至洗涤正转状态；若正反洗次数满 3 次，则跳转至排水状态。

同样，脱水排水 10 s 后，计数器加 1，若大循环次数未满 3 次，则跳转至进水状态；若大循环次数满 3 次，则跳转至报警状态。

工作过程中，排水、脱水排水都需要输出 Q0.4，为了避免双线圈输出，先用中间继电器表示 Q0.4 逻辑的输出，程序的最后再进行合并输出处理。本例仅为示例，与实际洗衣机工作过程还是有一定的差异。

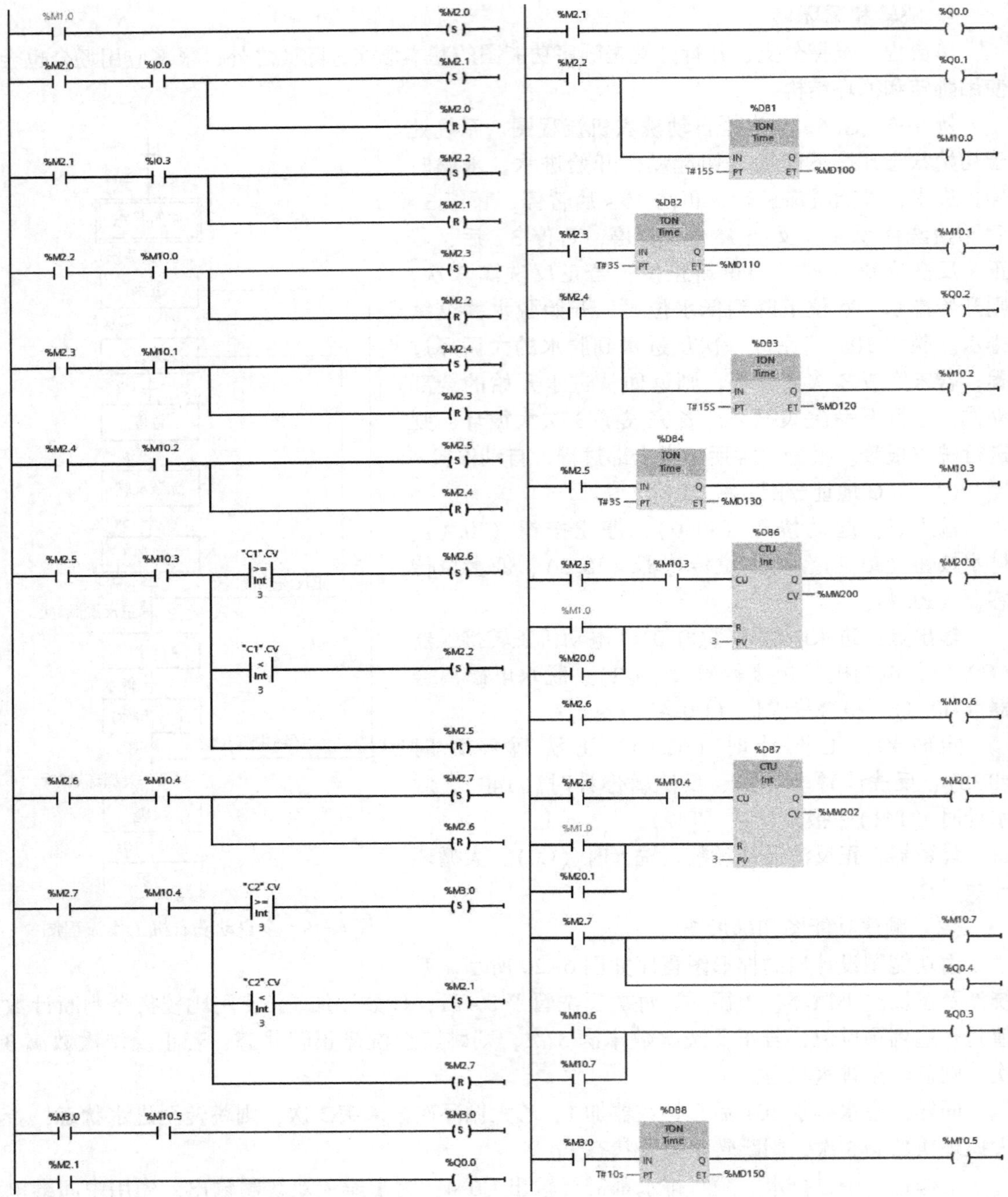

图 6-20 全自动洗衣机梯形图

思考题与习题

6-1 什么是顺序功能图，它主要由哪些元素组成？顺序功能图的主要类型有哪些？

6-2　液体混合控制系统装置示意图如图 6-21 所示。控制要求如下：按下起动按钮，电磁阀 1 闭合，开始注入液体 1，液体到达 L2 的高度，停止注入液体 1。同时电磁阀 2 闭合，注入液体 2，液体到达 L1 的高度，停止注入液体 2，开启搅拌机 M，搅拌 4 s，停止搅拌。同时电磁阀 2 闭合，液体达到 L3 高度，再经 2 s 停止放出液体。同时液体 1 注入。开始循环。按停止按钮，所有操作都停止，须重新起动。要求列出 I/O 分配表并编写梯形图程序。

6-3　画出图 6-22 所示波形对应的顺序功能图。

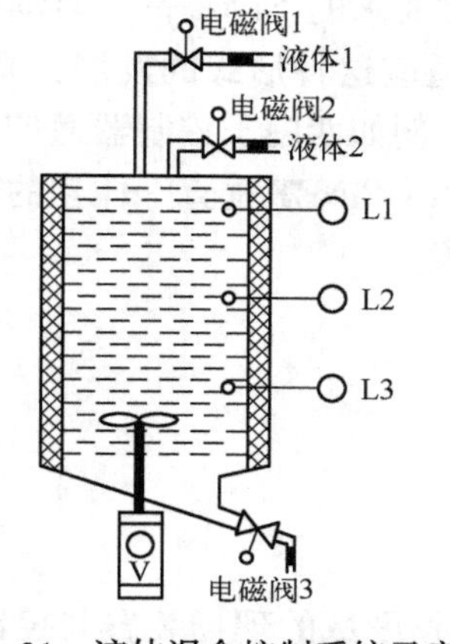

图 6-21　液体混合控制系统示意图

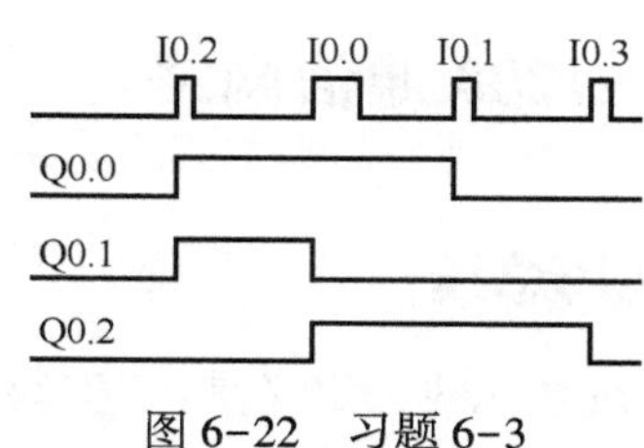

图 6-22　习题 6-3

第 7 章　S7-1200 通信

随着计算机网络技术的发展和生产自动化程度要求的不断提高，自动控制已由传统的集散控制系统向现场总线控制系统方向发展。为了适应这种形式的发展，几乎所有的 PLC 生产厂家都为自己的产品增加了通信与联网的功能，例如西门子控制器通信和联网使用设备级总线 AS-i、车间级总线 PROFIBUS、工业以太网 PROFINET 垂直一体化的现场网络结构。本章将主要介绍西门子 S7-1200 的通信网络及其配置。

7.1　S7-1200 通信网络

7.1.1　现场总线

IEC 对现场总线的定义是："安装在制造或过程区域的现场装置与控制室内的自动控制室装置之间的数字式、串行、多点通信的数据总线"。

该定义首先阐明了现场总线的主要使用场合，即制造业自动化、批量流程控制、过程控制等领域，可见现场总线的应用几乎覆盖了所有工业领域；其次指明了现场总线的主要角色就是位于现场的自动装置和控制室内的自动控制装置，这里所讲的现场装置或设备是指可完成复杂通信和控制任务的智能设备；最后明确了现场总线是一种数据总线技术，即一种通信协议，而且该通信是数字式的（非模拟式的）、串行的（可进行长距离的千米级通信，以适应工业现场的实际需求）、多点的（真正的分散控制）。

现场总线是过程控制技术、仪表技术和计算机网络技术紧密结合的产物，它不仅仅局限于用数字信号取代模拟信号，更重要的是解决了传统控制系统中存在的许多根本性的难题，使得自动控制系统的结构、设计方法和安装调试方法都发生了重大的变化，给工业自动控制领域带来了一场革命性的冲击。

早在 1985 年，一些工业自动化方面的专家便开始致力于制订一种独立于制造商的现场总线标准，但这项工作不仅涉及技术的开发，更是牵涉到工厂、制造商、甚至国家的经济与政治利益。因此，各大公司都希望其总线技术被采纳为现场总线国际标准，以至于相互间激烈竞争而各不相让，使得标准制订工作屡经磨难与挫折，先后历经 9 次投票表决都未能通过。由于全世界无法一致认可一个标准协议，所以最终通过协商和妥协，1999 年底，IEC TC65 通过了 8 种互不兼容的总线技术作为 IEC61158 国际标准，它们分别是 FF H1、ControlNet、PROFIBUS、P - NET、FF HSE、SwiftNet、WorldFIP 和 Interbus。在 2002 年底，IEC61158 又对以上现场总线的细节内容做了调整和补充，另外还新增了两种总线，即 FF FMS 及 PROFNET。

除了 IEC61158 现场总线标准，IEC TC17B 还制订了另一个非常重要的标准 IEC62026，它是关于“低压开关装置和控制装置使用的控制电路装置和开关元件”的现场总线标准，其中包括4种I/O设备级现场总线国际标准，而AS-i（Actuator Sensor Interface）便是其最具有代表性的总线。

7.1.2 开放系统互连模型

开放系统互连参考模型（Open System Interconnect，OSI）是国际标准化组织、国际电报电话咨询委员会联合制定的。OSI参考模型为开放式互连信息系统提供了一种功能结构的框架，自底向上的7个层次分别是物理层、数据链路层、网络层、传输层、会话层、表示层和应用层，具体如图7-1所示。

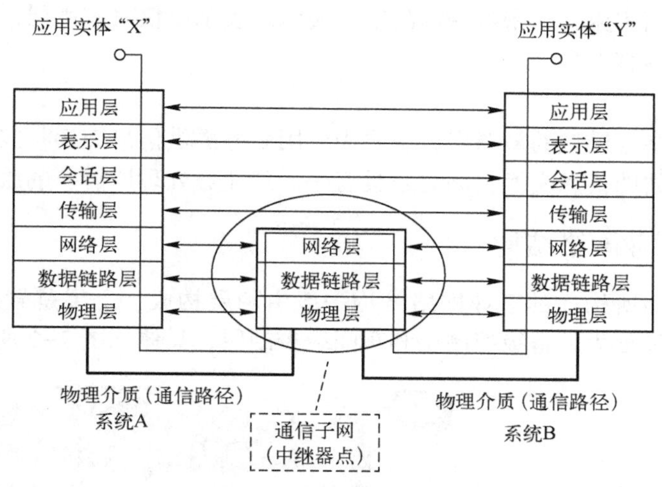

图7-1 开放系统互连模型

OSI参考模型定义了开放系统的层次结构和各层所提供的服务，并清晰地给出服务、接口和协议概念，服务描述每一层的功能，接口定义某层提供的服务如何被高层访问，而协议则是每一层功能的实现方法。OSI参考模型最大的特点是开放性。不同厂家的网络产品，只要遵照这个参考模型，就可以实现互连、互操作和可移植性。

（1）物理层

物理层是参考模型的底层，该层提供用于建立、保持和断开物理连接的机械和电气功能和过程。物理层的下面是物理介质，例如双绞线、同轴电缆和光纤等，用于有关同步和比特流在物理媒体上的传输。

（2）数据链路层

数据链路层用于建立、维持和拆除链路连接，实现无差错传输的功能。检测差错一般采用循环冗余校验（CRC），纠正差错采用计时器恢复和自动请求重发（ARQ）等技术。该层对相邻节点的链路进行差错控制、数据成帧、同步等控制，数据以帧为单位传送，每帧又包含同步、地址和流量控制等信息。

（3）网络层

网络层规定了网络连接的建立、维持和拆除的协议，主要是通过路由选择和中继功能实现两个系统之间的连接。除此之外，网络层还具有多路复用的功能。

(4) 传输层

传输层用于开放系统之间的数据传送和收发控制，同时对经过物理层、数据链路层和网络层之后仍然存在的传输差错进行恢复，进一步提高可靠性。另外，还通过复用、分段组合、连接分离等技术措施，提高数据吞吐量和传输质量。

(5) 会话层

会话层依靠传输层以下的通信功能使数据传送功能在开放系统间有效地进行。其主要功能是按照在应用进程之间的约定，按照正确的顺序收发数据，进行各种形式的对话。

(6) 表示层

表示层的主要功能是把应用层提供的信息内容变换为能共同理解的形式，提供字符代码、数据格式、压缩解压、加密解密等的统一表示。表示层仅对应用层信息内容的形式进行变换，并不改变其内容本身。

(7) 应用层

应用层是 OSI 参考模型的最高层，主要为应用服务提供信息交换，实现用户程序、操作终端等应用进程之间的信息交换，同时还具有一系列业务处理所需要的服务功能。

7.1.3 西门子工业网络结构

西门子公司产品所构成的工业网络结构一般由两层构成，上层是管理层，下层是控制层。其中，控制层又分为设备级控制层和车间级控制层，具体如图 7-2 所示。

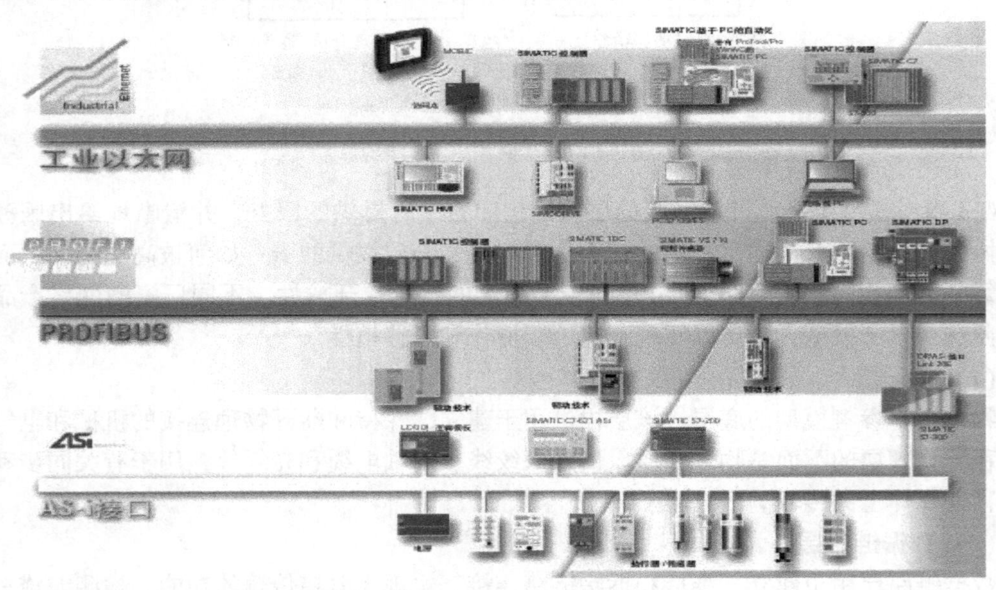

图 7-2 西门子的工业控制网络

1. AS-i 现场总线

设备级是指传感器和执行器这一类的检测器件和控制设备层，处于工业网络的最底层。AS-i（Actuator Sensor Interface）被公认为是一种最好的、最简单的和成本最低的底层现场总线，它通过高柔性和高可靠性的单根电缆把现场具有通信能力的传感器和执行器方便地连接起来，组成 AS-i 网络，其最长通信距离为 300 m，最多 62 个从站，响应时间小于 5 ms。

AS-i 作为一种生命力极强的新技术，还在不断地发展着，最显著的一次更新是 AS-i V2.1 版本的发布，AS-i V2.1 在三个方面有大的变化，即增加了模拟量直接处理功能；使用了 A/B 技术，扩展了从站的数量；增加了故障诊断功能，这些变化使得 AS-i 技术更加强大。

2. PROFIBUS 现场总线

PROFIBUS 现场总线用于完成整个工业自动化中最关键的控制任务。PROFIBUS 是开放式的现场总线，已被纳入现场总线的国际标准 IEC61158，并于 2006 年成为我国首个现场总线国家标准（GB/T 20540-2006）。

PROFIBUS 传输速率最高为 12 Mbit/s，响应时间典型值为 1 ms，使用屏蔽双绞线电缆（最长 9.6 km）或光缆（最长 90 km），最多可连接 127 个从站。PROFIBUS 提供了 3 种通信协议，即 PROFIBUS-FMS、PROFIBUS-DP 和 PROFIBUS-PA。

1）现场总线报文规范（Fieldbus Message Specification，FMS）是最初的 PROFIBUS 系统，主要用于车间级通用性通信任务，提供大数据量的数据传输，完成中等传输速度的循环和非循环通信任务，可用于大范围和复杂的通信系统。

2）分布式外围设备（Decentralized Periphery，DP）经过优化的高速、廉价的通信连接，主要用于系统和外部设备之间的通信，远程 I/O 系统尤其适合。DP 的基本版本是 DP-V0，扩展版本是 DP-V1 和 DP-V2。DP-V0 用于一类主站和从站之间周期性数据交换，DP-V1 用于过程控制场合，DP-V2 是专为高速及高精度的运动控制设计的，用于等时同步及从站之间的通信，DP 的基本版本和扩展版本的功能均能用于过程控制。

3）过程控制（Process Automation，PA）主要用于过程自动化，其物理层传输遵从 IEC61157-2 标准，数据传输和电源共用同一根电缆，适用于对本质安全有要求或其他过程控制的场合。

此外，PROFIBUS 还推出了用于运动控制的总线驱动技术 PROFI-drive 和故障安全通信技术 PROFI-safe。

3. PROFINET 工业以太网

管理层使用工业以太网通信协议或最新的 PROFINET，负责传送生产管理信息，进行生产调度，完成工业自动化设备信息和各种生产信息的处理和管理，提高生产和管理效能。

PROFINET 是 PROFIBUS 国际组织（PI）推出的基于工业以太网的开放的现场总线标准（IEC61158 的类型 10），它以 TCP/UDP/IP 作为通信基础，可将分布式 I/O 设备直接连接到工业以太网，还可用于对实时性要求更高的自动化解决方案。

PROFINET I/O 是 PROFIBUS/PROFINET 国际组织基于工业以太网技术标准定义的一种跨供应商的通信、自动化系统和工程组态的模型，主要用于模块化、分布式控制。PROFINET I/O 根据组件功能可划分为 I/O 控制器、I/O 设备和 I/O 监视器。I/O 控制器用于对所连接的 I/O 设备进行寻址，需要与现场设备交换输入和输出信号，功能类似于 PROFIBUS 网络中的 DP 主站。I/O 设备是分配给其中一个 I/O 控制器的分布式现场设备，例如 ET200SP、ET200MP 等，功能类似于 PROFIBUS 网络中的 DP 从站。I/O 监视器是用于调试和诊断的编程设备或 HMI 设备。使用铜质电缆最多 126 个节点，网络最长 5 km。使用光纤多于 1000 个节点，网络最长 150 km。无线网络最多 8 个节点，每个网段最长 1000 m。

PROFINET I/O 提供三种执行水平的数据通信。

1）非实时数据传输（NRT）标准 TCP/IP 通信的网络模型结构仅由物理层、数据链路层、网络层和传输层等 4 个层级组成，协议报文无须打包和解包，从而大大缩短了数据帧的长度，进而提高了通信的实时性能。这种通信方式的响应时间一般为 100 ms，主要适用于参数配置、组态等对时间要求不高的数据传输场合。

2）实时通信（Real-Time，RT）适用于对信号传输时间有严格要求的场合，例如用于传感器和执行器的数据传输。通过 PROFINET，分布式现场设备可直接连接到工业以太网，与 PLC 等设备通信，其响应时间比 PROFIBUS-DP 等现场总线相同或更短，典型的更新循环时间为 1~10 ms，完全能满足现场级的要求。

3）同步实时通信（Isochronous Real-Time，IRT）用于高性能的同步运动控制，提供了等时执行周期，以确保信息始终以相等的时间间隔进行传输，响应时间为 0.25~1 ms，波动小于 1 μs。同步实时功能需要特殊的交换机的支持。S7-1200 CPU 目前不支持该类型通信。

PROFINET 能同时用一条工业以太网电缆满足三个自动化领域的需求，包括 IT 集成化领域、实时自动化领域、同步实时运动控制领域，它们不会相互影响。PROFINET 已经在诸如汽车工业、食品、饮料以及烟草工业和物流工业等许多行业领域得到了广泛的使用。

7.1.4　S7-1200 网络通信介质和连接

1. 通信介质

S7-1200 通信介质主要有双绞线、光纤和无线以太网。

（1）工业互联网快速连接双绞线（Industry Ethernet Fast Connection Twisted Pair）

工业互联网快速连接双绞线需要配合西门子 IE FC RJ45 插头使用，具体如图 7-3 所示。双绞线按照插头标识的颜色插入连接孔中，即可快捷而方便地将各种设备连接到工业以太网中。IE FC 2×2 电缆可用于设备与设备、设备与交换机，以及交换机之间的网络连接，单根电缆最长通信距离为 100 m，通信速率可达 100 Mbit/s；IE FC 4×2 电缆则用于主干网络之间的连接，通信速率最高可达 1000 Mbit/s。

（2）光纤

光纤抗干扰能力强、带宽大、通信距离远，很多工业场合都已使用光纤组成工业以太网来进行数据通信。光纤传输距离与交换机和光纤类型有关。

（3）无线以太网

无线以太网需要使用无线以太网交换机进行网络组连，传输距离与通信协议标准和天线配置有关。西门子同样提供了强大的工业无线通信产品。

2. 网络连接

S7-1200 CPU 本体集成了 1 个以太网接口，其中 CPU 1211C、CPU 1212C 和 CPU 1214C 只有一个以太网 RJ45 接口，CPU 1215C 和 CPU 1217C 则具有内置的双端口以太网交换机。S7-1200 CPU 可通过直接连接或交换机连接方式与其他设备通信。

（1）直接连接

S7-1200 CPU 与上位机、HMI 或者另一个 S7-1200 CPU 进行点对点通信时，可采用直接连接方式。直接连接不需要使用交换机，只需使用网线连接两个设备即可。

(2) 交换机连接

两个以上的设备进行多点通信时，需要使用交换机来实现网络连接。CPU 1215C 和 CPU 1217C 内置的双端口可连接 2 个通信设备，此外可使用西门子 CSM 1277 4 端口交换机来连接多个可编程控制器和触摸屏设备，如图 7-4 所示。

图 7-3　IE FC TP 电缆和 RJ45 插头

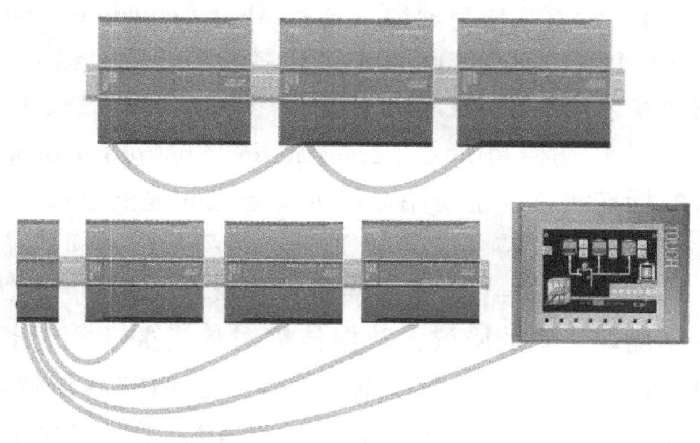

图 7-4　多个通信设备的交换机连接

7.1.5　S7-1200 支持的通信协议

S7-1200/1500 CPU 都集成有 PROFINET 接口，该接口为 10 M/100 Mbit/s 的 RJ45 以太网口，支持电缆交叉自适应。PROFINET 接口可支持非实时通信和实时通信等服务。非实时通信包括 PG、HMI、S7、OCU 和 Modbus TCP 等通信，实时通信支持 PROFINET IO 通信。连接资源如图 7-5 所示。

连接资源

	站资源			模块资源
	预留		动态	PLC_2 [CPU 1217C DC/DC/...
最大资源数：	62		6	68
	最大	已组态	已组态	已组态
PG 通信：	4	-	-	-
HMI 通信：	12	0	0	0
S7 通信：	8	0	0	0
开放式用户通信：	8	0	0	0
Web 通信：	30	-	-	-
其它通信:	-	-	0	0
使用的总资源：		0	0	0
可用资源：		62	6	68

图 7-5　S7-1200 的连接资源

1) PG 通信　博途软件对 S7-1200 CPU 进行在线连接、上传下载程序、调试诊断时都会使用到 PG 通信。S7-1200 CPU 具有 4 个 PG 连接资源用于编程设备通信。

2) HMI 通信　S7-1200 CPU 支持通过 PROFINET 端口连接西门子精简面板、精智面板，以及一些带有 S7-1200 CPU 驱动的第三方 HMI 设备。HMI 组态程序属于项目的组成部分，可在项目内部进行组态和下载。S7-1200 CPU 具有 12 个 HMI 连接资源，HMI 设备使用功能不同，所占用的连接资源也不同，但可确保至少 4 个 HMI 设备的连接。

3）S7 通信　S7 通信仅适用于 SIMATIC CPU 之间的相互通信，而不能用于第三方设备通信。S7-1200 CPU 系统具有 8 个 S7 连接资源，6 个动态连接资源，因此系统最多可组态 14 个 S7 连接，即 TCP、ISO-on-TCP、UDP 和 Modbus TCP 同时可建立的连接总和不超过 14 个。S7 通信连接中，S7-1200 CPU 既可作为客户端，也可作为服务器。

4）开放式用户通信（Open User Communication，OUC）　采用开放式通信协议，既适用于 S7-1200/1500/300/400 CPU 之间的通信，也可与第三方设备进行通信。S7-1200 CPU 支持 TCP、ISO-on-TCP 和 UDP 等多种形式开放式用户通信。

① 传输控制协议（Transmission Control Protocol，TCP）是由 RFC 793 描述的一种面向连接的标准协议，主要用途是为设备之间提供全双工、面向连接、可靠安全的连接服务。组态和传输数据时需要指定 IP 地址和端口号作为通信端口。

② ISO-on-TCP 是一种使用 RFC 1006 的扩展协议，即在 TCP 中定义了 ISO 传输属性，它是面向消息的协议，数据传输时传送关于消息长度和消息结束标志位。ISO-on-TCP 与 TCP 都位于 OSI 参考模型传输层，使用的数据端口为 102，并利用传输服务访问点 TSAP（Transport Service Access Point，TSAP）将消息路由至接收方特定的通信端口。

③ 用户数据报协议（User Datagram Protocol，UDP）是由 RFC 768 描述的一种简单、快速的面向数据报的传输协议，传输可能不可靠。UDP 同样位于 OSI 参考模型传输层，数据传输时也传送消息长度和结束信息。另外，由于数据传输时仅加入少量的管理信息，与 TCP 相比具有更大的数据吞吐量，具有结构简单、无校验、速度快、容易丢包、可广播等特点。

5）Modbus TCP 通信　1979 年，Modicon 发明出全世界第一个真正用于工业现场的总线协议 Modbus。Modbus 是一种简单、经济和公开透明的通信协议，用于不同类型总线或网络设备之间的客户端/服务器通信。Modbus TCP 结合了 Modbus 和 TCP/IP 两种协议，也是 Modbus 协议在 TCP/IP 上的具体实现，数据传输时在 TCP 报文中插入了 Modbus 应用数据。

6）PROFINET IO 通信　S7-1200 CPU 作为 PROFINET I/O 控制器时可最多连接 16 个 I/O 设备，所有 I/O 设备子模块数量最多为 256 个。S7-1200 CPU V4.0 或更高固件版本除了可作为 PROFINET I/O 控制器，还可作为 PROFINET I/O 智能设备（I-Device）；S7-1200 CPU 固件 V4.1 开始支持共享设备（Shared-Device）功能，可与最多 2 个 PROFINET I/O 控制器连接。

7）Web 通信　S7-1200 CPU 系统还预留了 30 个 Web 服务器连接资源，可用 Web 浏览器访问。

7.2　S7 协议通信

7.2.1　S7-1200 之间的通信

1. S7 协议

S7-1200 CPU 与其他 S7-300/400/1200/1500 CPU 通信可采用多种通信方式，但是最简单、最常用的还是 S7 协议。

S7 协议属于一种面向连接的协议，S7－1200 CPU 可使用 GET 和 PUT 指令通过 PROFINET 和 PROFIBUS 连接其他的 S7-1200 CPU。系统仅在本地 CPU 的“保护”属性中为伙伴 CPU 激活了“允许使用 PUT/GET 通信进行访问”功能后，才可访问远程 CPU 中的数据、访问标准或优化 DB 中的数据，以及访问本地 CPU 中的数据。S7-1200 CPU 可使用绝对地址或符号地址分别作为 GET 或 PUT 指令的 RD_x 或 SD_x 输入字段的输入。

2. 创建 S7 连接

如图 7-6 所示，新建项目“1200_S7”，硬件组态窗口添加两个 PLC，PLC_1 和 PLC_2 均为 CPU 1215C，IP 地址分别为 192.168.0.1 和 192.168.0.2，子网掩码为 255.255.255.0。

双击项目树中的“设备和网络”，选择“网络视图”显示要连接的设备。选择一个设备上的端口，然后将连接拖到第二个设备上的端口处，释放鼠标按钮以创建网络连接。选择框设置连接类型为 S7 连接，网络命名为“S7_连接_1”，连接变为高亮显示。S7 通信中，PLC_1 作为通信客户机，PLC_1 作为通信服务器。

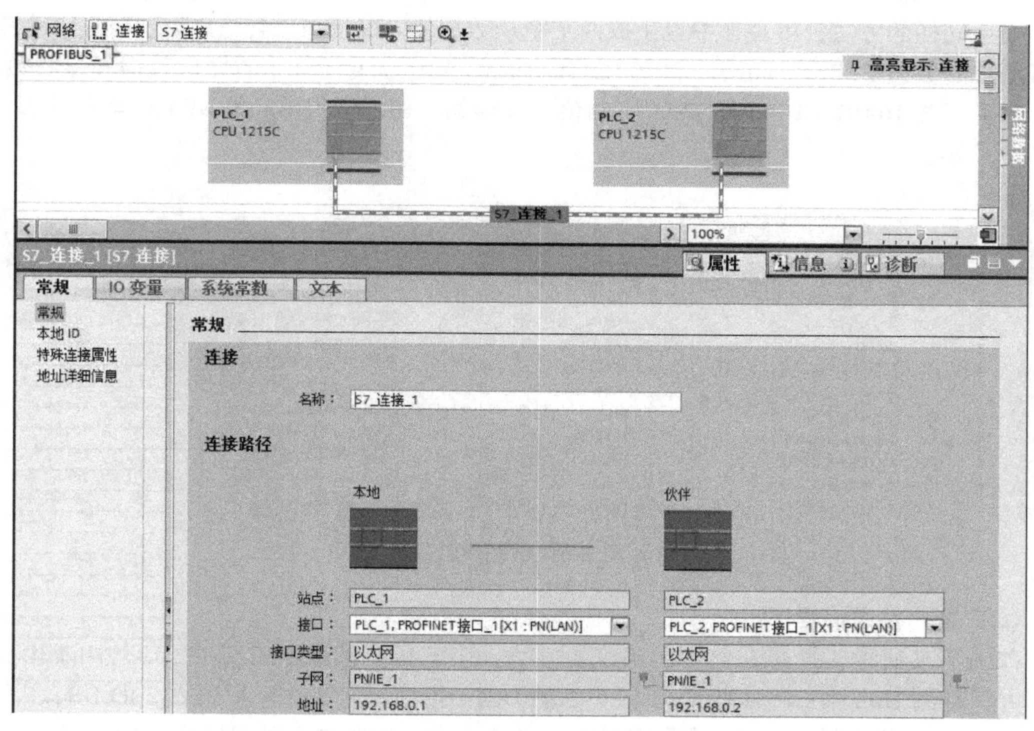

图 7-6　组态 S7 连接的属性

单击“S7_连接_1”，选择巡视窗口的“属性>常规>特殊连接属性”，“单向组态”复选框是灰色的，不能更改。勾选“主动建立连接”复选框，本地站点 PLC_1 主动建立连接。选中“地址详细信息”，可查看通信默认的传输服务访问点（Transport Service Access Point，TSAP）。在图 7-7 所示视图的“连接”选项中可看到 S7 连接的详细信息，本地 ID 为 100。

网络概览	连接	IO 通信	VPN		
	本地站点	本地 ID（十...	伙伴 ID（十...	通信伙伴	连接类型
	PLC_1	100	100	PLC_2	S7 连接
	PLC_2	100	100	PLC_1	S7 连接

图 7-7　S7 通信连接选项卡

S7-1200 CPU 作为服务器时，需要在巡视窗口“属性>常规>保护”中，勾选“允许从远程伙伴（PLC、HMI、OPC、…）使用 PUT/GET 通信访问”复选框，才能保证 S7 正常通信。伙伴 CPU 待读写区域不支持优化访问的数据区。

3. 用户程序

（1）生成数据块

PLC_1 添加新块，生成两个全局数据块 DB1 和 DB2，符号地址为 SendData 和 RcvData，并去除两个数据块属性中的“优化的块访问”功能。DB1 和 DB2 分别定义由 10 个数据元素组成的数组 PLC1_SendData 和 PLC1_RcvData，分别用来保存 PLC1 的发送数据和接收数据。

使用同样的方法，PLC_2 中也生成两个全局数据块 DB3 和 DB4，分别定义由 10 个整数元素组成的数组 PLC2_SendData 和 PLC2_RcvData，用来保存 PLC2 的发送数据和接收数据。DB1 启动值为 16#01～16#10，DB3 启动值为 16#00～16#99，DB2 和 DB4 启动值为 0，如图 7-8 所示。

DB1

	名称	数据类型	启动值
1	▼ Static		
2	▼ PLC1_SendData	Array[0..9] of Int	
3	PLC1_SendData[0]	Int	16#01
4	PLC1_SendData[1]	Int	16#02
5	PLC1_SendData[2]	Int	16#03
6	PLC1_SendData[3]	Int	16#04
7	PLC1_SendData[4]	Int	16#05
8	PLC1_SendData[5]	Int	16#06
9	PLC1_SendData[6]	Int	16#07
10	PLC1_SendData[7]	Int	16#08
11	PLC1_SendData[8]	Int	16#09
12	PLC1_SendData[9]	Int	16#10

DB3

	名称	数据类型	启动值
1	▼ Static		
2	▼ PLC2_SendData	Array[0..9] of Int	
3	PLC2_SendData[0]	Int	16#00
4	PLC2_SendData[1]	Int	16#11
5	PLC2_SendData[2]	Int	16#22
6	PLC2_SendData[3]	Int	16#33
7	PLC2_SendData[4]	Int	16#44
8	PLC2_SendData[5]	Int	16#55
9	PLC2_SendData[6]	Int	16#66
10	PLC2_SendData[7]	Int	16#77
11	PLC2_SendData[8]	Int	16#88
12	PLC2_SendData[9]	Int	16#99

图 7-8　数据块赋值

（2）客户端通信程序

如图 7-9 所示，打开 PLC_1 的组织块 OB1，GET 指令读取 PLC_2 的 DB3 中的 10 个整数，并保存到 DB2 中；PUT 指令将 PLC_1 的 DB1 中的 10 个整数写入 PLC_2 的 DB4。

PUT/GET 指令最大可传送数据长度为 212 个字节，PUT 指令的参数意义如下。

① REQ：用于触发 PUT 指令的执行，每个上升沿触发一次。

② ID：S7 通信连接标示符，该连接标示符在组态 S7 连接时生成。

③ ADDR_x：指向伙伴 CPU 写入区域的指针，如果写入区域为数据块，则该数据块须为标准访问的数据块，不支持优化访问。

④ RD_x：指向本地 CPU 发送区域的指针，本地数据区域可支持优化访问或标准访问。

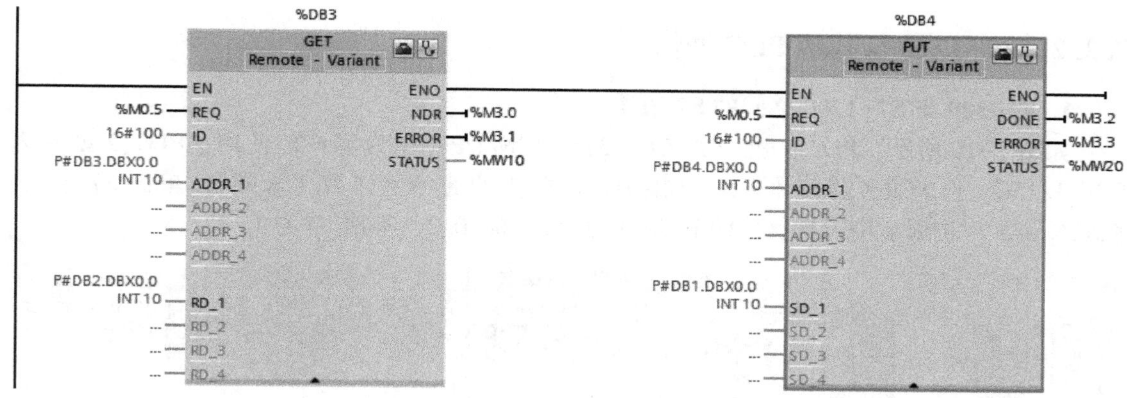

图 7-9　客户机读写服务器数据的程序

⑤ DONE：完成位，为 1 时表示数据被成功写入伙伴 CPU。

⑥ ERROR：错误位，为 1 时表示执行任务出错。

⑦ STATUS：通信状态字，字变量 STATUS 是错误的详细信息。

GET 指令的参数意义如下。

① REQ：用于触发 GET 指令的执行，每个上升沿触发一次。

② ADDR_x：指向伙伴 CPU 待读取区域的指针，如果读取区域为数据块，则该数据块须为标准访问的数据块，不支持优化访问。

③ SD_x：指向本地 CPU 待写入区域的指针，本地数据区域可支持优化访问或标准访问。

④ NDR：完成位，为 1 时伙伴 CPU 数据被成功读取。

(3) 服务器程序

PLC_2 在 S7 通信中做服务器，不需要调用指令 GET 和 PUT。

4. 仿真实验

单击仿真按钮，出现仿真按钮的精简视图，单击工具栏上的下载按钮，分别将程序和组态数据下载到仿真 PLC_1 和 PLC_2。从图 7-10 双方的监控表可看到通过 S7-1200 客户端编程，实现了两个 CPU 之间的 S7 通信和数据交换。

DB2

	名称	数据类型	监视值
1	▼ Static		
2	▼ PLC1_RcvData	Array[0..9] of Int	
3	PLC1_RcvData[0]	Int	0
4	PLC1_RcvData[1]	Int	17
5	PLC1_RcvData[2]	Int	34
6	PLC1_RcvData[3]	Int	51
7	PLC1_RcvData[4]	Int	68
8	PLC1_RcvData[5]	Int	85
9	PLC1_RcvData[6]	Int	102
10	PLC1_RcvData[7]	Int	119
11	PLC1_RcvData[8]	Int	136
12	PLC1_RcvData[9]	Int	153

DB4

名称	数据类型	监视值
▼ Static		
▼ PLC1_RcvData	Array[0..9] of Int	
PLC1_RcvData[0]	Int	1
PLC1_RcvData[1]	Int	2
PLC1_RcvData[2]	Int	3
PLC1_RcvData[3]	Int	4
PLC1_RcvData[4]	Int	5
PLC1_RcvData[5]	Int	6
PLC1_RcvData[6]	Int	7
PLC1_RcvData[7]	Int	8
PLC1_RcvData[8]	Int	9
PLC1_RcvData[9]	Int	16

图 7-10　DB2 与 DB4 监控表

7.2.2 S7-1200 与其他 PLC 通信

1. S7-300 与 S7-1200 之间的 S7 通信

如图 7-11 所示，PLC_1 型号为 CPU 315-2PN/DP，作为客户机使用；PLC_2 型号为 CPU 1215C，作为服务器使用。S7 连接中，PLC_1 的通信伙伴为“未知”。单击 S7 连接，在巡视窗常规选项卡中设置伙伴的 IP 地址为 192.168.0.2，本地 ID 为 1。

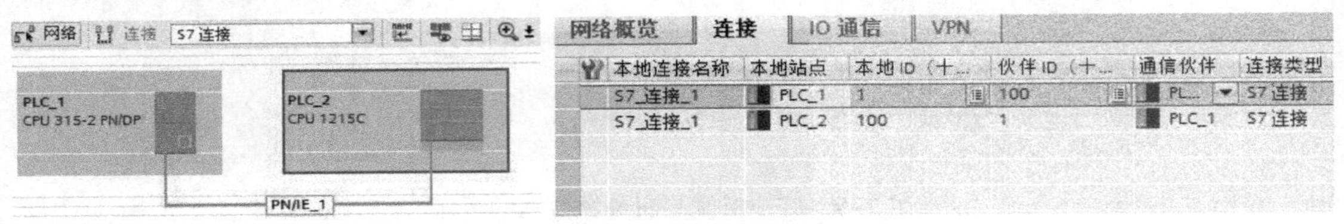

图 7-11 网络视图与连接选项卡

在图 7-12 中，S7 通信连接为单向连接，PLC_1 作为客户机主动建立连接，客户机和服务器 TSAP 分别为 10.02 和 10.01。

S7 通信中，PLC_1 组织块 OB1 中调用 GET 和 PUT 指令，除了 ID 为 1 以外，其他参数与图 7-9 相同。由于 PLC_2 作为服务器使用，同样需要勾选“允许从远程伙伴（PLC、HMI、OPC、…）使用 PUT/GET 通信访问”复选框。

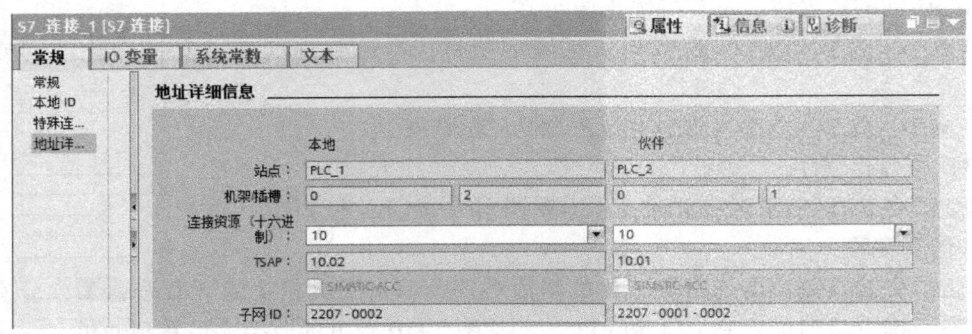

图 7-12 地址详细信息

2. S7-1200 与 S7-200 SMART 的 S7 通信

如图 7-13 所示，PLC_1 型号为 CPU 1215C，IP 地址为 192.268.0.1，作为客户机使用。CPU 添加一个新的 S7 连接，S7 连接本地 ID 为 16#100，并设置伙伴的以太网端口的 IP 地址为 192.168.0.2，本地 TSAP 为 10.01，伙伴的插槽设置为 1，TSAP 为 03.01。

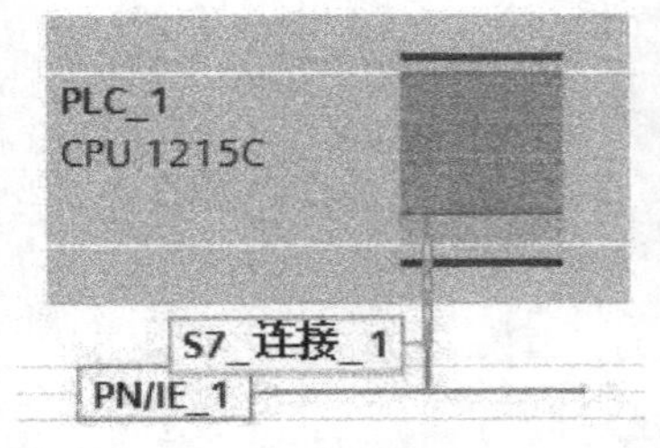

图 7-13 网络视图

CPU 1215C 中分别生成由 100 个整数组成的全局数据块 DB3 和 DB4 数据块，并去除两个数据块属性中的“优化的块访问”功能。如图 7-14 所示，OB1 中调用 GET 和 PUT 指令，S7-200 SMART 的 VB0～VB199 被映射为 P#DB1.DBX0.0 INT 100，VB200～VB399 被映射为 P#DB1.DBX100.0 INT 100，分别用 DB3 和 DB4 保存 S7-1200 要发送和接收的数据。

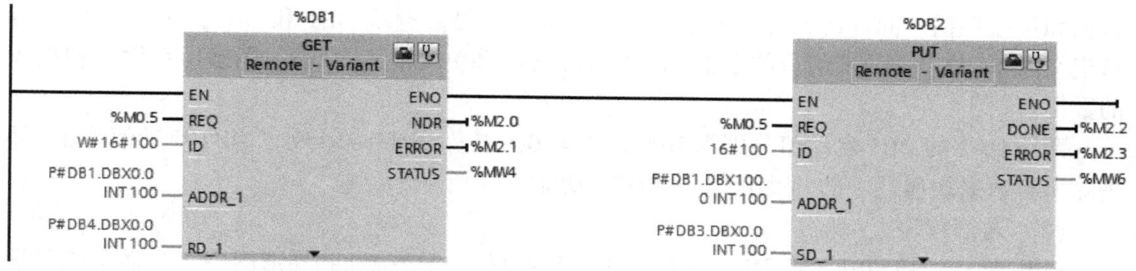

图 7-14　S7-1200 中的 OB1 程序

使用 STEP 7-MicroWIN SMART 编程软件的 GET/PUT 向导只需设置少量的参数，即可为 S7-200 SMART 自动生成子程序 NET_EXE，以及相应的数据块和符号表。用户只需在主程序中调用子程序 NET_EXE，就能实现通信控制功能。

7.3　开放式用户通信

7.3.1　TCP 和 ISO-on-TCP 通信

1. 开放式用户通信

开放式用户通信，也就是 TCP 通信，属于公开的协议，使用时需要知道通信对方的 IP 和端口号，属于非实时通信。开放式用户通信使用 TSEND 和 TRCV 指令通过 TCP 和 ISO-on-TCP 协议发送和接收数据，或者使用 TUEND 和 TURCV 指令通过 UDP 发送和接收数据。此外，S7-1200/1500 还可使用 TSEND_C 和 TRCV_C 指令通过 TCP 和 ISO-on-TCP 发送和接收数据。通常，TCP 和 ISO-on-TCP 接收指定长度的数据包，TRCV_C 和 TRCV 通信指令还可接收可变长度的数据包。

2. 硬件组态

如图 7-15 所示，硬件组态窗口添加两个 PLC，PLC_1 和 PLC_2 均为 CPU 1215C，IP 地址分别为 192. 168. 0. 1 和 192. 168. 0. 2，子网掩码为 255. 255. 255. 0。组态时均启用双方的 MB0 为时钟存储器字节。网络视图中，选中 PLC_1 的以太网接口，使用拖动的方法连接到 PLC_2 的以太网接口上，建立一个名为“PN/IE_1”的连接。

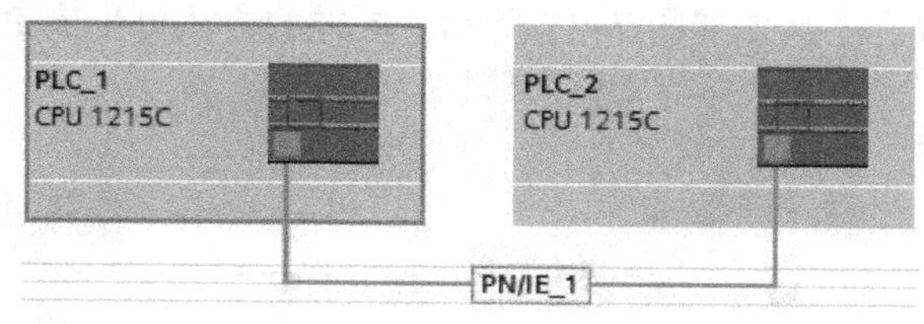

图 7-15　网络组态

3. 用户程序

（1）生成数据块

PLC_1 生成两个全局数据块 DB1 和 DB2，符号地址为 SendData 和 RcvData。DB1 和 DB2 各自定义由 10 个数据元素组成的数组 PLC1_SendData 和 PLC1_RcvData，分别用来保存发送数据和接收数据。同样的方法，PLC_2 也生成两个全局数据块 DB1 和 DB2，DB1 和 DB2 各自定义由 10 个整数元素组成的数组 PLC2_SendData 和 PLC2_RcvData，用来保存发送和接收的数据。

两块 PLC 的 DB1 启动值分别为 16#01～16#10，以及 16#00～16#99，DB2 启动值为 0，并去除所有数据块属性中的“优化的块访问”功能。

（2）通信程序

打开 PLC_1 的 OB1，将 TSEND_C 和 TRCV_C 两条指令拖动到梯形图中，自动生成背景数据块 TSEND_C_DB（DB3）和 TRCV_C_DB（DB4）。通信连接参数用这两个背景数据块保存，可通过删除连接描述背景数据块来删除连接。

单击 TSEND_C 指令，出现如图 7-16 所示窗口。单击伙伴端点下拉式列表，为 PLC_1 选中通信伙伴 PLC_2。单击 PLC_1 连接数据下拉式列表，单击“新建”，自动生成背景数据块“PLC_1_SEND_DB”（DB5）；同样的方法，PLC_2 也自动生成背景数据块“PLC_2_Receive_DB”（DB5）。“连接 ID”默认值均为 1，“连接类型”设置为 ISO-on-TCP，并勾选 PLC_1 下方的“主动建立连接”单选框。PLC_2 的连接参数与 PLC_1 结构相同，“本地”与“伙伴”列的内容互相交换。

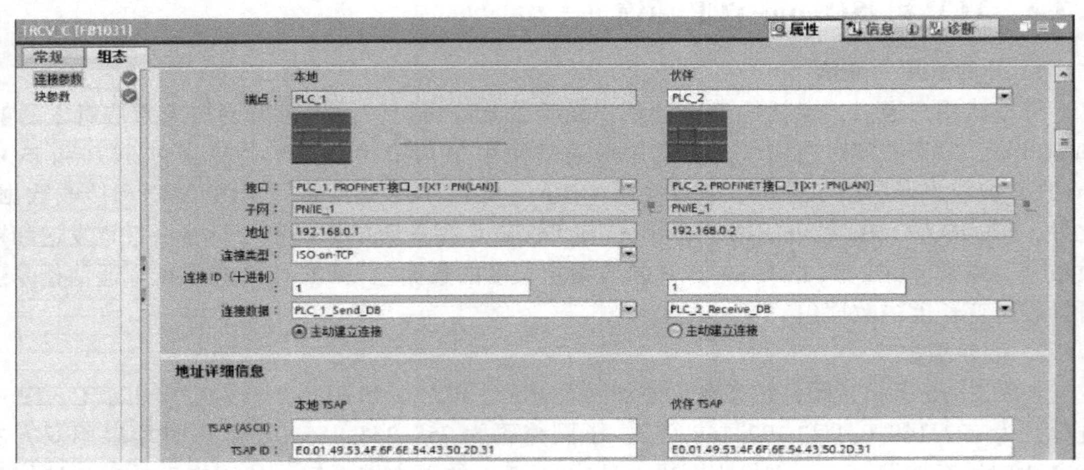

图 7-16　组态 ISO-on-TCP 连接

PLC_1 发送和接收程序具体如图 7-17 所示，同样的方法可生成 PLC_2 的程序，程序完全一致。

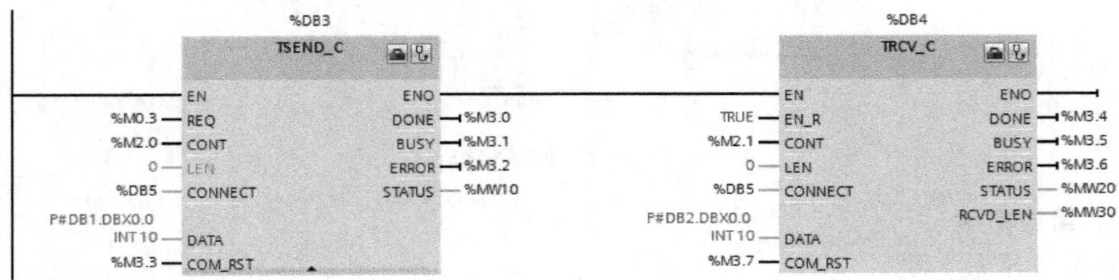

图 7-17　发送和接收程序

TSEND_C 指令的参数意义如下。

① REQ：上升沿时，根据 CONNECT 指定的连接描述块中的连接描述，启动发送任务。

② CONT：控制连接建立，为 0 时，断开连接；为 1 时，建立连接并保持。

③ LEN：数据发送长度，使用默认值 0 时，发送或接收 DATA 定义的所有数据。

④ CONNECT：指向连接描述结构的指针。

⑤ DATA：指向发送区的指针，本地数据区域支持优化访问或标准访问。

⑥ COM_RST：用于复位连接，为 1 时，断开现有的通信连接，新的连接建立。

⑦ DONE：完成位，为 1 时表示任务执行成功，为 0 时表示任务未启动或正在进行。

⑧ BUSY：忙位，为 0 时表示任务完成，为 1 时表示任务尚未完成，不能触发新的任务。

⑨ ERROR：错误位，为 1 时表示执行任务出错，字变量 STATUS 是错误的详细信息。

TRCV_C 指令的参数意义如下。

① EN_R：启用接收功能，为 1 时准备好接收数据；当 CONT 和 EN_R 均为 1 时，连续地接收数据。

② RCVD_LEN：实际接收的数据的字节数。

4. 通信实验

用户组态和程序下载到两个 PLC，并同时打开两个 PLC 的监控表，监视 DB2 接收的数据。TSEND_C 和 TRCV_C 的输入参数 CONT 均置 1，以建立起通信连接；若输入参数 CONT 置为 0，通信连接断开，CPU 将停止发送或接收数据，DB2. DBW0 接收值停止变化。仿真结果与硬件实验相同，具体如图 7-18 所示。

RcvData

名称	数据类型	监视值
Static		
PLC1_RcvData	Array[0..9] of Int	
PLC1_RcvData[0]	Int	0
PLC1_RcvData[1]	Int	17
PLC1_RcvData[2]	Int	34
PLC1_RcvData[3]	Int	51
PLC1_RcvData[4]	Int	68
PLC1_RcvData[5]	Int	85
PLC1_RcvData[6]	Int	102
PLC1_RcvData[7]	Int	119
PLC1_RcvData[8]	Int	136
PLC1_RcvData[9]	Int	153

RcvData

	名称	数据类型	监视值
1	Static		
2	PLC2_RcvData	Array[0..9] of Int	
3	PLC2_RcvData[0]	Int	1
4	PLC2_RcvData[1]	Int	2
5	PLC2_RcvData[2]	Int	3
6	PLC2_RcvData[3]	Int	4
7	PLC2_RcvData[4]	Int	5
8	PLC2_RcvData[5]	Int	6
9	PLC2_RcvData[6]	Int	7
10	PLC2_RcvData[7]	Int	8
11	PLC2_RcvData[8]	Int	9
12	PLC2_RcvData[9]	Int	16

图 7-18　程序监控表

若将网络连接类型改为 TCP，伙伴端口默认为 2000，用户程序和其他组态数据不变，通信实验的监控结果完全一致。

项目的硬件组态不变，分别使用 ISO-on-TCP、TCP，通信双方在 OB1 中则必须用 TCON 指令建立连接，而用 TDISCON 断开连接，通信程序如图 7-19 所示。

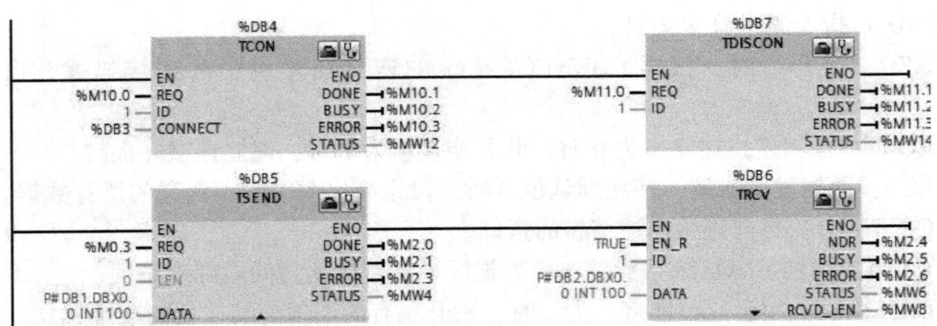

图 7-19　通信程序

7.3.2　UDP 通信

SIMATIC PLC 开放式用户通信还可使用 UDP，程序均需调用 TCON、TDISCON、TUSEND 和 TURCV 指令。

1. 硬件组态

项目硬件组态不变，PLC_1 和 PLC_2 使用 TCON 和 TDISCON 指令建立连接。单击程序中的 TCON 指令，在如图 7-20 所示的窗口中，将通信伙伴设置为“未指定”，连接类型为 UDP，连接 ID 默认为 1。单击“连接数据”下拉式列表，单击“新建”，自动生成背景数据块“PLC_1_Connection_DB”，本地端口默认为 2000。PLC_1 连接参数自动适用于 PLC_2，“本地”与“伙伴”列的内容互相交换。同样的方法，自动生成背景数据块“PLC_2_Receive_DB”。

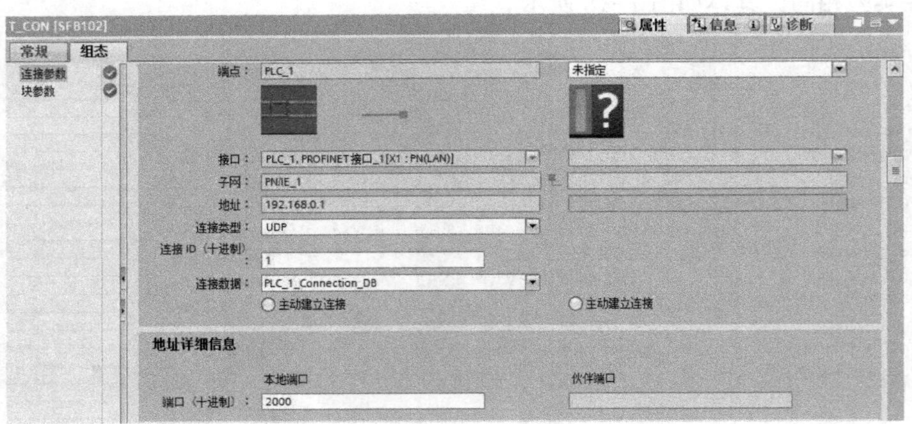

图 7-20　组态 UDP 连接参数

2. 定义数据块

PLC_1 添加新的数据块，类型下拉框选中“TADDR_Param”，生成全局数据块 DB7，并将其重新命名为“Interface_Parameter”；然后调用 DB7 数据块来设置远程通信伙伴的 IP 地址和端口号，双方的本地端口号应相同，如图 7-21 所示。

Interface_Parameter

		名称	数据类型	启动值
1		▼ Static		
2		■ ▼ REM_IP_ADDR	Array[1..4] of USInt	
3		■ REM_IP_ADDR[1]	USInt	192
4		■ REM_IP_ADDR[2]	USInt	168
5		■ REM_IP_ADDR[3]	USInt	0
6		■ REM_IP_ADDR[4]	USInt	2
7		■ REM_PORT_NR	UInt	2000
8		■ RESERVED	Word	16#0

图 7-21　DB7 对通信伙伴的参数设置

3. 用户程序

如图 7-22 所示，打开 PLC_1 的 OB1，将 TUSEND 和 TURCV 指令拖动到梯形图中，将自动生成背景数据块 TUSEND_DB（DB5）和 TURCV_DB（DB6）。TUSEND 用于发送 DB1 数据，TURCV 接收数据并保存到 DB2 中。ID 标识符均使用默认值 1，ADDR 实参为 DB7，数据结构类型为 TADDR_Param，主要用于定义通信伙伴的 IP 地址和端口号。

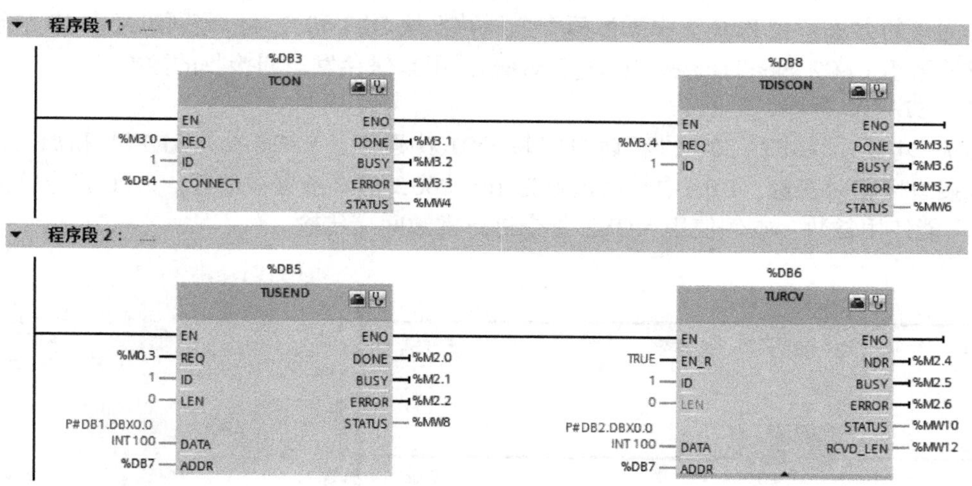

图 7-22　发送和接收数据的程序

4. 通信实验

UDP 通信不能仿真，用户可用以太网电缆通过交换机或路由器连接上位机和两个 PLC，使用程序状态表监控 DB2 数据。TUSEND 的参数 REQ 置为 1 时，建立通信连接；若 REQ 置为 0，通信连接断开，程序将停止发送或接收数据。

7.3.3　S7-1200 与 S7-300/400 通信

知识讲解
S7-1200 的以太网通信
7-2

S7-300/400 可使用集成的 PROFINET 接口通信，双方 PLC 可使用 ISO on-TCP、TCP 和 UDP，或者使用 S7 协议通信。

1. 硬件组态

如图 7-23 所示，PLC_1 型号为 CPU 314-2PN/DP，PLC_2 型号为 CPU 1215C，IP 地址分别为 192.168.0.1 和 192.168.0.2，子网掩码均为 255.255.255.0。

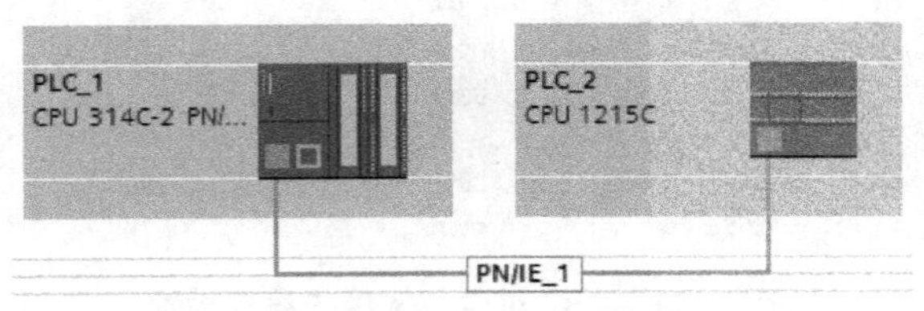

图 7-23 网络组态

2. 用户程序

（1）生成数据块

PLC_1 添加两个全局数据块 DB1 和 DB2，符号地址为 SendData 和 RcvData，并去除这两个数据块属性中的“优化的块访问”功能。DB1 和 DB2 分别定义由 10 个数据元素组成的数组 PLC1_SendData 和 PLC1_RcvData，分别用来保存发送数据和接收数据。

用同样的方法，在 PLC_2 中添加两个全局数据块 DB3 和 DB4，分别定义由 10 个整数元素组成的数组 PLC2_SendData 和 PLC2_RcvData，用来保存发送和接收的数据。

（2）S7-300 程序

图 7-24 所示为 S7-300 的启动组织块 OB100 程序，#TEMP、#RETV1 和#RETV2 是 OB100 接口区临时变量，DB1 中数据预置为 16#1000，DB2 数据被清零。FILL 指令输入参数 BVAL 不能使用常数，本例使用 MOVE 指令进行常数间接传输。

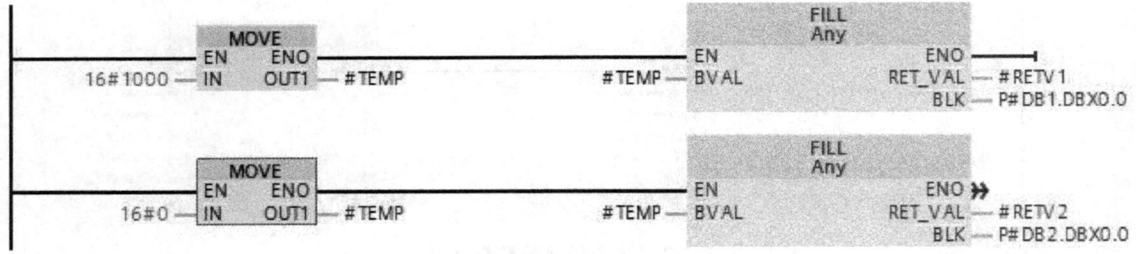

图 7-24 S7-300 的 OB100 程序

图 7-25 中，OB1 中调用 TCON 指令在 M2.0 上升沿建立起通信连接，调用 TDISCON 指令在 M2.4 上升沿断开通信连接。DB3 是连接描述数据块，组态 TCP 连接的方法和图 7-20 所示的方法一样，本地和伙伴端口使用默认的 2000。TSEND 指令每隔 0.5s 发送一次 DB1 中的数据，TRCV 指令接收并保存到 DB2 中。

（3）S7-1200 程序

图 7-26 所示为 S7-1200 的启动组织块 OB100 程序，DB1 中数据预置为 16#1200，DB2 数据被清零。

图 7-27 为 S7-1200 主程序调用 TCON 和 TDISCON 指令的程序，本地 PLC 为 PLC_2，伙伴的 IP 地址为 192.168.0.1，并由伙伴主动建立连接。TSEND 指令每隔 0.5 s 发送一次 DB1 中的数据，TRCV 指令接收并保存到 DB2 中。

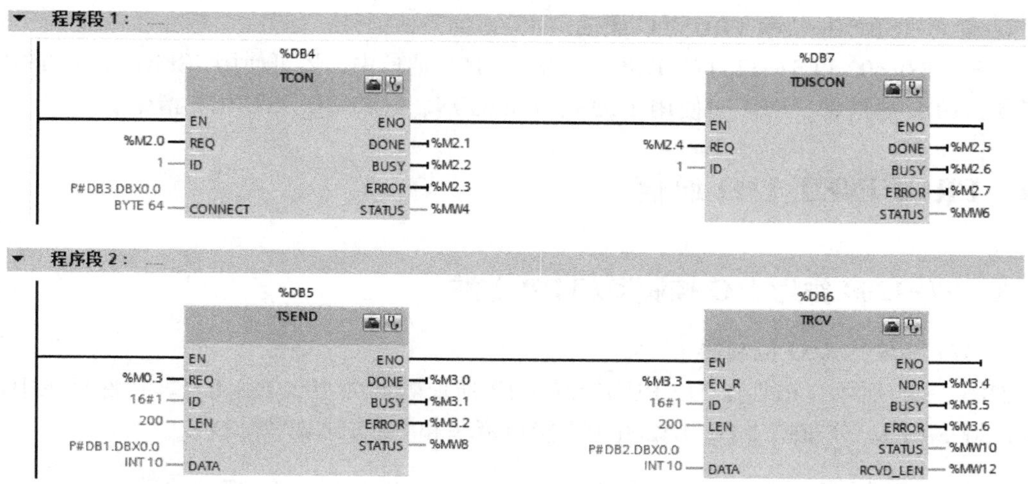

图 7-25　S7-300 的 OB1 程序

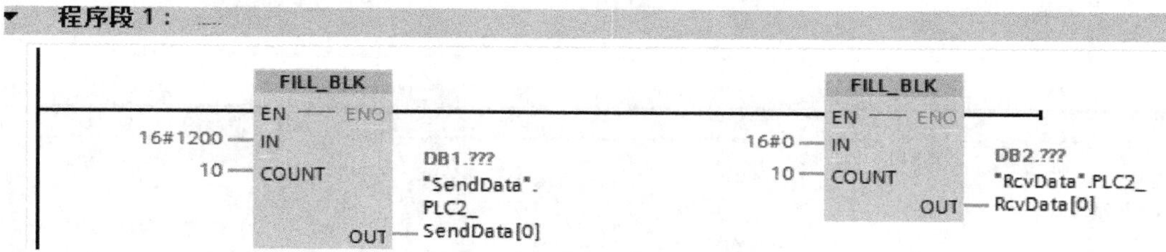

图 7-26　S7-1200 的 OB100 程序

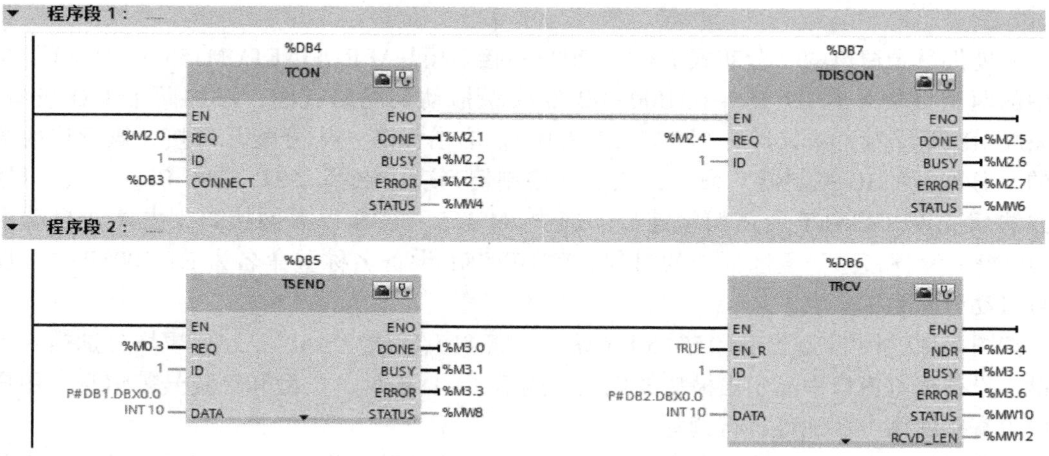

图 7-27　S7-1200 的 OB1 程序

3. 通信实验

将程序和组态数据下载到两个 PLC 中，并用监控表监视 TCON、TDISCON 输入端 M2.0、M2.4，以及 DB2 数据。用户可用 TDISCON 的请求信号 M2.4 的上升沿断开连接，停止数据传输。停止传输后，还可用 TCON 的请求信号 M2.0 的上升沿再次建立连接。

4. 使用 TSEND_C 和 TRCV_C 通信

在 S7-300/400 和 S7-1200 的 TCP 和 ISO on-TCP 通信中，还可使用 TSEND_C 和 TRCV_C 的指令，UDP 通信中，OB1 中使用 TCON、TDISCON、TUSEND、TURCV 指令。

7.4 PROFINET I/O 通信

7.4.1 S7-1200 作为 I/O 控制器和 DP 主站

1. S7-1200 作 I/O 控制器

如图 7-28 所示，PLC_1 为 CPU 1215C，IP 地址默认为 192.168.0.1。硬件目录中可添加 ET 200SP IO、分布式 I/O、ET200SP、接口模块和 PROFINET 等设备。

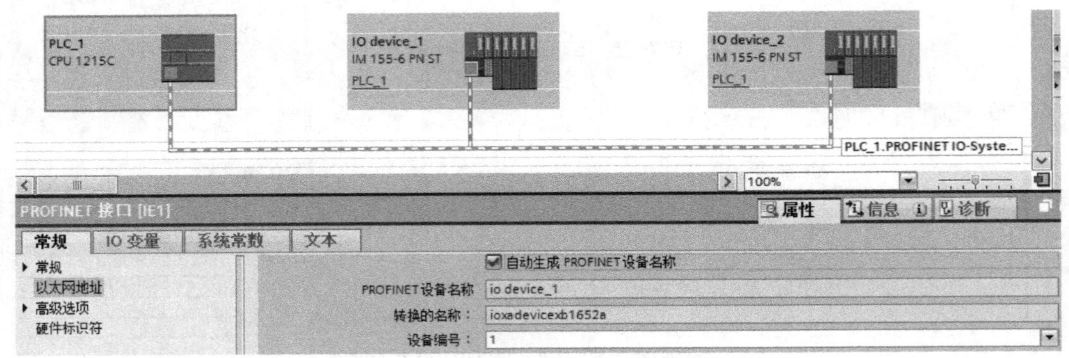

图 7-28　PROFINET I/O 系统网络视图

将硬件目录窗口的“分布式 I/O\ET200SP\接口模块\PROFINET\IM155-6 PN ST”文件夹中的两个订货号 6ES7 155-6AU00-0BN0 模块拖动到网络视图，添加两个 I/O 设备 ET 200SP，IP 地址为 192.168.0.2 和 192.168.0.3。右击设备“未分配”链接，执行快捷菜单中的“分配新的 IO 控制器”命令，从 I/O 控制器列表中选择“S7-1200 CPU”，也可用拖动方法建立 PROFINET 通信网络连接。选中 IM 155-6 PN 以太网接口，去掉“自动生成 PROFINET 设备名称”复选框中的对勾，PROFINET 设备名称重命名为 ET 200SP-1，设备编号自动分配为 1。

如图 7-29 所示，双击 IM 155-6 PN 站点，将 8DI、4DQ、4AI 和 2AQ 模块分别插入 1~4 号槽，设备概览窗口中显示出模块的机架、插槽、I/O 地址、类型和订货号等信息，用户程序中可直接使用 I/O 地址进行读写。

使用同样的方法组态第 2 台 IM 155-6 PN，IP 地址默认为 192.168.0.3，设备重命名为 ET 200SP-2，设备编号自动分配为 2，并将 8DI、4DQ、4AI 模块插入 1~3 号槽。

PLC 可单独组态 PLC 和设备之间交换数据的时间间隔。为了验证设备之间通信是否正常，用户可在 I/O 控制器上编写程序，例如用 I2.0 的常开触点控制 Q2.0 的线圈。如果能控制 Q2.0，则说明 I/O 控制器和 I/O 设备之间的通信正常。

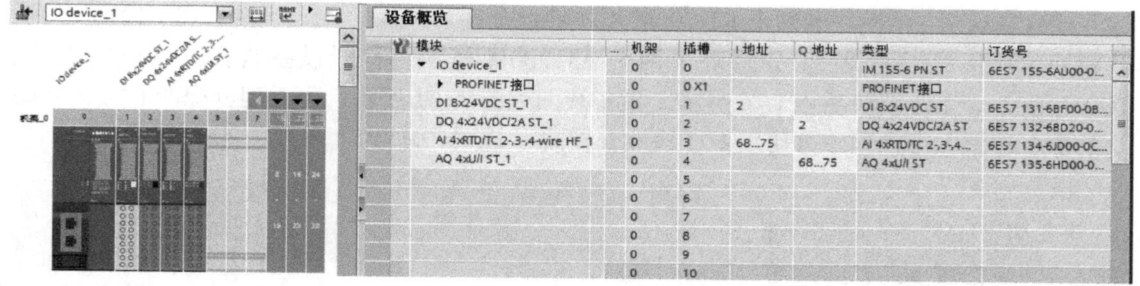

图 7-29　ET200 SP 设备视图

2. S7-1200 作 DP 主站

S7-1200 使用 CM 1242-5，CPU 作为 DP 从站运行，借助 CM 1243-5，CPU 作为 1 类 DP 主站运行，DP 主从站之间自动地周期性进行通信，传输速率范围为 9600 Kbit/s～12 Mbit/s。CM 1243-5 DP 主站模块另外还支持以下 S7 通信服务。

1）PUT/GET DP　主站起客户机和服务器的作用，可通过 PROFIBUS 对其他控制器或上位机进行查询。

2）PG/OP 通信　通过编程设备功能，可以从编程设备下载组态数据和用户程序，以及将诊断数据传送到编程设备。进行操作面板通信时，可用的通信伙伴有 HMI、装有 WinCC flexible 的操作面板，或者支持 S7 通信的 SCADA 系统。

如图 7-30 所示，PLC_1 为 CPU 1215C，打开设备视图，将右边的硬件目录窗口的"通信模块\PROFIBUS"文件夹中的 CM1243-5 主站模块拖动到 CPU 左侧的 101 号槽。切换到网络视图，将硬件目录窗口的"分布式 I/O\ET200M\接口模块\PROFIBUS"文件夹中订货号为 6ES7 153-1AA03-0XB0 的两个 IM153-1 模块拖动到网络视图中。使用拖动的方法建立起 PROFIBUS 通信网络，两个 IM153-1 模块即被连接到 DP 主站系统，蓝色字符显示主站是 CM1243-5。

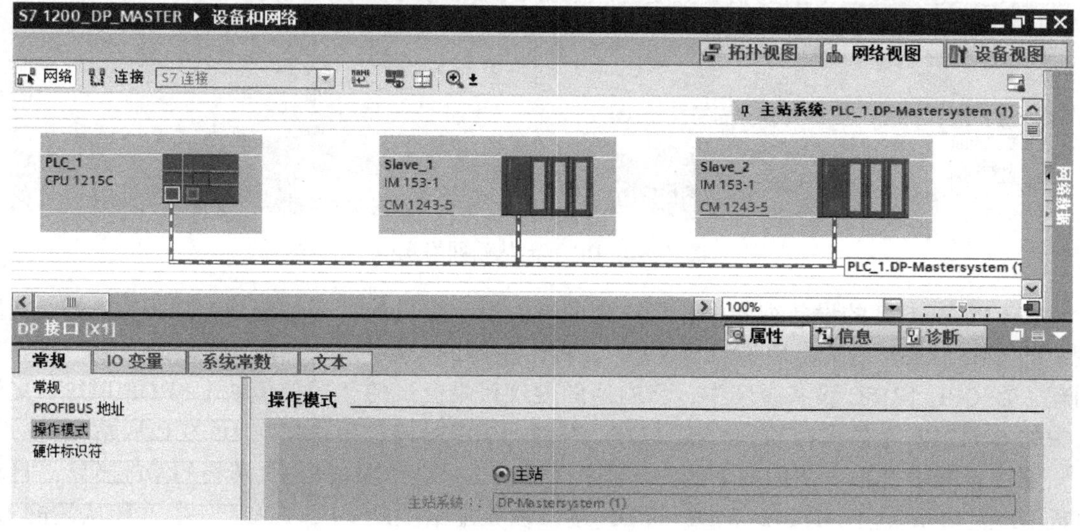

图 7-30　PROFIBUS-DP 网络视图

CM1243-5 主站模块和两个 ET 200M 模块地址分别为默认的 2、3 和 4，CPU1215C 的操作模式为默认的“主站”。分别双击两个 ET 200M 模块，打开设备视图，将电源模块、16DI、8DQ 和 2AI 模块插入 1~6 号槽。设备视图如图 7-31 所示，可看到分配的 ET 200M 模块的 I/O 地址。用户程序可使用 I/O 地址直接读写 ET 200M 模块。

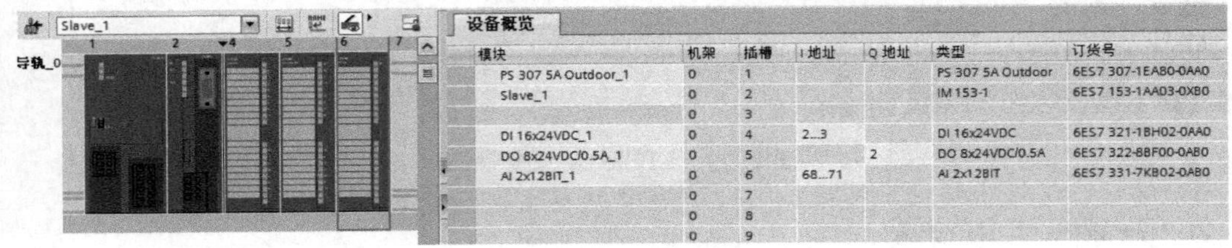

图 7-31　ET200M 设备视图

7.4.2　S7-1200 作为 DP 智能从站和 I/O 设备

1. S7-1200 作 DP 智能从站

如图 7-32 所示，第一个 PLC 型号为 CPU 1217C，作为 DP 主站使用；第二个 PLC 型号为 CPU 1215C，作为 DP 从站使用。

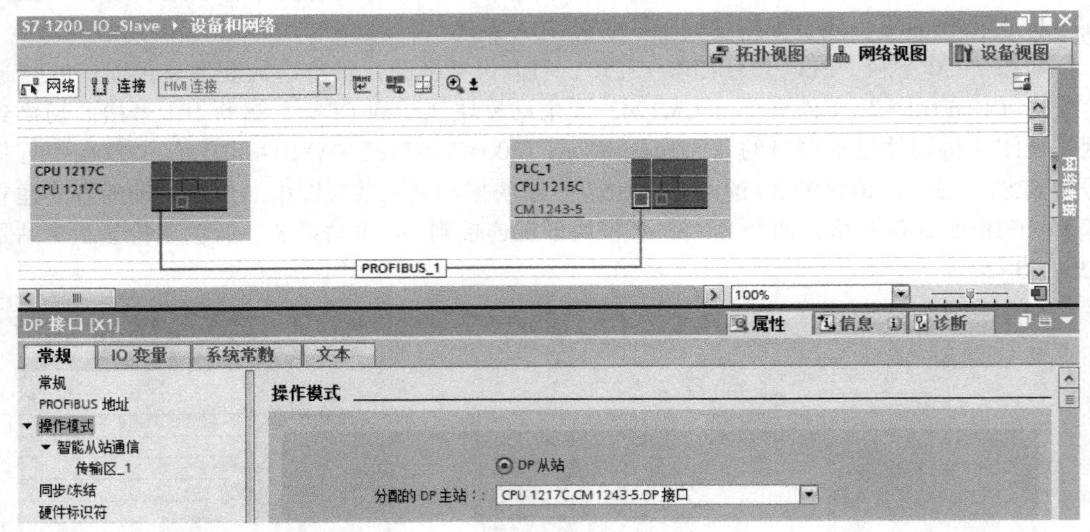

图 7-32　DP 智能从站网络视图

在 CPU 1217C 的设备视图中，将右边的硬件目录窗口的“通信模块 \ PROFIBUS”文件夹中的 CM1243-5 主站模块拖动到 CPU 1217C 左侧的 101 号槽，操作模式为“DP 主站”。同理，在 CPU 1215C 设备视图中，将右边的硬件目录窗口的“通信模块 \ PROFIBUS”文件夹中的 CM1242-5 模块拖动到 CPU 1215C 左侧的 101 号槽，操作模式为“DP 从站”。

切换至网络视图，使用拖动的方法连接 CM1243-5 和 CM1242-5 模块的 DP 接口，自动生成 DP 主站系统。CM1242-5 DP 的 DP 接口被分配给主站 CPU 1217C，主站和从站的 DP 站地址分别为默认的 2 和 3，具体如图 7-33 所示。

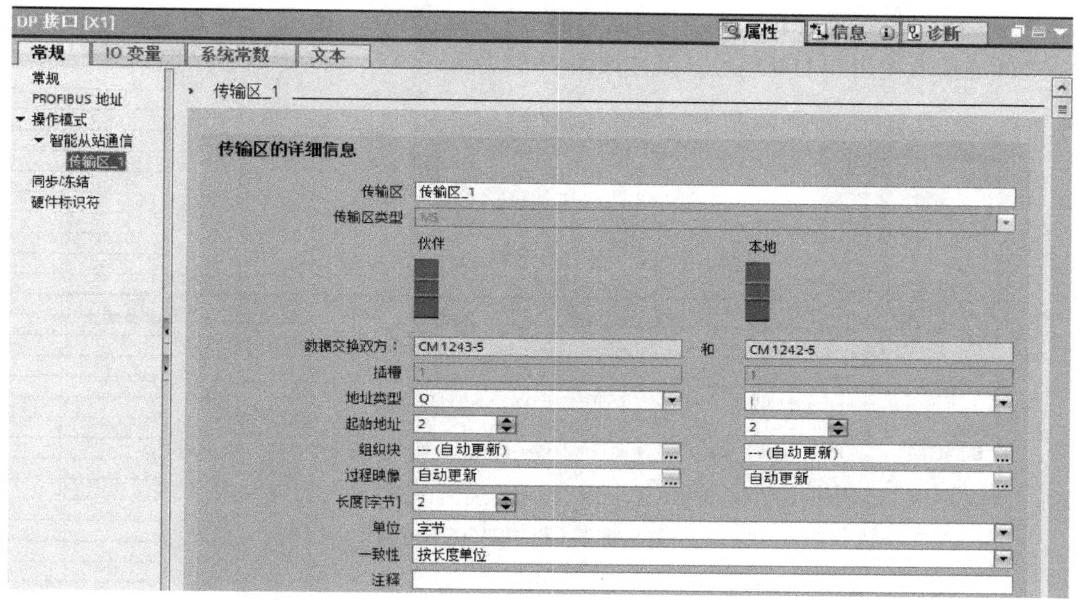

图 7-33　组态智能从站通信的传输区

选中 CM1242-5 DP 从站模块的 DP 接口，在如图 7-34 所示的窗口中，双击“传输区”列表中的“新增”，第一行生成“传输区_1”并打开，即可在右边窗口定义主站发送数据、从站接收数据的 I/O 地址。使用同样方法，传输区_2 的 I/O 类型与地址互相进行交换。主从站之间通过传输区定义地址周期性自动进行数据交换，主站将 QB100~QB115 数据发送给从站，从站用 IB100~IB115 接收；相反，从站将 QB100~QB115 数据发送给主站，主站用 IB100~IB115 接收。主从站用户程序中，分别将需要发送的数据传送到数据发送区，而将接收到的数据存储到数据接收区。

常规 | IO 变量 | 系统常数 | 文本

常规
PROFIBUS 地址
操作模式
智能从站通信
传输区_1
传输区_2
同步/冻结
硬件标识符

智能从站通信

传输区域

...	传输区	类型	主站地址	↔	从站地址	长度	一致性
1	传输区_1	MS	Q 100...115	→	I 100...115	16 字节	按长度单位
2	传输区_2	MS	I 100...115	←	Q 100...115	16 字节	按长度单位
3	<新增>						

图 7-34　DP 主站与智能从站的传输区

2. S7-1200 作为 I/O 设备

如图 7-35 所示，PLC_1 型号为 CPU 1217C，IP 地址默认为 92.168.0.1，作为 I/O 控制器使用；PLC_2 型号为 CPU 1215C，IP 地址为默认的 192.168.0.2，作为智能 I/O 设备使用。

在 CPU 1217C 设备视图中，将设备名称更改为“cpu 1217c”。右击 1217C 的 PN 接口添加 I/O 系统。同理，选中 CPU 1215C 的 PROFINET 接口，设备名称更改为“cpu 1215c”，操作模式设置为“IO 设备”，并将其分配给作为 I/O 控制器的 CPU 1217C PROFINET 接口。

选中 CPU 1215C 的 PROFINET 接口，用户可在巡视窗口中组态 I/O 控制器和智能 I/O 设备之间通信所使用的 I/O 地址，具体如图 7-34 所示。

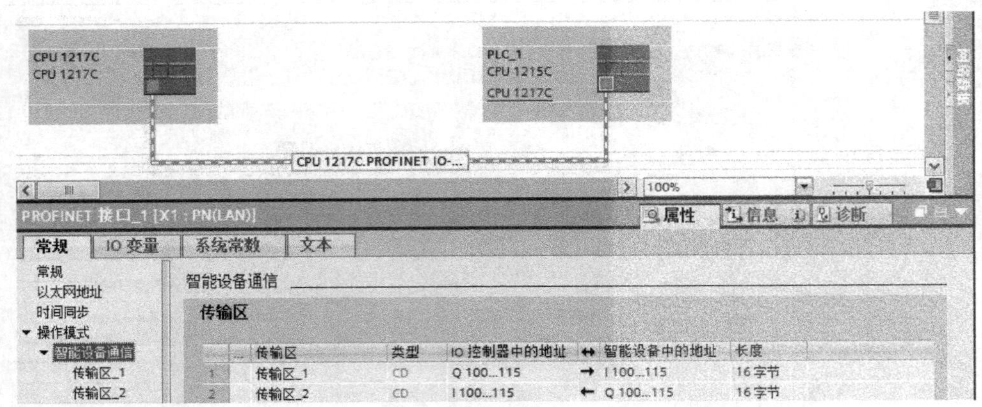

图 7-35　组态 CPU 1215C 的传输区

7.4.3　AS-i 通信

1. 概述

执行器和传感器接口总线（Actuator Sensor Interface，AS-i）最底层的主从式网络，其每个网络只能有一个主站。CM 1243-2 可处理所有网络协调事务，通过为其分配的 I/O 地址将执行器和传感器数据传输给 S7-1200。从站是 AS-i 总线网络的输入和输出通道，仅在被主站访问时才被激活并将现场信息传送给主站。

CM 1243-2 主站模块仅需一条 AS-i 总线电缆即将传感器和执行器连接到 S7-1200。主站协议版本为 V3.0，总共可配置 31 个标准开关量/模拟量从站，或 62 个 A/B 类开关量/模拟量从站，数字量输入/输出最多 496 点。

2. 网络组态

如图 7-36 所示，PLC 型号为 CPU 1217C，使用硬件目录将主站 CM1243-2 模块拖动到 CPU 左侧的 101 号槽，系统最多可使用 3 个 CM1243-2 模块。在网络视图中，将硬件目录窗口的“现场设备 \ AS 接口 \ IP6x 输入/输出模块、紧凑型模块”中的两个 AI 模块“AS-i K60，4DI”拖动到网络视图中，生成 AS-i 从站，地址分别为 1 和 2，并使用拖动方法将 AS-i 主站和从站连接在一起。组态完成后，用户程序即可用组态的地址直接读取分配给从站的地址。

3. 组态主站模块

单击 CM1243-2 模块上的黄色方框，在巡视窗口的“属性”选项卡中可查看、组态以及更改常规信息、地址和操作参数，如图 7-37 所示。“AS-i 组态故障的诊断中断”和“自动地址编程”始终处于激活状态。系统一旦出现故障事件将会触发诊断中断，CPU 将调用 OB82 组织块。此外，用户还可使用地址为 0 的 AS-i 新从站替换有故障的 AS-i 从站，AS-i 主站将自动地将新从站地址设置为旧从站的地址。

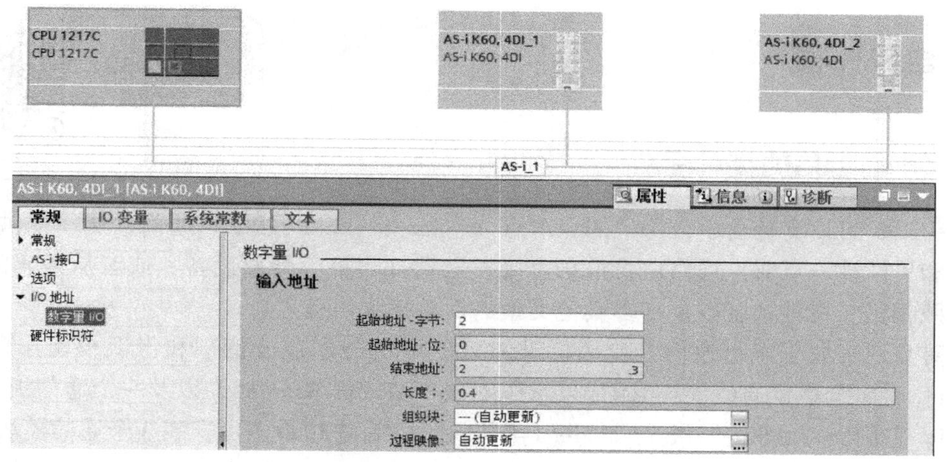

图 7-36 AS-i 网络组态

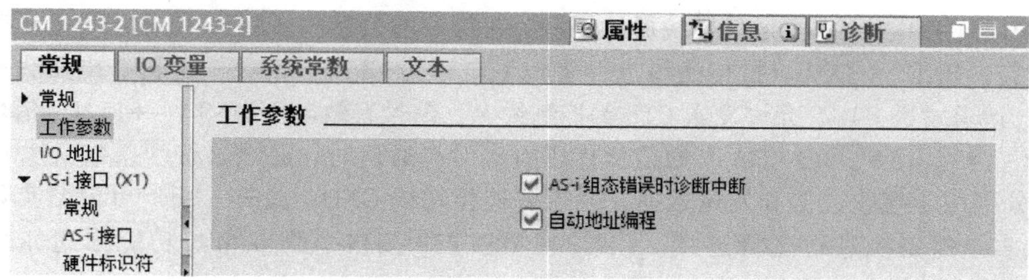

图 7-37 AS-i 网络属性

4. 组态从站地址

在 AS-i 网络中，从站地址范围为 0~31，地址 0 预留给新从站设备。从站地址从 1（A 或 B）一直到 31（A 或 B），共计最多 62 台从站设备。标准型设备地址不带 A 或 B 标识，A/B 节点型设备每个地址都有 A 或 B，这样 31 个地址都可使用两次。例如，2 个 AS-i 设备的地址分别为 1（标准类型设备）、2A（A/B 节点类型设备）。

单击 AS-i 从站上的黄色方框，巡视窗口的“属性”选项卡将显示该 AS-i 接口，用户可为 AS-i 从站进行地址分配，如图 7-38 所示。

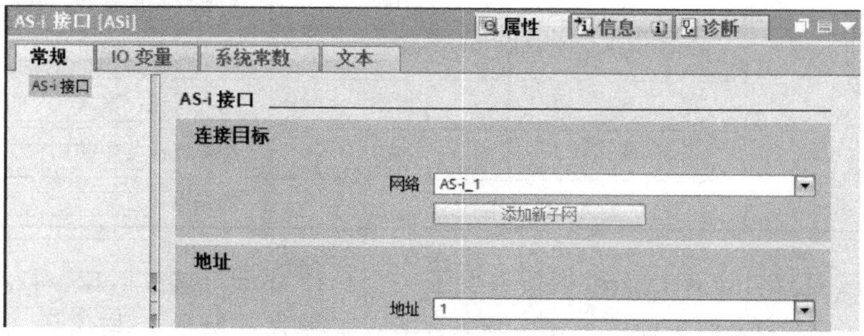

图 7-38 AS-i 从站地址分配

7.5 串行通信

知识讲解
S7-1200 的 PtP
通信
7-3

7.5.1 串行通信的接口标准

S7-1200 PLC 支持自由口协议的点对点（Point-to-Point，PtP）通信，从而提供最大的自由度和灵活性。点对点通信可将信息直接发送到打印机等外部设备，或者从条码阅读器、第三方照相机、视觉系统以及许多其他类型的设备接收信息。

点对点通信属于串行通信，使用标准 UART 可支持多种波特率和奇偶校验选项。S7-1200 PLC 有两个串口通信模块 CM1241 RS-232、CM1241 RS-485，以及一个通信板 CB1241 RS-485，它们支持 ASCII、USS、Modbus 等协议。CPU 左边最多可安装 3 个通信模块。系统可组态端口、接收和发送参数，或使用 Port_Config、Send_Config 和 Receive_Config 指令设置参数。

CM1241 RS-232 串口通信模块提供了一个 9 针 D 型公接头。RS-232 用正负电压来表示逻辑状态，RXD 和 TXD 数据传送线上，逻辑 1 电压为-3 V～-15 V，逻辑 0 电压为+3 V～+15 V。请求发送 RTS、允许发送 CTS 等控制线上，信号有效电压为+3 V～+15 V，信号无效电压为-3 V～-15 V。RS-232 与通信伙伴进行点对点通信时，必须连接两条数据线 RxD 和 TxD，分别用于接收数据和发送数据，并需要连接地线 GND。此外，用户可根据实际需要对其余六条控制线进行选择连接。CM1241 RS-232 接口引脚分布与功能描述如表 7-1 所示。

表 7-1 RS-232 接口各引脚分布及功能描述

RS-232 连接头	引脚号	引脚名称	功能描述
1 2 3 4 5 6 7 8 9	1	DCD	数据载波检测
	2	RxD	接收数据：输入
	3	TxD	发送数据：输出
	4	DTR	数据终端准备好：输出
	5	GND	逻辑地
	6	DSR	数据终端准备好：输入
	7	RTS	请求发送：输出
	8	CTS	允许发送：输入
	9	RI	振铃提示（未使用）
	外壳		外壳地

CM1241 RS-422/485 串口通信模块提供了一个 9 针 D 型母接头。RS-422/485 采用差分传输方式，RS-422 为全双工模式，RS-485 为半双工模式。信号 B 与信号 A 之间电压差逻辑 1 为+2 V～+6 V，逻辑 0 电压为-2V～-6V。CM1241 RS-422/485 接口引脚分布与功能描述如表 7-2 所示。

表 7-2　RS-422/485 接口各引脚分布及功能描述

RS-422 连接头	引 脚 号	引 脚 名 称	功 能 描 述
	1	DCD	逻辑接地或通信接地
	2	TxD+1	用于连接 RS-422，不适用于 RS-485：输出
	3	TxD+2	信号 B（RxD/TxD+）：输入/输出
	4	RTS	请求发送（TTL 电平）输出
	5	GND	逻辑接地或通信接地
	6	PWR	+5 V 与 100 Ω 串联电阻：输出
	7		未连接
	8	TXD-2	信号 A（RxD/TxD-）：输入/输出
	9	TXD-1	用于连接 RS-422，不适用于 RS-485：输出
	外壳		外壳地

7.5.2　点对点通信的组态与编程

1. 组态通信模块

如图 7-39 所示，PLC_1 和 PLC_2 型号均为 CPU 1215C。打开两块 PLC 的设备视图，将右边的硬件目录窗口的文件夹“\通信模块\点到点”中的 RS-485 模块 CM1241 拖放到各自 CPU 左边的 101 号槽。

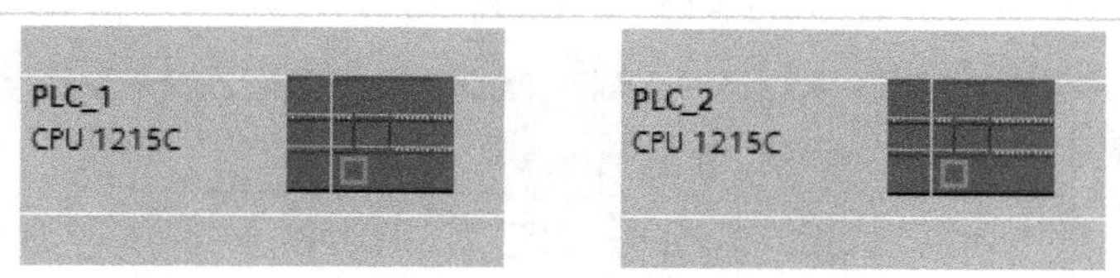

图 7-39　串行通信模块网络组态

选中两块 CM1241 模块，在巡视窗口的“属性>常规>RS-485 接口>端口组态”选项卡中，设置波特率为 38.4 kbit/s，其他参数均采用默认值，如图 7-40 所示。

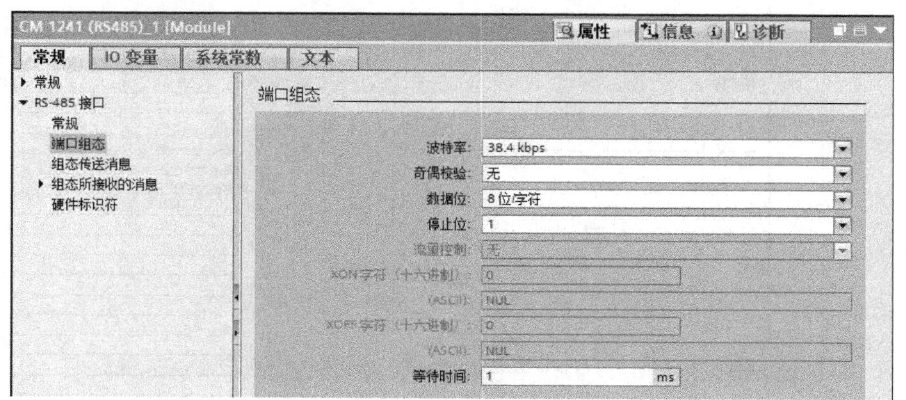

图 7-40　串行通信模块参数组态

消息接收与结束组态如图 7-41 所示。接收传送消息组态的默认值，消息开始时将不发送中断信号。通信线路处于非激活状态至少 50 个位时间时开始接收消息。

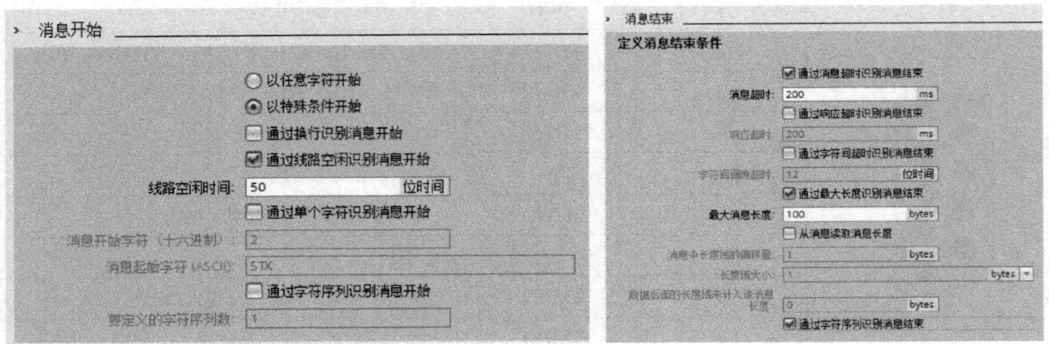

图 7-41　串行通信模块端口组态

CM 1241 组态为最多接收到 100 个字节或换行字符时结束消息。结束序列最多允许序列中具有 5 个结束字符，前 4 个字符均是不相关或不选择的字符，第 5 个字符是换行字符。

2. 用户程序

程序使用全局数据块作为通信缓冲区，使用 RCV_PTP 指令从终端仿真器接收数据，使用 SEND_PTP 指令向终端仿真器回送缓冲数据。

程序中首先创建一个全局数据块 “Comm_Buffer”，在该数据块中创建一个有 100 个字节类型元素的数组 “buffer”，具体程序如图 7-42 所示。

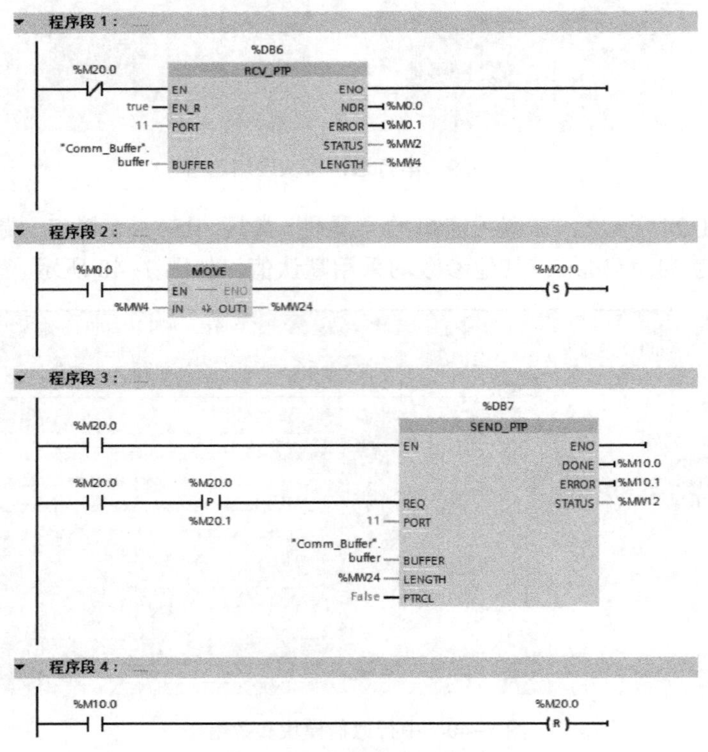

图 7-42　主站的 OB1 程序

程序段 1：只要 SEND_PTP 指令未激活，就启用 RCV_PTP 指令。程序段 4 中，MW20.0 中为发送完成位，用于通信模块准备好接收消息时进行指示。

程序段 2：使用 RCV_PTP 指令输出参数 M0.0 来控制接收到的字节数，并置位 M20.0 以触发 SEND_PTP 指令。

程序段 3：M20.0 置位时启用 SEND_PTP 指令，同时还使用 M20.0 将 REQ 输入保持 1 个扫描周期时间，REQ 激活 SEND_PTP 指令进行发送新的数据，每个扫描周期都会执行 SEND_PTP 指令，直到传送操作完成。CM 1241 传送完消息的最后一个字节时，传送操作完成，M10.0 置位为 1。

程序段 4：M10.0 置位为 1 后，M20.0 复位，程序段 1 中的 RCV_PTP 指令可接收下一条消息。

3. 通信实验

运行示例程序，需要进行如下设置。

1）终端仿真器设置为使用上位机的 RS-232 端口，端口组态为 9600 bit/s、8 个数据位、无奇偶校验、1 个停止位和无流控制。

2）更改终端仿真器设置，使其仿真 ANSI 终端，再进行 ASCII 设置，用户按下“Enter”键后能发送换行信号。

3）本地回送字符，以便终端仿真器显示输入的内容。

4）将程序下载到 CPU 并确保其处于 RUN 模式。

5）单击终端仿真器上的“连接（connect）”按钮以启动与 CM 1241 的终端会话。

6）在上位机中键入字符并按“Enter”键。终端仿真器会将输入的字符发送到 CM 1241。

7.6 Modbus 通信

知识讲解
S7-1200 的
Modbus 通信

7-4

7.6.1 Modbus 主站编程

1. Modbus 协议

Modbus 是 Modicon 公司于 1979 年发明的一种简单、经济和公开透明的工业现场通信协议，已成为工业领域通信协议的业界标准。Modbus 根据传输网络又分为串行链路上的 Modbus 和基于 TCP/TP 的 Modbus。

Modbus 串行链路协议是一个主从协议。同一时刻，总线上只有一个主站，每个从站必须有唯一的地址，地址范围为 0~247，其中 0 为广播地址，用于将消息广播到所有 Modbus 从站。主站发起通信请求，从站在没有收到来自主站请求时，从不会发送数据，从站之间从不互相通信。

Modbus TCP 通信协议使用 CPU 上的 PROFINET 接口进行 TCP/IP 通信，不需要额外的通信硬件模块。Modbus TCP 使用开放式用户通信连接作为 Modbus 通信路径。

Modbus 串行链路协议又可分为 ASCII 和远程终端单元（RTU）两种报文传输模式。Modbus RTU 是标准的网络通信协议，它使用 RS-232 或 RS-485 通信方式在网络设备之间传输串行数据。S7-1200 使用 CM1241 RS-232 作 Modbus 主站时，只能与一个从站通信，使用

CM1241 RS-485 作 Modbus 主站时，最多可与 32 个从站通信。S7-1200 通过调用 Modbus RTU 指令实现采用 Modbus RTU 通信，而 Modbus ASCII 则需用户按照协议自行编程。

2. 组态硬件

如图 7-43 所示，Modbus 主站和从站设备均为 CPU 1214C，IP 地址分别为 192.168.0.1 和 192.168.0.2。打开两个 PLC 设备视图，分别将硬件目录窗口的“\通信模块\点到点”文件夹中的 CM1241（RS-485）拖放到 CPU 左边的 101 号槽。

选中该模块，在巡视窗口的“属性>常规>RS-485 接口>端口组态”选项卡中可按图 7-43 所示设置通信接口的参数。

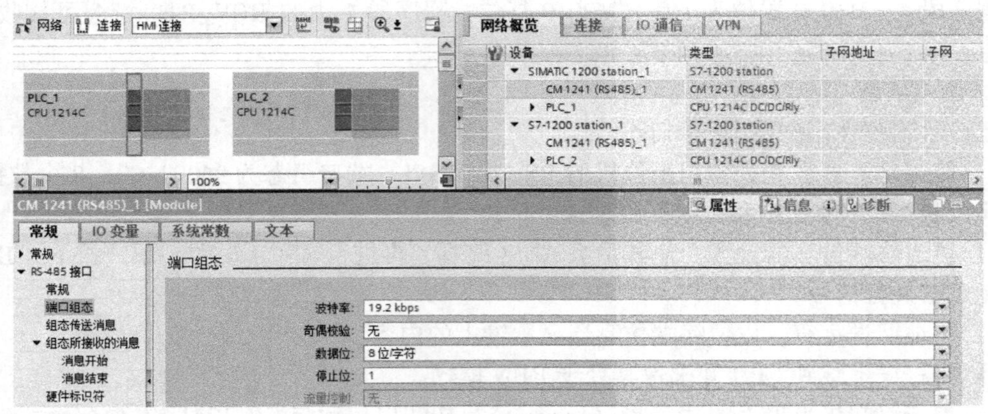

图 7-43　Modbus 网络组态

3. 调用 Modbus_Comm_Load

双击初始化组织块 OB100，将 Modbus_Comm_Load 指令拖动到梯形图中，自动生成背景数据块 Modbus_Comm_Load_DB，随后即可调用 Modbus_Master 或 Modbus_Slave 指令进行通信，如图 7-44 所示。该指令输入/输出参数的意义如下。

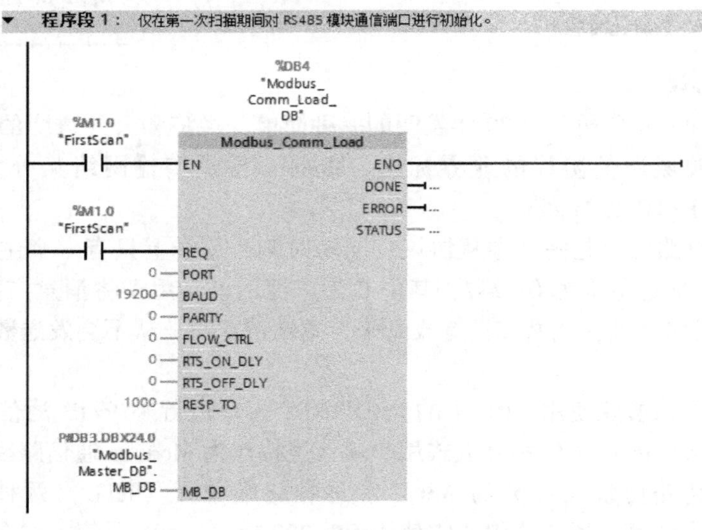

图 7-44　Modbus 主站初始化

REQ：请求位，上升沿启动该指令。

PORT：通信端口标识符，可在设备配置属性中找到该端口值。

BAUD：数据传输速率，可选 300~115200 bit/s。

PARITY：奇偶校验位，0-无，1-奇校验，2 -偶校验。

FLOW_CTRL、RTS_ON_DLY、RTS_OFF_DLY 用于 RS-232 数据流控制。

RESP_TO：响应超时时间，可选 5~65535 ms，采用默认值 1000 ms。

MB_DB 是 Modbus_Master 或 Modbus_Slave 背景数据块中的静态变量。

4. 调用 Modbus_Master 指令

Modbus_Master 指令用主站与指定的从站进行通信，主站可访问一个或多个从站设备的数据，系统将为其自动分配背景数据块。用户程序如图 7-45 所示。

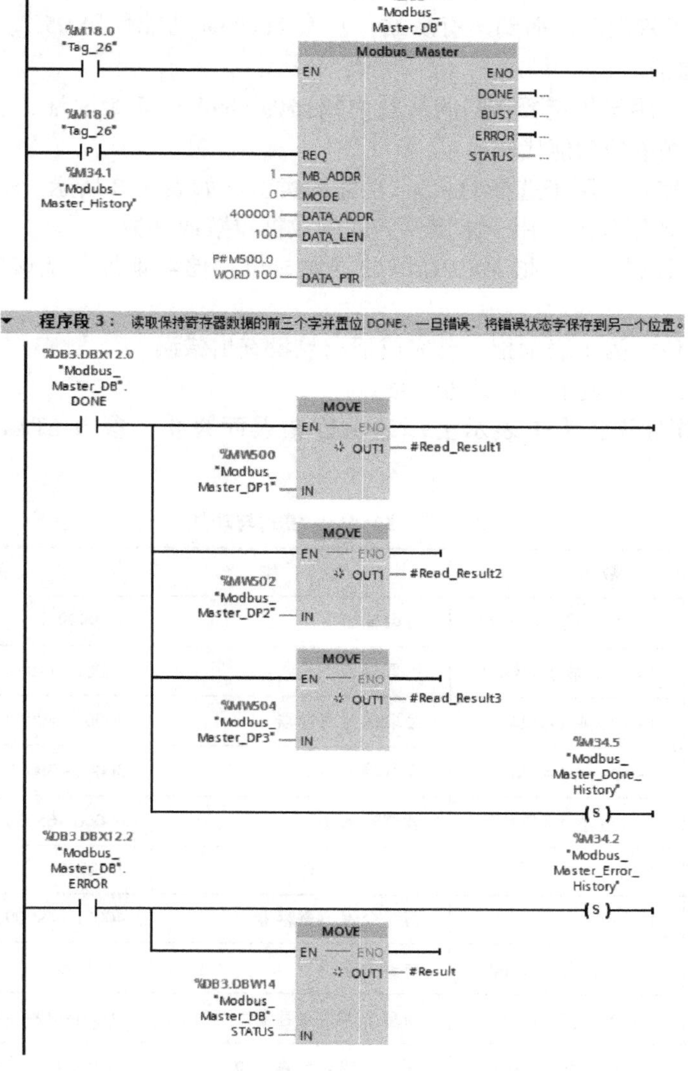

图 7-45 Modbus_Master 指令程序

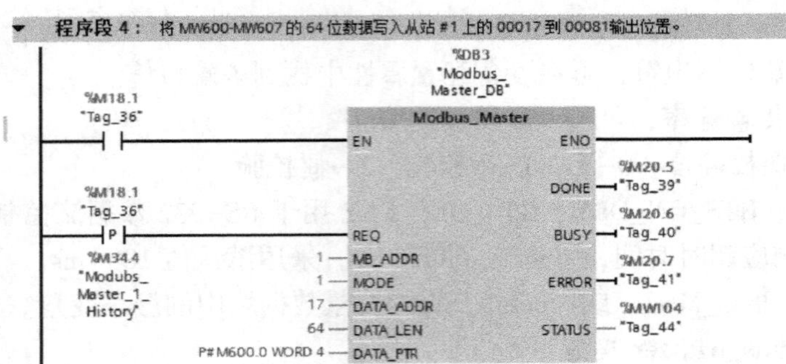

图 7-45　Modbus_Master 指令程序（续）

REQ：请求位，0 为无请求，1 为请求将数据传送到 Modbus 从站。

MB_ADDR：Modbus RTU 从站地址，标准寻址范围为 1～247，扩展寻址范围为 1～65535，地址 0 用于将消息广播到所有从站，只有 Modbus 功能代码 05H、06H、15H 和 16H 可用于广播方式通信。

DATA_ADDR：用于指定要访问的从站中数据的 Modbus 起始地址，它与 MODE 参数一起确定 Modbus 报文中的功能代码。

MODE：工作模式，用于选择 Modbus 功能的类型，如表 7-3 所示。

DATA_LEN：数据长度，用于指定要访问的数据位数或字数。

DATA_PTR：数据指针，指向 CPU 的数据块或位存储器地址，从该位置读取数据或向其写入数据。

DONE：完成位，为 1 表示指令已完成请求且没有出错误。

BUSY：忙位，为 1 表示正在处理任务。

ERROR：错误标识，为 1 表示上一请求因错误而终止，参数 STATUS 提供错误代码有效。

表 7-3　Modbus 模式与功能

Mode	功　能	数 据 长 度	操　　作	地　　址
0	01H	1～2000 或 1～1992[1]	读取输出位	1～9999
0	02H	1～2000 或 1～1992[1]	读取输入位	10001～19999
0	03H	1～125 或 1～124[1]	读取保持寄存器	40001～49999 或 400001～465535
0	04H	1～125 或 1～124[1]	读取输入字	30001～39999
104	04H	1～125 或 1～124[1]	读取输入字	00000～65535
1	05H	1	写一个输出位	1～9999
1	06H	1	写一个保持寄存器	40001～49999 或 400001～465535
1	15H	2～1968 或 2～1960[1]	写多个输出位	1～9999
1	16H	2～123 或 2～122[1]	写多个保持寄存器	40001～49999 或 400001～465535
2	15H	1～1968 或 2～1960[1]	写一个或多个输出位	1～9999

（续）

Mode	功　能	数 据 长 度	操　　作	地　　址
2	16H	1～123 或 1～122[1]	写一个或多个保持寄存器	40001～49999 或 400001～465535
11	读取从站通信状态字和事件计数器，状态字 0 表示指令未执行，为 0xFFFF 表示正在执行，每次成功传送一条消息时，事件计数器的值加 1。该功能忽略地址和长度参数			
80	通过数据诊断代码 0x0000 检查从站状态，每个请求 1 个字			
81	通过数据诊断代码 0x000A 复位从站的事件计数器，每个请求 1 个字			

注 1：对于“扩展寻址”模式，根据功能所使用的数据类型，数据最大长度将减小 1 个字节或 1 个字。

7.6.2　Modbus 从站编程

1. 调组态从站硬件

打开 PLC_2 的设备视图，将 CM1241（RS-485）模块拖放到 CPU 左边的 101 号槽。该模块的组态方法与主站相同。

2. 初始化程序

初始化组织块调用 Modbus_Comm_Load 指令组态通信接口。参数 MD_DB 的实参为 Modbus_Master_DB。

3. Modbus_Slave 指令

S7-1200 PLC 串口通信模块作为 Modbus RTU 从站用于响应 Modbus 主站的请求，需要调用 Modbus_Slave 指令。如图 7-46 所示，OB1 调用 Modbus_Slave 指令组态通信接口，它用于为 Modbus 主站发出的请求复位。从站接收到主站发送的请求时，通过执行 Modbus_Slave 指令来响应。指令输入/输出参数的意义如下。

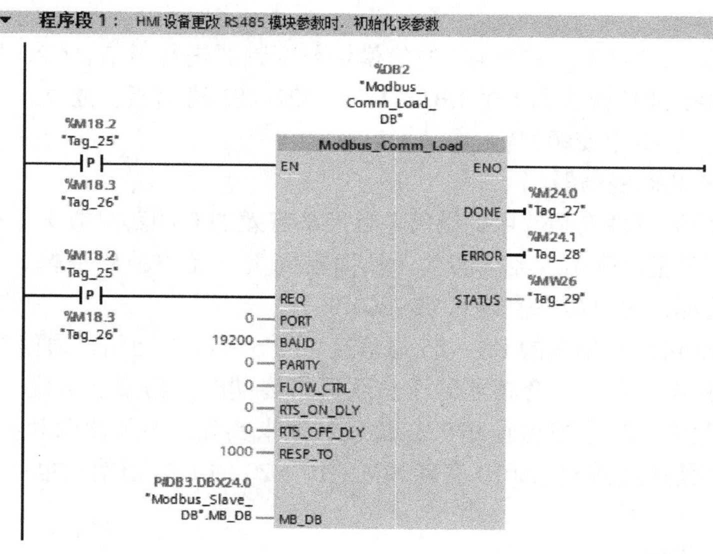

图 7-46　Modbus 从站程序

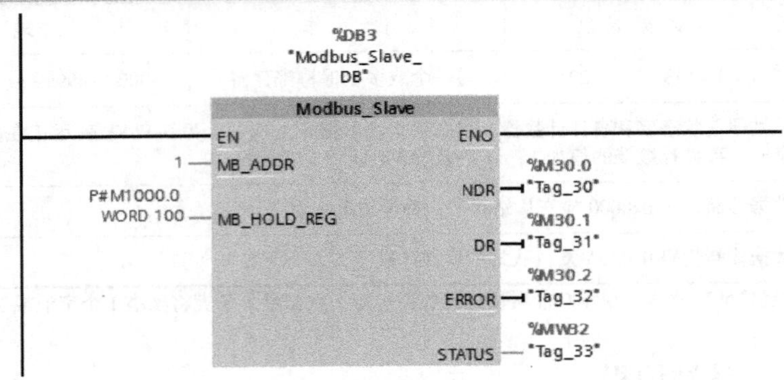

图 7-46 Modbus 从站程序（续）

MB_HOLD_REG：指向 Modbus 保持寄存器指针，保持寄存器可为 M 存储器或数据块。

NDR：数据就绪位，1 表示 Modbus 主站已写入新数据，0 表示没有新数据。

DR：数据读取位，1 表示 Modbus 主站已读取数据，0 表示没有读取。

7.7 USS 通信

知识讲解
S7-1200 通过
USS 协议控制
变频器
7-5

1. USS 通信

通信串行接口（Universal Serial Interface，USS）协议是专为驱动装置开发的串行总线通用通信协议。USS 为主从结构，每个从站都有唯一的从站地址，通信总是由主站发起，从站接收到主站报文后的一定时间内必须进行响应，否则主站将视该从站出错。通信报文由 1 个起始位、8 个数据位、1 个奇偶校验位，以及 1 个停止位组成，响应时间约 20 ms。

S7-1200 使用 CM1241 RS-422/485 通信模块与变频器进行通信，CPU 最多可连接 3 个 CM1241 RS-422/485 通信模块和 1 个 CB1241 RS-422/485 通信板，建立 4 个 USS 网络。每个 USS 网络最多支持 16 个变频器。

2. SIMATICS V20 变频器

SINAMICS V20 紧凑性变频器可提供简单且经济有效的驱动解决方案，调试过程迅速便捷，易于操作，而且坚固耐用、经济高效，从而在同类产品中独树一帜。该款变频器有 9 种框架型号可供选择，输出功率覆盖 0.12~30 kW。

SINAMICS V20 可通过集成的 RS-485 通信接口与 S7-1200 通信，通信端口为端子连接，端子 6、7 用于 RS-485 通信，变频器处于总线网络终端时，需要加终端电阻和偏置电阻。SIMATICS V20 的起停和频率控制通过 PZD 过程数据来实现，参数读取和修改通过 PKW 参数通道来实现，可使用连接宏 Cn010 实现 SIMATIC V20 的 USS 通信，也可直接修改变频器的参数，设置的步骤如下。

（1）恢复工厂设置

设置参数 P0010（调试参数）= 30，P0970（工厂复位）= 21，执行恢复工厂设置将所有参数以及默认设置至工厂状态，但参数 P2010、P2021、P2023 的值不受工厂复位影响。

（2）设置用户访问级别

设置 P0003（用户访问级别）= 3（专家访问级别）。

（3）设置变频器参数值

USS 通信需对变频器设置命令源、协议、波特率、地址等参数。选择连接 Cn010 后，需把 P2013 的值由 127（PKW 长度可变）修改为 4（PKW 长度为 4），还需将 P2010 的值由 8（波特率 38400 bit/s）修改为 6（本例使用波特率 9600 bit/s）。SIMATICS V20 参数 P2010 USS 所支持的波特率见表 7-4，变频器参数设置见表 7-5。

表 7-4　USS 所支持的波特率

参数值	6	7	8	9	10	11	12
波特率（bit/s）	9600	19200	38400	57600	76800	93570	115200

表 7-5　USS 通信指令

参　数	描　述	设 置 值	备　注
P0070[0]	选择命令源	5	命令源来源于 RS-485 总线
P1000[0]	选择设定源	5	设定值来源于 RS-485 总线
P2023[0]	RS-485 协议选择	1	USS
P2010[0]	USS 波特率	6	波特率为 9600 bit/s
P2011[0]	USS 地址	1	USS 站地址为 1
P2012[0]	USS PZD 长度	2	USS PZD 长度为 2
P2013[0]	USS PKW 长度	4	USS PKW 长度可变
P2014[0]	USS 报文间断时间	500	可设置范围 0~65535 ms，若设置为 0，则不进行超时检查；若设置了超时时间，超过此设定时间还没收到下条报文信息，变频器将会停止运行，通信恢复后此故障才能被复位

3. 硬件组态

新建工程项目，添加一个 CPU 1215C。设备视图中，将右边的硬件目录窗口的文件夹“\通信模块\点到点”中的 CM1241（RS-485）拖放到 CPU 左边的 101 号槽。选中该模块，在巡视窗口的“属性>常规>RS-485 接口>端口组态”选项卡中设置波特率为 19.2 kbit/s、偶校验，其余参数均采用默认值。

4. 程序结构

（1）USS_Port_Scan 指令

USS_Port_Scan 指令通过 RS-485 端口控制变频器的通信，它会自动生成字节的背景数据块。为了确保数据帧通信响应时间恒定，必须在循环中断 OB 中调用该指令。经查表可知：波特率为 19200 bit/s 时，最小 USS_Port_Scan 调用间隔为 68.2 ms，每个变频器的消息间隔超时时间为 205 ms，S7-1200 与变频器通信的时间间隔应在二者之间。

如图 7-47 所示，生成循环中断组织块 OB33，设置循环时间为 150 ms，将 USS_Port_Scan 拖放到 OB33 中。Port 端口地址为 11；BAUD 用于设定波特率，范围为 300~115200 bit/s；USS_DB 实参是功能块 USS_Drive_Control 背景数据块中的静态变量。该指令执行出错时，ERROR 为 1，错误代码保存在 STATUS 中。

(2) USS_Drive_Control 指令

USS_Drive_Control 指令用于组态和显示要发送给变频器的数据，每台变频器需要调用一条 USS_Drive_Control 指令。如图 7-48 所示，打开 OB1，将 USS_Drive_Control 指令拖动到梯形图中，自动生成背景数据块 USS_Drive_Control_DB。

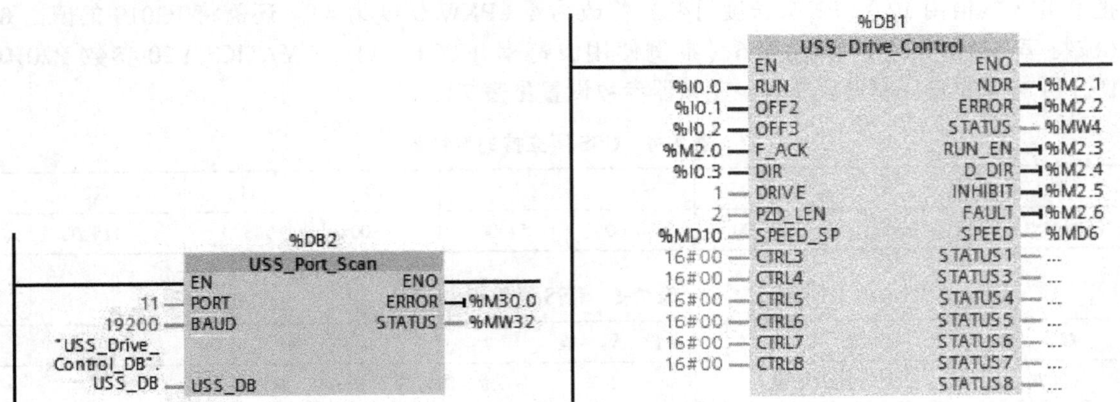

图 7-47 USS_Port_Scan 程序

图 7-48 USS_Drive_Control 程序

启动位 RUN 为 1 时，变频器以预设速度运行，RUN 变为 0，电动机则减速至停车。变频器运行时，若电气停止位 OFF2 变为 0，电动机在没有制动的情况下自然停车；若快速停止位 OFF3 变为 0，电动机则通过制动方式快速停车。故障确认位 F_ACK 用于确认变频器发生的故障，并复位变频器的故障位。方向控制位 DIR 用于控制电动机旋转方向。

参数 DRIVE 是变频器的 USS 地址，有效范围为 1~16，本例地址设置为 1。PZD_LEN 是过程数据 PZD 的字数，有效值为 2、4、6 或 8 个字，本例使用默认值 2；实数 SPEED_SP 是以组态频率的百分数表示的速度设定值，有效值范围为-200.0~200.0，符号也可控制电动机的旋转方向。CTRL3~8 可选控制字用于写入驱动器上可组态参数值，用户必须在驱动器上组态该参数。

NDR 为 1 表示输出新通信请求数据；ERROR 为 1 表示发生错误，错误代码保存在 STATUS 状态字中；RUN_EN 为 1 表示变频器正在运行；D_DIR 用来指示电动机的旋转方向，0 表示正向，1 表示反向；INHIBIT 为 1 表示变频器已被禁止；FAULT 为 1 表示变频器有故障，清除故障后可用 F_ACK 复位该位；SPEED 是以组态频率的百分数表示的变频器当前输出频率。STATUS1 状态字包含变频器固定状态位，STATUS3~8 为包含驱动器上用户可组态的状态字。

(3) USS_Read_Param 和 USS_Write_Param 指令

如图 7-49 所示，OB1 调用 USS_Read_Param 和 USS_Write_Param 两条指令用于读取和更改变频器的参数。

程序中，REQ 为读写请求，DRIVE 为变频器地址，有效范围为 1~16，PARAM 为变频器参数，编号范围 0~2047，INDEX 为参数的索引号。这两条指令通过参数 USS_DB 与 USS_Drive_Control 的背景数据块进行连接，VALUE 为已读取的参数值。

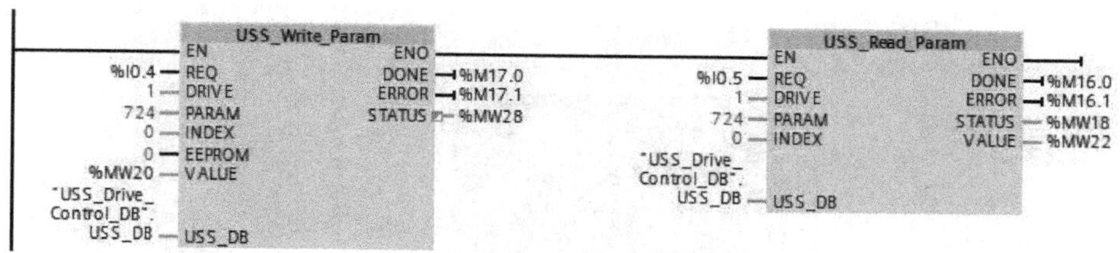

图 7-49　读写变频器参数的程序

5. 通信实验

打开 OB1，启动程序监控功能，将 SPEED_SP 修改为 20.0（单位%）。变频器基准频率（参数 P2000）为默认的 50.0 Hz，频率设定值则为 10.0 Hz。变频器实际的频率输出值受到变频器参数最大频率（P1082）和最小频率（P1080）的限制。

接通 I0.0，则电动机开始旋转。基本操作面板和 USS_Drive_Control 的参数 SPEED 均显示频率由 0 逐渐增大到 10.0 Hz，输出位 RUN_EN 为 1，表示变频器正在运行。断开 I0.0，I0.1 为 0，电动机自然停车，若 I0.2 为 0，电动机快速停车。参数 OFF2 和 OFF3 发出的脉冲使电动机停车后，需将 RUN 由 1 变为 0，然后再变为 1，才能再次起动电动机。电动机运行过程中，I0.3 接通，电动机则减速至 0.0 Hz 后，自动反向旋转，反向升速至-10.0 Hz 后不再变化。

7.8　Web 服务器通信

S7-1200 CPU 支持 Web 服务器，上位机或移动设备可通过网页访问 CPU 诊断缓冲区、模块信息和变量表等数据。如图 7-50 所示，CPU 属性窗口中，选择“常规>Web 服务器”选项卡，选择“在此设备的所有模块上激活 Web 服务器”，S7-1200 CPU 即可作为服务器。

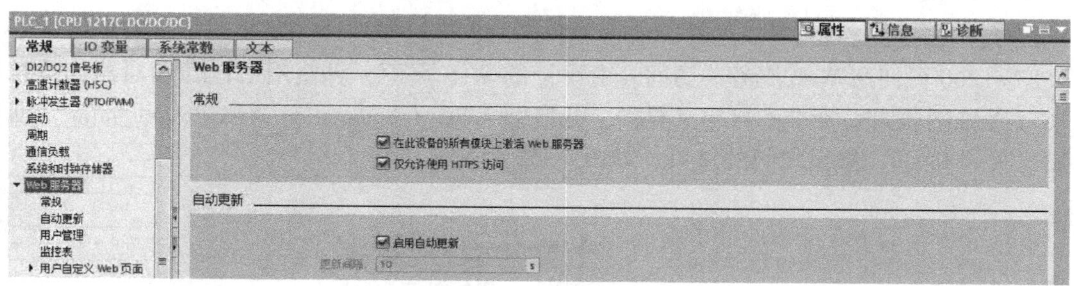

图 7-50　激活 Web 服务器功能

打开 Web 浏览器，输入 URL “http://ww. xx. yy. zz”，其中 “ww. xx. yy. zz” 为 S7-1200 CPU 或本地机架中通信适配器的 IP 地址。若 CPU 属性中激活了 “仅允许使用 HTTPS 访问”，则需要在浏览器中输入 URL “https://ww. xx. yy. zz”，实现对 Web 服务器的安全访问。

1. 标准 Web 页面功能

S7-1200 CPU 的 Web 服务器页面分为标准 Web 页面和用户自定义页面两种。标准 Web 页面布局均相同，都具有导航链接、页面控件和登录注销窗口。S7-1200 CPU 可为不同的登录用户提供不同的访问级别，以便访问 CPU 中不同的信息，如图 7-51 所示。

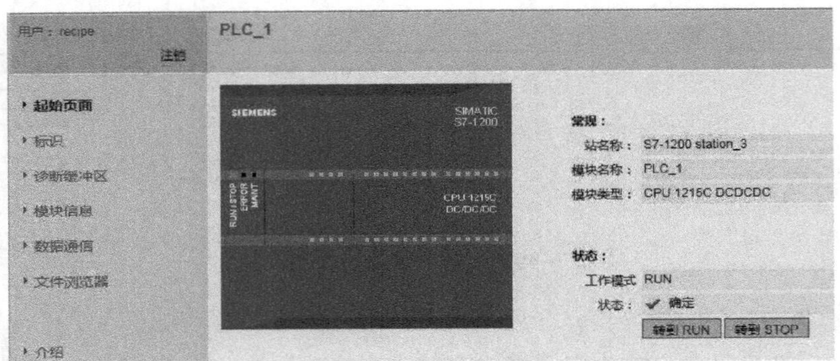

图 7-51　Web 服务器标准页面

标准 Web 页面功能如表 7-6 所示。

表 7-6　标准 Web 页面功能

页　面	描　述
起始页面	提供了项目名称、软件版本、CPU 名称和类型等常规信息，并提供了操作控制面板
诊断	包含标识、程序保护和存储器共三个选项卡
诊断缓冲区	显示 CPU 诊断缓冲区信息
模块信息	显示 CPU 和扩展模块的状态信息，可通过 Web 页面进行固件更新
数据通信	包括参数、统计参数、连接资源和连接共四个选项卡
变量状态	用于监控和修改 CPU 变量
变量表	Web 服务器允许访问已在 STEP 7 组态，并下载到 CPU 中的监控表
在线备份	通过此页面为在线 PLC 创建项目备份，以及恢复之前创建的 PLC 备份
文件浏览器	使用此页面访问 CPU 内部装置存储器或外部装置存储器上的文件

2. 用户自定义界面

S7-1200 可使用 Web 服务器访问自由设计的 Web 页面，可使用 HTML 编写器创建符合 W3C（万维网联盟）标准的自定义界面，并借助 AWP（Automation Web Programming）命令自定义界面和 CPU 数据之间的接口，如图 7-52 所示。

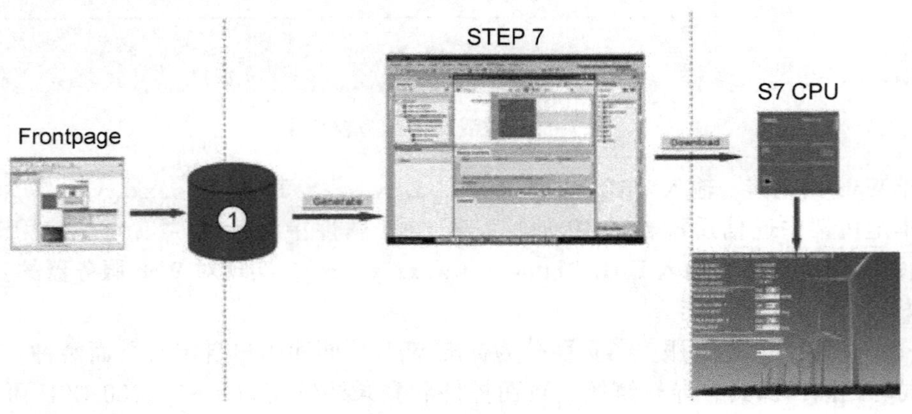

图 7-52　Web 服务器标准页面

思考题与习题

7-1 OSI 开放系统互连参考模型包括哪几层？
7-2 西门子工业网络结构由哪些总线构成？
7-3 如何建立 S7 通信连接网络？
7-4 什么是 Modbus 串行链路协议？
7-5 什么是 UDP 通信？

第8章　PLC控制系统综合设计

众所周知，PLC机型种类繁多，编程语言各异，因此，控制系统设计方案也不尽相同。本章将先讲解PLC控制系统设计步骤与内容，然后介绍人机界面（Human Machine Interface，HMI）的功能、分类与使用方法，最后给出S7-1200 PLC控制系统的两个工程实例。

8.1　PLC控制系统设计步骤

1. 分析控制对象

接手一个电气控制系统项目后，往往首先需要分析控制对象性质、控制过程、技术参数，以及生产工艺对控制系统的要求，从而最终选择最合适的控制设备和控制方式。PLC可应用于制造业自动化、过程控制、运动控制，以及现场总线控制系统等领域，通常在以下情况下可考虑使用PLC。

1）控制系统数字量和模拟量I/O点数较多，工业控制要求复杂，此时使用PLC可节省大量中间继电器、时间继电器等，降低成本。

2）控制系统工作环境恶劣，可靠性要求较高，继电接触器控制或单片机系统难以满足控制要求。

3）由于生产工艺流程要求，需要经常改变控制系统的控制参数。

2. 选择PLC机型

目前，国内外厂商生产的PLC品种已达数百种，性能各有特点，价格也不尽相同。一般而言，PLC存储容量越大、速度越快、功能越丰富，价格也就越高，但有些功能类似、质量相当的PLC价格也可相差40%以上。PLC控制系统总要求是要确保生产机械或设备安全可靠、长期稳定地运行，以提高产品质量和生产效率，用户选择机型时应主要考虑以下因素。

1）硬件功能　对于制造业自动化而言，主要考虑I/O点数是否能满足要求。控制系统若需实现模拟量控制、运动控制、显示设定、通信联网等要求，用户还需选择相应的扩展模块、特殊功能模块和分布式模块，或者根据控制系统规模和复杂程度选用中大机型。

2）确定I/O点数　用户针对控制任务和要求，力争列出所有数字量和模拟量I/O，以及I/O点输入和输出性质，为避免输出点浪费，应尽可能选择相同等级和种类的负载。一般而言，对于接入的电气元件和传动设备而言，所需I/O点数一般是固定的，但由于系统采用的控制方式或用户程序不同，I/O点数可能也会不同。此外，考虑日后生产工艺改进、功能扩展，以及日常维护，还应留有适当的余量。

数字输入量包括按钮开关、行程开关、接近开关、急停按钮或传感器等，数字输出量包括接触器、继电器、电磁阀、指示灯等。输入电路可由PLC内部提供24 V电源，也可外接电源。

数字输出量则需要根据输出模块类型选择交流或直流电源。继电器输出型可用于交直流负载，承受瞬间过电压和过电流的能力强，但触点寿命短，动作速度慢，一般优先选择继电器输出模块；晶体管输出型用于直流负载，具有可靠性高、执行速度快、寿命长等优点，但过载能力差，但对于运动控制等高速脉冲输出，则需要使用晶体管输出 PLC。

模拟量包括温度、压力、流量等非电量，输入和输出类型有电流和电压两种类型。模拟量还需要考虑量程是否与变送器、执行机构相匹配。

确定控制对象任务、选择好 PLC 机型和模块后，即可进行控制系统设计，具体包括 I/O 地址分配、硬件设计和软件设计。

3. I/O 地址分配

I/O 地址分配是硬件设计和软件设计基础。一般而言，只有 I/O 地址分配完成后，技术人员才能绘制电气控制图和安装控制柜，编程时可使用符号表列出 I/O 点符号名称、地址和备注信息等，从而进行编写用户程序。

I/O 地址分配完成后，软件设计和硬件设计即可同时进行，从而大大缩短工期，这也是 PLC 控制系统优于继电接触器控制系统的地方。

4. 硬件设计

硬件设计主要包括电气元件选择、PLC 及外围接线等。提高 PLC 控制系统可靠性措施包括适合的工作环境、合理地安装布线、设置安全保护环节，以及采用冗余系统或热备用系统等。

（1）适合的工作环境

通常，PLC 允许环境温度约在 0~55℃，相对湿度一般要求小于 85%。因此，PLC 要有良好的通风散热空间，安装时不宜将发热量大的元件放在 PLC 的下方，若控制柜温度太高，还应在柜内安装风扇进行散热。

PLC 不宜安装在有大量污染物、腐蚀性气体和可燃性气体的场所，尤其腐蚀性气体易造成元件及印制电路板的腐蚀。此外，PLC 还应远离大功率晶闸管装置、高频设备和大型动力设备、强电磁场和强放射源等干扰源。

（2）合理地安装与布线

电源是外部干扰进入 PLC 的主要途径。内部电源是 PLC 的工作电源，其性能直接影响到 PLC 的可靠性，为了保证 PLC 的正常工作，内部电源一般都采用开关式稳压电源。PLC 使用外接直流电源时，最好采用稳压电源，以保证正确地输入信号，在干扰较强或可靠性要求较高的场合，最好使用隔离变压器对 PLC 供电。隔离变压器与 PLC 和 I/O 电源之间最好采用双绞线连接，以控制串模干扰。

输出电路若有感性负载，为保证输出点安全和防止干扰，直流电路需在感性负载两端并联续流二极管，交流电路需在感性负载两端并联阻容电路。为防止负载短路损坏 PLC，输入/输出电路公共端需加熔断器保护，并且采用合理的隔离、屏蔽等措施提高系统的抗干扰能力。PLC 一般最好单独接地，与其他设备分别使用接地装置，也可以采用公共接地，但禁止使用串联接地方式。接地线应尽量短，接地电阻要小于 100 Ω，接地线的截面积应大于 $2\ mm^2$。

外围电路布线时，动力电缆、I/O 及其他控制线缆应分开走线，尽量不要在同一线槽中布线，交流与直流、输入与输出、开关量与模拟量之间也最好分开走线，模拟量信号最好使用屏蔽线，而且屏蔽层应可靠接地。

（3）设置安全保护环节

PLC 外部接线应采取硬件互锁措施，以确保系统安全可靠地运行，例如电动机正、反转控制，使用正反转接触器 KM1、KM2 常闭触点进行机械互锁，同时程序中也编写互锁和联锁保护电路，这是 PLC 控制系统通常使用的方法。此外，程序还应有完善的故障检测和报警机制。

（4）采用冗余系统或热备用系统

某些控制系统要求有极高的可靠性，否则一旦出现故障，将引起设备损坏或停产而造成经济损失。针对这种要求，常用冗余系统或热备用系统来有效地解决上述问题。冗余系统由两套相同的硬件组成，当其中一套出现故障立即切换到另一套进行控制，保证控制系统不间断地安全和稳定运行。

5. 软件设计

软件设计主要指编写 PLC 用户程序，以及人机接口监控界面。用户程序不仅要使系统正确可靠地运行，而且必须具有精良的编程架构、完备的联锁保护与报警机制，以及良好的可读性与扩展性等特征。

1）正确性　用户程序编写完成后都要经过反复调试和连续运行，从而保证能够正确工作，这也是最基本的要求。用户必须根据实际需要选择合适的 PLC 型号，若有特殊功能需求，还要选择特殊功能模块。

编程时一定要非常熟悉各个指令的作用、含义和参数类型，以及配套的编程软件使用方法，并对继电器、寄存器、定时器、计数器等内部软元件资源进行合理规划。使用特殊模块或功能指令之前，应先查明控制字节和状态字节是否使用特殊存储器，若使用则不能将这些特殊存储器用于其他方面编程。

需要注意的是，即使是同一指令，由于 PLC 型号和固件版本不同，指令使用细节也可能不一样，编程前必须仔细查阅手册，必要时可编写独立程序对不清楚的指令进行测试。

2）可靠性　用户程序在正常工作条件或合法操作时能正确工作，而一旦进行非法或超预期的操作，程序就不能正常工作。这种程序就是不稳定或可靠性低的程序，联锁一般是拒绝非法操作的常用手段。

有些数字输入信号因外界干扰会出现时通时断的“抖动”现象，容易造成错误结果，必须对抖动进行处理，以保证系统正常工作。此外，控制系统一般应具有手动和自动两种模式，自动切换到手动时，程序应清除自动模式下输出、中间状态，以及用到的置位指令。程序还应设计有复位功能，便于设备出现故障后尽快恢复正常工作。

3）简练性　程序简练不仅可节省内存，还可减少执行指令的时间，从而提高系统运行速度。绝大多数情况下，建议使用梯形图来编写程序，逻辑关系不仅直观易懂，而且方便调试，对于不方便使用梯形图编程，或需要其他处理和计算的情况，则必须使用语句表编程，但梯形图总比语句表直观。对于单顺序、选择分支、并行分支，以及跳转循环等顺序控制任务，优先使用顺序功能图设计程序。

用户要想程序尽量简练，在程序框架方面，尽量要优化程序结构，并灵活运行程序控制指令简化程序；在指令方面，多使用功能强的指令取代基本指令，并注意指令顺序等；在编程方法方面，用户程序一般采用经验设计法和顺序功能图进行编程，不仅形象直观、可读性强，而且使编程工作程序化和规范化，大大减轻编程的工作量，缩短编程和调试时间。

4）可读性　可读性强不仅便于用户加深对程序的理解、调试和日后维护，而且便于别人读懂程序，必要时也可进一步移植或推广程序。

为提高程序的可读性，设计用户程序时要尽可能注意层次性，经常调用的子程序，可以做成功能块，实现程序模块化结构。控制任务可按功能进行分段和分块处理，程序单元在循环组织块的位置应按工艺流程顺序排列。此外，设备起停、保护、故障等共用功能可编制成功能块，作为整个程序框架，并在此基础上将程序分为自动、手动两大功能区。

如果程序比较复杂，所使用的I/O及软元件较多，建议使用符号表，不仅方便编写和阅读程序，而且可以防止时间过长造成遗忘。程序还需要加注释，系统注释说明整套程序的版权和用途；程序块注释阐明程序块主要用途和作者；段注释表明该段代码的用途；变量注释包含I/O注释、中间变量注释，注释要清晰明了、见名知义。

5）扩展性　许多程序可能实验室都已经编制好，但现场调试时可能还需要添加联锁保护或扩展功能。为避免打乱既有的程序结构，硬件上留出足够的余量，每个程序单元需要预留一定的空间作为备用，编写软件时候把手动、自动功能考虑好，以便添加或扩展程序。

6）完备性　PLC是专为工业环境而设计的控制装置，外部输入、输出设备的故障率一般远高于PLC本身的故障率。一旦出现故障，轻则停机，重则造成设备损坏和人身伤亡事故。因此，故障报警是用户程序的一个重要组成部分，用户程序除了要具备完善的联锁和保护功能程序，还应能实现故障自诊断和自处理。

一般应根据工艺控制过程和生产机械设备原理编写故障检测和报警程序，控制系统出现故障时，不仅要进行声光报警，最好还能记录和保持故障现象，这样可便于操作人员分析排查故障和确认复位。

综上所述，PLC入门虽然容易，但要真正掌握并设计出安全可靠，同时简洁、易懂、可读性强的满足生产控制要求的用户程序，设计者就必须不断深入学习各种技术，不断仿真和调试，形成自己的编程习惯。

6. 系统调试

为保证现场调试进度或给用户展示，在进现场之前，往往需要对用户程序进行模拟调试。模拟调试通过仿真软件来调试程序，可利用按钮开关、直流电源等设备模拟各种现场开关和传感器状态，然后借助输出端指示灯观察输出逻辑是否正确，如果有错误或功能缺陷则需要修改和反复调试。

模拟调试结束后才能进行联机调试，这也是最后关键性一步。往往实验室做得非常完善，应用现场还会遇到接地和电磁干扰等问题，必须与生产工艺人员通力协作，根据生产过程中暴露出来的问题，不断修改和完善功能，直到满足工艺要求为止。此外，人机接口监控界面也要配合用户程序进行模拟运行与调试，观察是否能满足监控功能和要求，以便及早发现问题和优化。

7. 项目归档

技术文件是用户将来使用、操作和维护的重要依据，主要包括系统设计方案、系统使用说明书、电气控制图图纸、用户程序等。系统完成后一定要及时整理技术文件并存档，这既是工程交接的需要，也是保留技术档案的需要。

8.2 HMI及其使用

PLC控制系统运行中，技术人员时常需要设置或实时监控系统工艺参数。为实现这些功能，就需要利用人机界面完成人和机器之间的数据交换。人机界面可在恶劣的工业环境中长时间连续运行，也是现代工业自动化控制领域中不可或缺的辅助设备。此外，安装在计算机上的组态软件其实也是一种人机界面。

8.2.1 功能与分类

1. HMI的功能

1）设备工作状态显示　系统以指示灯、文字、图形、曲线等方式将工作参数和信息在触摸屏或显示面板上显示。

2）参数设定与控制　用户通过外部键盘或组态画面上的按钮、开关、文本框等组件进行相关参数的设定和控制。

3）趋势图　触摸屏或组态软件以实时曲线、关系曲线、历史曲线的形式将有关单个参数随时间变化、两个参数之间随时间变化的历程显示在屏幕上。

4）报表　触摸屏或组态软件将生产数据以报表形式存储并打印。

5）报警　系统出现故障时，触摸屏或组态软件通过屏幕显示报警画面，也可对报警信息进行打印等。

6）通信　触摸屏或组态软件通过网络或通信系统访问和控制远程数据。

2. HMI的分类

1）文本显示设定单元（Text Display，TD）　文本显示设定单元是一种小型紧凑型的低成本人机界面，只能进行最简单的参数设定和文字信息显示，不能显示画面，处理信息量，仅供操作员或用户与应用程序进行必要的交互。图8-1a所示为西门子TD400C文本显示器。

2）触摸屏（Touch Panel，TP）　触摸屏属于人机界面的一种，用户只须轻触触摸屏上的图符或文字即可调整工作参数或输入操作命令，从而实现人与机器的信息交互。触摸屏不仅易于使用、坚固耐用、反应速度快、节省空间，而且画面上的按钮和指示灯可取代相应的硬件元件，减少PLC的I/O点数，降低系统的成本，提高设备性能和附加价值，因此触摸屏也是HMI主流产品。图8-1b所示为西门子精简系列面板。

3. 精简系列面板

SIMATIC S7-1200完美集成了精简系列面板，为紧凑型自动化应用提供了一种简单的可视化和控制解决方案。

第一代精简面板有KP300、KTP400、KTP600、KTP1000系列，尺寸有3.6 in、3.8 in、4.3 in、5.7 in、10.4 in和15.1 in，配有警报记录、配方管理、绘图、矢量图形和语言切换等所有必要的基本功能，通过集成的以太网或RS-485/422接口可连接到控制器。第一代精简面板使用SIMATIC WinCC Basic/Comfort/Professional或SIMATIC STEP 7 Basic进行组态。

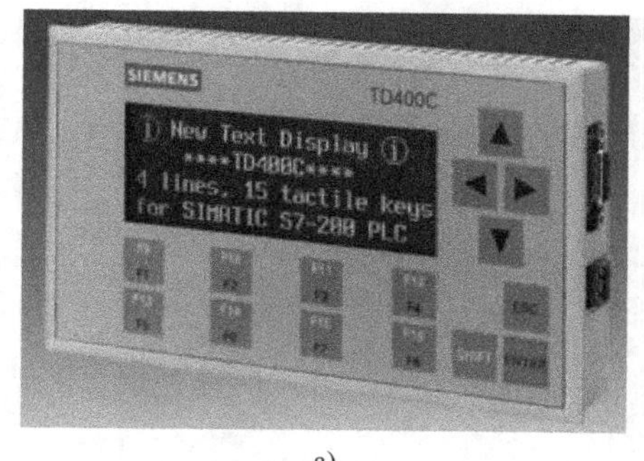

a)

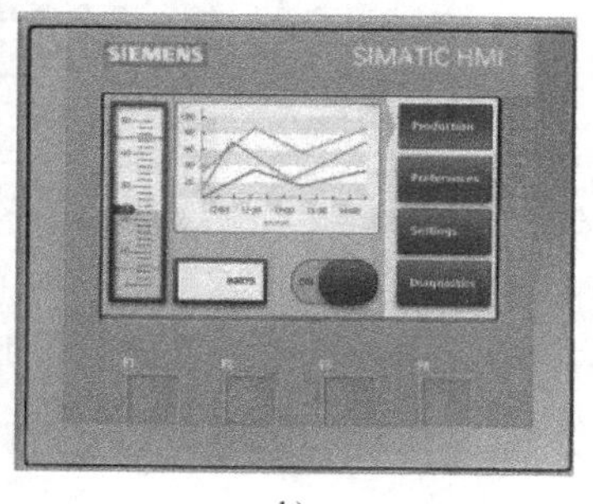

b)

图 8-1　西门子 HMI 产品类型

a）文本显示器　b）触摸屏

第二代精简面板有 KP400、KTP700、KTP900、KTP1200 系列，具有 4.3 in、7 in、9 in 和 12 in 的高分辨率 64 K 色 TFT 真彩液晶屏。电池电压额定值为 DC 24 V，有内部熔断器和内部的实时时钟，背光平均无故障时间 20000 h，用户内存 10 MB，配方内存 256 KB。第二代精简面板配有 RS-422/485、以太网和 USB2.0 接口，USB 接口能够连接键盘、鼠标或条码扫描器，并支持将数据简单地保存到 USB 闪存盘中，以及手动备份和恢复整个面板。

4. 其他人机界面简介

知识讲解
KTP 系列 HMI
面板的介绍
8-1

高性能的精智系列面板有 4 in、7 in、9 in、12 in、15 in 的按键型和触摸面板，还有 19 in、22 in 更大尺寸的触摸面板，以及 7 in、15 in 精智户外型。精智系列面板配有 MPI、PROFIBUS、PROFINET、USB 接口，集成有归档、脚本、PDF/Word/Excel 查看器、网页浏览器、媒体播放器和 Web 服务器等高端功能，适用于要求苛刻的应用。

精彩系列面板 SMART LINE 提供了人机界面的标准功能，具有 7 in、10 in 两种尺寸，配备以太网、RS-422/485 和 USB 2.0 接口。支持横向和竖向安装，经济适用，性价比高。全新一代精彩系列面板 SMART LINE V3 的功能得到了大幅度提升，与 S7-200 SMART PLC 组成了完美的自动化控制与人机交互平台。

8.2.2　精简系列面板的画面组态

WinCC 软件包含适用于操作面板的 WinCC Basic/Comfort/Advanced/Professional，以及基于 PC 的可视化系统 WinCC Runtime Advanced/Professional。WinCC Basic 可用于精简系列面板的组态，不仅简单高效，而且功能强大。WinCC Comfort/Advanced/Professional 可对精彩系列以外的操作面板组态，精彩系列面板用 WinCC flexible SMART 组态。

S7-1200 与精简系列面板在 TIA 博途的同一个项目中组态、编程和通信，WinCC 运行系统可对精简系列面板仿真。

1. 添加设备

如图 8-2 所示，新建工程项目，双击项目树中的“添加新设备”，添加 CPU 1215C。再次双击“添加新设备”，单击 HMI 选项，删除复选框“启动设备向导”中的勾，添加 12" 显示屏 KTP1200 Basic PN，生成设备名称为“HMI_1”的面板。

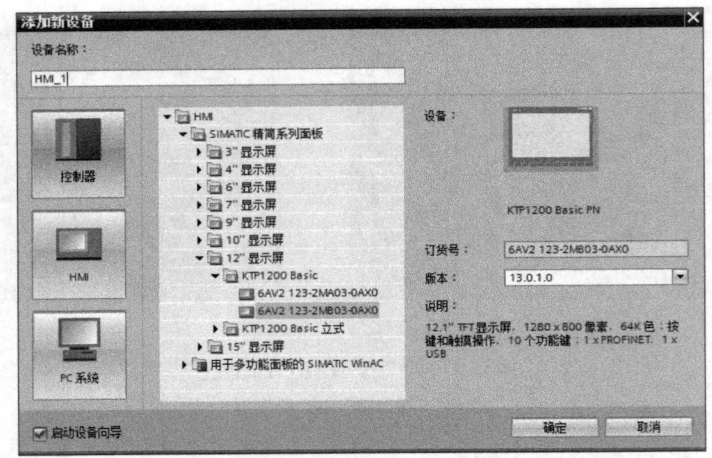

图 8-2　添加 HMI 设备

2. 组态连接

CPU 1215C 和 KTP1200 Basic PN 默认的 IP 地址为 192. 168. 0. 1 和 192. 168. 0. 2，子网掩码均为 255. 255. 255. 0。网络视图中，单击“连接”按钮，使用下拉式菜单选择连接类型为“HMI 连接”。单击选择 CPU 1215C 以太网接口，按住鼠标左键不放，将其连接到 HMI 以太网接口，松开鼠标左键，生成图 8-3 中的“HMI_连接_3”。

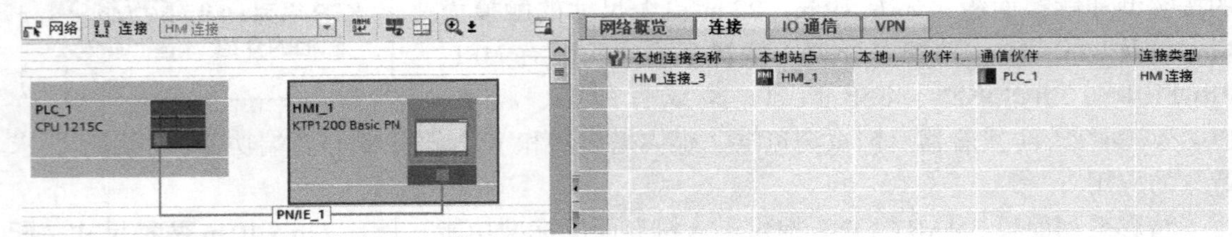

图 8-3　组态 HMI 连接

3. 组态画面

添加 KTP1200 Basic PN 后，画面文件夹中自动生成名为“画面_1”的画面，重命名为“主画面”。双击打开主画面，如图 8-4 所示，选中巡视窗口的“属性>常规”，用户可设置画面名称、编号、背景色和网格颜色等参数。

4. 组态指示灯

指示灯用来显示“电动机”的状态。将工具箱的“基本对象”选项板中的圆拖动到画面上相应的位置，按住鼠标左键拖拉可改变圆的尺寸大小。选中生成的圆，在外观选项卡中，设置圆样式为实心，宽度为 1 个像素，背景色为绿色。布局选项卡中，可微调圆的位置和大小，如图 8-5 所示。

在巡视窗口的“属性>动画>显示”面板中，选择“添加新动画”，在如图 8-6 所示的窗口中组态动画功能，指示灯连接至 PLC 定义的外部变量“电动机”，变量值为 0 和 1 时，指示灯分别为红色和绿色，代表电动机停止和起动。

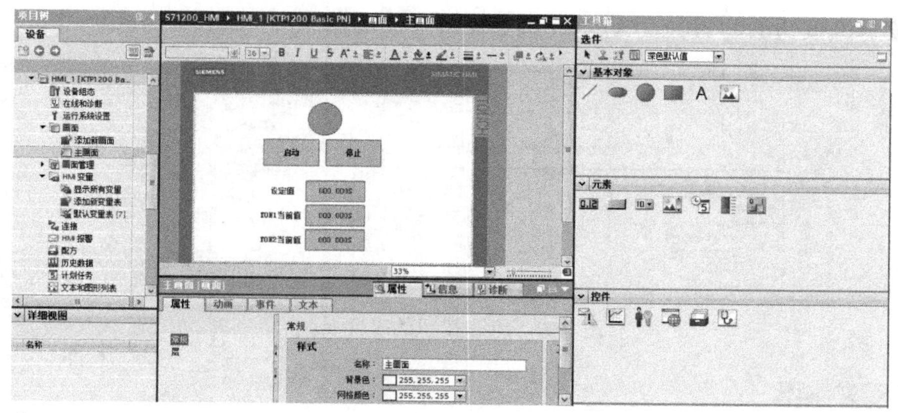

图 8-4　组态画面

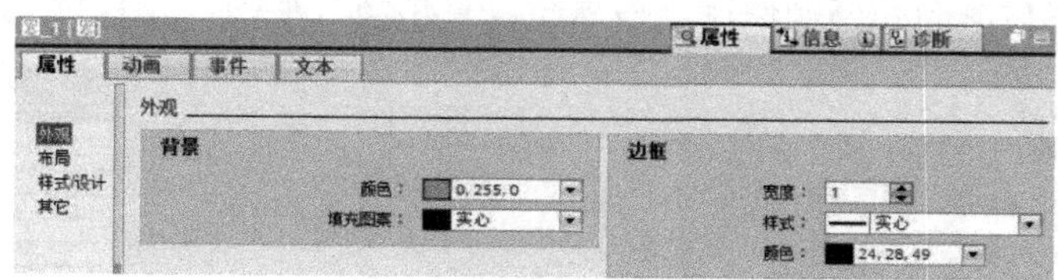

图 8-5　组态灯的外观与布局属性

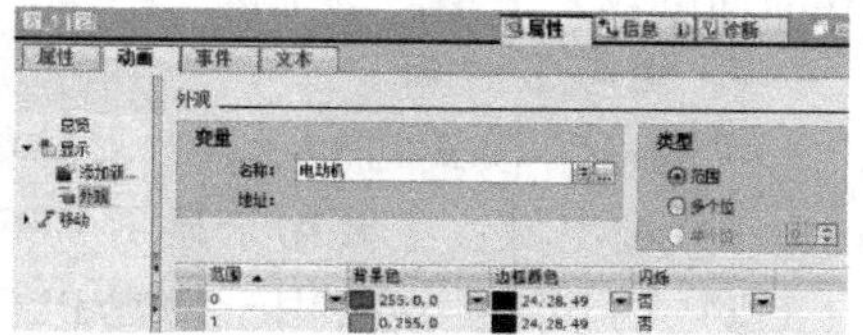

图 8-6　组态灯的动画功能

5. 组态按钮

画面具有功能丰富的各种按钮，主要用于发布命令参与控制生产过程。用户可将工具箱“元素”选项卡中的按钮拖动到画面上，并用鼠标调节按钮的位置和大小，设置填充图案为实心，背景色为浅灰色。本例添加了两个控制按钮，分别为起动按钮和停止按钮。

如图 8-7 所示，在常规选项卡中，设置按钮未按下时显示的文本为“启动”，勾选“按钮‘按下’时显示的文本”，可分别设置按下时显示的文本。

如图 8-8 所示，在文本格式选项卡中，用户可定义按钮文本格式，文字大小以像素点 px 为单位，字体固定为宋体，不能更改，但可设置字形、大小、下划线、删除线、按垂直方向读取等效果。

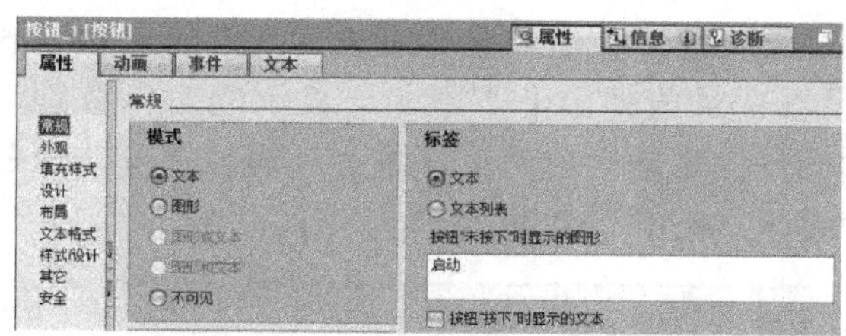

图 8-7　组态按钮的常规属性

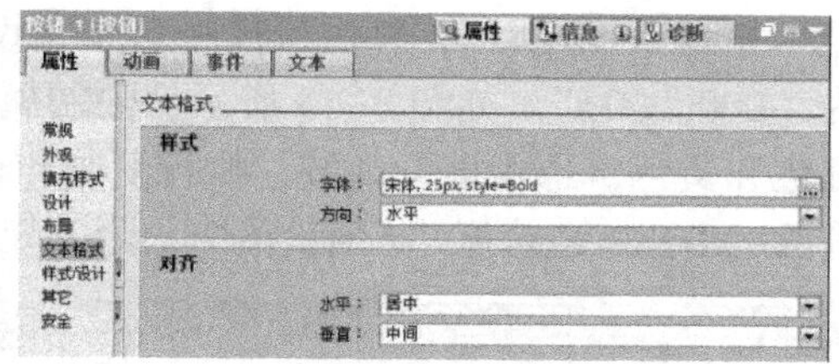

图 8-8　组态按钮的文本格式属性

如图 8-9 所示，在巡视窗口的“属性>事件>释放”选项卡中，单击“添加函数”右侧的下拉式按钮，在系统函数列表中选择编辑位中的“复位位”。单击“变量（输入/输出）”选择框右侧隐藏的▭，选择 PLC_1 默认变量表，添加变量“启动”按钮，释放该按钮时将复位为 0。巡视窗口的“属性>事件>按下”选项卡，在系统函数列表中选择编辑位中“置位位”，按下该按钮后将置位为 1。

图 8-9　组态按钮的事件属性

6. 组态文本域

将工具箱的“文本域”拖动到画面上相应的位置，默认的文本为“Text”。如图 8-10 所示，单击文本域，巡视窗口的“属性>常规>”选项卡，在文本框中键入“当前值”，样式属性和前面的设置类似。选中该文本域，执行复制和粘贴操作，再重新设置粘贴文本为“预设值”。

7. 组态 I/O 域

共有 3 种模式的 I/O 域，具体如下。

1）输出域：主要用于显示 PLC 变量输出值。

2）输入域：主要用于设置 PLC 变量输入值。

3）输入/输出域：I/O 域同时具有输入和输出功能，用户可修改并显示 PLC 变量值。

如图 8-11 所示，将工具箱的“I/O 域”拖动到画面上的合适位置。单击 I/O 域，在常规选项卡中，模式设置为输出，连接变量为“TON 当前值”，数据类型为 Time，显示格式使用默认的十进制，小数位数 3 位，格式样式为有符号数。

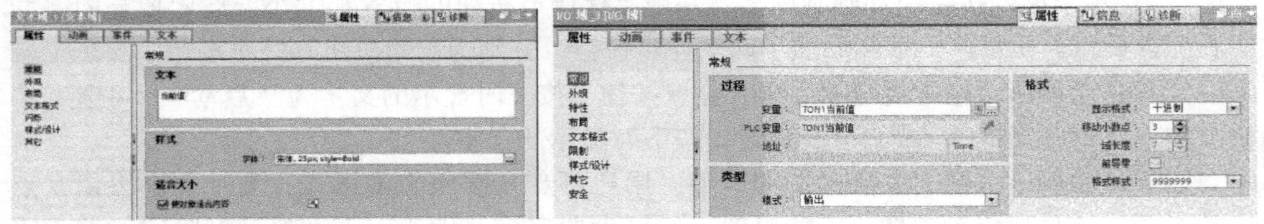

图 8-10　组态文本域　　　　图 8-11　组态 I/O 域

如图 8-12 所示，外观属性将背景色设置为浅灰色，数值单位设置为 s，画面显示格式为“000.000 s”。如图 8-13 所示，限制属性设置变量值超出上下限时，显示的颜色分别为红色和黄色。选中该 I/O 域，执行复制和粘贴操作，重新生成两个新的 I/O 域，连接变量分别为“TON2 当前值”“预设值”。预设值为“输入/输出”，数据类型为“Time”。

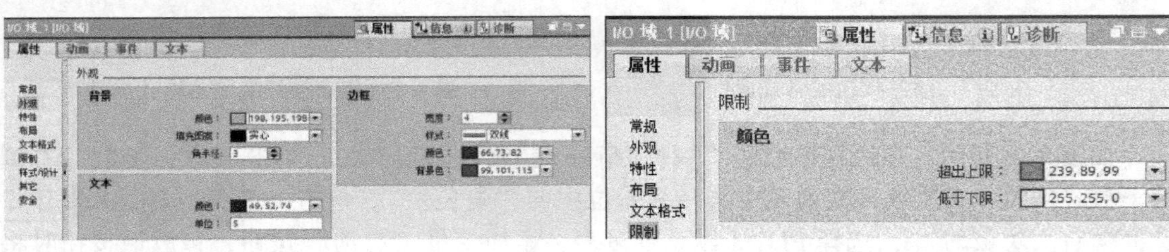

图 8-12　组态 I/O 域的外观属性　　　　图 8-13　组态 I/O 域的限制属性

8.2.3 精简系列面板的仿真与运行

初学者如果没有触摸屏等硬件实验的条件，可在上位机安装仿真/运行系统组件，从而借助于 WinCC Runtime 进行仿真，还可监测 PLC 和 HMI 之间的通信和数据交换。这种仿真不需要 HMI 和 PLC 硬件，仅用计算机就能模拟 PLC 和 HMI 设备功能。

1. PLC 与 HMI 的变量表

HMI 的变量包含内部变量和外部变量。外部变量是 PLC 定义的存储位置映像，无论是 HMI 还是 PLC，都可对该存储位置进行访问。外部变量数据类型取决于 PLC，它是 HMI 和 PLC 进行数据交换的桥梁。图 8-14 是 PLC 外部变量表中的部分变量。

	名称	数据类型	地址	保持	在 H...	可从 ...
16	启动按钮	Bool	%M2.0	☐	☑	☑
17	停止按钮	Bool	%M2.1	☐	☑	☑
18	电动机	Bool	%Q0.0	☐	☑	☑
19	定时器位	Bool	%M2.2	☐	☑	☑
20	TON1当前值	Time	%MD20	☐	☑	☑
21	Tag_1	Bool	%I0.0	☐	☑	☑
22	Tag_2	Bool	%I0.1	☐	☑	☑
23	闪烁输出	Bool	%Q0.1	☐	☑	☑
24	Tag_4	Bool	%I0.2	☐	☑	☑
25	Tag_5	Bool	%I0.3	☐	☑	☑
26	TON1输出	Bool	%M3.0	☐	☑	☑
27	TON2输出	Bool	%M3.1	☐	☑	☑
28	TON2当前值	Time	%MD30	☐	☑	☑

图 8-14 PLC 的默认变量表

内部变量存储在 HMI 内存中，内部变量与 PLC 之间不具有连接，只有 HMI 能够对内部变量进行读写访问，仅用于 HMI 内部计算或执行其他任务。

图 8-15 是 HMI 默认变量表变量，访问模式为默认的符号访问（Symbolic），用户也可将访问模式改为绝对访问（Absolute）。变量 TON1 当前值、TON2 当前值、电动机采集周期改为 100 ms，以提高显示的实时性。

默认变量表

名称 ▲	数据类型	连接	PLC 名称	PLC 变量	地址	访问模式	采集周期
TON1当前值	Time	HMI_连接_3	PLC_1	TON1当前值		Symbolic	100 ms
TON2当前值	Time	HMI_连接_3	PLC_1	TON2当前值		Symbolic	100 ms
停止按钮	Bool	HMI_连接_3	PLC_1	停止按钮		Symbolic	1 s
启动按钮	Bool	HMI_连接_3	PLC_1	启动按钮		Symbolic	1 s
电动机	Bool	HMI_连接_3	PLC_1	电动机	%Q0.0	Absolute	100 ms
预设值	Time	HMI_连接_3	PLC_1	预设值	%MD10	Absolute	1 s

图 8-15 HMI 的默认变量表

2. PLC 程序

图 8-16 为 OB1 程序，M2.0 值为 1，Q0.0 通电自锁。首次扫描时，M1.0 常开触点接通，预设值初始化为 10 s。两个定时器交替循环定时，构成振荡电路，预设值和当前值数据类型是 Time，I/O 域中被视为以 ms 为单位的双整数。选中 PLC_1，单击工具栏上的仿真按钮，打开 S7-PLCSIM，将程序下载到仿真 CPU，PLC 自动切换到 RUN 模式。

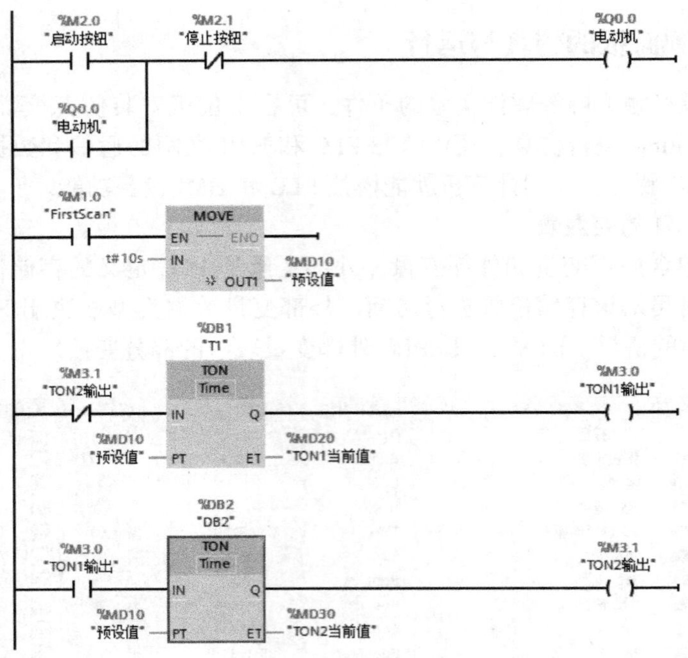

图 8-16　OB1 程序

3. PLC 与 HMI 的集成仿真

如图 8-17 所示，打开 Windows 7 控制面板，双击“设置 PG/PC 接口”，在对话框中选中“为使用的接口分配参数”列表框中的“PLCSIM S7-1200/1500. TCPIP”，并将其设置为应用程序访问点，单击“确定”按钮确认。选中 HMI_1，单击工具栏上的仿真按钮运行系统仿真。

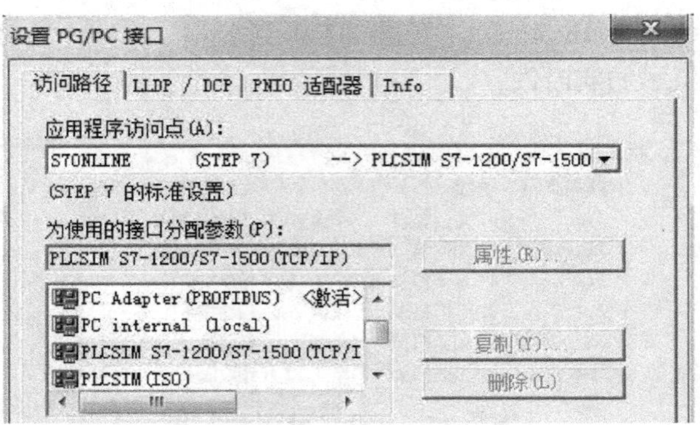

图 8-17　设置 PG/PC 接口

按下图 8-18 中的“启动”按钮，关联的 M2.0 为 1，Q0.0 通电自锁，与 Q0.0 相关联的指示灯点亮；按下“停止”按钮，关联的 M2.1 为 1，Q0.0 断电复位，指示灯熄灭。定时器 TON1 和 TON2 循环定时，两个定时器的当前值同时显示在画面上。单击画面上“预设值”右侧的输入/输出域，画面上出现一个数字键盘，如图 8-19 所示。操作人员可在该界面上输入系统参数。例如，用弹出的小键盘输入数据 5.0，按回车键后，画面上预设值即变为 5.000 s，当前值的上限值变为 5 s。

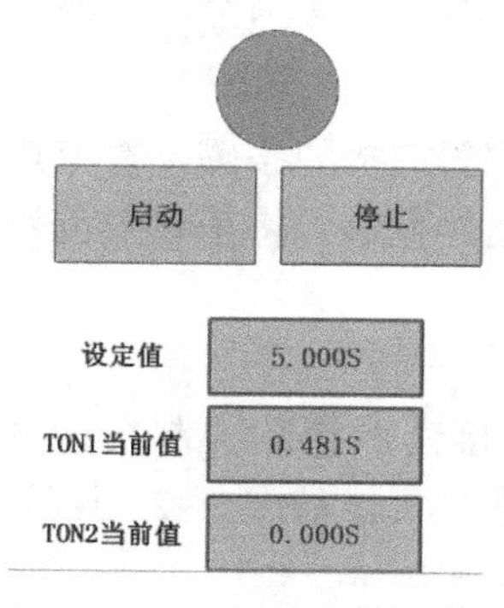

图 8-18　HMI 的仿真画面

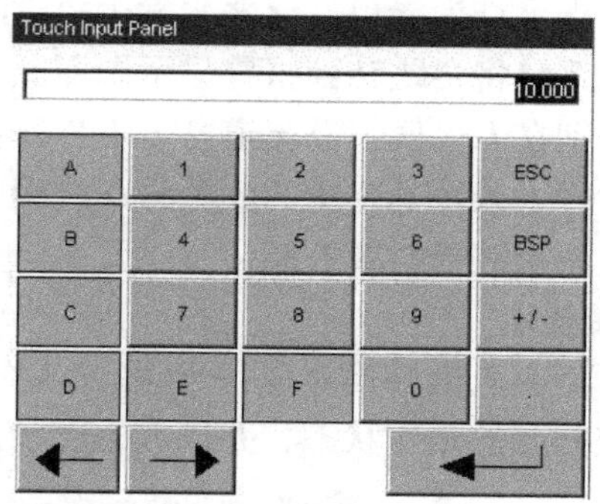

图 8-19　HMI 的数字键盘

8.3　组态软件及其使用

除了触摸屏之外，中大型控制系统有时还需要上位机安装组态软件完成大量复杂的数据和画面显示、曲线、报表、报警处理等监控。国外组态软件有 WinCC、iFix、InTouch，国内组态软件有亚控 KingView、力控 PCAuto、昆仑通态 MCGS 等。

现以笔者使用 MCGS 组态软件开发的柴油机喷涂输送线监控系统为例进行说明。监控界面包含封面、生产流程图、生产布局图、阀门操作、屏蔽操作、积放设定、弯道设定、数据库系统、涂装显示、输送报警、涂装报警、短期归档、长期归档等页面和功能，它将所需要的输入/输出数据、报警数据及其他相关控制系统的参数在工控机上一一显示，并且能够对各工位小车初始值、积放链上小车总数、数据库参数等进行逐一设定。

1. 生产流程图

正常情况下，系统会自动从封面跳转入生产流程图画面，如图 8-20 所示。该画面根据积放链上的实际情况标出了各工位停止器的相对位置和功能说明。工位出现红色长方条表明停止器停止放行，小车将无法通过停止器；相反，则表明停止器开始放行，使小车能够进入下一道工序，方框实时显示当前停止器积放小车数量和允许最大小车数量。

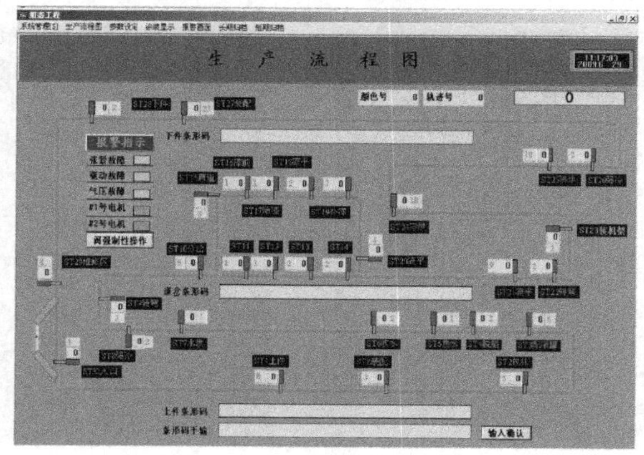

图 8-20　生产流程图界面

界面左侧有张紧故障、驱动故障、气压故障、#1 号电机、#2 号电机故障指示灯。正常工作情况下指示灯为绿色，反之，发生故障时指示灯为红色，只要把鼠标移动到报警指示框图并单击，系统将会跳转到报警显示画面。

系统分别在上件区、分流道岔、下件区显示条码扫描器扫描的条码。右上角显示了当前工件的订货号，以及其定义的颜色号和行程号，如果是工件直道，将把该颜色号和行程号发送给机器人系统进行喷漆控制。

2. 涂装显示

涂装页面在人机界面中是一个相对独立的部分，直接读取涂装控制柜中的 PLC 数据，显示其各控制点的工作状态，并以方框图的形式表现出来，具体如图 8-21 所示。

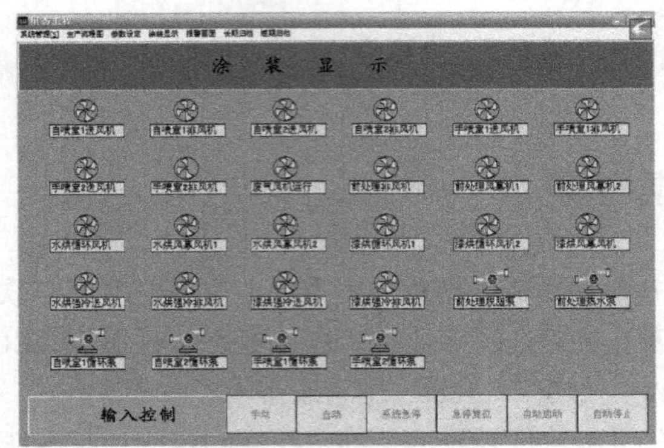

图 8-21 涂装显示界面

3. 生产布局图

在生产流程图菜单中选择现场布局图命令，可以进入现场布局图界面，如图 8-22 所示。该界面表明各按钮箱和急停按钮的分布位置，使用户能更好地熟悉及对现场操作。当急停按钮没有按下，其颜色是绿色；当急停按钮按下，其颜色是红色。

4. 阀门强制操作

在生产流程图菜单中选择阀门强制操作命令，系统将会跳转到阀门强制操作画面，如图 8-23 所示。如果停止器需要手动强制打开，则可对不同的停止器选择手动强制打开。同样，需要强制关闭停止器，则可对不同的停止器选择手动强制关闭。

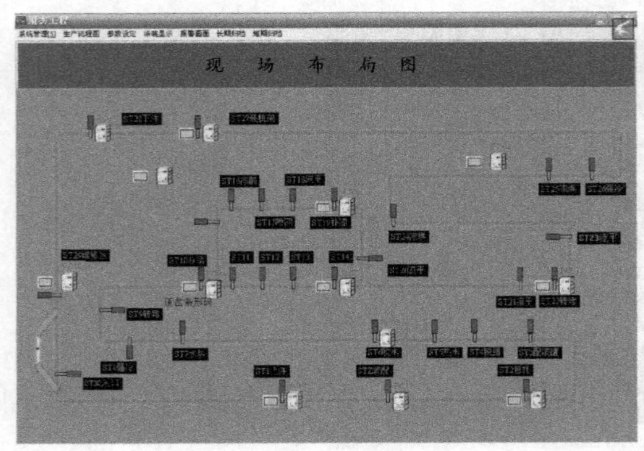

图 8-22 生产布局图界面

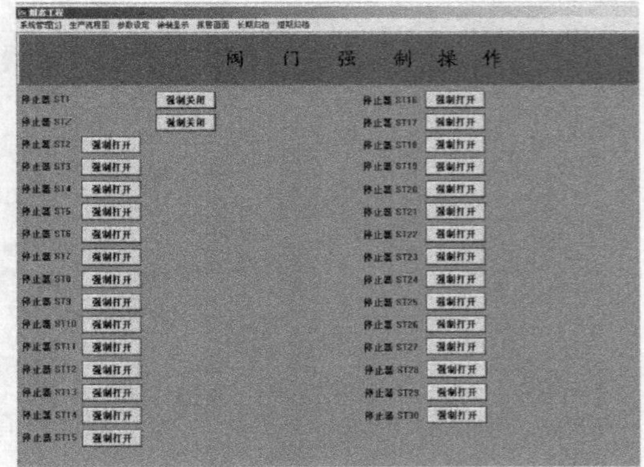

图 8-23 阀门强制操作界面

5. 初值设定

在参数设定菜单中选择积放设定命令，可进入工位初始值设定界面，如图 8-24 所示。用户可在初始值设定页面中对积放链小车总数、各停止器上小车数逐一进行设定。此外，还需要设定生产线节拍时间。

6. 数据库系统

在从参数设定菜单中选择数据库系统子菜单，可进入机器人颜色、行程号设定和查看界面。单击初始界面中的修改设定按钮，可以进入数据库设定界面。在数据库设定界面中，可以对条码订货号，以及与之有关的颜色号和行程号进行设定，如图 8-25 所示。

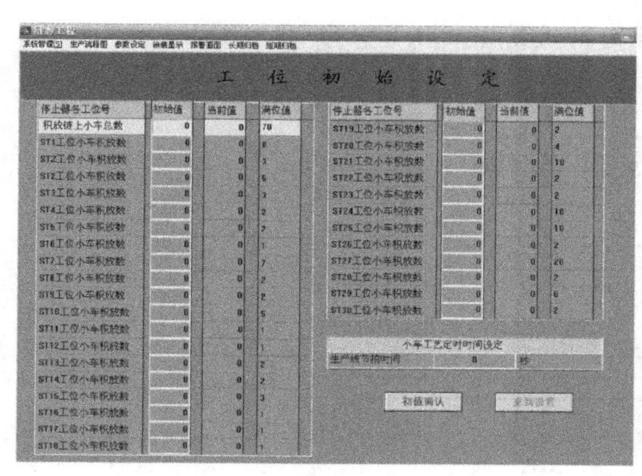

图 8-24　初始值设定界面

机器人条码输入、颜色、行程设定

序号	条码	颜色号	行程号
2	DHP10Q1235	12	45
3	DHD10G0002B	45	10
4	DHL12Q0003F	14	45
5	DH160CJD0004	40	32
1	DHL32K0005	12	47
6	DHP06M0011B	87	21
7	DHP10Q1234	1	23
8	DH615CJD0038	46	11
9	DHB06T0027F	11	40
11	DHFJT0007F	52	18
10	DH160M0003J	61	1
13	DHP12N0006B	35	22
12	DHD120020B	84	65
14	DHP12Q0651B	94	23
16	DH615Q0189F	75	2
15	DHP10Q0145B	76	62
16	DHP10Q1081	66	66
0	DHP10Q0182	88	88

注意：条码指机型编号信息（12—16位字符和数字），颜色（00—99）、行程（00—99）
输入时间格式：2007-6-14 并确保所有信息是在英文状态下录入

添加　删除　确定　退出

图 8-25　数据库系统设定界面

7. 输送链报警显示界面

如图 8-26 所示，在报警界面菜单中选择输送系统或涂装系统报警子菜单，可进入输送链或涂装系统报警界面。系统发生故障时，相关的报警信息显示在该界面上，操作人员可以根据故障信息快速排查故障。报警信息包含时间、产生报警的数据对象名以及报警事件。

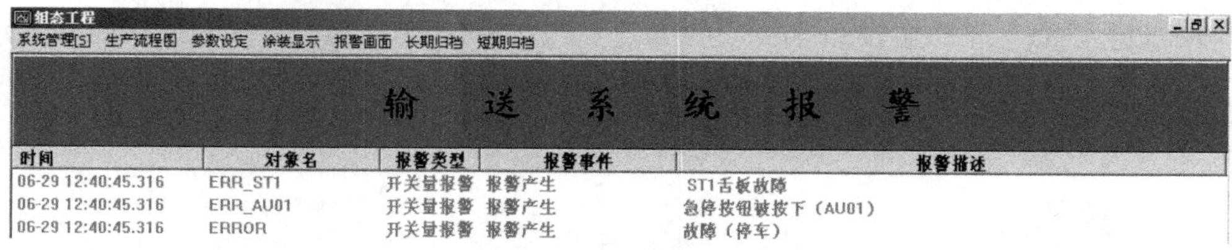

图 8-26　输送链报警界面

8.4　剪板机控制系统设计

1. 系统控制要求

图 8-27 是某剪板机的工作示意图。开始时压钳和剪刀都在上限位。按下压钳下行按钮后，首先板料右行至限位开关 I0.3 动作，然后压钳下行压紧板料，压钳保持

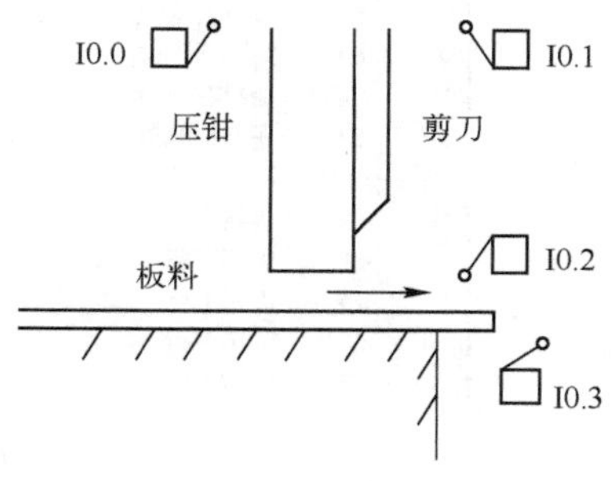

图 8-27　剪板机工作示意图

压紧，剪刀开始下行。剪断板料后，剪刀限位开关 I0.2 为 ON，延时 2 s 后，剪刀和压钳同时上行，它们分别碰到限位开关 I0.0 和 I0.1 后，分别停止上行，直至再次按下压钳下行按钮，方才进行下一个周期的工作。

2. I/O 点地址

输入点：压钳上限位 SQ1（I0.0）、剪刀上限位 SQ2（I0.1）、剪刀下限位 SQ3（I0.2）、板料右限位 SQ4（I0.3）、压力继电器 KP（I0.4）、压钳下行 SB（I0.5）。

输出点：板料右行 KM1（Q0.0）、剪料下行 KM2（Q0.1）、剪刀上行 KM3（Q0.2）、压钳下行 YV1（Q0.3）、压钳上行 YV2（Q0.4）。

3. 硬件元件图

根据控制要求，剪板机系统的 PLC 控制原理及接线图如图 8-28 所示。

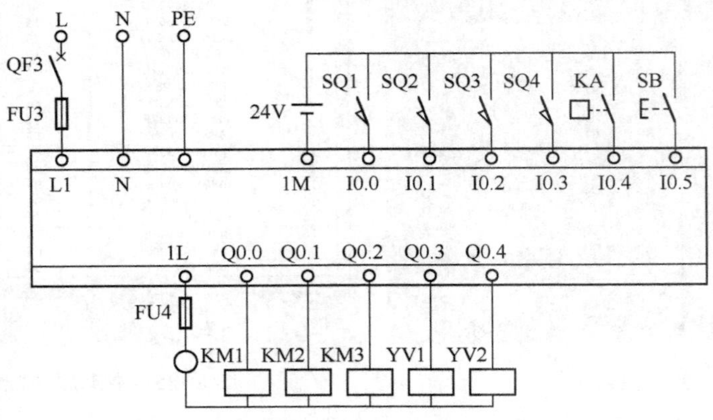

图 8-28　剪板机控制系统的 PLC 原理图

4. 软件设计

打开博途软件，在 Portal 视图中选择“创建新项目”，输入项目名称“剪板机控制系统”，选择项目保存路径，单击“创建”按钮，创建项目完成。在项目视图的项目树窗口中双击“添加新设备”，添加设备名称为 PLC_1 的设备 CPU1214C，启用系统存储器字节 MB1。打开 PLC_1 下的“PLC 变量”文件夹，双击“添加新变量表”，生成如图 8-29 所示的变量表。

变量表_1

		名称	数据类型	地址	保持	在 H...	可从 ...
1		压力上限位	Bool	%I0.0	☐	☑	☑
2		剪刀上限位	Bool	%I0.1	☐	☑	☑
3		剪刀下限位	Bool	%I0.2	☐	☑	☑
4		板料右限位	Bool	%I0.3	☐	☑	☑
5		压力继电器	Bool	%I0.4	☐	☑	☑
6		压钳下行	Bool	%I0.5	☐	☑	☑
7		板料右行	Bool	%Q0.0	☐	☑	☑
8		剪刀下行	Bool	%Q0.1	☐	☑	☑
9		剪刀上行	Bool	%Q0.2	☐	☑	☑
10		压钳下行(1)	Bool	%Q0.3	☐	☑	☑
11		压钳上行	Bool	%Q0.4	☐	☑	☑

图 8-29　剪板机控制系统变量表

根据系统的控制要求，程序使用顺序控制指令进行编写，如图 8-30 所示。限于篇幅，液压泵及压钳驱动电动机控制程序不再给出。

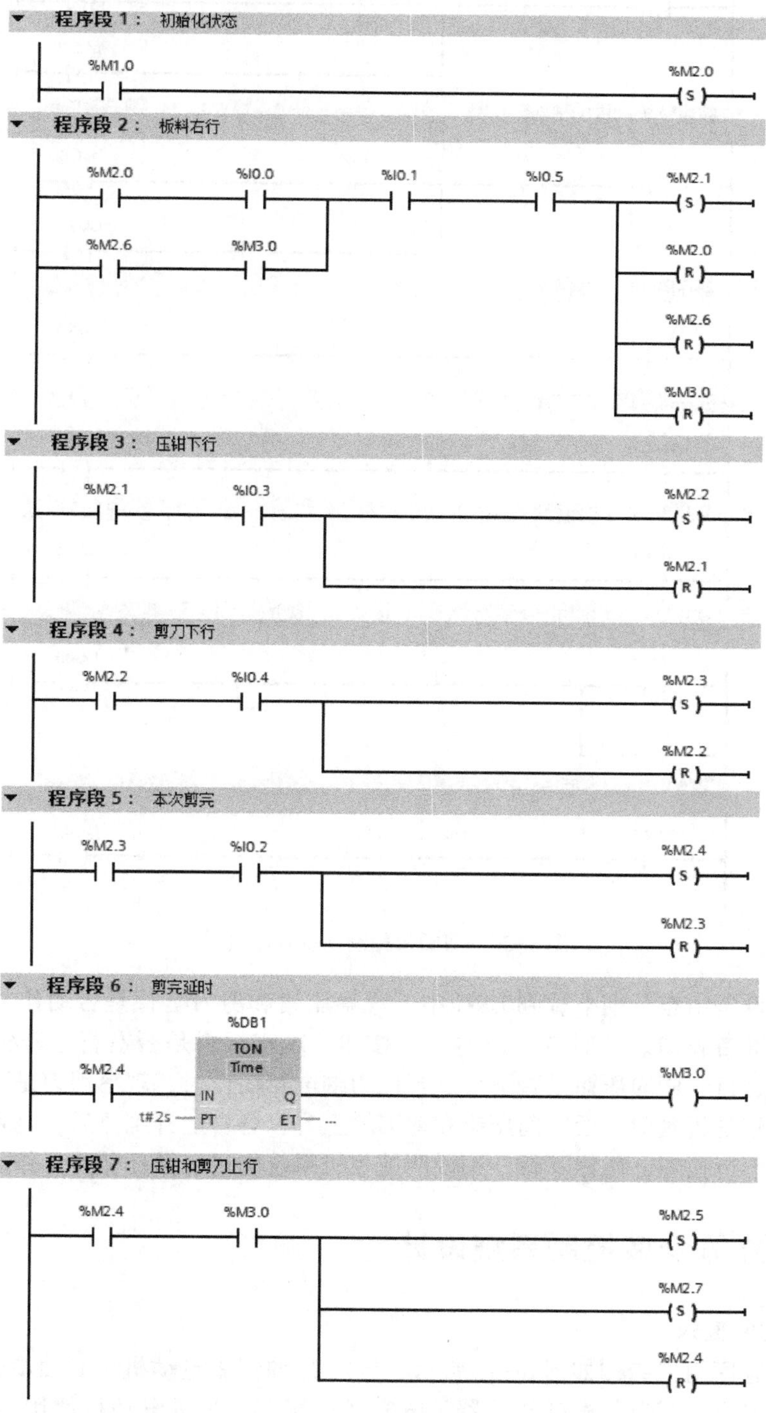

图 8-30　剪板机控制系统程序

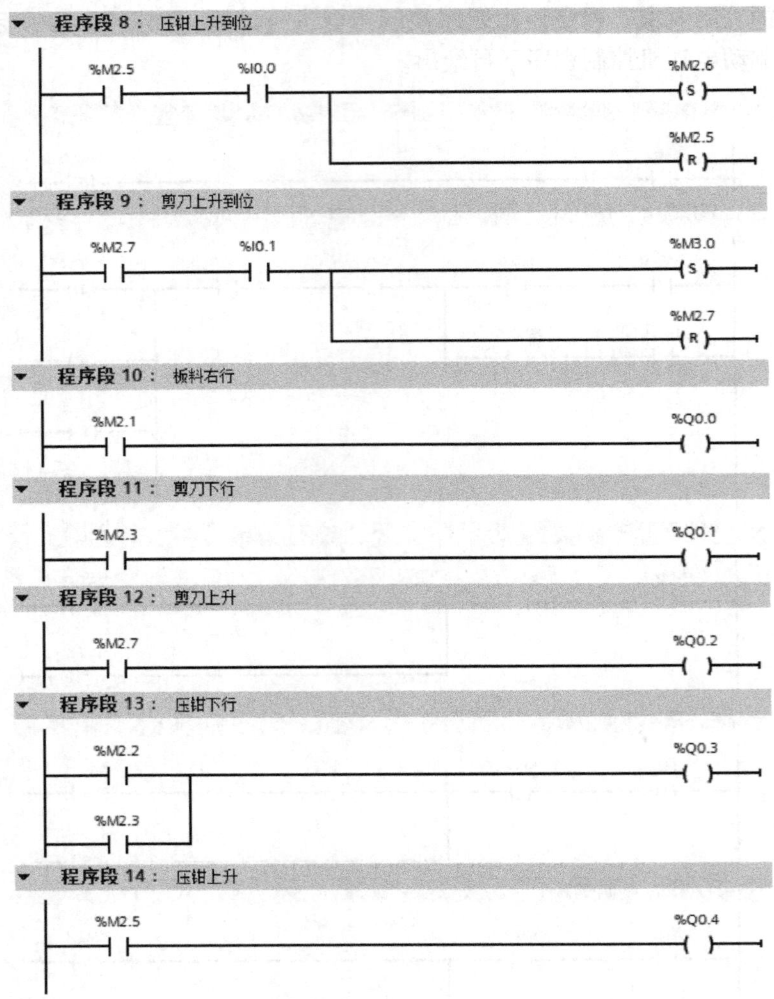

图 8-30 剪板机控制系统程序（续）

将程序及设备组态分别下载到 CPU 中。观察压钳和剪刀上行是否动作。若已动作说明它们已在原位准备就绪。这时按下压钳下行按钮，观察板料是否右行，若碰到右行限位开关，是否停止运行，同时压钳是否下行。当压力继电器动作时，观察剪刀是否下行。剪完本次板料时，观察是否延时一段时间压钳和剪刀均上升，各自上升到位后，是否停止上升。若再次按下压钳下行按钮，压钳下行，则说明剪板机系统能进行循环剪料工作。

8.5 三轴立体仓库控制系统设计

1. 系统控制要求

三轴立体仓库组成结构如图 8-31 所示。包括 X 轴伺服电动机、Y 轴步进电动机、Z 轴步进电动机、光电传感器、电感传感器、电容式传感器。步进电动机使用步科 2M530 驱动器控制，伺服电动机使用迈信 EP3E-PN 伺服驱动器控制。

控制系统使用昆仑通态 TPC7062TI 触摸屏作为人机界面，系统集 PLC 控制技术、传感器技术、步进电动机位置速度控制、组态软件应用、货位分配等于一体。具体包括实物模型设计与加工、堆垛机控制系统设计、货位分配方案的确定与实现和监控管理系统开发。

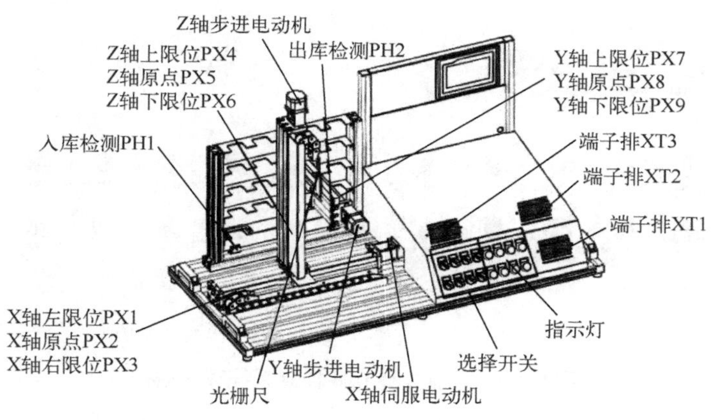

图 8-31　三轴立体仓库组成结构

2. 创建工程项目

新建项目“三轴立体仓库控制系统”，在项目树窗口中双击“添加新设备”，添加 CPU1214C，启用系统存储器字节 MB1。打开 PLC_1 下的“PLC 变量”文件夹，双击“添加新变量表”，生成如图 8-32 所示的变量表。

PLC 变量

	名称	变量表	数据类型	地址
1	X轴_Drive_IN	默认变量表	"PD_TEL3_IN"	%I68.0
2	X轴_Drive_OUT	默认变量表	"PD_TEL3_OUT"	%Q64.0
3	Y轴_脉冲	默认变量表	Bool	%Q0.0
4	Y轴_方向	默认变量表	Bool	%Q0.1
5	Z轴_脉冲	默认变量表	Bool	%Q0.2
6	Z轴_方向	默认变量表	Bool	%Q0.3
7	X轴左限位	I	Bool	%I0.0
8	X轴参考点	I	Bool	%I0.1
9	X轴右限位	I	Bool	%I0.2
10	Z轴上限位	I	Bool	%I0.3
11	Z轴参考点	I	Bool	%I0.4
12	Z轴下限位	I	Bool	%I0.5
13	Y轴后限位	I	Bool	%I0.6
14	Y轴参考点	I	Bool	%I0.7
15	Y轴前限位	I	Bool	%I1.0
16	出库位光电	I	Bool	%I1.1
17	入库位光电	I	Bool	%I1.2
18	System_Byte	默认变量表	Byte	%MB1
19	FirstScan	默认变量表	Bool	%M1.0
20	DiagStatusUpdate	默认变量表	Bool	%M1.1
21	AlwaysTRUE	默认变量表	Bool	%M1.2
22	AlwaysFALSE	默认变量表	Bool	%M1.3
23	Clock_Byte	默认变量表	Byte	%MB0
24	Clock_10Hz	默认变量表	Bool	%M0.0
25	Clock_5Hz	默认变量表	Bool	%M0.1
26	Clock_2.5Hz	默认变量表	Bool	%M0.2
27	Clock_2Hz	默认变量表	Bool	%M0.3
28	Clock_1.25Hz	默认变量表	Bool	%M0.4
29	Clock_1Hz	默认变量表	Bool	%M0.5
30	Clock_0.625Hz	默认变量表	Bool	%M0.6
31	Clock_0.5Hz	默认变量表	Bool	%M0.7
32	Tag_1	默认变量表	Word	%MW200
33	Tag_2	默认变量表	Word	%MW202
34	模拟入库光电	默认变量表	Bool	%M3.0
35	模拟出库光电	默认变量表	Bool	%M3.1
36	Tag_3	默认变量表	Bool	%M100.0
37	Tag_4	默认变量表	Bool	%M5.0
38	Tag_5	默认变量表	DWord	%ID1000
39	Tag_6	默认变量表	UDInt	%MD300
40	Tag_7	默认变量表	DInt	%ID1004

图 8-32　三轴立体仓库控制系统 I/O 分配表

控制系统程序结构如图 8-33 所示，系统由组织块、函数库、函数和数据块组成。

主程序如图 8-34 所示，主程序中依次调用手动控制（FC2）、轴初始化（FC1）、动作流程（FC4）、库位计算（FC3）、轴位移（FC8）、坐标赋值（FC6）、库位信息记录（FB5）、光栅尺测距（FC5）。

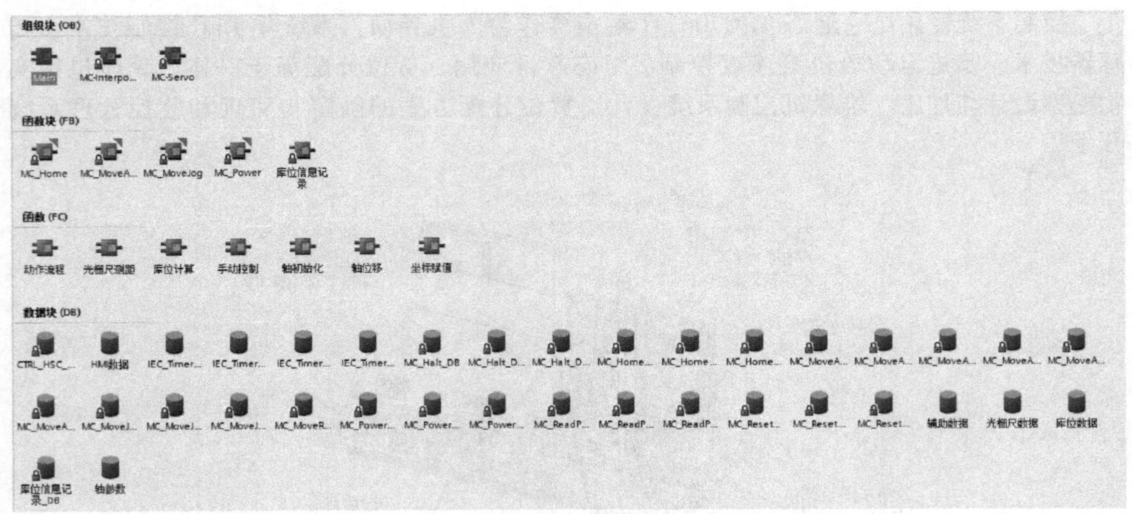

图 8-33　三轴立体仓库控制系统程序结构

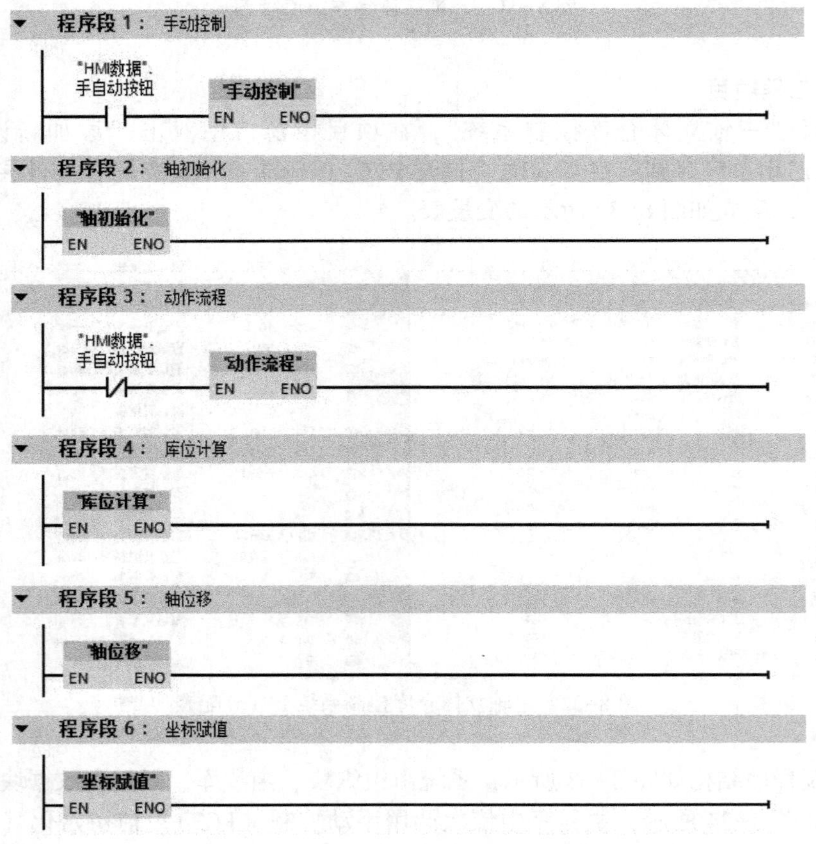

图 8-34　三轴立体仓库控制系统主程序

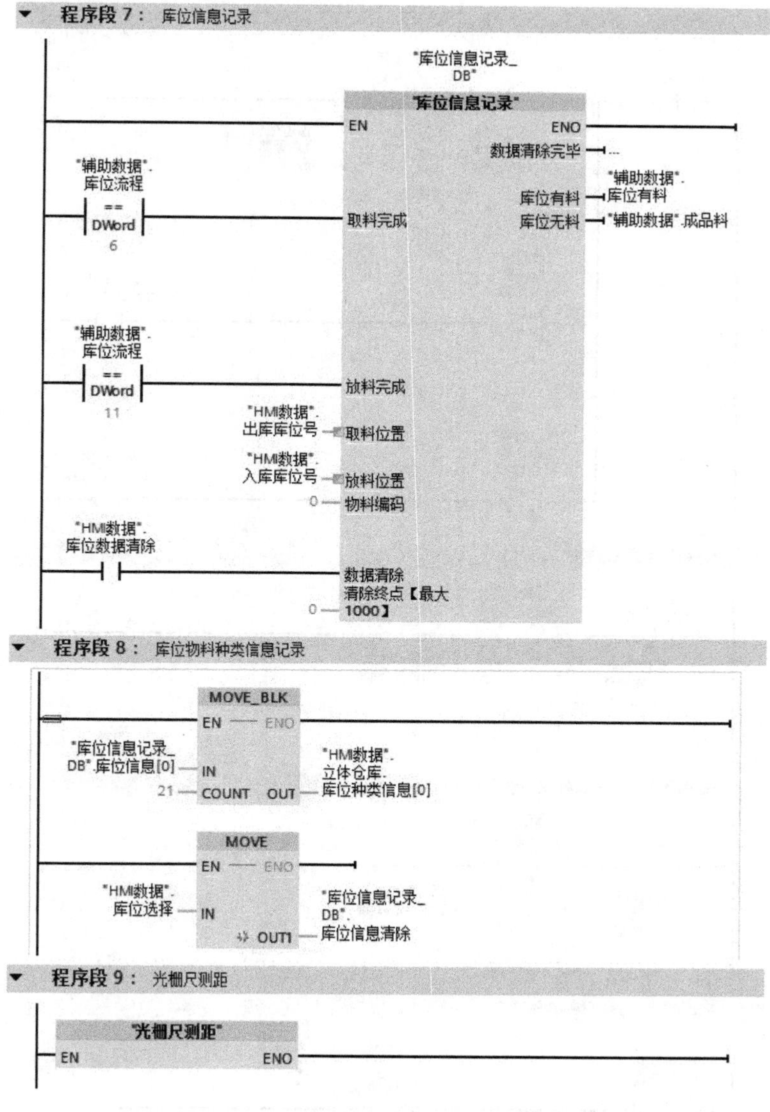

图 8-34　三轴立体仓库控制系统主程序（续）

库位计算（FC3）程序如图 8-35 所示，限于篇幅，其他程序块程序不再给出。

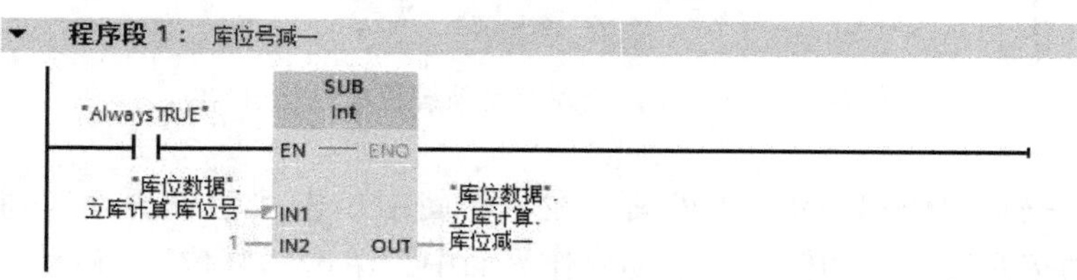

图 8-35　三轴立体仓库控制系统程序结构

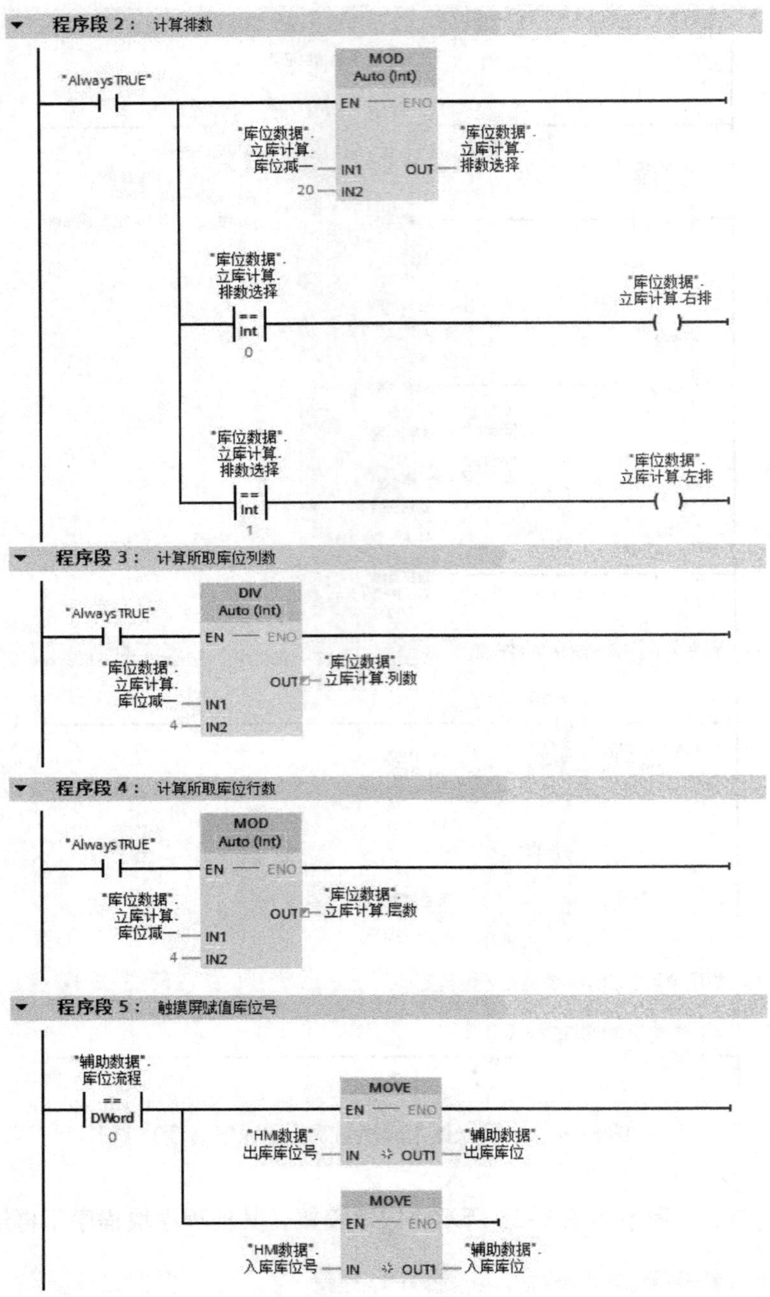

图 8-35　三轴立体仓库控制系统程序结构（续）

图 8-36 是三轴立体仓库的人机界面。在主界面中单击“手动界面”进入手动操作界面，再单击手动按钮进入手动模式。手动操作界面中，单击“复位”“启动”按钮，待轴回零完成后，在对应轴手动速度位置输入速度，单击位移按钮移动轴。

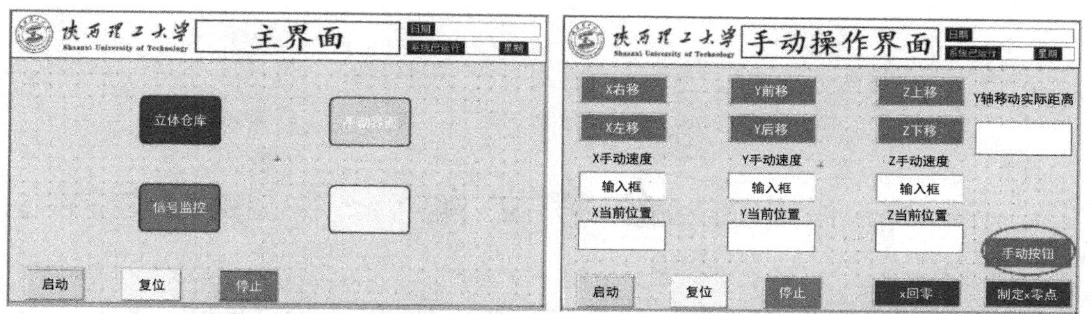

图 8-36　三轴立体仓库控制系统人机界面

思考题与习题

8-1　设计一个 PLC 控制系统一般包括哪几个重要环节？各个环节又包括哪些主要内容？

8-2　人机界面的主要作用有哪些？常用的人机界面产品类型有哪些？

参考文献

[1] 王永华．现代电气控制技术及 PLC 应用技术［M］. 北京：北京航空航天大学出版社，2016.
[2] 张振国，方承远．工厂电气与 PLC 控制技术［M］. 北京：机械工业出版社，2012.
[3] 邓则名，程良伦，谢光汉，等．电器与可编程控制器应用技术［M］. 3 版．北京：机械工业出版社，2014.
[4] 廖常初．S7-1200 PLC 编程及应用［M］. 3 版．北京：机械工业出版社，2018.
[5] 王淑芳．电气控制与 S7-1200 PLC 应用技术［M］. 北京：机械工业出版社，2017.
[6] 段礼才，黄文钰，徐善海，等．西门子 S7-1200 PLC 编程及使用指南［M］. 北京：机械工业出版社，2018.
[7] 崔坚．SIMATIC S7-1500 与 TIA 博途软件使用指南［M］. 北京：机械工业出版社，2016.
[8] 张春．深入浅出西门子 S7-1200 PLC［M］. 北京：北京航空航天大学出版社，2016.
[9] 西门子（中国）有限公司．SIMATIC S7-1200 可编程控制器系统手册［Z］. 2016. A5E02486685-AK.